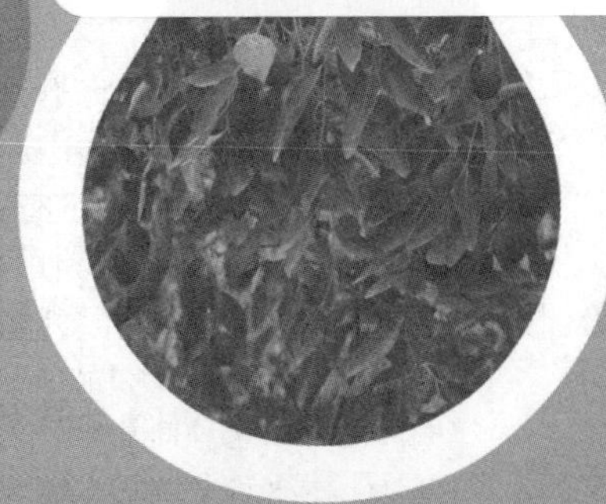

干旱区枣树
微灌技术研究与应用

马英杰　洪明　马亮　赵经华　等 编著

中国水利水电出版社
www.waterpub.com.cn
·北京·

内 容 提 要

本书系统阐述了作者多年来在干旱区枣树微灌节水技术研究与应用方面的研究成果。全书共11章，主要内容包括关于果树微灌技术的国内外研究现状，滴灌枣树地温变化及土壤水分控制下限指标试验，不同灌溉方式下枣树的耗水特性及影响因素分析，滴灌枣树根系分布特性及吸水模型，水分亏缺对枣树生理生态指标影响，枣树花期冠层弥雾试验和根区土壤水分模拟，干旱区枣园土壤水深层渗漏数值模拟，灌水定额和滴头流量对灰枣产量和品质的影响，不同水肥及农艺调控措施对枣树生长的影响，干旱区枣棉复合系统种间相互作用关系，干旱绿洲区枣棉间作系统种间水分关系。

本书可供农田水利、林学、生态、水土保持、农林牧和水利等部门的研究人员及高等院校相关专业师生等参考。

图书在版编目（CIP）数据

干旱区枣树微灌技术研究与应用 / 马英杰等编著
. -- 北京 : 中国水利水电出版社, 2020.9
ISBN 978-7-5170-8928-5

Ⅰ. ①干… Ⅱ. ①马… Ⅲ. ①干旱区－枣－节水栽培－研究 Ⅳ. ①S665.1

中国版本图书馆CIP数据核字(2020)第186365号

书　　名	**干旱区枣树微灌技术研究与应用** GANHANQU ZAOSHU WEIGUAN JISHU YANJIU YU YINGYONG
作　　者	马英杰　洪明　马亮　赵经华　等　编著
出版发行	中国水利水电出版社 （北京市海淀区玉渊潭南路1号D座　100038） 网址：www.waterpub.com.cn E-mail：sales@waterpub.com.cn 电话：(010) 68367658（营销中心）
经　　售	北京科水图书销售中心（零售） 电话：(010) 88383994、63202643、68545874 全国各地新华书店和相关出版物销售网点
排　　版	中国水利水电出版社微机排版中心
印　　刷	清淞永业（天津）印刷有限公司
规　　格	170mm×240mm　16开本　19.25印张　377千字
版　　次	2020年9月第1版　2020年9月第1次印刷
定　　价	**96.00**元

凡购买我社图书，如有缺页、倒页、脱页的，本社营销中心负责调换

前　言

地处我国西北边陲的新疆，位于欧亚大陆腹地，远离海洋，四周有高山阻隔，地形地貌特征被形象地称为“三山夹两盆”，形成鲜明的大陆性干旱气候，大部分地区属于荒漠和半荒漠地带。新疆年平均降水量为200mm，但年平均蒸发量却高达2000～3000mm。其特殊的自然地理位置和气候条件决定了新疆水资源具有时空分布极不平衡、受季节因素影响较大、供需矛盾尤为突出的特点。独特的“绿洲经济”形态决定了灌溉农业是新疆经济发展的基础，可谓是“没有灌溉就没有农业”。

新疆得天独厚的光热资源使之成为全国优质特色林果的主产区。截至2018年年底，新疆林果面积已突破2000万亩，其中枣树种植面积突破500万亩，主要分布在新疆巴州、阿克苏、喀什、和田和哈密等地区，是新疆林果种植面积最大的特色果树之一。但由于灌溉方式落后，大部分地区采用传统的地面灌灌水方法，部分区域枣树灌溉定额高达1000m^3/亩以上。大水漫灌的灌溉方式不仅造成大量水资源浪费、肥料流失和土壤质量下降，而且造成枣树品质及效益低，部分地区出现了丰产不丰收的现象，严重制约了枣农的积极性，影响了新疆林果业的进一步发展和技术水平的升级。因此，如何在水资源匮乏的条件下发展农业，是目前亟须解决的问题。推广高效节水灌溉技术，提高单位土地面积的产出，合理分配资源，提高资源利用率，成为当地发展农业的唯一选择，同时也是新疆实现社会稳定和长治久安的重要支撑和保障。

为了探讨环塔里木盆地成龄枣树微灌节水技术应用模式，加速先进节水技术的示范和推广，有效促进科技与生产实际的紧密结合，2007年新疆农业大学与合作单位申请立项“十一五”国家科技支撑计划课题“环塔里木盆地特色果树微灌技术研究与示范”和新疆维吾尔自治区科技重大专项“果树和葡萄节水灌溉技术开发与示范”，2011年申请立项了“十二五”国家科技支撑计划课题“新疆绿洲灌区林果高效节水综合技术研究与示范”。2014年申请立项了国家自然科学基金项目“干旱绿洲区枣棉复合系统根系生态位竞争与土壤水分在种间分配响应关系”。研究工作自开展以来，课题主持单位与新疆水利水电科学研究院、新疆农业科学院、中国农业大学等单位密切合作，投入了40余名科研人员长期坚守在南疆第一线进行科研工作，共布置试验小区350余个，试验面积累计450亩，投入大型称重式蒸渗仪、光合作用仪、茎流计、土壤温度湿度盐分三参数仪等先进仪器50余台套，采集田间土壤水分、气象及植株等各类基础数据12万余组。通过10多年的工作，针对南疆枣树微灌技术应用中存在的问题，开展枣树需水规律及耗水特性、微灌枣树灌水指标、微灌枣树灌溉制度和适应枣树需水需肥要求的田间供水供肥方式等研究，提出枣树微灌技术应用模式和技术规程，对于南疆高效节水技术的推广应用，提高区域水资源利用效率，实现节水与农民增收目标的有机融合，社会经济的可持续发展具有重要的理论价值和现实意义。

本书内容是在国家科技支撑计划、国家自然科学基金、新疆科技重大专项、新疆党委农办、新疆水利科技专项等课题的资助下，在充分调查、总结环塔里木盆地果树微灌技术应用中存在的问题和取得的经验的基础上，学习、引进、吸收国内外先进微灌技术成果，采用田间试验、理论分析、产品研发改进和集成相结合方法，选择枣树主产区进行田间试验，分析枣树不同生育阶段的耗水量、耗水强度及其对产量、品质的影响，建立耗水模型，确定各生育阶段的适宜土壤水分指标，制定以节水、优质、高产为目标的微灌灌溉制度。通过对小管出流、滴灌带、滴灌管、微喷灌等现有主要微灌技术形式的对比试验，从技术、经济、管理性能3个方面对其进行综合评价和筛选，确定成龄枣树微灌系统优化组合及其田间管网的合理布设方式。通过对各项技术进行配套集成，创建环塔里木枣树微灌技术模式，通过技术示范，推动环塔里木特色果树微灌技术模式的应用。

本书共11章，分别为绪论，滴灌枣树地温变化及土壤水分控制下限指标试验，不同灌溉方式下枣树的耗水特性及影响因素分析，滴灌枣树根系分布特性及吸水模型，水分亏缺对枣树生理生态指标影响，枣树花期冠层弥雾试验和根区土壤水分模拟，干旱区枣园土壤水深层渗漏数值模拟，灌水定额和滴头流量对灰枣产量和品质的影响，不同水肥及农艺调控措施对枣树生长的影响，干旱区枣棉复合系统种间相互作用关系，干旱绿洲区枣棉间作系统种间水分关系。

全书由马英杰、洪明、马亮、赵经华进行整理统稿，并由马英杰最后审定。各章撰写分工如下：第1章由马英杰撰写；第2章由谢美玲、吴彬撰写；第3章由魏光辉、姜卉芳撰写；第4章由田盼盼、吴彬撰写；第5章由王娟、马英杰撰写；第6章由姚鹏亮、姜卉芳、洪明撰写；第7章由任玉忠、姜卉芳撰写；第8章由游磊、马英杰、洪明、赵经华撰写；第9章由刘国宏、谢香文、马英杰撰写；第10章由王婷、马英杰、马亮撰写；第11章由艾鹏睿、马英杰、马亮撰写。艾鹏睿、海英对书稿进行了校对。

在本书即将出版之际，感谢为干旱区枣树微灌节水技术研究付出辛勤努力和艰辛劳动的同事和同学们。在这10多年的工作中，他们既要在试验现场开展7个多月的观测工作，对当地的农民和技术人员进行技术培训和指导，还要在室内对大量的原始数据进行整理和分析。感谢新疆自治区人大委员会副主任董新光教授、科技厅刘智敏副厅长、水利厅王新处长，兵团水利局顾烈峰高级工程师，新疆水利水电科学研究院张江辉、张胜江、白云岗研究员，新疆农科院谢香文、马学琴研究员，中国农业大学王伟教授等给与的关心和指导，感谢阿克苏地区水利局、农业技术推广中心、农业科技示范园等相关部门的大力支持和协助。

由于作者研究水平和时间有限，对有些问题的认识和研究还有待于进一步深化和完善，书中难免存在缺点和不足，恳请同行专家批评指正。

作者

2020 年 6 月 30 日

目 录

第1章 绪 论

1.1 研究背景与意义

我国是一个严重缺水的国家，淡水资源总量为28000亿m^3，居世界第六位，但人均水资源量仅为2200m^3，不足世界人均占有量的1/4。我国又是一个以农业为主的大国，农业是用水大户，用水量占全国用水总量的60%左右。加之水资源时空分布及水土资源组合不均衡，以致缺水矛盾日益突出，并严重制约着农业的生产发展。在西部地区，水资源短缺问题尤为突出，一方面是由于西部地区土地面积较为广阔，仅西北六省土地总面积就占全国陆地总面积的44%；另一方面，由于西部地区灌溉方式比较落后，农田灌溉一般采用传统的土渠输水和田间漫灌的方式，使得灌溉有效水利用系数较低，仅为0.4～0.45。新疆维吾尔自治区（简称新疆）是我国缺水最严重的省份之一，“荒漠绿洲、灌溉农业”是其显著特点，没有灌溉就没有新疆农业，甚至没有新疆经济的发展。因此，干旱缺水是新疆经济发展、生态保护的主要制约因素之一。

新疆瓜果美名享誉全球，2003年，新疆把发展特色林果业放到全区国民经济发展格局中统筹部署，明确提出了要把特色林果业作为加快新疆农业农村经济发展的四大支柱产业之一。2018年发布的《新疆维吾尔自治区乡村振兴战略规划（2018—2022年）》也把实现林果提质增效、稳定林果面积、建设标准化果园作为“强果”的重要举措。截至2018年年底，新疆林果面积已突破2000万亩，其中枣树种植面积突破500万亩，主要分布在新疆巴州、阿克苏、喀什、和田和哈密等地区，是新疆林果种植面积最大的特色果树之一。但由于灌溉方式落后，大部分地区采用传统的地面灌灌水方法，部分区域枣树灌溉定额高达1000m^3/亩以上。大水漫灌的灌溉方式不仅造成大量水资源浪费、肥料流失和土壤质量下降，而且造成枣树品质及效益低，部分地区出现了丰产不丰收的现象，严重制约了枣农的积极性，影响了新疆林果业的进一步发展和技术水平的升级。

新疆早在20世纪80年代就开始林果微灌技术应用方面的研究，并在90年代后进行了一定规模的林果滴灌技术的示范工程建设。但是针对枣树微灌技术的系统研究却始于2005年，过去由于缺乏针对性、系统性节水技术成果的支撑，对果树需水规律认识不足，无科学的田间水肥管理技术进行指导，果树微灌产品不配套等，导致微灌技术应用后果树产量降低、品质下降，极大挫伤了果农的积极性。

因此，针对南疆枣树微灌技术应用中存在的问题，开展枣树需水规律及耗水特性、微灌枣树灌水指标、微灌枣树灌溉制度和适应枣树需水需肥要求的田间供水供肥方式等研究，提出枣树微灌技术应用模式和技术规程，对于南疆高效节水技术的推广应用，提高区域水资源利用效率，实现节水与农民增收目标的有机融合、社会经济的可持续发展具有重要的理论价值和现实意义。

1.2 国内外研究进展

1.2.1 果树土壤水分下限指标研究

土壤水分下限值是土壤供给植物可利用水分的临界值，也称为灌水始点，是指适宜于作物生育的最低土壤水分含量。当土壤水分含量降低到土壤水分下限时，就会对作物的生长发育及产量造成明显的影响。它是指示灌水的重要指标之一，决定着作物灌水的开始时间和灌水次数，也影响灌溉量的确定，对制定作物的灌溉制度具有重要的现实指导意义。一般情况下，当土壤含水率介于作物生长阻滞含水率与田间持水率之间时，作物生长正常；当土壤含水率介于凋萎含水率与作物生长阻滞含水率之间时，作物将处于中度受旱状态；当土壤含水率接近凋萎含水率时，说明作物严重受旱[1]。

关于灌水控制下限与产量和水分利用效率之间关系目前已经有诸多研究。诸葛玉平等[2]得出番茄的产量和水分利用率与灌水控制下限间的关系曲线为抛物线。张辉等[3]得出水分利用效率随番茄产量增加呈抛物线形变化，番茄耗水量的多少、产量的高低是番茄生育前期和后期灌水控制水平综合作用的结果。刘明池等[4]研究了亏缺灌溉对樱桃产量和品质的影响。杨培岭等[5]研究了滴灌下不同灌水控制下限对番茄产量性状及生理机制的效应，结果表明，番茄坐果后保持土壤含水率不低于田间持水率的 70%，较适合番茄生长。刘国宏[6]对干旱区不同水分指标下限对成龄枣树生长和产量的影响研究表明，75%的田间持水率处理对枣树的生理生长、产量及其他各生理指标都有较好的提升效应。刘洪波等[7]认为在葡萄萌芽期、抽穗期控制灌水控制下限为田间持水率的 40%，葡萄产量最大，达到 12439.5kg/hm^2，在开花期、果实膨大期分别控制灌水控制下限为田间持水率的 40%、50%可以起到疏花的作用，果粒质量和果实直径最大，但是产量最低，为 10486.5kg/hm^2，在着色成熟期控制灌水控制下限为田间持水率的 45%，葡萄产量为 11934kg/hm^2。

1.2.2 果树耗水规律及灌溉制度研究

耗水规律是制定作物合理灌溉、预测产量和灌溉工程设计的基础，也是在水资源不足条件下对种植业与其他产业之间及种植业内部各种作物之间进行合理配置的前提。晏清洪等[8]认为充分灌溉条件下，滴灌湿润比为20%、40%、60%的成龄香梨树生育期内的耗水量较漫灌分别减少了69.1%、63.9%、55.05%；3种滴灌湿润比均对果树的枝条生长产生抑制作用，枝条最终生长量分别减少了9%、5%、3%；3种湿润比灌溉处理的果实均较漫灌的果实体积大，且果实品质得到一定程度的改善。成龄库尔勒香梨灌水方式由漫灌改为地表滴灌的初期，滴灌湿润比设计为40%比较合适。杨慧慧等[9]认为葡萄在整个生育期内各处理耗水呈现由低到高再降低的变化趋势，试验中总灌溉量为675mm时，可以满足葡萄对水分的需求。此处理下吐哈盆地滴灌葡萄萌芽期耗水量为45mm，新梢生长期为135mm，花期为30mm，浆果生长期为227mm，浆果成熟期为140mm，枝蔓成熟期为94mm。另外，根据当地参考作物蒸腾蒸发量及葡萄实际耗水量得出葡萄全生育期的K_c值为0.56～0.92。黄兴法等[10]认为与充分灌比较，苹果树调亏微喷灌的灌水量可减少17%～20%，生育期耗水量可减少10.2%～11.2%。在充分微喷灌溉条件下，成龄苹果树（树龄10年左右）年均耗水量为590～610mm，年均蒸发皿系数为0.61～0.62。蒋岑等[11]在干旱区沙地成龄枣树微灌技术试验研究中得出微灌灌溉制度为：花期和果实膨大期灌水定额为288m^3/hm^2，灌水周期为8天；果实成熟期为192m^3/hm^2，灌水周期为4天；枣树总灌水次数为35～36次，总灌溉定额为9375m^3/hm^2。王则玉等[12]研究了枣树根渗灌技术的灌溉制度，认为枣树耗水规律为：3月初至5月中旬日耗水量保持在2～4mm，5月下旬至8月下旬日耗水量增加到4～6mm，8月下旬至10月中旬日耗水量又下降到2～3mm。确定根渗灌枣树适宜的灌溉制度为：灌水定额为255m^3/hm^2，整个生育期灌水21次，灌溉定额为5865m^3/hm^2。姚鹏亮等[13]用二维根系吸水的Hydrus-2D模型对滴灌条件下枣树根区土壤水分动态进行模拟，得出试验区灌水定额为405m^3/hm^2。合理灌溉制度为灌水定额为375～405m^3/hm^2，灌水次数为17～18次，灌溉定额为7650m^3/hm^2。

1.2.3 果树水分亏缺灌溉研究

20世纪80年代后期，水分亏缺灌溉研究开始从现象向机理深入，主要探讨水分亏缺灌溉的节水增产机理，随着研究的不断深入，该机理逐渐明朗化。根据根冠功能平衡学说理论，当土壤干旱缺水时，作物生长会因根系吸水不足而受到限制，因此冠的生长就会受到抑制，作物的蒸腾速率就会下降，蒸腾耗水减少。事实上，影响蒸腾耗水的最重要因素是水分亏缺对叶片气孔开度的调控，而植物激素脱落酸（ABA）是控制气孔开度的主要传输信号。当水分亏缺时，木质部携带的ABA信号会向叶片大量输送，叶片ABA浓度增加，使气孔开度降低、蒸腾阻力增大，因此蒸腾速率会下降，作物的生理耗水会减少，叶片水分利用效率将得到提高[14]。

20世纪70年代中期，Chalmers D J 等[15]对果树在调亏方面的研究表明，果树在调亏期间营养生长受到的影响较大，在果实生长方面受到的影响较小，这为亏水灌溉在增产或不减产方面获得了一定的理论依据。确定合适的水分亏缺时期对作物能否增产或提高品质至关重要。有试验研究表明，果树后期经水分亏缺灌溉可提高果实品质。如马福生等[16]研究表明，成熟末期进行亏水处理提高了梨枣的有机酸含量和可溶性固形物含量，总体上改善了枣的品质。在调亏灌溉对作物生长、生理指标及产量的影响研究中，都可发现复水后的作物具有明显的补偿生长效应。Li S 等[17]认为，果树在一定的水分胁迫下，可抑制果树冗余的营养生长，水分胁迫解除后反而能促进果实生长，从而能在采收时获得更大体积的果实。雷廷武等[18]对桃树、钟韵等[19]对苹果树、Chalmers D J 等[20]和武阳等[21]对梨树的研究表明，调亏灌溉（RDI）显著地抑制果树的营养生长，提高了水分利用效率，增加或保持了果实产量。王开荣等[22]对葡萄树进行调亏灌溉的研究表明，当葡萄树萌芽展叶期的土壤水势降低到−80kPa时，进行灌水能显著降低可溶性固形物和糖酸比，但能显著提高酒石酸的含量，同时降低花青素的含量影响果实成熟时的果实颜色。而果实成熟期进行调亏，能提高可溶性固形物含量，淀粉含量降低，降低有机酸的含量，果实口感得到改善，但是果实颜色并未受到明显的影响。

1.2.4 果树根系吸水模型研究

目前，作物根系吸水模型的研究多集中在冬小麦、水稻、玉米等一年生作物方面，左强等[23]应用 Microlysimeter 研究了作物根系的吸水特性，并提出可运用数值迭代反求方法推求平均根系吸水速率。孟雷等[24]研究了污水灌溉条件下，冬小麦根系吸水速率的分布规律；虎胆·吐马尔白[25]对秸秆条状覆盖条件下的土壤水分运动及有效根系密度分布进行了研究，建立了基于有效根长密度分布函数的二维玉米根系吸水模型；周明耀等[26]对南方地区节水灌溉条件下的水稻根系进行了初步的研究，并建立了水稻分蘖期根系吸水模型。而果树多为多年生植物，由于根系延伸范围较大，现有的作物根系吸水模型并不能直接运用到树木上。20世纪80年代以后，有学者先后对单棵树根系吸水进行了一些初步的探索，在一定程度上揭示了多维根系的吸水规律。刘川顺等[27]在参考前人研究的基础上，分析了柑树二维根系吸水速率的空间分布及其影响因素，并运用二维柱坐标非饱和土壤水分运动方程反求出了柑树根系的实际吸水速率，可惜没有进一步总结出根系吸水模型，而是着重分析了土壤水势、根系密度和大气蒸发力等因素对根系吸水的影响。田盼盼等[28]根据实测的根系数据，分析了滴灌条件下枣树根系分布规律，建立了一维枣树根系吸水模型。Qingyun Zhou 等[29]在土壤水分动态及葡萄根系分布的基础上，建立了一个二维根系吸水模型，分别用 Hydrus－2D 模型和部分根区交替灌溉模型对土壤水分动态进行了模拟，通过对两个模型模拟的土壤含水率与实测值进行比较，结果显示，部分根区交替灌溉模型更适合于模拟土壤蒸发较大、根系分布不规则的干旱地区的土壤水分动态。由于根系的生长具有瞬态性，受观测条件及观测设备的限制，很难观测到连续的根系生长的动态数据，即便建立根系空间分布特性的数学模型，也很难估算出根系的动态分布，而现有的根系吸水模型大多以根系分布、根系密度及根系阻力等为基础，因此根系吸水速率的动态资料也很难获得。由于对根系吸水问题的研究起步较晚，且难度大，目前尚有许多不完善的地方。

1.2.5 果树灌水技术研究

果树的灌水技术除了常规的沟畦灌、微灌技术外，通过不断改进、发展和实践应用，出现了分根交替灌、垂直线源灌、地下滴灌、冠层弥雾灌、滴灌等新的灌水技术。魏光辉[30]对干旱区成龄枣树不同灌溉方式下耗水特性的研究表明，枣树在沟灌条件下当灌水定额为 450m^3/hm^2，会产生平均 10.39%的深层渗漏量；当灌水定额为 600m^3/hm^2，会产生平均 36.97%的深层渗漏量，比相同定额下的滴灌方式高出 16%以上。王洪源等[31]以膜下滴灌（MDI)、地表滴灌（DI）和地下滴灌（SDI）3 种滴灌模式，在我国西北地区进行了甜瓜耗水量和产量影响的试验研究。结果表明：MDI 较 DI 平均增产 16%，较 SDI 平均增产 7.5%，SDI 较 DI 平均增产 7.9%，3 种滴灌模式的单产均高于当地地面灌溉的单产。陈若男等[32]在滴灌技术下，得到毛管布置方式为一沟三管，滴头流量为 2.7L/h，滴头间距为 40cm 的不同灌水周期与葡萄产量和地上净增生物量的关系。杜太生等[33]对根系分区交替灌溉的研究表明，该灌水技术比常规滴灌更省水。程慧娟等[34]研究了垂直线源灌的不同线源长度、不同线源直径对土壤湿润体的影响及初始含水率对土壤垂直线源入渗的影响。姚鹏亮[35]对不同弥雾方式下枣树花期的枣园小气候影响的研究表明，冠层中下部弥雾可以比对照组显著提高冠层湿度，增加坐果率。冠层中部弥雾的枣树产量比对照组、上部弥雾、下部弥雾分别提高 51%、26%、4%；弥雾 60min 枣树的产量比对照组、弥雾 20min、弥雾 40min 分别提高 49%、20%、2%。

1.2.6 枣树生理生态及品质影响研究

王娟等[36]在亏水处理对枣树生理生态指标影响的研究中得出，在花期和果实膨大期进行中度亏水的情况下，果实纵、横径的生长会有显著提高，枣树干径生长则会受到抑制，叶绿素随生育期的推进呈先增大后减小的规律，且同一生育期不同亏水处理的枣树叶片叶绿素含量差异均不显著。田盼盼[37]在研究滴灌条件下枣树根系分布规律时发现，枣树的根系在垂向和径向上都是随着距离的增加而减小。王颖[38]在不同灌水量对梨枣生理特性、产量和品质的影响研究中初步得出，当灌溉至田间持水率的45%时最有利于梨枣树的光合作用。张计峰等[39]在研究滴灌对枣树叶片的影响中得出，下午叶片含水率普遍低于上午，但差异未达到显著性水平。李昱鹏等[40]、崔宁博等[41]、李晓彬等[42]研究了调亏灌溉条件下梨枣的生长、生理特性、水分利用效率等，结果表明，在果实成熟期进行调亏的处理，在减产不显著条件下，明显提高了水分利用效率并且改善了枣的品质。易晓丽等[43]研究表明，在萌芽期进行水分亏缺时，会显著改善梨枣果实品质。于金刚[44]研究了不同滴灌制度对梨枣食用品质的影响，结果表明，灌水次数和灌水量对梨枣可滴定酸（TA）、可溶性固形物（TSS）、还原糖、总糖含量及糖酸比有显著性影响，梨枣中酒石酸及儿茶素、表儿茶素和芦丁等酚类物质的含量也受到滴灌制度的显著影响。魏瑞锋[45]在土壤水分含量对梨枣树光合特性以及果实品质的影响研究中发现，干旱胁迫显著降低可溶性蛋白质和单果重，但随着土壤含水率的减少，梨枣果实中还原糖、可溶性糖、维生素C以及有机酸含量均呈现显著增加趋势。孙盼盼[46]对骏枣果实内糖、酸、维生素C积累过程与调控进行了研究，结果表明，骏枣果实的单果重、纵径及横径的变化规律相同，都呈现双S形变化曲线，钙肥、赤霉素、复合叶面肥均会抑制骏枣果实纵径的生长，随着枣果的生长发育，总糖含量和蔗糖含量逐渐升高，还原糖含量缓慢升高，最高值在果实发育期，在白熟期至采收期逐渐下降，最低值在采收期。

1.2.7 枣树水肥耦合效应研究

水分和肥料是农业生产中影响作物生长的两个重要的环境因子。在农田系统中，水分和养分之间、各养分之间以及作物与水肥间相互激励与拮抗的动态平衡关系，以及作物生长发育和产量的形成对这些相互作用的影响称为作物的水肥耦合效应。Arnon[47]提出旱地植物营养的基本问题是如何在水分受限制的条件下合理施用肥料、提高水分利用效率，这使得水肥之间的耦合效应引起了重视。不少学者以枣树为研究对象，开展水肥耦合效应对产量的影响试验研究，以期找出灌溉和施肥的最佳组合。胡安焱等[48]研究了滴灌条件下水肥耦合对枣树产量的影响，结果表明，枣树生育期水肥耦合的最佳模式为灌溉量5248m^3/hm^2＋施肥量1572kg/hm^2。滴灌与水肥耦合节水技术集成的最佳模式为灌溉量5248m^3/hm^2＋施肥量1048kg/hm^2。刘国宏等[49]针对不同施肥水平对成龄枣树生长及产量的影响进行了研究，结果表明，滴灌条件下，合理的施肥量为尿素1050kg/hm^2、硫酸钾660kg/hm^2，枣树产量可达8028kg/hm^2。滴灌施肥与传统施肥相比，尿素、硫酸钾肥料配合合理，能有效提高枣树产量和品质。王成等[50]在南疆绿洲区滴灌枣树不同生育期水肥利用研究中得出最优的灌溉施肥方式：灌溉定额为5400m^3/hm^2、施肥量为2250kg/hm^2，既能满足枣树对水分的需求，又能获得较高的经济产量，初步明确了枣树的水肥耦合关系。

1.2.8 果树农艺节水调控技术研究

利用耕地整理、覆盖地膜、以肥保水、以化控水等农艺措施与普通耕种方法相比能够节水约30%，并使农作物增产，其特点为土壤不板结、灌水均匀、调节农田小气候、保土保肥等，近些年来对农艺节水调控技术研究较多，主要包括：①平整土地，畅通排灌，修建并完善拦水、蓄水设施；②作物优先选用节水高产基因型品种，因时制宜、因地制宜地安排作物布局与品种搭配；③采用“以松代耕”“高留茬免耕套播”等以节水保墒和减少水肥流失为目的的保护性耕作方式；④根据不同作物生长发育需要，配套使用不同的灌溉方式、灌溉时期、灌溉次数以及不同灌溉量的调控技术；⑤水肥一体化调控；⑥生物、化学调控等不同的农艺措施[51]。其中保水剂、黄腐酸等物质的使用属于生物、化学调控措施内容。保水剂属于高效吸水性树脂，它能够迅速吸水，吸取的水量可以达到其自身重量的数百倍甚至千倍以上。使用时将其拌种包膜，种子播入土中后因保水剂迅速吸收水分形成水分黏液保护膜附着种子周围，不但改善了种子萌发时的土壤微环境，更是扩大了种子与土壤的接触面积，十分有利于种子萌发和成苗[52]。生长调节剂的使用属于能够有效促进根系生长和扩展的化学调控，如利用黄腐酸进行拌种使用或适期叶面喷施，可以有效地提高根系活力并促进根系生长[53]。白云岗通过在葡萄果实膨大期喷施“FA旱地龙”与“早露植宝”两种抗旱蒸腾剂，研究对葡萄的生理调节作用及节水抗旱效应，结果显示，喷施抗蒸腾剂可以提高植物光合速率，减低气孔导度，降低叶片蒸腾强度，起到促进葡萄生长和减少水分散失的作用，同时还可以提高葡萄叶绿素含量和叶片含水率，有利于减轻干旱胁迫。喷施抗旱剂对葡萄具有增产作用，增产幅度为7.2%，抗旱蒸腾剂的有效期一般在9天左右。

1.2.9 农林复合系统种间相互作用研究

农林复合系统对田间小气候具有改善作用，如林木对空气流动有抑制作用，可间接减少农田水分的蒸发，为灌溉水在系统中的分配和利用争取了时间，提高了作物的水分利用率；系统中树木枝叶遮挡阳光，对大气垂直温度变化有缓冲作用，地表温度较低，有助于减少系统中作物的高温胁迫[54-55]。王颖等[56]研究发现，间作第3年，林内平均风速比林外降低了32.1%，最高风速降低了47.4%；间作第6年，林内平均风速比林外降低了59.8%，最高风速降低了71.1%。李增嘉等[57]对麦桃、麦苹、麦梨3种间作模式进行研究，结果表明，3种间作模式与单作麦田相比，相对湿度分别提高9.5%、13.1%、3%，相对湿度的增加对小麦籽粒的灌浆十分有利。

农林间作系统中植株地上部分的竞争主要是对光合作用必要条件的竞争。黄宝龙等[58]研究表明，6年生池杉与油茶间作模式中光能利用率是单纯种油茶参照地的3.64倍。薛鹏[59]对农林间作系统的研究认为，在作物生长旺盛季节（5—9月），全天平均光强为42000～59000lx，平均相对光强为76.7%～78.8%。间作带遮阴部分的光强在9：00前和16：00后的这两个时间段也能达到对照光强的95.2%～38.5%。刘晓鹰[60]研究指出，柳杉与黄连间作的光能利用率是柳杉纯林光能利用率的2.5倍。Monteith等[61]研究指出，间作作物的相对受光面积较大是农林复合系统中生物量提高的主要原因。随着间作系统在农林经济中日渐发挥效益，近几年国内外对间作群体种间光竞争关系的研究较多并得出不同结论。赵莉[62]对桑树间作大豆的研究表明，桑树/大豆间作促进桑树的光合能力，而对大豆基本不产生影响，种间促进作用明显大于种间竞争作用。丁松爽等[63]在不同间作条件下枣树的光合特性研究中表明，间作枣树的光合特性参数直接受种间关系的影响。焦念元等[64]对玉米/花生间作系统研究发现，在阴天和晴天间作玉米的光合速率较单作玉米均有明显提高，花生光合速率却明显降低。但多数学者认为，想要确保间作系统作物的产量和质量，在间作作物生长旺季，保证作物生长所需的辐射截获量和光质，提高间作系统的光能利用率是首要任务。

在农林间作模式中，水分竞争是造成作物减产的主要原因，充分了解土壤水分的时空分布特征对优化调节种间关系具有重要意义。田阳等[65]对果农间作的土壤含水率进行测定，发现间作系统土壤含水率在不同物候期、不同种植密度、不同土层均存在明显的变化特征。这为作物不同深度根系对土壤中水分需求的时间、空间上的互补性提供了可能。赵雪娇等[66]对玉米/甘蓝间作模式进行了研究，发现间作模式在生育期内的蒸发蒸腾量位于单作玉米和单作甘蓝之间，在生长中后期的土壤水分呈现明显的单作甘蓝＞间作＞单作玉米。其各处理的土壤水分等值线也出现明显的分异规律，总体表现为单作玉米最深，单作甘蓝最浅，玉米/甘蓝间作居中。凌强等[67]研究表明，在保证枣树生育期内正常生长的前提下，农作物土壤水分消耗主要在0～60cm土层，其中0～20cm土层土壤含水率与次降雨后干旱天数存在显著指数负相关，雨后18天间作模式0～60cm土层土壤水分含量均高于单作模式，故间作系统显著改善了枣树林土壤水分环境，是黄土丘陵区克服季节性干旱的有效措施。王克林等[68]研究杨树、玉米间作发现，间作模式显著降低了0～100cm各层土壤含水率，提高了10～100cm土层土壤无机氮含量和0～50cm土层土壤有机氮含量，增加了土壤有机碳、全磷含量在0～30cm与30～100cm土层分布的差异。此外，研究者认为农林复合系统不具有改善农田土壤水分状况的作用。如徐明岗等[69]研究结果表明不同种草模式、不同土层深度下土壤水分含量明显低于果树区。惠竹梅等[70]研究发现，杂草可以明显降低葡萄园土壤水分含量，但不同种类的草对其影响程度具有很大的差异。

1.3 主要研究内容与方法

1.3.1 基于土壤水分灌水控制下限的滴灌枣树灌溉制度

探讨滴灌条件下不同灌水控制下限对枣树耗水、水分利用效率、产量及品质的影响，综合考虑节水、高产、优质和高效等方面，分析得出枣树适宜的灌水控制下限，建立产量、灌水控制下限及耗水的回归模型，制定基于土壤水分灌水控制下限的滴灌枣树灌溉制度。

1.3.2 不同灌溉方式下枣树的耗水特性

分析了不同灌溉方式对枣树生长、产量、水分生产效率、果实品质的影响，并据此提出了不同灌溉方式下枣树的优化灌溉制度，建立了枣树耗水量敏感因素的判定模型。此外利用主成分回归模型预测枣树耗水量，用于指导灌溉制度。为环塔里木盆地特色枣树种植制定合理的灌溉制度提供科学依据。

1.3.3 滴灌枣树根系分布特性及吸水模型

分析滴灌枣树根系的伸展长度、深度及根重在土壤中的分布情况，研究滴灌对枣树根系的影响。对有效根系的根长密度的空间分布进行研究，探究有效根长密度与根系吸水速率之间的定量关系，并对有效根长密度的空间分布进行一维和二维的数值模拟。采用改进 Feddes 模型，在考虑有效根长密度对根系吸水速率影响的情况下，建立枣树根系吸水模型。依据带有根系吸水项的土壤水分运动方程，并结合土壤水分动态资料及表土蒸发等数据对模型进行验证。

1.3.4 水分亏缺对枣树生理生态指标影响

研究了不同亏缺处理下枣树的耗水规律、生长性质及生理指标的变化形式，探究枣树不同生育期、不同程度水分亏缺对枣树产量、水分利用效率、新梢干物质累积量及品质的影响和响应机制。分析比较各生理生态指标对枣树在节水、高产、高效和优质等方面的综合影响，得出最优水分亏缺的灌水方案。

1.3.5 枣树花期冠层弥雾试验和根区土壤水分模拟

通过枣树生育期内对不同灌溉方式下枣树的生长指标进行监测、收获期对枣树产量进行实测以及对枣树果实品质各指标进行测定，运用 DPS 软件对实验数据进行了整理和方差分析，综合分析不同弥雾方式对花期枣树的适用性，筛选出适宜研究区枣树的弥雾方式。用考虑根系二维分布的 Hydrus 模型对根区土壤水分动态进行了研究，模拟了不同层土壤水分在枣树生育期内的动态变化和根区剖面在灌溉中的二维含水率分布，根据模拟结果对节水灌溉制度进行了优化筛选。

1.3.6 干旱区枣园土壤水深层渗漏数值模拟

根据 Trime－IPH 与 Hydra 土壤水分监测仪定点连续监测枣园土壤含水

率、Trac植物冠层分析仪在枣树不同生育期测定枣树的叶面积指数，开展了枣园土壤水渗漏试验，借助Hydrus－1D模型对地面灌与滴灌方式下的土壤水分动态及深层渗漏进行数值模拟，以研究干旱区枣园地面灌与滴灌方式下土壤水的深层渗漏规律、灌溉水量的转化以及枣树的耗水特征等。分析了不同灌溉方式对枣树耗水、生长、产量、水分生产效率、果实品质的影响，并据此综合评价不同灌溉方式对枣树的适用性，筛选出研究区成龄枣树的适宜节水灌溉方式。

1.3.7 灌水定额和滴头流量对灰枣产量和品质影响

试验研究灌水定额和滴头流量两个因素对枣树耗水特性、叶温、叶绿素、果实生长、产量、水分利用效率及品质等生理生态指标的影响，研究了①不同灌水处理下枣树的耗水特性及土壤水分分布规律，为研究不同灌水处理对枣树产量、水分利用效率及品质的影响提供理论依据；②灌水定额和滴头流量对枣树的生理指标、叶片温度及果实生长性状的影响，探明灌水定额和滴头流量对枣树生理指标及果实生长性状的影响程度；③灌水定额和滴头流量对枣树产量、水分利用效率及果实品质的影响，通过对产量、水分利用效率及果实品质的比较分析，得到较优的灌水定额及滴头流量处理。

1.3.8 不同水肥及农艺调控措施对枣树生长影响

通过对萌芽期、开花期、幼果期、果实成熟期测定枣树多项生物学、生理学及各器官养分含量指标，研究枣树不同施肥水平对枣树生长发育、产量品质和养分吸收利用的影响，确定出适宜干旱区枣树生长的最佳施肥水平；通过在统一灌水施肥水平条件下，施入不同组合、不同量的生根粉、保水剂、黄腐酸等，然后对萌芽期、开花期、幼果期、果实成熟期的枣树多项生物生理学及各器官养分含量指标进行测定，研究不同农艺措施对枣树生长发育、产量品质和水肥生产率等方面的影响，以期为枣树的优质高产提供合理的农艺调控技术。

1.3.9 干旱区枣棉复合系统种间相互作用关系

对比不同处理枣树、棉花叶片的光合特性指标，分析不同灌水处理下枣棉复合系统枣树、棉花在改变土壤水分环境条件下，地上部光合特性的不同，研究其对枣棉复合系统内枣树、棉花光合作用的影响。揭示枣棉复合系统地上部种间叶片光合作用机理与光能利用关系。对比单作、间作模式下同一物种地上部与地下部的生长特性和土壤水分含量，研究种植模式、灌溉量对种内物种的影响和土壤水分的空间变化和时间分布特征，探明不同条件下种内生长的差异性，揭示不同复合系统水分利用的差异性及系统中水分利用效应。通过分析不同灌水处理下枣棉复合系统中枣树和棉花细根的空间分布特征，以共生区内植物的细根生物量衡量其对种间资源的利用能力，以种间竞争能力指数为评判指标，判别枣棉复合系统内种群竞争能力，阐明复合系统种间竞争关系。

1.3.10 干旱绿洲区枣棉间作系统种间水分关系

通过监测不同水分处理下枣棉间作系统土壤水分变化过程，探究枣棉间作系统土壤水分时空变化特征，分析蒸发蒸腾量变化规律，揭示棵间土壤蒸发的影响因素。采用碳稳定同位素法、热扩散法和微型蒸渗仪等方法，分别对枣树和棉花各生育阶段的蒸腾量、蒸发量进行分析测定。在与传统水量平衡理论验证分析结果的基础上，研究枣棉间作系统各生育期种间水分分配关系和水分利用效率。将枣棉间作系统视为整体研究对象，采用双作物系数法对该系统的蒸发蒸腾量进行模拟研究，分析间作系统蒸发蒸腾量的影响因素，并对双作物系数模型、综合法（稳定碳同位素法、热扩散法和微型蒸渗仪）、水量平衡法所计算出枣棉间作系统复合蒸发蒸腾量的结果进行综合对比，为科学制定灌溉制度提供理论依据。

第 2 章　滴灌枣树地温变化及土壤水分控制下限指标试验

2.1　试验区概况及试验方案设计

2.1.1　试验区概况

2.1.1.1　地理位置

试验区位于新疆阿克苏市郊区的阿克苏农业科技示范园内，距离阿克苏市约 11km，地理坐标为北纬 41°16′～41°17′，东经 80°20′～80°21′，属于典型的暖温带大陆性气候，多年平均气温 10.7℃，大于等于 10℃的年有效积温为 3902.9℃左右，年日照时数为 2750～3078h，多年平均每日太阳总辐射量为 173.14～187.72W/m^2，多年平均降水量为 74.4mm，多年平均蒸发量为 1868mm，全年无霜期约 212 天。根据试验区的自动气象站观测数据，2009—2011 年主要的气象数据见表 2.1～表 2.3。

表 2.1　　2009 年主要气象因子各月平均值

月份	大气温度 /℃	大气相对湿度 /%	太阳辐射量 /(W/m^2)	总降水量 /mm	ET_0 /(mm/d)
4	17.8	34.0	110.46	0.0	3.0
5	19.5	39.4	141.82	3.4	3.3
6	22.9	44.4	189.56	1.4	4.2
7	23.2	53.9	250.19	19.2	4.9
8	22.0	59.9	215.46	4.6	4.2
9	16.8	70.0	158.31	23.8	2.8
10	13.0	63.7	141.28	0.0	2.5

表 2.2　　2010 年主要气象因子各月平均值

月份	大气温度 /℃	大气相对湿度 /%	太阳辐射量 /(W/m^2)	总降水量 /mm	ET_0 /(mm/d)
4	14.7	37.4	191.96	2.8	4.0
5	18.3	48.0	211.75	15.4	4.3
6	21.7	58.0	277.74	34.4	4.3

续表

月份	大气温度/℃	大气相对湿度/%	太阳辐射量/(W/m²)	总降水量/mm	ET_0/(mm/d)
7	23.0	62.7	215.17	43.0	4.1
8	23.2	64.4	185.42	1.6	3.6
9	16.6	75.3	124.44	31.2	2.1
10	14.0	72.4	147.87	3.2	2.5

表 2.3　2011 年主要气象因子各月平均值

月份	大气温度/℃	大气相对湿度/%	太阳辐射量/(W/m²)	总降水量/mm	ET_0/(mm/d)
4	17.7	41.4	183.90	4.3	3.8
5	20.6	52.2	213.71	3.7	4.0
6	22.6	55.6	224.99	21.7	4.3
7	23.2	59.9	202.80	9.8	4.4
8	21.6	69.9	172.76	34.2	4.1
9	17.7	73.5	132.13	4.8	2.3
10	14.4	68.9	125.65	0.0	2.0

2.1.1.2 试验区土壤特性

用环刀分层取土，每层厚度为 20cm，分别测定土壤干容重及田间持水率，测定深度为地面以下 100cm，0～100cm 土壤平均田间持水率（体积含水率）为 34.5%，平均干容重为 1.49g/cm³，见表 2.4。

表 2.4　不同深度土壤田间持水率与干容重

土层深度/cm	田间持水率/%	土壤干容重/(g/cm³)
0～20	33.4	1.42
20～40	33.8	1.50
40～60	34.2	1.49
60～80	35.1	1.54
80～100	35.9	1.51
平均值	34.5	1.49

对试验区 0～100cm 土壤质地进行分析，得到不同深度土壤颗粒组成，见表 2.5。

枣树根系主要分布于土壤 20～60cm 处，由表 2.4 和表 2.5 可以看出 20～60cm 处土壤为粉壤土，平均田间持水率为 34.5%（体积含水率），平均干容重为 1.49g/cm³。

表 2.5　　试验区各层土壤颗粒组成

土层/cm	砂粒(d>0.075mm)	粉粒(0.075mm>d>0.005mm)	黏粒(d<0.005mm)	土壤质地
0～20	40.3%	50.8%	8.9%	粉壤土
20～40	35.8%	54.6%	9.6%	粉壤土
40～60	38.0%	52.9%	9.1%	粉壤土
60～80	22.3%	54.5%	23.2%	黏壤土
80～100	24.7%	49.5%	25.7%	黏壤土

2.1.1.3　试验区土壤养分状况

表 2.6 为试验区 20～80cm 处的土壤养分状况，可以看出，浅层土壤（20～40cm）的有机质、速效钾、速效磷和碱解氮含量比深层土壤（60～80cm）要高，这主要与试验地在土层 40cm 以上施用过基肥有关。

表 2.6　　各层土壤养分状况

土层/cm	有机质/(g/kg)	速效钾/(mg/kg)	速效磷/(mg/kg)	碱解氮/(mg/kg)
20～40	8.05	123	18.8	23.5
40～60	6.89	142.5	10.9	19
60～80	4.39	119.5	9.2	13

2.1.2　试验方案设计

枣树品种为灰枣，树龄 7 年（2009 年），树高 2～3m，干径为 7～8cm（距地面 30cm 处），株行距为（1.5～2.0）m×3m。滴灌采用一行两管布置模式（即在一行果树的两侧各布置一根毛管），毛管距树行 50cm，滴头间距 50cm，滴头流量 3.75L/h，滴头为压力补偿式滴头。

滴灌的灌水定额均为 450m³/hm²，设置覆膜和不覆膜两种处理，覆膜即在毛管上覆白色塑膜，膜厚 0.008mm，膜宽 75cm，不覆膜处理（后称“无膜”）作为对照。

通过调查，枣树根系主要集中于地面以下 20～60cm 处，因此以 20～60cm 深度土壤的平均含水率作为灌水控制下限值。试验设计了 5 个灌水水平，分别以土壤 20～60cm 处平均田间持水率的 40%、50%、60%、70%和 80%作为灌水控制下限控制指标，当各个处理20～60cm 深度的平均含水率低于下限值时，则开始灌水。试验从 4 月中旬开始到 10 月下旬结束。

2.1.3　观测项目及方法

1. 土壤水分

采用土壤水分测试系统 Trime-IPH 测定不同深度处土壤含水率，每种处理布设一组 PVC 管，每组五根，分别布置在行间距树 50cm、100cm、150cm

和株间距树 50cm、100cm 处（图 2.1）。每根 Trime 管埋深 1.2m，测量土层（10cm、20cm、30cm、40cm、50cm、60cm、80cm、100cm）的含水率，所测得的含水率数据均为体积含水率。为寻找土壤实际含水率与仪器显示值之间的关系，在测量前，先用传统的取土烘干法测量各层土壤的含水率，取土烘干法所测结果为质量含水率，利用每层土壤的干容重，将质量含水率换算为体积含水率，再对照仪器显示值，对仪器所测值进行率定。所得结果如下：

$$Y=2.033X^{0.8093} \quad (n=39, R=0.7979, r_{0.01}=0.408) \tag{2.1}$$

式中：Y 为土壤实际含水率，%；X 为仪器测量含水率，%；n 为统计样本数；R 为回归方程的相关系数；$r_{0.01}$ 为显著性 0.01 所对应的临界相关系数。

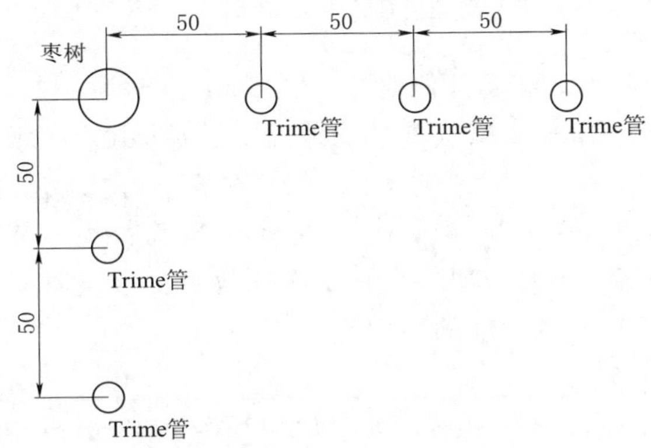

图 2.1 Trime 管平面布置（单位：cm）

枣树的耗水量可由水量平衡公式计算：

$$ET=\Delta W+P+I+G-D \tag{2.2}$$

式中：ET 为阶段耗水量，mm；P 为时段内降雨量，mm；I 为时段内灌溉量，mm；G 为时段内地下水补给量，mm；D 为时段内深层渗漏量，mm；ΔW 为时段内土壤储水量变化，mm。

$$\Delta W=10\sum H_i(\theta_{i2}-\theta_{i1}) \tag{2.3}$$

式中：H_i 为第 i 层的土壤厚度，cm；θ_{i1}、θ_{i2} 为第 i 层土壤计算时段始、末的含水率。

因试验区地下水深度在 10m 以下，地下水无补给量，故 $G=0$；根据试验监测的土壤含水率数据分析得出灌水引起土壤的深层渗漏量很小，故 $D=0$；因此，式（2.2）变为

$$ET=\Delta W+P+I \tag{2.4}$$

利用式（2.4）可计算出枣树生育期各个生育阶段的耗水量 ET(mm)。根据实际观测的各生育期出现的时间，可计算出其日耗水强度。

2. 土壤蒸发和植株蒸腾

土壤蒸发采用微型蒸渗仪测定，微型蒸渗仪由直径15cm、高度30cm的PVC管制成，底部封口，外部有0.75mm厚的镀锌铁皮卷成的套筒，套筒顶部与地面平齐，蒸渗仪分别布置在距离取样树的行间和株间各50cm和100cm处。采用精度为0.1g的电子天平测定，计算蒸渗仪重量差，之后折算为蒸发量，单位为mm。每天测定一次，测定时间为上午11：00，每次灌水后和降雨后更换筒内土。

植株蒸腾采用SF探针式茎流测量系统（德国产）测定，该仪器能自动、连续地记录树干液流速率以及液流量，数据采集的时间间隔为10min。另外利用茎流仪（Dynagamax）所携带的软件下载并处理数据。

3. 地温的测定

地温采用金属曲管温度计测量，5～25cm长度为一组，用于观测地下5cm、10cm、15cm、20cm、25cm处的地温。平时每两天观测1次，每次观测时间为8：00、14：00、20：00；每5天观测一次地温的日变化过程，8：00—20：00每两小时观测1次；在灌水当天、灌水前后和特殊天气8：00—20：00，每1小时观测1次。每次读数时，每组温度计分别按顺序和逆序读取，分析数据时取两次的平均值。

4. 气象数据的测定

试验地设有小型自动气象站，气象站型号为“Vantage Pro2”。气象站可测定枣树全生育期内的温度、降雨量、风速、湿度、太阳辐射、气压等气象因子数据，并进行实时记录。

5. 枣树产量和果实品质的测定

枣树收获时，每种处理选取3棵树，分别称量每棵树的产量，最后取3棵树的产量平均值作为这种处理枣树的产量，并将其折算到单位面积上的产量。另外各处理分别选取100粒枣，称重以计算单果重。

从每种处理中随机选取枣果500g左右，化验枣的维生素C、总酸、总糖和还原糖。总糖与还原糖含量采用斐林法测定；总酸含量采用酸碱滴定法测定；维生素C含量采用2,6-二氯靛酚滴定法测定。

6. 叶绿素

叶绿素采用SONY公司制造的手持式叶绿素指数仪进行测量，每种处理选3棵树，在每棵树的东、西、南、北4个方向上选择3个固定叶片进行测量，一棵树共计12个叶片，取12个叶片的平均值作为一棵枣树的测量值，3棵枣树的测量值求平均作为每种处理的叶绿素含量，每隔15天测定一次。

7. 叶片压力水势

采用MODEL-600型PMS压力室水势仪，测定枣树不同生育期叶水势的日变化过程。在不同生育期内各选择一个晴朗天气，从 8：00—20：00 每 2h 测定一次，分别选取枣树中部的正常生长的枣叶作为样品，每种处理取 3 棵树，每棵树取 3 片，共 12 个叶片，取测定值的均值作为该处理的叶水势。

8. 果实纵横径

采用游标卡尺分别测量果实的纵径和横径。每个处理选择 3 棵树，每棵树选 3 个正常生长的枣吊，每个枣吊上选一粒枣，做记号，每隔 10 天测定一次。

2.2　滴灌条件下枣树浅层地温变化

2.2.1　覆膜与无膜处理的地温随土壤深度的变化

地温的变化是由于土壤受太阳辐射和有效辐射并将辐射以热传导的方式进行传递而引起的变化。不同深度地温的日变化是地表散热和吸热之间动态变化的结果。日间日辐射强度高，地表散热小，吸热大，因而表层地温升高；夜间沿土壤深度方向地表散失的热量大于吸收的热量，因而表层地温降低。表层的热量吸收和散失向地下传递有一个过程，所以深度越深地温变化越缓慢、越迟缓、幅度越小。以 2011 年 7 月 22 日（晴朗无云，枣树处于果实膨大期）覆膜与无膜处理土壤在不同深度的地温日变化为例，如图 2.2 所示。

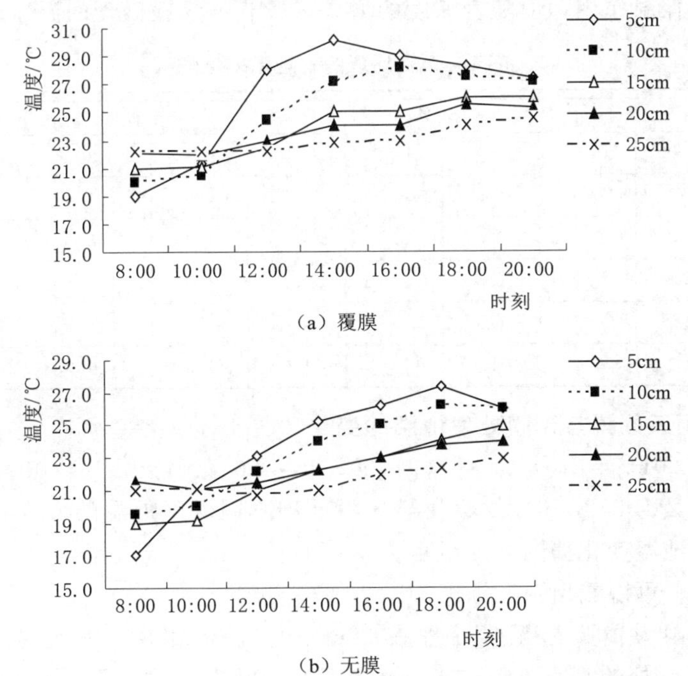

（a）覆膜

（b）无膜

图 2.2　2011 年 7 月 22 日覆膜与无膜处理土壤在不同深度的地温日变化图

从图2.2中可以看出：

(1) 覆膜处理在土深为5cm、10cm、15cm处地温的日变化幅度较大且趋势相同，20cm处地温变化较缓慢，25cm处变化更缓，无膜处理与覆膜处理有相同的趋势，表明土深越大地温对太阳辐射的滞后性越明显。

(2) 在12：00—20：00之间，同一时刻覆膜和无膜处理的地温随深度的增加而降低，即5cm>10cm>15cm>20cm>25cm，表明土壤处在吸热并将热量向下传递的过程；而在8：00—10：00和18：00—20：00是白昼土壤温度变化的分水岭，土壤上层的温度急剧上升或下降，而下层平稳递增或递减。

(3) 对于覆膜处理，不同深度的地温最高值出现的时间不同，5cm深度出现在14：00，10cm处出现在16：00，15cm和20cm处出现在18：00，25cm处出现在20：00，可见覆膜地温最高值出现的时间随土深的增大而延迟，这与太阳辐射、外界气温等的规律性变化以及外界热量向土壤深层热传导需要一定时间有关，对于无膜处理这种规律不太明显，这可能与枣树植株对太阳辐射的遮阴影响有关。

另外将覆膜与无膜处理相同时刻、相同深度的地温值相减得到表2.7。从表2.7中可看出，覆膜处理比无膜处理的地温都要高，在5cm深度处温差最大达4.9℃，其次10cm深度处为3.2℃，25cm处为1.8℃，这表明在晴天覆膜对土壤有保温作用，但随着深度的增大，覆膜与无膜处理的温差越来越小。

表2.7　　覆膜与无膜处理的日地温差值表　　单位：℃

深度/cm	时刻							平均值	最大值
	8：00	10：00	12：00	14：00	16：00	18：00	20：00		
5	2.0	0.3	4.9	4.9	2.8	0.9	1.4	2.5	4.9
10	0.5	0.5	2.3	3.2	3.2	1.3	1.2	1.7	3.2
15	2.0	1.9	1.5	2.8	2.1	1.9	1.1	1.9	2.8
20	0.5	0.9	1.5	1.8	1.0	1.7	1.3	1.2	1.8
25	1.2	1.1	1.5	1.8	1.0	1.8	1.6	1.4	1.8

2.2.2　阴雨天覆膜与无膜处理地温的变化

试验以2011年7月31日（9：00—15：00为阴天，15：00—20：00下雨，总降雨量为2.2mm）的覆膜与无膜处理不同深度地温的日变化规律为例进行分析，地温变化如图2.3所示。

由图2.3可以看出：

(1) 阴雨天覆膜与无膜处理在20cm和25cm深度处的地温均比5cm、10cm和15cm处的高且变化更平缓，在15：00左右开始降雨，此时5cm和10cm深度处的地温急剧下降，各深度的下降趋势随土深增大而有所减缓，表

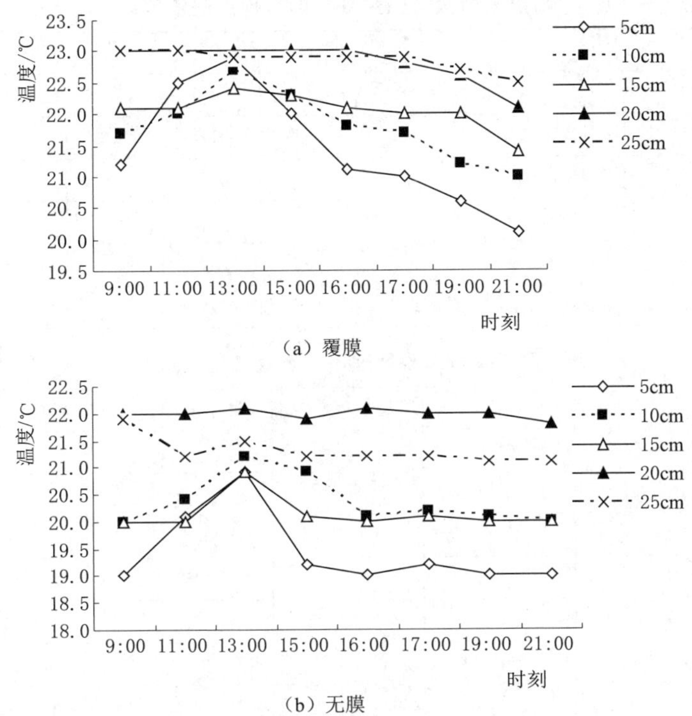

（a）覆膜

（b）无膜

图 2.3 2011 年 7 月 31 日（阴雨天）覆膜与无膜处理不同深度的地温日变化图

明降雨对地温的影响有一个过程，深度越浅，受降雨影响越显著。

（2）对于覆膜处理，降雨后同一时刻的地温随着深度的变化规律大致为深度越大地温越高，即 25cm>20cm>15cm>10cm>5cm，而无膜处理不论是降雨前还是降雨后始终保持相同规律，即 20cm>25cm>10cm>15cm>5cm，无膜与覆膜处理有所不同，这与外界气温的规律性变化和外界热量向土壤深层热传导规律有关。

（3）覆膜处理中，降雨只对 5cm、10cm 深度处的地温影响显著，15cm、20cm、25cm 深度处地温变幅不大；而无膜处理中，降雨对 5cm、10cm、15cm 深度处的地温都有影响，且下降幅度比覆膜处理的剧烈，这主要由于覆膜对降雨入渗有阻碍作用，同时覆膜也能减少水分扩散到空气中，影响了土壤热传导，致使土壤下层地温保持相对恒定。

另外，把同时刻同深度的覆膜地温减去无膜地温得到表 2.8，从表 2.8 可以看出：在同时刻同深度，覆膜处理的地温都明显高于无膜处理。表明阴雨天覆膜对土壤的保温作用更加显著。

覆膜与无膜处理在不同土层的地温平均值、最大值、最小值及最大与最小地温差值见表 2.9。

表 2.8　阴雨天覆膜与无膜处理的日地温差值表　单位：℃

深度/cm	时刻								平均值
	9：00	11：00	13：00	15：00	16：00	17：00	19：00	21：00	
5	2.2	2.4	2.0	2.8	2.1	1.8	1.6	1.1	2.0
10	1.7	1.6	1.5	1.4	1.7	1.5	1.1	1.0	1.4
15	2.1	2.1	1.5	2.2	2.1	1.9	2.0	1.4	1.9
20	1.0	1.0	0.9	1.1	0.9	0.8	0.6	0.3	0.8
25	1.1	1.8	1.4	1.7	1.7	1.7	1.6	1.4	1.6

表 2.9　阴雨天覆膜与无膜处理不同土层的地温变化表

处理	土层/cm	平均值/℃	最大值/℃	最小值/℃	最大与最小值之差/℃
覆膜	5～10	0.4	0.9	−0.5	1.4
	10～15	0.3	0.8	−0.3	1.1
	15～20	0.8	0.9	0.6	0.3
	20～25	0	0.4	−0.1	0.5
无膜	5～10	0.9	1.7	0.3	1.4
	10～15	−0.2	0.0	−0.8	0.8
	15～20	1.9	2.1	1.2	0.9
	20～25	−0.7	−0.1	−0.9	0.8

从表 2.9 中可以看出，覆膜处理和无膜处理地温的最大与最小差值的最大值都发生在 5～10cm，而且土壤越深地温差异越小，但无膜处理的地温差异要大于覆膜处理。

2.2.3　灌水前后覆膜与无膜处理的地温变化

试验采用的灌水定额为 $450m^3/hm^2$，分别对覆膜和无膜处理枣树进行灌溉，以 5～25cm 不进行灌溉作为对照来分析灌溉对地温的影响。试验选取了 7 月 27 日、8 月 4 日和 8 月 12 日每次灌水的前一天、灌水当天和灌水后一天的数据，取其平均值进行对比分析。

表 2.10 为灌水当天覆膜和无膜处理在灌溉和未灌溉条件下的地温分布（以 5cm、15cm 和 25cm 深度处的地温为例）。

从表 2.10 可以看出：在同时刻同深度处，覆膜和无膜处理的地温均为灌溉条件的低于未灌溉条件的。这是因为水的热容量大，升高相同温度，含水率高的土壤相对于含水率低的土壤要吸收更多的能量，因此，水分含量高的土壤地温会偏低。

覆盖地膜改变了土壤的水热耦合特性，图 2.4 为灌水前和灌水后覆膜与无膜处理的地温变化。

表 2.10　　灌溉与未灌溉条件下两种处理的地温变化　　单位：℃

处理	深度/cm	灌溉	时刻					平均值
			10：00	12：00	14：00	16：00	18：00	
覆膜	5	是	21.0	25.0	26.7	27.3	28.0	25.6
		否	23.7	27.0	30.2	30.0	30.0	28.2
	15	是	20.2	21.8	23.4	24.5	26.0	23.2
		否	23.2	24.0	25.1	26.2	27.0	25.1
	25	是	20.5	21.0	21.2	22.5	23.0	21.6
		否	23.8	23.7	24.3	24.4	25.1	24.3
无膜	5	是	21.9	25.0	28.0	29.0	28.1	26.4
		否	22.4	25.6	28.0	29.7	28.5	26.8
	15	是	20.0	21.0	22.9	24.0	25.0	22.6
		否	21.7	23.0	24.0	25.0	26.4	24.0
	25	是	21.0	21.1	21.9	22.2	23.0	21.8
		否	22.5	22.4	23.0	23.0	24.0	23.0

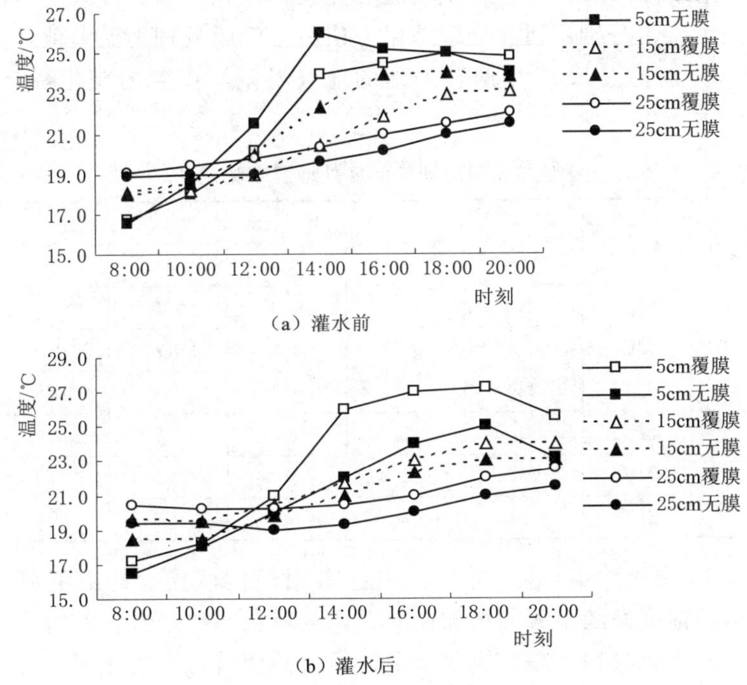

图 2.4　灌水前和灌水后覆膜与无膜处理的日地温变化图

（1）灌水前，覆膜和无膜处理的表层土壤含水率都很低，土壤蒸发小，太阳辐射大部分用于土壤加温，而覆盖地膜能有效阻断水分蒸发，相对无膜处理的土壤含水率高一些，而低含水率土壤吸热大同时降温也大，所以在升温阶段无膜的表层地温高于覆膜，在降温阶段覆膜高于无膜，但在土壤深处，含水率较高，地温变化不大，覆膜地温高于无膜，在土层 25cm 深度处，覆膜比无膜平均温度高 0.9℃。

（2）灌水后，各个深度的土壤含水率增加，太阳辐射中用于土壤水分蒸发的部分增多，用于土壤加温的比例相比灌前减少，覆膜切断蒸发，有效减少潜热消耗，起到了很好的保温作用，同时地膜内空气不断被加热，热量不断传递给土壤，土壤增温效果比无膜处理明显。此外，无膜覆盖比覆膜覆盖的土壤散热快，在各个深度处覆膜地温都高于无膜，两者在 25cm 深度处平均温差为 1.2℃，体现了地膜覆盖的保温作用。

2.2.4　覆膜与无膜处理的地温变幅分析

为了比较覆膜与无膜处理的地温变幅情况，首先将 8：00、14：00 及 20：00（代表早、中、晚 3 个时刻）划分为两时段，即 8：00—14：00 和 14：00—20：00，然后，分别用后一时刻的地温减去前一时刻的地温（即 14：00 的地温减去 8：00，20：00 的地温减去 14：00），得到覆膜和无膜处理在不同深度处的不同时刻地温差值；最后，再分别用覆膜处理地温差值减去无膜处理地温差值，计算结果见表 2.11，分别将表 2.11 中两种处理的地温温差沿深度的变化拟合成曲线，如图 2.5 所示。

表 2.11　　覆膜与无膜处理各深度处地温变幅规律　　单位：℃

时　段	处理	土深/cm					平均值
		5	10	15	20	25	
8：00—14：00	覆膜	11.1	7.2	4.0	1.9	0.6	5.0
	无膜	8.2	4.5	3.2	0.6	0.0	3.3
	温差	2.9	2.7	0.8	1.3	0.6	1.7
14：00—20：00	覆膜	−2.7	−1.4	−0.1	0.7	0.4	−0.6
	无膜	−3.1	−2.3	−1.2	0.1	0.0	−1.3
	温差	0.4	0.9	1.1	0.6	0.4	0.7

从表 2.11 中可看出：在 8：00—14：00 时段内两处理的土壤都处在增温阶段，且增温幅度都随土深的增加而变缓，从增温差值来看，差值为正，说明覆膜土壤升温比无膜快，趋势也随土深的增大而变缓，这也体现了地温对太阳辐射的滞后性随土深的增大而越明显，在 8：00—14：00 时段内两处理的温差随深度的变化关系为 $y=0.004x^2-0.24x+4.16$，相关系数 $R^2=0.8109$；在

14：00—20：00时段内两处理的土壤在5～15cm深度处的地温增值为负，而在20～25cm深度处为正，说明两处理的上层土壤处在明显降温阶段，降温幅度随土深增大而有所减缓，而下层由于土壤热传导有个时间过程，上层热量还在向下传输，所以下层土壤还在缓慢的增温但增温幅度不大，同时下层地温较上一时段变化不明显，尤其在25cm深度处基本保持稳定，这一时段增温差值为正体现了在整个深度内覆膜对地温的保温作用，在14：00—20：00时段内的变化关系为 $y=-0.006x^2+0.174x-0.28$，相关系数 $R^2=0.8351$。

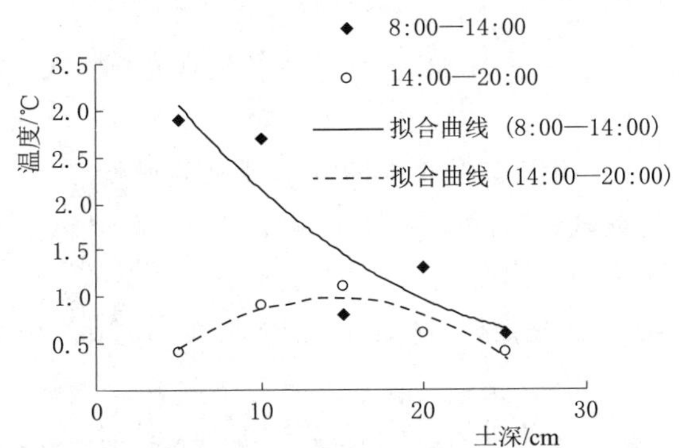

图2.5　覆膜与无膜处理的地温的温差沿深度方向拟合曲线图

2.2.5　小结

（1）土壤越深地温变化越缓慢、越滞后、幅度越小。晴天，对于覆膜处理，不同深度地温最高值出现的时间不同，最高值出现时间随土深的增加而延迟，另外覆膜比无膜处理的地温都要高，在5cm深度处两者温差达4.9℃，随土深增大地温差值越来越小。

（2）在阴雨天，降雨对地温的影响有一个过程，深度越浅，受降雨的影响越显著。覆膜处理中降雨只对5cm、10cm深度的地温影响显著，而无膜处理中对5cm、10cm、15cm深度都有影响且下降幅度比覆膜剧烈。无论是在不同测定时间还是不同测定深度，覆膜处理的地温都明显高于无膜处理，另外，不同深度之间的地温差值，覆膜处理基本小于无膜处理，说明阴雨天覆膜对土壤的保温作用更加显著。

（3）不论覆膜还是无膜，同时刻同深度处灌溉的地温均低于未灌溉的。灌水前，低含水率的无膜土壤吸热大，降温也大，所以在升温阶段无膜的表层地温高于覆膜，而降温阶段覆膜高于无膜，在土壤深处含水率较高，地温变化不大。灌水后，各个深度的土壤含水率增大，覆膜切断蒸发，有效地减少潜热消耗，起到了很好的保温作用，此外，无膜比覆膜的土壤散热快，导致覆膜处理的土壤增温效果比无膜处理明显。

（4）将覆膜与无膜处理的地温在8：00—14：00和14：00—20：00两个时段的增温差值沿深度方向拟合成二次曲线，分别得到关系式为 $y=0.004x^2-0.24x+4.16$（$R^2=0.8109$）和 $y=-0.006x^2+0.174x-0.28$（$R^2=0.8351$）。

2.3　枣树适宜的灌水控制下限指标

2.3.1　滴灌枣树灌水控制下限试验设计

本试验时间从 4 月 19 日—10 月 7 日（171 天），包含了枣树的全生育期。灌水控制下限分别为田间持水率的 40%、50%、60%、70%和 80%，共 5 种处理。各种处理的灌水定额均为 450m³/hm²，各处理具体的灌溉制度见表 2.12。

表 2.12　各灌水控制下限处理枣树滴灌灌溉制度

灌水控制下限	灌水周期/d	灌水次数/次	灌水定额/(m³/hm²)	灌溉定额/(m³/hm²)
40%	11.8	12	450	5400
50%	10.8	13	450	5850
60%	7.0	20	450	9000
70%	6.4	22	450	9900
80%	4.3	33	450	14850

2.3.2　不同灌水控制下限对枣树生理指标的影响

2.3.2.1　不同灌水控制下限红枣纵径和横径的变化

从枣树开始坐果到果实收获之前（7 月 22 日—10 月 10 日），对枣树果实纵径和横径生长量进行测量，各处理的测量结果见表 2.13 和表 2.14。

表 2.13　各个灌水控制下限处理的红枣纵径生长量　单位：mm

灌水控制下限	日期								
	7 月 22 日	8 月 1 日	8 月 10 日	8 月 22 日	9 月 1 日	9 月 10 日	9 月 20 日	9 月 30 日	10 月 10 日
40%	20.40	22.52	23.45	25.95	27.75	28.15	28.61	28.16	26.85
50%	20.44	24.43	26.37	28.55	30.81	31.90	32.07	31.99	30.86
60%	21.34	23.16	25.08	28.19	30.17	31.48	31.82	30.12	30.10
70%	18.15	23.71	24.37	27.72	29.88	30.69	31.25	30.55	28.96
80%	18.34	23.92	25.04	27.40	29.10	30.11	30.53	30.18	29.04

表 2.14　各个灌水控制下限处理的红枣横径生长量　单位：mm

灌水控制下限	日期								
	7 月 22 日	8 月 1 日	8 月 10 日	8 月 22 日	9 月 1 日	9 月 10 日	9 月 20 日	9 月 30 日	10 月 10 日
40%	11.55	13.83	15.09	17.92	19.45	20.15	19.86	19.69	18.53
50%	11.68	15.42	16.91	19.09	20.62	21.97	21.78	21.76	21.10

续表

灌水控制下限	日期								
	7月22日	8月1日	8月10日	8月22日	9月1日	9月10日	9月20日	9月30日	10月10日
60%	11.27	13.96	15.19	17.24	19.90	20.48	20.83	20.59	20.18
70%	9.60	12.99	14.57	17.15	18.79	19.71	19.70	19.80	17.93
80%	9.55	13.29	15.09	16.56	18.28	19.29	19.66	19.40	18.73

利用SPSS数理统计软件分析不同处理之间红枣纵横径值的差异性，结果表明各处理之间差异均不显著。根据测量结果得出每次测量间隔内各处理的红枣纵横径的变化量，并由此作出纵径和横径生长量的变化过程图，如图2.6和图2.7所示。由图可看出：枣树果实萌芽后，在生长初期各个处理的红枣纵径、横径生长都较快，7月22日—8月1日十天内最大纵径和横径的增量分别为5.58mm和4.9mm。在这一阶段，灌水控制下限为80%和70%的红枣纵径增量最大，说明在果实膨大期的初期，水分对果实的增长具有一定的促进作用；9月20日之前，红枣纵径、横径都为正增长，9月20日之后，红枣逐渐停止生长，颜色由绿转红，逐渐被风干变皱，纵横径较上一阶段有所减小，所以会出现负值。

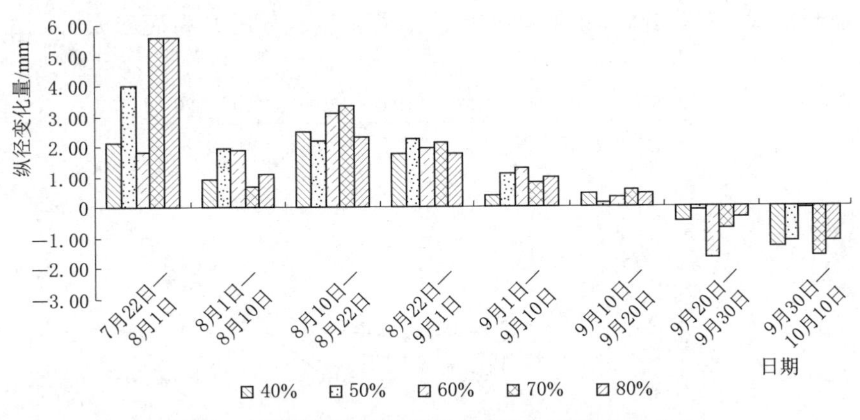

图2.6 各种灌水控制下限处理的红枣纵径变化量

2.3.2.2 不同水分下限的枣树叶水势日变化

植物叶水势是反映植物水分亏缺或水分状况的生理指标之一，受诸多因素的影响，如气温、空气相对湿度、可见光强度、光合有效辐射、植物叶片的蒸腾速率等。枣树在不同灌水控制下限处理的叶水势的日变化趋势大致相同，即在早晨和傍晚较大、中午前后较小，但不同灌水控制下限处理的叶水势出现低谷时的峰值不同，灌水控制下限越低，叶水势值也越低。图2.8所示为8月18日（天气晴朗，日均气温16.1℃，日均相对湿度70.9%）的叶水势日变化

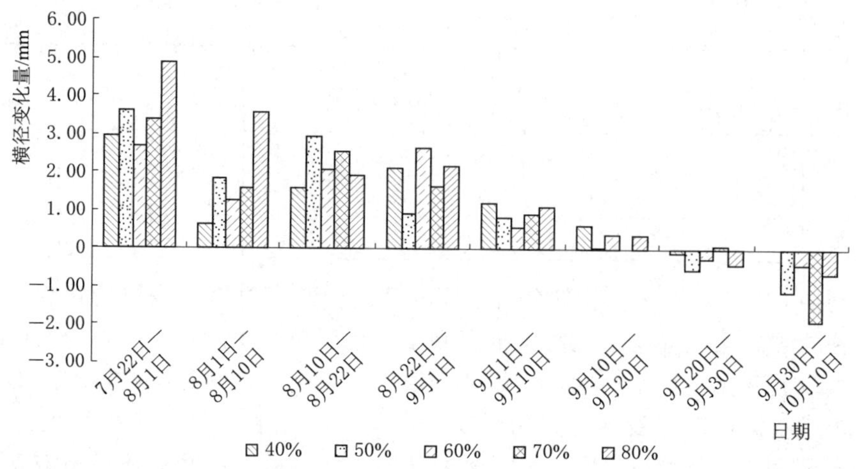

图 2.7　各种灌水控制下限处理的红枣横径变化量

过程，以灌水控制下限为 80%、60%和 40%为例。由图 2.8 可以看出：上午 11：00 之前和下午 18：00 之后，各灌水控制下限处理的叶水势差异不明显，在 11：00—18：00 之间，灌水控制下限为 40%的叶水势值最小，80%最大，60%大致居中。这与土壤水分有关，灌水控制下限为 80%的土壤含水率相对灌水控制下限 40%的高，说明叶水势值随着土壤水分的升高而增大。

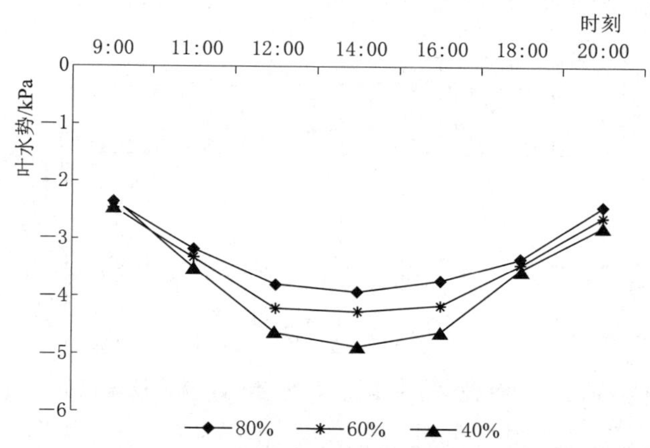

图 2.8　枣树在不同灌水控制下限处理的叶水势日变化图

2.3.2.3　不同灌水控制下限下的枣树叶温的日变化

叶温指植物叶片的温度。在其他影响因素（如：气温、太阳辐射、风和叶片厚度等）相同时，植株叶温的差异主要由蒸腾作用的强度决定，而蒸腾作用与土壤水分有关，因此叶温的高低间接受土壤含水率的影响。图 2.9 为不同灌水控制下限处理的叶温日变化图。可以看出不同灌水控制下限的枣树叶温日变化趋势相似，均在 16：00 左右出现峰值，但灌水控制下限为 80％的叶温比 40％的低，这与植株的蒸腾作用有关，灌水下限为 80％的土壤水分比 40％的要高，植株蒸腾量大，叶片由于蒸腾作用降温，所以灌水下限为 80％的叶温要比 40％的低。

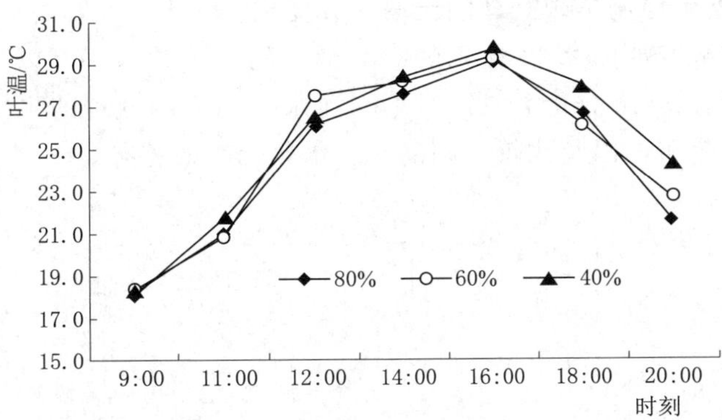

图 2.9 枣树在不同灌水控制下限处理的叶温日变化图

2.3.2.4 不同灌水控制下限下的枣树叶绿素的变化

叶绿素不稳定，受光照、温度、矿质元素和水分等的影响。图 2.10 为枣树在不同灌水控制下限条件下，全生育期内叶绿素含量指数 *SPAD* 值在一定时间间隔内的变化图。从图中可以看出，整个生育期枣树叶绿素含量为先增大后减小。各种处理的叶绿素含量在 8 月 22 日之前均在增加，进入 9 月以后，由于温度逐渐降低，合成叶绿素的酶的活性降低，导致叶绿素含量逐渐降低。从后期叶绿素下降情况来看，灌水控制下限越小的处理叶绿素下降时间越早、

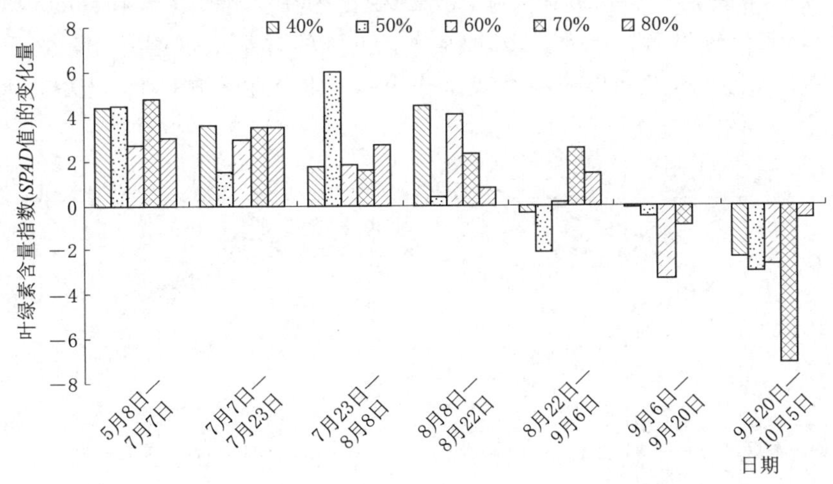

图 2.10 各个灌水控制下限处理的枣树叶绿素含量变化图

下降幅度越大。说明水分胁迫能加速叶绿素的分解和转移，保持适宜的土壤含水率，有利于在生育后期维持枣树叶片较高水平的叶绿素含量，防止植株早衰，在一定的程度上能延长叶片功能期，增长枣树光合作用的时间，从而制造出更多的生物量。

2.3.3　不同灌水控制下限处理的土壤水分变化

试验分别测定如图 2.11 所示的 5 个剖面的土壤含水率。以灌水控制下限为 40%和 70%为例，分析灌溉前后不同灌水控制下限处理的枣树在 5 个点位上的土壤水分分布，以及比较不同剖面上水分分布的差异。

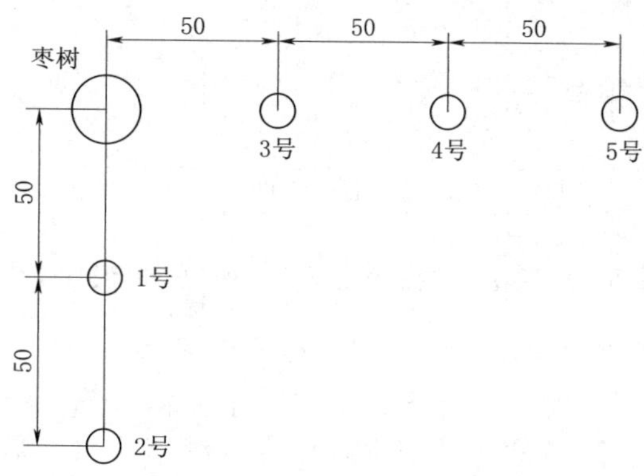

图 2.11　Trime 管平面布置及编号（单位：cm）

图 2.12 为灌水控制下限分别为 40%和 70%的处理，在一个灌水周期内 5 个点位的土壤水分变化图，从图中可以看出：

(1) 灌水前后，各深度的土壤水分的变化存在差异。深度在 60cm 以上的土壤水分变化较显著，灌水后 12h 内这层土壤的含水率迅速升高，之后由于水分下渗、表土蒸发和枣树根系吸水作用等，水分逐渐被消耗，土壤含水率随

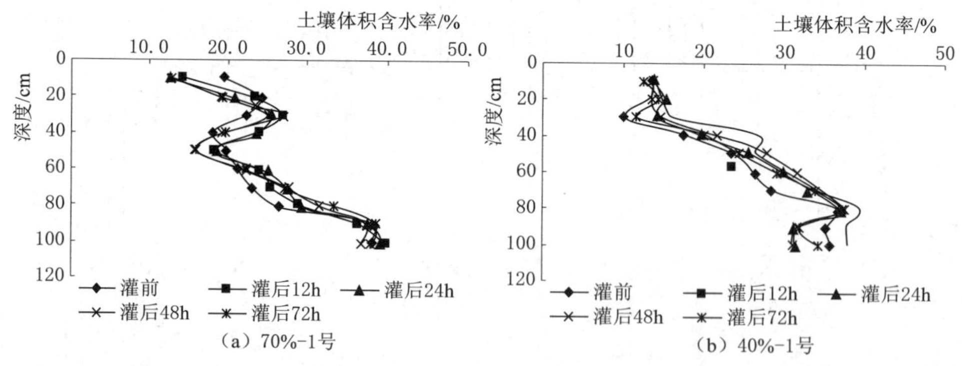

图 2.12（一）　灌水前后不同灌水控制下限处理的土壤水分变化

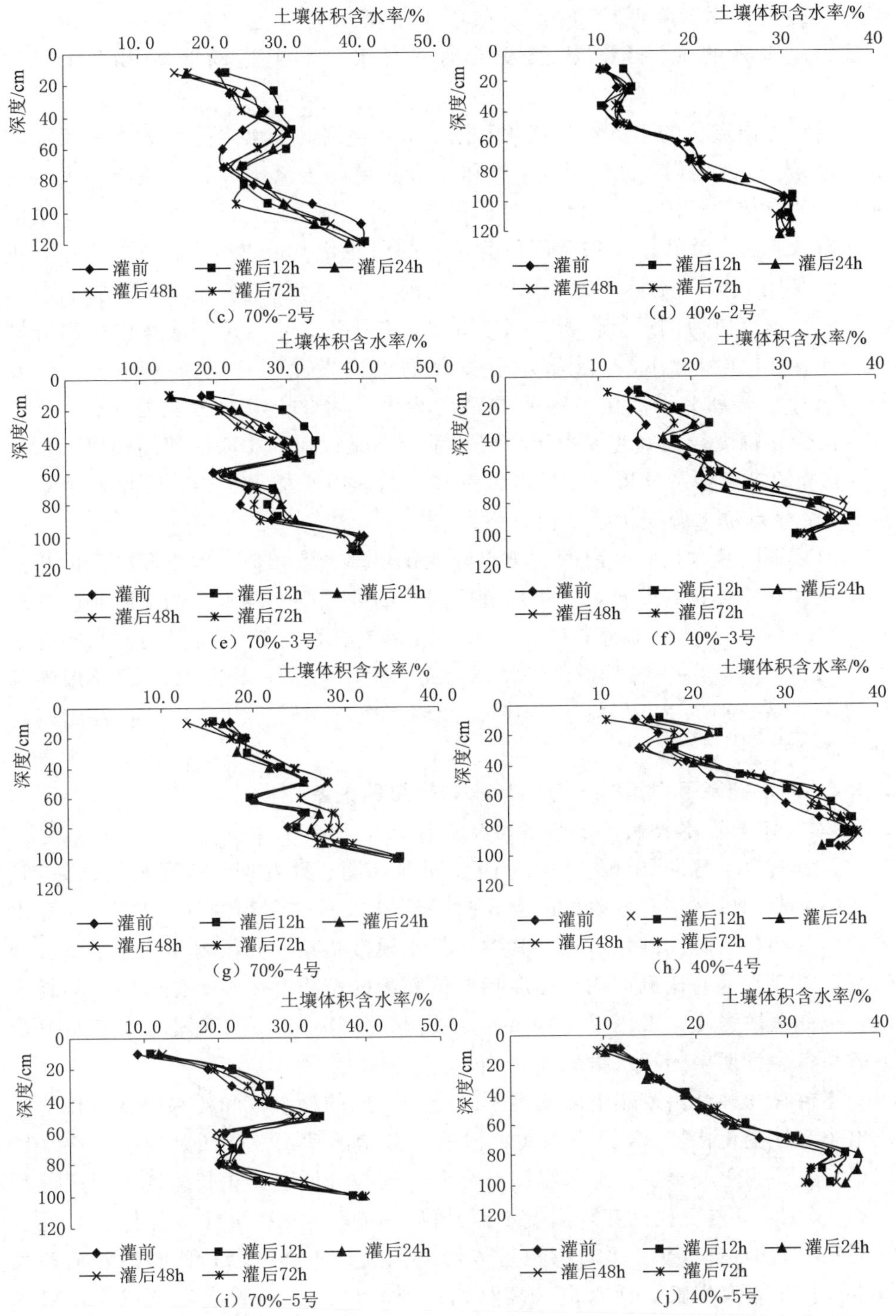

(c) 70%-2号
(d) 40%-2号
(e) 70%-3号
(f) 40%-3号
(g) 70%-4号
(h) 40%-4号
(i) 70%-5号
(j) 40%-5号

图 2.12（二） 灌水前后不同灌水控制下限处理的土壤水分变化

着时间的推移逐渐降低；而在 60cm 以下土壤水分变化相对滞后且平缓，主要受上层水分的下渗和表土蒸发带动下层水分向上运动两者相互作用的影响。

（2）不同点位的土壤水分变化不同，3 号点位的土壤水分对灌水的反应较敏感，5 号点位变化不太明显，1 号和 2 号点位的土壤水分分布差异不大，这主要与各点位和滴灌管的相对位置、各点位的土壤质地以及滴头以下的土壤湿润体形状有关。滴头下土壤湿润体为倒转的漏斗状，距离滴头越近的点位，土壤水分变化越大，土壤含水率发生变化的上边界深度越浅。以灌水下限为 70％的 5 个点位为例进行分析，其中 3 号、4 号和 5 号点位与滴头的距离分别为 0cm、50cm 和 100cm，土壤水分变化的上边界深度分别为：10cm、20cm 和 30cm；1 号和 2 号点位与滴头的距离相等，因此土壤水分变化相似，但 2 号点位变化幅度较大，主要由于枣树根系分布是以树为中心向四周辐射，所以 2 号点位的枣树根系分布比 1 号点位更多，因而吸水能力更强，土壤水分消耗更大，2 号点位水分变化幅度相对要大些。

（3）不同灌水控制下限的土壤水分变化规律大致相似，但不同处理的相同点位上水分分布具有差异，灌水控制下限大的处理要比灌水控制下限小的处理含水率值高，如在 1～5 号点位，灌水下限为 70％的处理灌前平均含水率分别为 28.2％、24.6％、29.4％、25.7％、25.3％，灌水下限为 40％的处理灌前平均含水率分别为 22.1％、21.0％、23.4％、24.3％、21.6％，前者比后者分别高 6.1％、3.5％、6.0％、1.4％和 3.7％。

2.3.4　灌水控制下限指标与枣树耗水和产量的关系

2.3.4.1　不同灌水控制下限的枣树耗水特性

将枣树全生育期划分为 6 个阶段，即展叶期、开花期、盛花期、幼果期、果实膨大期和成熟期，各阶段的起止时间见表 2.15。利用式（2.3）可计算出枣树生育期各个阶段的耗水量。其中，耗水模数指某一时段内作物耗水量占全生育期总耗水量的比例；耗水强度指单位面积的植物群体在单位时间内的耗水量，也称蒸散强度，常用单位为 mm/d 或 $m^3/(d \cdot hm^2)$。不同灌水控制下限枣树在各生育期内的耗水量见表 2.15。

枣树在 5 种灌水控制下限处理下，全生育期的耗水量和耗水强度变化均呈现出季节性变化特征。4 月中下旬枣树根系开始活动，枝叶开始萌发，耗水量较小且主要为土壤蒸发，随着温度升高和枣树枝叶的迅速生长，耗水强度逐渐增加；5 月、6 月枣树开花，温度不断升高，土壤蒸发和植株蒸腾加剧，耗水强度也不断增强；7 月、8 月枣树进入幼果期和果实膨大期，此时需要消耗大量水分用于果实生长，耗水进入高峰期；到 9 月、10 月果实逐渐成熟，枣树对水分需求量减少，同时为防止枣树产生裂果，这个阶段对枣树进行了严格控

表 2.15　　不同灌水控制下限枣树在各生育期内的耗水量

生育期			展叶期	开花期	盛花期	幼果期	果实膨大期	成熟期	全生育期
起止日期			4月20日—5月20日	5月21日—6月15日	6月16—30日	7月1—20日	7月21日—9月20日	9月21日—10月20日	—
灌水控制下限	40%	耗水量/mm	34.10	52.00	42.00	62.00	303.80	57.00	550.90
		耗水模数/%	6.19	9.44	7.62	11.25	55.15	10.35	100.00
		耗水强度/(mm/d)	1.1	2.0	2.8	3.1	4.9	1.9	—
	50%	耗水量/mm	55.80	59.80	40.50	76.00	310.00	51.00	593.10
		耗水模数/%	9.41	10.08	6.83	12.81	52.27	8.60	100.00
		耗水强度/(mm/d)	1.8	2.3	2.7	3.8	5.0	1.7	—
	60%	耗水量/mm	65.10	96.20	67.50	102.00	483.60	87.00	901.40
		耗水模数/%	7.22	10.67	7.49	11.32	53.65	9.65	100.00
		耗水强度/(mm/d)	2.1	3.7	4.5	5.1	7.8	2.9	—
	70%	耗水量/mm	89.90	85.80	61.50	120.00	440.20	93.00	890.40
		耗水模数/%	10.10	9.64	6.91	13.48	49.44	10.44	100.00
		耗水强度/(mm/d)	2.9	3.3	4.1	6.0	7.1	3.1	—
	80%	耗水量/mm	77.50	98.80	64.50	100.00	409.20	123.00	873.00
		耗水模数/%	8.88	11.32	7.39	11.45	46.87	14.09	100.00
		耗水强度/(mm/d)	2.5	3.8	4.3	5.0	6.6	4.1	—

水，所以耗水量较上一时期明显减少，另外，9月下旬部分枣叶开始脱落，植株蒸腾减弱，耗水主要为地面蒸发。

从表2.15中可看出：

（1）各时期最大耗水与最小耗水的差额为：展叶期1.7mm、开花期1.8mm、盛花期1.8mm、幼果期2.9mm、果实膨大期2.9mm和成熟期2.4mm，最大差额发生在幼果期和果实膨大期，可见不同灌水控制下限对枣树耗水的影响在幼果期和果实膨大期最大。

（2）从耗水模数来看，在果实膨大期各处理的耗水模数均为最大，占全生育期耗水总量的46.87%～55.15%，可见此阶段为枣树需水关键期，在该阶段，应合理确定灌水时间、灌水次数和灌溉量。

（3）从全生育期总耗水来看，总耗水量随着灌水下限的提高呈现出先增大后降低的趋势，灌水下限为 60%时耗水最大。枣树根系主要集中在土壤 20～60cm 深度处，当灌水控制下限低于 60%时，根系吸水随土壤含水率的升高而增强，对应的植株蒸腾能力也增强，所以耗水会随灌水控制下限的提高而增大；但当灌水控制下限高于 60%时，会出现水分的深层渗漏，并没有被根系吸收，所以耗水也不会再随灌水控制下限的提高而继续增大。

2.3.4.2　灌水控制下限对枣树产量和水分利用效率的影响

水分利用效率是单位面积土地上植物消耗单位水量所形成的生物量（干物质）或经济产量，是评价作物生长适宜程度的综合生理生态指标，通常为生物产量（干物质）或经济产量与植物耗水量的比值，常用单位为 kg/(mm・hm^2)。影响水分利用效率的因子有气象、灌溉、土壤特性、施肥、田间管理方式、植物品种、植物生长年限和产品品质等。

本试验中枣树均为 7 年的灰枣，施肥方式及田间管理情况也相同，因此影响枣树水分利用效率的因素主要为灌水量。表 2.16 为不同灌水控制下限下的枣树产量、全生育期耗水量和水分利用效率，分别作出水分利用效率和产量与灌水控制下限的关系图，如图 2.13 和图 2.14 所示。

表 2.16　不同灌水控制下限下的枣树产量、全生育期耗水量及水分利用效率

灌水控制下限	单株产量 /kg	产量 /(kg/hm^2)	全生育期耗水量 /mm	水分利用效率 /[kg/(mm・hm^2)]
40%	4.995	8241.8	550.9	14.9
50%	7.607	12551.6	593.1	20.88
60%	6.287	10373.6	901.4	16.62
70%	5.511	9093.2	890.4	10.21
80%	3.888	6415.2	873.0	7.35

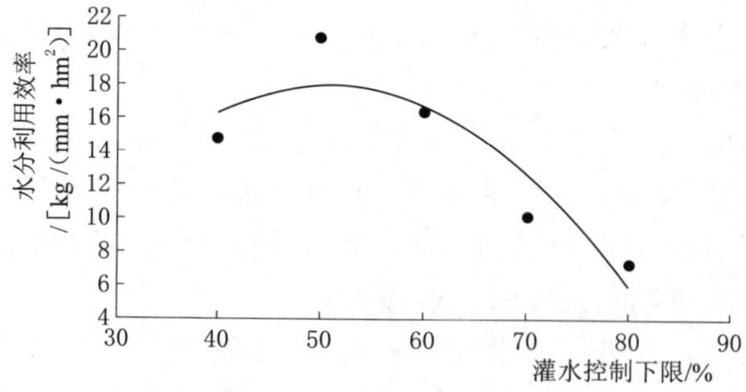

图 2.13　灌水控制下限与水分利用效率的关系

图 2.13 为灌水控制下限与枣树水分利用效率的关系，两者之间的关系可

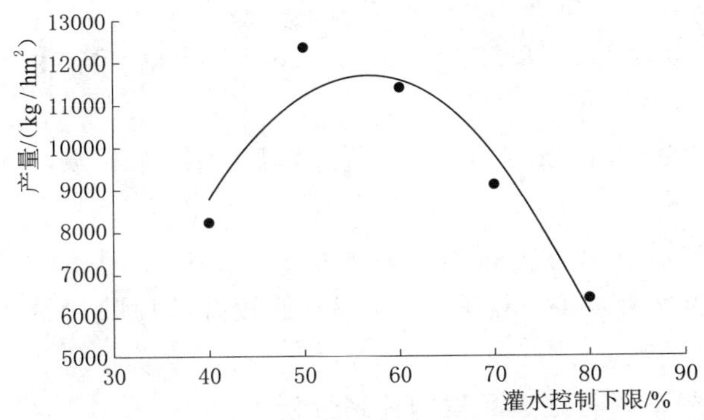

图 2.14 灌水控制下限与产量的关系

用一元二次多项式表达：

$$WUE=-0.0101X^2+1.0642X-12.416 \tag{2.5}$$

式中：WUE 为水分利用效率；X 为灌水控制下限。

统计检验得出达 10%的显著水平（$n=5$，$R^2=0.824$，$r_{0.1}=0.805$，$r_{0.05}=0.878$）。由图 2.13 可以看出水分利用效率随着灌水控制下限的升高而先增大后减小，对式（2.5）求极值得到：当灌水控制下限约为 53%时，水分利用效率最高。从水分利用的角度看，此灌水控制下限下单位面积上的耗水所产生的经济产量最高，为较适宜、较合理的灌水控制下限。

图 2.14 为灌水控制下限与产量的关系，可用一元二次多项式表达：

$$Y=-10.661X^2+1209.9X-22577 \tag{2.6}$$

式中：Y 为枣树产量；X 为灌水控制下限。

统计检验得出达 5%的显著水平（$n=5$，$R^2=0.8965$，$r_{0.05}=0.878$，$r_{0.01}=0.959$）。对式（2.6）求极值得到：当灌水控制下限为 56.7%时，产量达到最大。如图 2.14 所示：当灌水控制下限低于 56.7%时，通过提高灌水下限可相应提高产量；当灌水控制下限高于 56.7%时，提高灌水控制下限不但不能相应增产反而抑制，所以适宜的灌水控制下限对红枣增产有重要作用。从产量角度分析，灌水控制下限应控制在 56.7%左右，枣树能获得最大产量。

2.3.4.3 枣树产量与灌水控制下限和耗水量的模型建立

以上分别分析了灌水控制下限与枣树耗水和产量之间的关系，为综合探讨枣树产量与灌水控制下限和耗水量三者之间的关系，引进二次多项式回归模型进行分析。

$$Y=b_0+\sum_{i=1}^{m}b_ix_i+\sum_{i=1}^{m}b_{ii}x_i^2+\sum_{i=1}^{i<j}b_{ij}x_ix_j \tag{2.7}$$

将表 2.16 中的产量与灌水控制下限和全生育期耗水量采用 DPS 数据处理

软件做多元回归分析，得到二元二次方程式（2.8）：

$$Y=-13063.8+2543.1X_1-82.3X_2-15.6X_1^2+0.051X_2^2-1.12X_1X_2 \tag{2.8}$$

式中：Y 为枣树产量，kg/hm^2；X_1 表示灌水控制下限，%；X_2 为耗水量，mm。

对式（2.8）作显著性分析得：显著水平 $P=0.0091$，$R^2=0.9244$，$F=27.33$，达 1%的显著水平，说明式（2.8）能较好地反映产量、灌水控制下限和耗水量之间的关系。

2.3.5　灌水控制下限与红枣品质的关系分析

红枣品质受诸多因素的影响，如气象、土壤特性、施肥和灌水等。表 2.17 为不同灌水控制下限处理红枣单果重、维生素 C、总酸、总糖、糖酸比和还原糖。其中维生素 C 不稳定，容易因外界环境改变而遭到破坏，试验中随着枣树日晒天数的增多，维生素 C 含量会逐渐减少。通过分析，灌水控制下限对红枣品质有显著影响。

表 2.17　不同灌水控制下限对红枣品质的影响

灌水控制下限	单果重/g	维生素 C/(mg/100g)	总酸/(g/kg)	总糖/(g/100g)	糖酸比	还原糖/(g/100g)
40%	6.149	5.26	4.05	43.57	10.8	25.67
50%	6.051	5.65	3.52	46.50	13.2	27.10
60%	6.141	6.52	3.67	41.90	11.4	26.97
70%	6.300	6.39	3.67	44.57	12.2	26.63
80%	5.973	5.02	4.17	42.60	10.2	27.77

维生素 C 和总酸与灌水控制下限的关系如图 2.15 所示。可以看出，维生素 C 含量随着灌水控制下限的提高先增大后减少，即低灌水控制下限和高灌水控制下限都不利于红枣维生素 C 的积累，当灌水控制下限控制在 60.9%时，红枣中维生素 C 含量最高。总酸则与维生素 C 的变化规律相反，灌水控制下限较低和较高时总酸含量都较高，灌水控制下限为 56.7%时总酸含量最低，下限为 0～56.7%时，应该增大灌水控制下限来降低总酸含量，为 56.7%～100%时，应该降低灌水控制下限使红枣中总酸含量较低。灌水控制下限为 50%时，糖酸比最高。灌水控制下限对红枣单果重和还原糖的影响不明显，各处理差异性不显著。

2.3.6　滴灌枣树的灌水控制下限和灌溉制度

从节水角度来看，灌水控制下限越小耗水越小；从高产角度来看，当灌水控制下限控制在 56.7%时能获得最高产量；从红枣品质角度来看，应将灌水

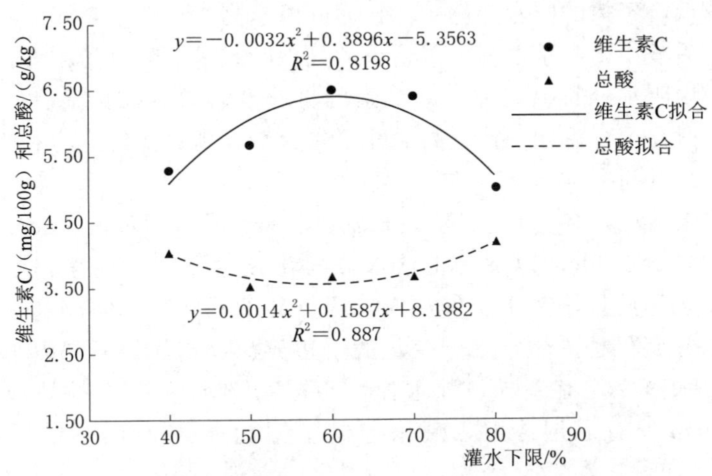

图 2.15　不同灌水控制下限与红枣维生素 C 和总酸的关系

控制下限控制在 50%～60%；从水分利用效率来看，灌水控制下限为 54%时水分利用效率最高。所以当枣树灌水定额为 450m³/hm² 时，枣树适宜的灌水控制下限为 54%～56.7%，为便于生产管理，适宜的下限值可定为 55%。

当灌水定额为 450m³/hm²，适宜的灌水控制下限为 55%时，制定出枣树合理的灌溉制度，见表 2.18。

表 2.18　　灌水控制下限为 55%时的滴灌枣树的灌溉制度

生育期	日　期	灌水次数/次	灌水定额/(m³/hm²)	灌溉定额/(m³/hm²)
抽枝展叶期	4 月 20 日—5 月 20 日	2	450	900
开花期	5 月 21 日—6 月 15 日	2	450	900
盛花期	6 月 16—30 日	2	450	900
幼果期	7 月 1—20 日	3	450	1350
果实膨大期	7 月 21 日—9 月 20 日	6	450	2700
成熟期	9 月 21 日—10 月 20 日	2	450	900
全生育期		17	—	7650

2.3.7　小结

通过研究滴灌条件下不同灌水控制下限对枣树耗水、水分利用效率、产量和品质的影响，得出以下结论：

（1）在果实膨大期，红枣纵径的增长受水分影响显著，在果实膨大期的初期，红枣纵径、横径都为正增长，9 月 20 日之后逐渐停止生长并风干萎缩，两者为负增长。另外，枣树叶水势和叶温的变化与土壤水分密切相关，当灌水控制下限越低，枣树的叶水势值越低，而叶温越高。整个生育期枣树叶绿素含量为先增大后减小，灌水控制下限越小的处理叶绿素下降时间越早、下降幅度相对越大，说明水分胁迫能加速叶绿素的分解和转移，保持适宜的土壤含水率，能使枣树在生育后期维持较高的叶绿素含量，延长叶片的功能期，增长枣树光合作用的时间。

（2）灌水前后，各深度土壤水分的变化有差异。深度在 60cm 以上的土壤水分变化较大，60cm 以下的土壤水分变化相对滞后且平缓。不同点位的土壤水分变化不同，滴头下土壤湿润体为倒转的漏斗状，距离滴头越近的点位，土壤水分变化越激烈，水分变化的上边界深度越浅。不同灌水控制下限处理的土壤水分变化有差异，灌水控制下限为 70%及以上的处理土壤水分在 80～100cm 处有深层渗漏，灌水控制下限为 40%及以下的处理无深层渗漏。

（3）不同灌水控制下限下的枣树耗水量和耗水强度在全生育期呈现出季节性变化。灌水控制下限为 60%时耗水量最大。在果实膨大期灌水控制下限对枣树耗水的影响最大。

（4）灌水控制下限对枣树水分利用效率和产量的影响显著，当灌水控制下限为 53.9%时，水分利用效率最高；当灌水控制下限为 56.7%时，能获得最大产量；维生素 C 和总酸受灌水控制下限的影响显著，灌水控制下限为 60.9%时，红枣中维生素 C 含量最高，灌水控制下限为 56.7%时，总酸含量最低。综合节水、产量和品质等诸多因素，灌水定额为 450m^3/hm^2 时，枣树适宜的灌水控制下限为 55.0%，并得出此灌水控制下限的灌溉制度。

（5）产量和灌水控制下限及耗水量三者之间关系符合二次多项式：

$$Y=-13063.8+2543.1X_1-82.3X_2-15.6X_1^2+0.051X_2^2-1.12X_1X_2 \tag{2.9}$$

式中：Y 为枣树产量，kg/hm^2；X_1 为灌水控制下限，%；X_2 为耗水量，mm。

2.4　枣树滴灌水肥耦合效应试验

2.4.1　试验设计与田间布置

水肥耦合效应试验考虑灌溉量和施肥量两个因素，分别用 A 和 B 表示，将灌溉量和施肥量各设 4 个水平，灌溉量因素的 4 个水平分别为：A_1 为低［150m^3/(hm^2·次)］、A_2 为较低［225m^3/(hm^2·次)］、A_3 为中［300m^3/(hm^2·次)］、A_4 为高［450m^3/(hm^2·次)］。施肥量因素的 4 个水平分别为：B_1 为低（524.3kg/hm^2）、B_2 为较低（786.45kg/hm^2）、B_3 为中（1048.6kg/hm^2）、B_4 为高（1572.9kg/hm^2），其中各施肥水平中肥料含 N、P_2O_5、K_2O

的比例分别为23.5%、17.6%、7.5%。

采用一行两管覆膜布置模式（即在一行果树的两侧各布置一根毛管，毛管上覆膜，膜宽150cm），毛管距树50cm。三行树一个试验处理，每个处理的面积为450m^2。灌溉系统由过滤系统、管道系统、施肥系统组成，水源为井水。过滤器由网式过滤器一级过滤组成，施肥系统为压差施肥器，并与水表相连确定灌溉量，每个处理由一个水表控制。管道系统由干管（直径200mm），支管（直径75mm）以及毛管组成。毛管为压力补偿式滴灌管，直径为16mm，工作压力为0.1MPa，滴头间距为50cm，流量为3.75L/h。

用土壤水分仪Trime在每次灌前、灌后测定土层（10cm、20cm、30cm、40cm、50cm、60cm、80cm、100cm）的含水率，肥料采用磷肥（磷酸一铵）、钾肥（硫酸钾）和氮肥（尿素），均在灌水时通过施肥罐施入，利用“肥随水走”的方法施肥。全生育期内肥料分5次施入，施肥日期分别为4月25日、5月16日、7月3日、7月30日和8月15日。

枣树收获期测量不同处理的枣树产量、单果重，并化验还原糖、维生素C含量、总糖、总酸等指标。各处理的灌溉量、施肥量及产量见表2.19。

表2.19　　各处理的灌溉量、施肥量及产量

处理		灌溉量 I /mm	施肥量 F /(kg/hm^2)	作物产量 /(kg/hm^2)
灌水水平	施肥水平			
A_1	B_1	255	524.3	4088.9
	B_2	255	786.45	4874.2
	B_3	255	1048.6	5003.4
	B_4	255	1572.9	4588.3
A_2	B_1	382	524.3	5122.1
	B_2	382	786.45	7010.9
	B_3	382	1048.6	7299.6
	B_4	382	1572.9	5136.5
A_3	B_1	510	524.3	5644.8
	B_2	510	786.45	9873.6
	B_3	510	1048.6	10381.8
	B_4	510	1572.9	7588.4
A_4	B_1	765	524.3	5430.6
	B_2	765	786.45	7697.3
	B_3	765	1048.6	8319.3
	B_4	765	1572.9	5864.1

2.4.2　试验结果与分析

2.4.2.1　枣树产量与灌溉量的关系

根据表 2.19 中的灌溉量和产量绘出枣树产量与灌溉量关系图，如图 2.16 所示。采用二次抛物线拟合得

当施肥水平为 B_1 时，$Y=-0.0138I^2+16.703I+736.19$　　$(R^2=0.9994)$

当施肥水平为 B_2 时，$Y=-0.0482I^2+55.829I-6399.5$　　$(R^2=0.9285)$

当施肥水平为 B_3 时，$Y=-0.0499I^2+58.156I-6869.5$　　$(R^2=0.9331)$

当施肥水平为 B_4 时，$Y=-0.0278I^2+31.706I-2028.3$　　$(R^2=0.731)$

式中：Y 为枣树产量，kg/hm²；I 为灌溉量，mm。

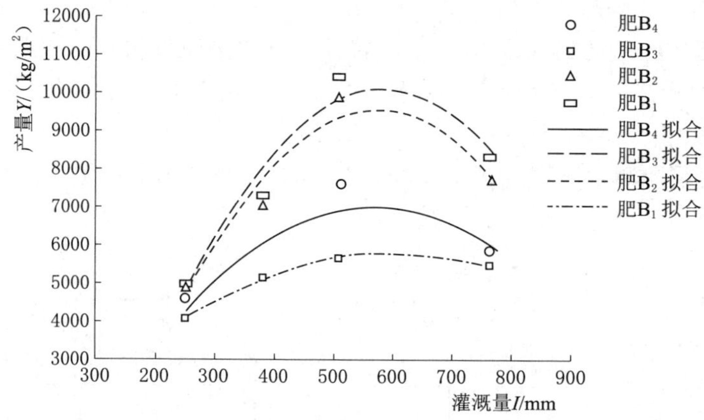

图 2.16　枣树产量与灌溉量的关系

从图 2.16 可以看出：在灌溉量比较小甚至不足以满足枣树正常生长的条件下，枣树产量与灌溉量的关系处于抛物线上升阶段，这与胡顺军等[71]的研究结论相似，增加灌溉量能相应地增加产量；当灌溉量增大到一定程度时，枣树产量达到最大，此时若继续增大灌溉量，枣树产量并不增加反而降低。说明过多的灌水并不利于枣树产量的提高。

2.4.2.2　枣树产量与施肥量的关系

枣树产量与施肥量关系如图 2.17 所示。采用二次抛物线拟合得

当灌水水平为 A_1 时，$Y=-0.0026F^2+5.9523F+1727.1$　　$(R^2=0.9691)$

当灌水水平为 A_2 时，$Y=-0.0082F^2+17.214F-1583.3$　　$(R^2=0.9907)$

当灌水水平为 A_3 时，$Y=-0.0149F^2+32.874F-7291.0$　　$(R^2=0.9657)$

当灌水水平为 A_4 时，$Y=-0.0099F^2+21.184F-2914.3$　　$(R^2=0.9976)$

式中：Y 为枣树产量，kg/hm²；F 为施肥量，kg/hm²。

结合表 2.19 和图 2.17 可以看出：灌水水平为 A_1 的处理枣树产量较低，并且不同的施肥处理之间产量差异不显著，这是因为试验区枣树的根系主要集

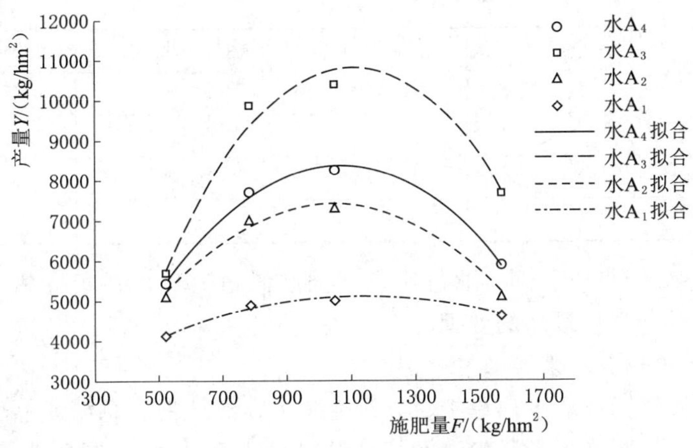

图 2.17 枣树产量与施肥量的关系

中在 20～60cm 处，当灌水水平为 A_1 时，灌水不足，使水分不能完全到达作物的主要根区，因而造成枣树产量低且不同施肥处理之间产量差异不大，所以较低的灌溉量不利于发挥肥料的增产作用；增加灌水后枣树产量比 A_1 处理有所提高，当灌水水平为 A_3 时，各施肥处理的产量高于其他处理，其中 B_3 处理时产量达到最高且与 B_1、B_4 处理的产量有显著差异，这说明合理灌水有利于发挥肥料的增产作用。当灌水水平为 A_4 时，B_3 处理的产量最高，但 A_4B_4 处理的产量并不高，说明过多的水肥投入并不能使枣树获得高产。

2.4.2.3 水肥耦合因素与产量分析

各水肥耦合处理的枣树产量见表 2.20。由表 2.20 可知，各灌水处理之间 A_3 处理的产量最高，为 8372.2kg/hm²，A_1 处理的产量最低，为 4638.7kg/hm²，两种处理的产量相差 3733.5kg/hm²，差异极明显，同时 A_4 处理的产量比 A_2 处理的产量要高，但比 A_3 处理的产量要低，低了 1544.4kg/hm²，说明合理地增加灌溉量能相应地增加产量，但过多的灌水却会降低产量。

各施肥处理中，B_3 处理的产量最高，为 7751kg/hm²。B_1 处理和 B_4 处理的产量较低，分别为 5071.6kg/hm²、5794.3kg/hm²，两种处理的产量差异不显著，而与 B_3 处理的产量差异明显。

表 2.20　水肥耦合因素对产量影响分析

处理		灌溉量/mm	施肥量/(kg/hm²)	作物产量/(kg/hm²)
灌水处理	A_1	255	983.1	4638.7
	A_2	382	983.1	6142.3
	A_3	510	983.1	8372.2
	A_4	765	983.1	6827.8

续表

处　理		灌溉量/mm	施肥量/(kg/hm²)	作物产量/(kg/hm²)
施肥处理	B_1	478	524.3	5071.6
	B_2	478	786.5	7364
	B_3	478	1048.6	7751
	B_4	478	1572.9	5794.3

从表 2.20 中可以看到，通过比较不同灌溉量处理作物产量和不同施肥量处理作物产量，产量最高的处理为 A_3。

2.4.2.4 水肥耦合对果实品质的影响

果实品质指标选取平均单果重、维生素 C、还原糖、总糖、总酸这 5 项指标。各处理条件下红枣品质检测及统计结果见表 2.21。从表 2.21 可以看出红枣品质有差异，但是各个处理的差异并不显著。平均单果重最高的是 A_4B_2 处理，维生素 C 含量最高的是 A_4B_1 处理，还原糖含量最高的是 A_2B_4 处理，总糖含量最高的是 A_2B_1 处理，总酸含量最高的是 A_3B_4 处理。

表 2.21　　各处理条件下红枣品质检测结果

处理	检　测　项　目				
	平均单果重/g	维生素 C/(mg/100g)	还原糖/(g/100g)	总糖/(g/100g)	总酸/(g/100g)
A_1B_1	6.28	115.76	19.91	27.64	0.24
A_1B_2	6.02	129.23	21.78	27.92	0.29
A_1B_3	6.23	103.65	21.34	29.21	0.27
A_1B_4	6.94	130.87	18.73	28.31	0.26
A_2B_1	6.31	126.34	19.28	30.72	0.30
A_2B_2	5.85	123.06	20.79	29.05	0.27
A_2B_3	6.34	133.22	18.48	27.77	0.29
A_2B_4	6.59	136.43	21.82	28.57	0.28
A_3B_1	6.35	131.40	19.34	30.63	0.29
A_3B_2	6.65	130.60	20.98	29.70	0.27
A_3B_3	6.41	124.97	20.35	30.36	0.27
A_3B_4	6.04	108.43	21.65	29.00	0.31
A_4B_1	6.43	148.73	21.16	27.87	0.27
A_4B_2	7.01	94.60	20.93	30.52	0.26
A_4B_3	6.54	133.23	18.36	28.66	0.28

续表

处理	检测项目				
	平均单果重/g	维生素C/(mg/100g)	还原糖/(g/100g)	总糖/(g/100g)	总酸/(g/100g)
A_4B_4	5.54	99.55	19.33	30.50	0.26
最大值	7.01	148.73	21.82	30.72	0.31
最小值	5.54	94.60	18.36	27.64	0.24
平均值	6.35	123.13	20.26	29.15	0.28
方差	0.132	1.36	1.55	1.17	0.00029
变差系数	0.057	0.057	0.062	0.037	0.061

2.4.2.5 枣树水肥耦合效应模型的建立

作物的产量是多种因素综合作用的结果，且诸因素还具有交互效应。因此，水肥耦合效应对枣树产量的影响可用一个包含交互项的二次型数学模型来描述：$Y=a_0+a_1I+a_2I^2+b_1F+b_2F^2+cIF$[72]。将灌溉量（$I$）、施肥量（$F$）与产量（$Y$）的耦合关系用DPS数据处理软件进行多元回归分析。其多元回归方程为

$$Y=-12670.96+40.54I+19.33F-0.0349I^2-0.00893F^2-0.000043IF \tag{2.10}$$

为了检验模型的显著性，首先进行方差分析，然后进行F检验，通过DPS统计分析得方程显著水平$P=0.0008$，复相关系数$R=0.9207$，F值$=11.13$，回归达到显著，说明I、I^2、F、F^2、IF与Y有真实的回归关系。

由模型可以看出：一次项I和F的系数为正，说明水肥都具有增产效果。I的系数大，说明在此次试验年度内灌水的增产效果更为明显；二次项I^2和F^2的系数为负，说明过多的水肥投入并不有利于枣树增产，这与上述结果一致；交互项IF为负，说明膜下滴灌条件下水肥存在拮抗效应，较大的灌溉量会造成肥料的淋溶损失，较小的灌溉量不足以将肥料带到枣树主根区。由上述回归方程可以得到，在枣树产量最高为9527.7kg/hm^{2}时，全生育期中合理灌溉量和施肥量分别为579.7mm和1081.2kg/hm^2（其中N为254.29kg/hm^2，P_2O_5为190.64kg/hm^2，K_2O为81.04kg/hm^2）。

2.4.3 小结

（1）枣树产量与灌溉量和施肥量各因素之间近似呈二次抛物线关系，合理地增加水肥投入能提高产量，但过多的投入并不能增加产量，还会对产量产生影响。

（2）不同处理下红枣品质的检测结果表明，各处理之间红枣的品质没有差

异，水肥效应对红枣品质的影响不明显。

（3）水肥耦合效应对枣树产量的影响可用一个包含交互项的二次数学模型描述。

（4）试验枣树获得最高产量（9527.7kg/hm^2）时，合理的灌溉量和施肥量分别为 579.7mm 和 1081.2kg/hm^2（其中 N 为 254.29kg/hm^2，P_2O_5 为 190.64kg/hm^2，K_2O 为 81.04kg/hm^2）。

第3章　不同灌溉方式下枣树的耗水特性及影响因素分析

3.1　试验材料与方法

3.1.1　试验区概况

试验区地理位置、气候条件及土壤质地见2.1.1节。

3.1.2　试验方案设计

枣树品种为灰枣，树龄6年（2008年），树高2～3m，干径5～6cm（距地面30cm处），株行距为2m×3m。试验灌溉采用滴灌与沟灌技术，共计两种灌溉方式，5种试验处理，每种处理重复3次，试验具体情况介绍如下：

（1）滴灌：采用一行双管、距树50cm的布置方式，滴灌管管径16mm，滴头间距50cm（内镶式补偿滴头），滴头流量为3.75L/h，根据灌水定额，滴灌试验区共设3种处理，分别为低、中、高3种水平，即：300m^3/hm^2（处理1）、450m^3/hm^2（处理2）和600m^3/hm^2（处理3）。

（2）沟灌：根据灌水定额试验区共设两种处理，即450m^3/hm^2（处理4）、600m^3/hm^2（处理5）。

（3）灌水周期：灌水周期不固定，每种处理方式以土壤30～60cm深度处平均田间持水率的60%（体积含水率）作为灌水控制指标，若30～60cm深度的实际土壤平均含水率低于土壤田间持水率的60%，则开始灌溉，上述每种处理各设3组重复。

各处理的追肥采用同一水平，具体的追肥时间与追肥量见表3.1。

表3.1　试验历次追肥时间与追肥量统计表

施肥次数	追肥时间	追肥量/(kg/hm^2)		
		尿素	磷酸一铵	硫酸钾
第一次	4月25日	302.85	81.15	—
第二次	5月16日	222.9	87.45	—
第三次	7月3日	64.65	244.65	93.75
第四次	7月30日	45.9	173.55	100.5
第五次	8月15日	11.55	43.5	100.5
总计		647.85	630.3	294.75

3.1.3 试验观测内容

1. 土壤体积含水率的测定

在每种试验处理布设 PVC 管，用土壤水分仪 Trime - IPH 在每次灌前、灌后测定土层（10cm、20cm、30cm、40cm、50cm、60cm、80cm、100cm）的含水率，测量土层深度为 1.0m。

2. 土壤含水率测量仪器的率定

在土壤含水率测量前应首先对 Trime - IPH 仪器进行率定，寻找出土壤实际含水率数据与仪器显示数据之间的关系，检验仪器数据是否稳定。仪器率定采用室内法进行，具体过程如下：取大田原状土，将其自然晾干，然后采用人工方式过 1mm 方孔筛，之后将其分层压实装入直径为 40cm、高 70cm 的塑料圆桶中（圆桶共计 6 个），在桶中埋入 Trime 管，采用仪器分层测量读数，同时相应地采用环刀取土校核，将环刀所取土样采用烘干法测定含水率，之后求得土壤体积含水率。

实测土壤含水率与 Trime 测定土壤含水率对比结果如图 3.1 所示。

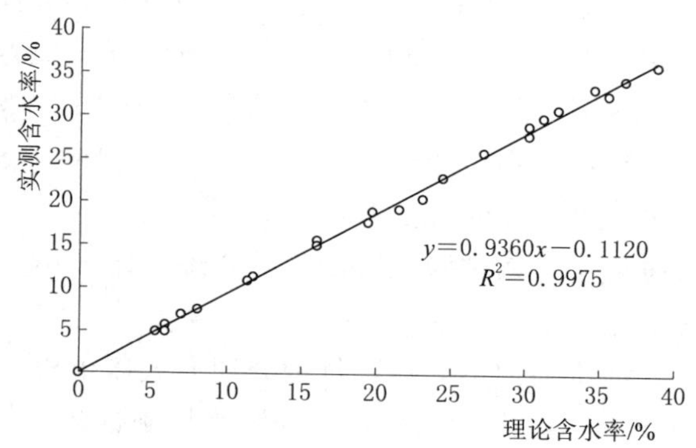

图 3.1　土壤含水率的率定

根据求得的土壤含水率，同时剔除掉这些测量数据中一部分数据（剔除部分数据的主要原因有两个方面：一方面是提高模型拟合精度，增强模型稳健性；另一方面是由于实验数据采集与仪器误差等造成的原因，导致部分数据明显的不合理），从而得到含水率的率定公式如下：

$$Y=0.936x-0.112 \quad (n=25, r=0.9987, r_{0.01}=0.515) \tag{3.1}$$

式中：Y 为土壤实测含水率，%；x 为仪器测量含水率，%。

3. 试验灌水控制下限的确定

试验采用大田围框法测得土壤田间持水率为 34.2%。根据已有的灌溉试验资料，确定灌水控制下限为田间持水率的 60%，即当各处理的土壤含水率低于田间持水率的 60%时，开始灌溉。为了便于灌溉管理，在各处理中埋设了一根负压计（中国科学院南京土壤研究所制造），负压计埋在距树 50cm，深度 30cm 的位置。

根据室内试验确定的土壤水分特征关系曲线，得到其拟合曲线方程如下：

$$\theta=0.10098+\frac{0.19504}{[1+(0.02254h)^{4.29296}]^{0.767}} \tag{3.2}$$

根据式（3.2）并结合现场试验，当负压计读数为 23kPa 时，土壤含水率约为田间持水率的 60%，此时开始灌溉。

4. 土壤蒸发量的测定

土壤蒸发量采用小型蒸渗仪测定，小型蒸渗仪采用直径 15cm、高度 30cm 的 PVC 管制成，底部封口。小型蒸渗仪外部有 0.75mm 厚的镀锌铁皮卷成的套筒，以便将其取出和放回而不破坏周围的土壤结构。套筒顶部与地面平齐，微型蒸渗仪中的土壤在每个灌水周期更换一次，测定时间为上午 11：00，采用精度为 0.1g 的电子天平称重，计算蒸渗仪初末态重量差，之后折算为蒸发量，单位为 mm。

5. 其他观测项目

试验其他观测项目还包括气象要素、生长性状、果实品质等，观测数据采集方法见表 3.2。

表 3.2　试验观测内容及数据采集方法

项目内容	测定方法	时间安排
气象要素	自动气象站（温度、降水量、大气压、太阳辐射、参考作物蒸发蒸腾量等）	1h/次
生长性状	定株观测：每种处理选定 10 株进行连续观测，观测内容包括：株茎生长量、新梢生长量、蕾数、开花数、坐果数、叶温、作物光合作用情况等；记录作物生育期情况	约两周一次
果实品质	干、鲜平均单果重及相应果实品质（维生素 C、含糖量、可溶性固形物及总酸）	9 月下旬 10 月下旬
土壤蒸发量	每种处理布置土壤蒸发皿两个（株间与行间），灌前、灌后称重	随灌水周期而定
枣树产量	每种处理随机取 6 棵枣树测理论产量，并测实际产量	10 月中下旬

3.1.4 参数计算

3.1.4.1 潜在蒸腾量及作物系数

联合国粮食及农业组织 FAO 提出的参考作物蒸发蒸腾量定义为[73]：参考作物蒸发蒸腾量 ET_0 为一种假想的参考作物冠层的蒸发蒸腾速率，假想作物高度为 0.12m，固定的叶面阻力为 70s/m，反射率为 0.23，非常类似于表面开阔，高度一致，生长旺盛，完全遮盖地面而不缺水的绿色草地的蒸腾和蒸发量。

Penman-Monteith 公式（彭曼-蒙特斯公式）是计算 ET_0 的首选方法，它以能量平衡和水汽扩散理论为基础，既考虑了作物的生理特征，又考虑了空气动力学参数的变化，具有较充分的理论依据和计算精度。本书采用1998年FAO提出的修正 Penman-Monteith 公式来计算参考作物蒸发蒸腾量，公式如下：

$$ET_0=\frac{0.408\Delta(R_n-G)+\gamma\dfrac{900}{T+273}u_2(e_s-e_a)}{\Delta+\gamma(1+0.34u_2)} \tag{3.3}$$

式中：ET_0 为参考作物蒸发蒸腾量，mm/d；Δ 为饱和水汽压与温度关系曲线的斜率，kPa/℃；T 为空气平均温度，℃；R_n 为作物冠层表面净辐射量，MJ/(m^2·d)；G 为土壤热通量，MJ/(m·d)，逐日计算时 $G=0$；γ 为温度表常数，kPa/℃；u_2 为2m处的风速，m/s；e_s 为空气饱和水汽压，kPa；e_a 为空气实际水汽压，kPa。

式（3.3）的右边可以分为两个部分，前一部分为辐射项（ET_{rad}），后一部分为空气动力学项（ET_{aero}）。

枣树作物系数用下式计算：

$$K_c=ET/ET_0 \tag{3.4}$$

式中：K_c 为作物系数；ET 为作物耗水量，mm；ET_0 为参考作物蒸发蒸腾量，mm。

3.1.4.2 主成分分析法

主成分分析法是一种数学变换方法[74]，它把给定的一组相关变量通过线性变换转换成另一组不相关的变量，这些新的变量按照方差依次递减的顺序排列。在数学变换中保持变量的总方差不变，使第一个变量具有最大方差，称为第一主成分，第二个变量的方差次大，并和第一个变量不相关，称为第二主成分，依此类推，最后一个主成分方差最小，且与此前的主成分都不相关。

假定有 n 组数据，每组数据中共有 p 个评价指标，那么所有这些数据则构成了一个 $n\times p$ 阶矩阵：

$$\boldsymbol{X}=\begin{bmatrix} x_{11} & x_{12} & \cdots & x_{1p} \\ x_{21} & x_{22} & \cdots & x_{2p} \\ \vdots & \vdots & \vdots & \vdots \\ x_{n1} & x_{n2} & \cdots & x_{np} \end{bmatrix} \tag{3.5}$$

利用 p 个原始变量构成少量几个新的综合变量，使得新变量为原始变量的线性组合，定义 x_1，x_2，…，x_p 为原变量指标，Z_1，Z_2，…，Z_m（$m\leqslant p$）为新的综合变量指标，则

$$\begin{cases} Z_1 = a_{11}x_1 + a_{12}x_2 + \cdots + a_{1p}x_p \\ Z_2 = a_{21}x_1 + a_{22}x_2 + \cdots + a_{2p}x_p \\ Z_3 = a_{31}x_1 + a_{32}x_2 + \cdots + a_{3p}x_p \\ \vdots \\ Z_m = a_{p1}x_1 + a_{p2}x_2 + \cdots + a_{mp}x_p \end{cases} \tag{3.6}$$

新变量指标 Z_1，Z_2，…，Z_m 分别称为原变量指标 x_1，x_2，…，x_p 的第一，第二，…，第 m 主因子。其中，Z_1 在总方差中占的比例最大，Z_2，…，Z_m 的方差依次递减。

主成分分析法的计算步骤如下。

(1) 原始数据标准化处理。

$$x_{ij}^{*} = (x_{ij} - \overline{x}_i)/\sigma_i \quad (i=1,2,\cdots,n;j=1,2,\cdots,p) \tag{3.7}$$

式中：x_{ij} 为第 i 组数据中第 j 个指标的原始数据；$\overline{x}_i$ 和 σ_i 分别为第 i 个指标的样本均值和标准差。

计算评价因素的相关系数矩阵 $\boldsymbol{R}=(r_{ij})_{n\times n}$，其中

$$r_{ij} = \frac{1}{n}\sum_{k=1}^{n}(x_{ki} - \overline{x}_i)(x_{ki} - \overline{x}_j)/\sigma_i\sigma_j \tag{3.8}$$

计算特征值与特征向量。求出特征值 λ_i 以及特征值 λ_i 所对应的特征向量 $\boldsymbol{e}_i$，并且需满足 $\|\boldsymbol{e}_i\|=1$。

(2) 计算主成分 z_i 贡献率 $\lambda_i/\sum_{k=1}^{p}\lambda_k$ 和累计贡献率 $\sum_{k=1}^{i}\lambda_k/\sum_{k=1}^{p}\lambda_k$，一般取累计贡献率大于 85%。

(3) 计算主成分荷载。

$$a_{ij} = p(z_i, x_i) = \sqrt{\lambda_i}e_{ij} \quad (i,j=1,2,\cdots,p) \tag{3.9}$$

(4) 主成分回归计算。选择特征值累计贡献率大于 85%的因子作为建模因子，将其进行回归分析，得到主成分回归模型下的枣树耗水量预测值，并将模型模拟结果与枣树耗水量实测值进行比较分析。

3.1.4.3 偏最小二乘回归法

偏最小二乘回归法是一种新的多元统计数据分析方法，于 1983 年由伍德 (S. Wold) 和阿巴诺 (C. Albano) 等首次提出，它集多元线性回归分析、典型相关分析和主成分分析的基本功能为一体，将建模预测类型的数据分析方法与非模型式的数据认识性方法有机地结合[75]。偏最小二乘回归方程的计算过程如下。

1. 标准化处理

记 $\boldsymbol{F}_0$ 是因变量的标准化矩阵，$\boldsymbol{E}_0$ 为自变量集合 X 的标准化矩阵。标准化处理的目的是使样本点的集合重心与坐标原点重合。

2. 成分提取

首先，从 $\boldsymbol{F}_0$ 中提取一个成分 u_1，$u_1=\boldsymbol{F}_0 c_1$，$\| c_1 \|=1$。由于 $\boldsymbol{F}_0$ 只是一个变量，所以 c_1 是一个常数。同时从 $\boldsymbol{E}_0$ 中提取一个成分 t_1，$t_1=\boldsymbol{E}_0 w_1$，w_1 是第一主轴，$w_1=\dfrac{\boldsymbol{E}_0^{\mathrm{T}}\boldsymbol{F}_0}{\| \boldsymbol{E}_0^{\mathrm{T}}\boldsymbol{F}_0 \|}$，并且 $\| w_1 \|=1$。分别求 $\boldsymbol{E}_0$ 和 $\boldsymbol{F}_0$ 对 t_1 的两个回归方程：

$$\boldsymbol{E}_0=t_1\boldsymbol{p}_1^{\mathrm{T}}+\boldsymbol{E}_1 \tag{3.10}$$

$$\boldsymbol{F}_0=t_1\boldsymbol{r}_1^{\mathrm{T}}+\boldsymbol{F}_1 \tag{3.11}$$

其中，回归系数向量为

$$\boldsymbol{p}_1=\frac{\boldsymbol{F}_0^{\mathrm{T}}t_1}{\| t_1 \|^2} \tag{3.12}$$

$$\boldsymbol{r}_1=\frac{F_0^{\mathrm{T}}t_1}{\| t_1 \|^2} \tag{3.13}$$

式中：$\boldsymbol{E}_1$、$\boldsymbol{F}_1$ 分别为两个回归方程的残差矩阵。

其次，用残差矩阵 $\boldsymbol{E}_1$ 和 $\boldsymbol{F}_1$ 取代 $\boldsymbol{E}_0$ 和 $\boldsymbol{F}_0$，用同样方法求第二个 w_2 轴和 c_2 以及第二个成分 u_2 和 t_2，如此计算下去，如果进行了 m 次运算，则会有

$$\boldsymbol{E}_0=t_1\boldsymbol{p}_1^{\mathrm{T}}+t_2\boldsymbol{p}_2^{\mathrm{T}}+\cdots+t_m\boldsymbol{p}_m^{\mathrm{T}}+\boldsymbol{E}_m \tag{3.14}$$

由于 t_1，…，t_m 均可表示成 $\boldsymbol{E}_{01}$，…，$\boldsymbol{E}_{0p}$ 的线性组合，因此，式（3.14）可还原 $y^*=\boldsymbol{F}_0$，关于 $x_j^*=\boldsymbol{E}_{0j}$ 的回归方程形式，即

$$y^*=\alpha_1 x_1^*+\alpha_2 x_2^*+\cdots+\alpha_p x_p^*+\boldsymbol{F}_m \tag{3.15}$$

式中：$\boldsymbol{F}_m$ 为残差矩阵。

3.1.4.4 灰色关联模型简介[76]

设有一个母因素数列，记作 $X_0=[X_0(1),X_0(2),X_0(3),\cdots,X_0(n)]$，同时有一系列子因素数列，依次记作 $X_1,X_2,X_3,\cdots,X_m$。

$$X_1=[X_1(1),X_1(2),X_1(3),\cdots,X_1(n)]$$
$$X_2=[X_2(1),X_2(2),X_2(3),\cdots,X_2(n)]$$
$$\vdots$$
$$X_m=[X_m(1),X_m(2),X_m(3),\cdots,X_m(n)]$$

对于子因素 X_i 对母因素 X_0 在某点 K 的关联系数可以用 $\zeta_i(K)$ 来表示，$\zeta_i(K)$ 的表达式为

$$\zeta_i(K)=\frac{\min_i\min_k|X_0(K)-X_i(K)|+P\max_i\max_k|X_0(K)-X_i(K)|}{|X_0(K)-X_i(K)|+P\max_i\max_k|X_0(K)-X_i(K)|} \tag{3.16}$$

式中：$\min_i\min_k|X_0(K)-X_i(K)|$ 为两级最小差；$\max_i\max_k|X_0(K)-X_i(K)|$

为两级最大差；P 为分辨系数，其值在 0～1 之间，一般可取 0.5[77]。

因为每一列的数据都有 n 个，所以对这 n 个数据取平均值，即为关联度。关联度越大，说明该因素与耗水量关系越密切，从而该因素的影响就大，反之亦然。

3.2 不同灌溉方式下枣树耗水特性

3.2.1 不同灌溉方式下枣树耗水规律

本书定义枣树生育期耗水量的研究时间为当年 4 月 1 日—10 月 20 日，10 月 20 日以后，由于枣树进入冬季休眠期，故不在本次的研究范围之内。

3.2.1.1 滴灌方式下枣树耗水规律

滴灌条件下各处理灌水次数及灌溉量见表 3.3。滴灌方式下各处理的耗水量见表 3.4。由表 3.4 可知，处理 1、处理 2 和处理 3 的枣树生育期的耗水总量分别为 838.54mm、822.0mm 和 720.34mm，呈逐渐减小趋势，主要是由于各处理以田间持水率的 60%作为灌水控制下限进行灌溉，处理 1 的灌水定额较小，但灌水次数最多，处理 3 的灌水定额较大，灌水次数最少，处理 1 的灌水全储存在土壤中，而处理 3 的灌水产生了较大的深层渗漏量，没有形成枣树的实际耗水。

表 3.3　　滴灌方式下各处理的灌水次数及灌溉量

生育期	处理 1		处理 2		处理 3	
	灌水次数/次	灌溉量/(m^3/hm^2)	灌水次数/次	灌溉量/(m^3/hm^2)	灌水次数/次	灌溉量/(m^3/hm^2)
萌芽期	2	600	1	450	1	600
抽枝展叶期	3	900	2	900	2	1200
初花期	3	900	2	900	2	1200
盛花期	3	900	2	900	1	600
幼果期	3	900	2	900	2	1200
果实膨大期	11	3300	7	3150	6	3600
成熟期	3	900	2	900	2	1200
全生育期	28	8400	18	8100	16	9600

在滴灌条件下，枣树生育期日均耗水强度总体上表现为单峰曲线，即在萌芽期、抽枝展叶期缓慢增长，到果实膨大期耗水强度快速增长，且在果实膨大期日耗水强度达到极大值，之后，到果实成熟期耗水强度又逐渐减小。通过分析认为：前期（萌芽期）枣树叶面还未伸展开来，其耗水量的主要构成为土壤

表 3.4　　滴灌方式下各处理的耗水量

生育期	处理 1		处理 2		处理 3	
	日均耗水量 /(mm/d)	阶段耗水量 /mm	日均耗水量 /(mm/d)	阶段耗水量 /mm	日均耗水量 /(mm/d)	阶段耗水量 /mm
萌芽期	2.63	52.6	2.28	45.6	2.26	45.24
抽枝展叶期	3.35	100.5	3.56	106.8	3.09	91.6
初花期	4.02	104.52	3.89	101.14	3.21	83.58
盛花期	4.34	65.1	4.32	64.8	3.87	57.35
幼果期	4.55	91.0	4.57	91.4	4.03	80.4
果实膨大期	5.42	330.62	5.16	314.76	4.46	268.7
成熟期	3.14	94.2	3.25	97.5	2.87	93.47
全生育期		838.54		822.0		720.34

蒸发量，此时作物蒸发蒸腾量只占耗水量的一小部分；到了抽枝展叶期，枣树地上部分营养生长迅速，叶面积迅速增大，地下根系开始活动，耗水强度增大；至盛花期—幼果期，为提高空气湿度、增加枣树坐果率，增加了灌水次数，同时也由于枣树持续生长，耗水强度继续增加；到果实膨大期，果实个体增大，所需要的营养需要通过水分传输，故树体对水分需求旺盛，同时由于此时气温较高、光照充足，作物蒸发蒸腾量大，使枣树的耗水强度达到最高峰；到果实成熟期，由于大部分果实已经成熟，枣树的叶片逐渐枯萎，叶面积不增反降，同时，由于大气温度开始降低，使耗水强度呈现不断下降的趋势。

3.2.1.2　沟灌方式下枣树耗水规律

沟灌条件下各处理灌溉量统计见表 3.5。各处理的耗水量见表 3.6。由表 3.6 可知，处理 4、处理 5 的枣树生育期的耗水总量分别为 964.82mm 和 1016.11mm。随着灌溉量的增加，枣树耗水量呈缓慢增长趋势，但是相差不大。处理 4 比处理 5 的灌溉量和耗水量分别少 5.3%和 5.1%。

表 3.5　　沟灌条件下各处理的灌水次数及灌溉量

生育期	处　理　4		处　理　5	
	灌水次数 /次	灌溉量 /(m^3/hm^2)	灌水次数 /次	灌溉量 /(m^3/hm^2)
萌芽期	1	450	1	600
抽枝展叶期	3	1350	2	1200
初花期	3	1350	3	1800
盛花期	3	1350	3	1800
幼果期	3	1350	2	1200

续表

生育期	处理4		处理5	
	灌水次数/次	灌溉量/(m^3/hm^2)	灌水次数/次	灌溉量/(m^3/hm^2)
果实膨大期	9	4500	6	3600
成熟期	2	900	2	1200
全生育期	24	10800	19	11400

表3.6　　沟灌条件下各处理的耗水量

生育期	处理4		处理5	
	日均耗水量/(mm/d)	阶段耗水量/mm	日均耗水量/(mm/d)	阶段耗水量/mm
萌芽期	3.16	63.2	3.32	66.4
抽枝展叶期	3.52	105.6	4.08	122.4
初花期	4.25	110.5	4.57	118.82
盛花期	4.83	72.45	5.11	76.65
幼果期	5.75	115	6.13	122.6
果实膨大期	6.37	388.57	6.44	392.84
成熟期	3.65	109.5	3.88	116.4
全生育期		964.82		1016.11

沟灌条件下，枣树全生育期的日均耗水总体也表现为单峰曲线，其变化过程与滴灌条件基本一致，即在萌芽期、抽枝展叶期缓慢增长，到果实膨大期耗水强度快速增长，且在果实膨大期日耗水强度达到极大值，之后，到果实成熟期耗水强度又逐渐减小。

3.2.2　不同灌溉方式下枣树棵间土壤蒸发分析

棵间土壤蒸发是作物水量平衡和地表能量平衡的重要组成部分，研究枣树棵间土壤蒸发的变化规律及其影响因素，可以促进大田水分利用效率的提高，对制定科学合理的灌溉制度，减小土壤水分的无效消耗具有重要的理论意义与实际价值。不同灌溉方式下枣树棵间蒸发量统计分别见表3.7和表3.8。由表3.8可以看出：①过高的灌水频率与过大的灌溉量，将造成地面湿润时间较长或地面湿润宽度较大，使枣树的棵间蒸发量都比较大，不利于水资源的有效利用；②滴灌方式下枣树棵间蒸发量约占生育期耗水量的37%～40%；③枣树棵间蒸发量占总耗水量的比例表现为前期较大，为55%～60%，随着生育期的推移，比例逐渐降低，达到33%～38%，到后期（成熟期）比例又略有增长，达到35%～42%。

表 3.7　　滴灌方式下枣树棵间蒸发量　　单位：mm

生育期	处理 1		处理 2		处理 3	
	阶段棵间蒸发量	阶段耗水量	阶段棵间蒸发量	阶段耗水量	阶段棵间蒸发量	阶段耗水量
萌芽期	30.51	52.6	25.08	45.6	27.75	45.24
抽枝展叶期	55.28	100.5	50.20	106.8	40.95	91.6
初花期	47.03	104.52	40.46	101.14	42.29	83.58
盛花期	23.44	65.1	23.98	64.8	23.72	57.35
幼果期	30.94	91	31.99	91.4	30.89	80.4
果实膨大期	105.80	330.62	100.72	314.76	89.49	268.7
成熟期	40.10	94.2	38.03	97.5	29.37	93.47
合计	333.09	838.54	310.45	822.0	284.46	720.34
占总耗水比例	39.71%		37.77%		39.49%	

表 3.8　　沟灌方式下枣树棵间蒸发量　　单位：mm

生育期	处　理　4		处　理　5	
	阶段棵间蒸发量	阶段耗水量	阶段棵间蒸发量	阶段耗水量
萌芽期	40.0	63.2	34.14	48.47
抽枝展叶期	57.07	105.6	46.38	89.35
初花期	52.09	110.5	41.80	86.74
盛花期	31.65	72.45	24.19	55.35
幼果期	46.28	115.0	36.49	89.50
果实膨大期	142.9	388.57	106.33	285.77
成熟期	39.03	109.5	36.76	84.97
合计	409.3	964.82	326.09	740.11
占总耗水比例	42.43%		44.06%	

3.2.3　不同灌溉方式下枣树作物系数分析

由表 3.9 可以看出：①沟灌方式下枣树棵间蒸发量普遍大于滴灌条件下的棵间蒸发量，主要原因是沟灌方式下土壤湿润面积较大，土壤的蒸发量偏大；②沟灌方式下枣树棵间无效蒸发量占生育期耗水总量的比例为 42%～44%。

灌水定额为 600m^3/hm^2 时，各灌水方式枣树的作物系数最小，是由于灌溉水量没有转化成为作物有效耗水量；灌水定额为 450m^3/hm^2 时，沟灌处理枣树的作物系数最大，是由于灌溉水量相对较多导致作物耗水量大；灌水定额为 300m^3/hm^2 时，滴灌处理的灌溉量较小，但枣树的作物系数较大，是由于灌溉水有效地储存于土壤中，有较大的作物耗水量。

表 3.9 不同灌溉方式下枣树作物系数

灌溉方式	处理	作物耗水量/mm	ET_0/mm	作物系数
滴灌	处理 1	838.54	763.1	1.10
	处理 2	822.00	763.1	1.08
	处理 3	720.34	763.1	0.94
沟灌	处理 4	964.82	763.1	1.26
	处理 5	740.11	763.1	0.97

3.2.4 不同灌溉方式下的深层渗漏量分析

为了有效利用灌溉水量，避免灌溉水分的无效利用，从而提高水资源利用率；同时也为了合理确定灌水定额，试验中分别对处理 1～处理 5 安装了深层渗漏盘，渗漏盘长 60cm、宽 40cm、高 16cm，盘内装石英砂。渗漏盘埋设深度为地面以下 1m 处，即认为：通过该研究断面（地下 1m 位置）的水量为深层渗漏量，此部分水量作物根系无法吸收利用。

由表 3.10 可以看出，灌水定额对深层渗漏的影响显著，当灌水定额为 $300m^3/hm^2$ 时，没有深层渗漏量；当灌水定额为 $450m^3/hm^2$ 和 $600m^3/hm^2$ 时，滴灌和沟灌方式下的深层渗漏量分别为 $720.9m^3/hm^2$、$1230m^3/hm^2$ 和 $3060m^3/hm^2$、$4215m^3/hm^2$，渗漏率分别为 8.90%、10.39% 和 31.88%、36.97%，即随着灌水定额的增加，深层渗漏量增加；对灌水定额均为 $450m^3/hm^2$ 的滴灌处理 2 和沟灌的处理 4，其灌水次数分别 18 次和 24 次，平均每次深层渗漏量分别为 $40.05m^3/hm^2$ 和 $51.3m^3/hm^2$；对灌水定额均为 $600m^3/hm^2$ 的滴灌处理 3 和沟灌的处理 5，其灌水次数分别 16 次和 19 次，平均每次深层渗漏量分别为 $191.25m^3/hm^2$ 和 $234.15m^3/hm^2$，沟灌的渗漏率要明显大于滴灌，这主要是因为滴灌下水的入渗速率小于沟灌，能把更多的水存储在有效根层以内；当灌水定额为 $450m^3/hm^2$ 和 $600m^3/hm^2$ 时，其平均渗漏率分别为 9.65%和 34.45%，表明灌水定额超过 $450m^3/hm^2$ 时，深层渗漏量显著增加。

表 3.10 不同灌溉方式下的枣树深层渗漏量

灌溉方式	处理	灌水定额 /(m^3/hm^2)	灌溉定额 /(m^3/hm^2)	渗漏量 /(m^3/hm^2)	渗漏率 /%
滴灌	处理 1	300	8400	0	0
	处理 2	450	8100	720.9	8.90
	处理 3	600	9600	3060	31.88
沟灌	处理 4	450	10800	1230	10.39
	处理 5	600	11400	4215	36.97

3.2.5 小结

（1）滴灌条件下，枣树生育期的耗水总体上表现为单峰曲线，即在萌芽期、抽枝展叶期缓慢增长，一直到果实膨大期枣树耗水量持续增长，且在果实膨大期达到极大值，之后到了果实成熟期枣树的耗水量又逐渐减小。沟灌方式下枣树的耗水规律与滴灌类似。

（2）滴灌条件下，枣树全生育期的耗水量为720～838mm；沟灌条件下，枣树全生育期的耗水量为730～964mm。枣树各生育期的耗水量与灌溉水量之间有明显的一致性，从整个生育期来看，随着灌溉水量的增加，枣树的耗水量也呈增加趋势。

（3）滴灌条件下，枣树的棵间蒸发量占生育期总耗水量的37.77%～39.71%，平均为36.99%。沟灌方式下，枣树的棵间蒸发量占生育期总耗水量的42.43%～44.06%，平均为43.24%。

（4）滴灌条件下，当灌水定额为300m^3/hm^2时，无深层渗漏量产生；当灌水定额为450m^3/hm^2时，会产生约8.9%的深层渗漏量；当灌水定额为600m^3/hm^2时，会产生约31.88%的深层渗漏量；沟灌条件下，当灌水定额为450m^3/hm^2时，会产生约10.39%的深层渗漏量，当灌水定额为600m^3/hm^2时，会产生约36.97%的深层渗漏量。在相同的灌水定额下，沟灌方式的深层渗漏量要大于滴灌方式，当灌水定额超过450m^3/hm^2时，会使深层渗漏量显著增加。

3.3 不同灌溉方式下枣树主要指标对比与灌溉制度优化

3.3.1 不同灌溉方式下枣树主要性状对比

本书选取枣树干径、坐果率、产量、品质、水分利用效率（water use efficiency，WUE）等五项指标来分析不同灌溉方式下枣树的性状。

3.3.1.1 滴灌方式下枣树的主要性状

1. 不同灌水处理对枣树干径的影响

枣树干径的大小，直接反映了枣树营养生长状况，同时也是枣树是否能够获得丰产的先决条件之一。枣树干径增长快，则枣树的树势强，相应的生长枝条就会多，在保证水肥供应充足的情况下，就具备了获得丰产的条件。不同灌水定额情况下，枣树干径的生长情况见表3.11。从表3.11可以得出，滴灌条件下，处理1的干径平均增长率为39.1%，要稍大于处理2的37.8%，远大于处理3的28.7%。结合表3.10的结果，当灌水定额较大时，将造成深层渗漏量的增加，枣树有效蒸发蒸腾量减少，对枣树干径的增长不利。从表3.11也可以看出，4—7月枣树干径增长较快，而7—10月，干径增长较慢，造成这种现象的原因主要是：枣树前期（4—7月）主要为营养生长，干径增长较快，后期（7—10月）进入生殖生长期，同时由于人工剪枝、化学调控等措施的施行，导致枣树干径增长速度放缓，果实开始发育成熟。

表3.11　　不同滴灌处理情况下枣树的干径生长量

处理	4月/mm	7月/mm	10月/mm	净生长量/mm	增长百分率/%
处理1	32.2	42.7	44.8	12.6	39.10
处理2	32.8	41.1	45.2	12.4	37.80
处理3	33.3	39.7	42.9	9.6	28.70

2. 不同灌水处理对枣树坐果率的影响

坐果率的高低也是评判灌水处理是否合适的重要指标之一。不同灌水定额情况下，枣树的坐果率情况见表3.12。由表3.12可以看出，3种灌溉处理情况下，坐果率相差不大，为2.70%～2.90%。其中以处理1的坐果率稍高，为2.90%。这可能与该处理为“高频少量”的灌溉方式有关，枣园中湿度相对较高，极端高温持续时间较短，更易提高坐果率。

表3.12　　不同滴灌灌水处理下枣树的坐果率

处理	处理1	处理2	处理3
坐果率	2.90%a	2.70%a	2.80%a

注　表中字母a=0.05的显著性，相同字母为不显著。

3. 不同灌水处理对枣树产量的影响

不同灌水定额情况下，枣树产量情况见表3.13。由表3.13可以看出，处理2所对应的枣树产量最高，其次是处理1，产量最低的是处理3。处理1、处理2产量差异不显著，但与处理3差异显著（$p<0.05$）。虽然处理3灌溉量最多，但由于其耗水量最小，因此，对枣树产量有一定影响。

表3.13　　不同滴灌灌水处理下枣树的产量

处理	处理1	处理2	处理3
产量/(kg/hm^2)	10855.5a	11289a	9624.0b

注　表中字母a=0.05的显著性，相同字母为不显著。

4. 不同灌水处理对红枣品质的影响

不同灌水定额情况下，红枣的品质见表3.14。由表3.14可以看出，各处理情况下红枣品质指标差异不显著。说明上述3种灌水定额与灌溉定额，对红枣品质无显著影响。

表 3.14　　不同滴灌处理下红枣的品质

处理	单果重/g	总糖/%	总酸/(g/1000g)	可溶性固形物	VC/(mg/100g)
处理 1	6.30a	49.92a	2.98a	31.30%a	137.6a
处理 2	6.19a	49.35a	2.98a	32.10%a	130.5a
处理 3	6.35a	51.94a	3.04a	31.70%a	141.4a

注　表中字母为 a=0.05 的显著性，相同字母为不显著，以下表同。

5. 不同灌水处理对枣树水分利用效率 *WUE* 的影响

不同灌水定额情况下，水分利用效率 *WUE* 见表 3.15，表中 *IWUE* 指灌溉水水分利用效率，*EWUE* 指耗水水分利用效率。由表 3.15 可以看出，处理 2 的 *IWUE* 和 *EWUE* 最大，处理 3 的 *IWUE* 最小，处理 1 的 *EWUE* 最小，*IWUE* 随着灌溉定额的增加呈逐渐减小趋势，*EWUE* 随着耗水量的增加呈现先增大后减小的趋势。

表 3.15　　不同滴灌处理条件的 *WUE*

处理	处理 1	处理 2	处理 3
产量/(kg/hm^2)	10855.5	11289	9624
灌溉定额/(m^3/hm^2)	8400	8100	9600
IWUE/(kg/m^3)	1.292	1.394	1.002
耗水量/(m^3/hm^2)	8385.4	8220	7203.4
EWUE/(kg/m^3)	1.295	1.373	1.336

3.3.1.2　沟灌方式下枣树的主要性状

1. 不同灌水处理对枣树干径的影响

不同灌水定额情况下，枣树干径的生长情况见表 3.16。从表 3.16 可以得出，沟灌条件下，处理 4 的干径平均增长率为 49.40%，要远大于处理 5 的 35.80%。这说明当灌水定额较大时，产生大量的深层渗漏水量，造成枣树的耗水量减小，对干径的生长产生不利因素。同时，与滴灌方式类似，4—7 月枣树干径增长较快，而进入 7—10 月，干径增长较慢。

表 3.16　　不同沟灌处理情况下枣树干径的生长量

处理	4 月/mm	7 月/mm	10 月/mm	净生长量/mm	增长百分率/%
处理 4	30.7	44.3	47.7	17	49.40
处理 5	35.4	42.3	48	12.6	35.80

2. 不同灌水处理对枣树坐果率的影响

不同灌水定额情况下，枣树坐果率情况见表 3.17。由表 3.17 可以看出，两种灌溉处理情况下，枣树坐果率相差不大，为 2.70%～2.80%。处理 5 的坐果率稍高，同时可以看出，沟灌方式下枣树坐果率与滴灌方式坐果率基本相同。

表 3.17　　不同沟灌处理下枣树的坐果率

处　理	处　理　4	处　理　5
坐果率	2.70%a	2.80%a

3. 不同灌水处理对枣树产量的影响

不同灌水定额情况下，枣树的产量情况见表 3.18。由表 3.18 可以看出，处理 5 的产量要比处理 4 的产量高 3.5%。

表 3.18　　不同沟灌处理条件下枣树的产量

处　理	处　理　4	处　理　5
产量/(kg/hm²)	8766.45	9074.25

4. 不同灌水处理对红枣品质的影响

不同灌水定额情况下，红枣品质见表 3.19。由表 3.19 可以看出，各处理情况下，红枣品质指标数值相差不大，统计检验结果显示除总酸指标有显著差异外，其余各指标无显著差异。

表 3.19　　不同沟灌处理条件下红枣品质

处理	单果重/g	总糖/%	总酸/(g/1000g)	可溶性固形物	VC/(mg/100g)
处理 4	7.31a	47.14a	3.32a	33.40%a	125.7a
处理 5	7.48a	50.75a	2.78b	35.5%a	132.6a

5. 不同灌水处理对枣树水分利用效率 *WUE* 的影响

不同灌水处理下枣树的水分利用效率 *WUE* 见表 3.20。由表 3.20 可以看出，随着灌溉定额的增加，枣树的水分利用效率 *IWUE* 略微减小。但处理 5 的耗水水分利用效率 *EWUE* 比处理 4 提高了 35.0%，随着灌溉量的增加，造成了深层渗漏量的大量增加，减少了枣树的有效耗水量，使水分利用效率较低，但同时也提高了枣园的湿度，降低了温度，这对枣树开花和坐果有一定的益处，从而提高了枣树的产量。处理 5 的灌溉量和产量分别比处理 4 高了 5.5%和 3.5%，因此，通过提高灌溉水量增加产量带来的效益不明显。

表 3.20　　不同沟灌处理条件下枣树水分利用效率 *WUE*

处　理	处　理　4	处　理　5
产量/(kg/hm²)	8766.45	9074.25
灌溉定额/(m³/hm²)	10800	11400

续表

处　理	处　理　4	处　理　5
IWUE/(kg/m^3)	0.812	0.796
耗水量/(m^3/hm^2)	9648.2	7401.1
EWUE/(kg/m^3)	0.908	1.226

3.3.2 枣树滴灌灌溉制度优化

3.3.2.1 枣树滴灌灌水定额的确定

根据对滴灌不同灌水定额下深层渗漏量的分析，当灌水定额为300m^3/hm^2时，土壤水分只能运移到地面以下70～75cm，即影响深度为70～75cm；当灌水定额为450m^3/hm^2时，有约8.9%的深层渗漏量；当灌水定额为600m^3/hm^2时，有约31.8%的深层渗漏量，因此结合理论计算与实际试验，可确定枣树滴灌合理的灌水定额为375～405m^3/hm^2。

3.3.2.2 枣树滴灌灌溉制度的确定

根据对不同处理下滴灌枣树主要生长指标的影响分析，并结合枣树的耗水特性，确定处理2为适宜当地枣树的滴灌灌溉制度，见表3.21。

表3.21　滴灌枣树灌溉制度

生　育　期	灌　水　次　数	灌水定额/(m^3/hm^2)
萌芽期	1	375～405
抽枝展叶期	2	375～405
初花期	2	375～405
盛花期	2	375～405
幼果期	2	375～405
果实膨大期	7	375～405
成熟期	2	375～405
全生育期	18	6750～7290

3.3.3 小结

（1）滴灌条件下，各处理枣树干径、坐果率、品质无显著差异；滴灌方式下，各处理的主要指标（坐果率、品质等）要略优于沟灌方式；滴灌方式的*IWUE*平均值为1.229kg/m^3，大于沟灌方式的平均值0.819kg/m^3。

（2）滴灌条件下枣树优化灌溉制度为：全生育期灌水18次，其中萌芽期1次、抽枝展叶期2次、初花期2次、盛花期2次、幼果期2次、果实膨大期7次、成熟期2次，灌水定额为375～405m^3/hm^2，灌溉定额为6750～7290m^3/hm^2。

3.4 基于主成分分析法的枣树耗水量模型建立

在西北干旱区农业水资源利用中，作物耗水量是农田水量平衡计算中的一个重要内容。计算作物耗水量的方法主要有微气象方法、红外遥感技术、水量平衡法、植物生理测定技术和器测法等[78]。其中应用比较广泛的是利用1998年联合国粮农组织（Food and Agriculture Organization of the United Nations）推荐的基于微气象方法的 Penman - Monteith 公式计算参考作物蒸发蒸腾量 ET_0，再通过作物系数估算作物实际耗水量 ET[79]。本书基于前人的研究成果，根据已有的试验数据资料，以日数据为研究尺度，探索利用主成分分析方法来实现对枣树日耗水量的预测，以期为环塔里木盆地特色林果的节水工作做出探索性尝试。

3.4.1 模型数据的采集与分析

（1）气象资料数据（日温度、相对湿度、大气压、风速、太阳辐射、降水量）采用美国 Davis 公司生产的 Weather Link 自动气象站进行观测，数据采集器对相关数据的采集时段为1小时1次。

（2）地温的采集与土壤含水率的观测。土壤地温的观测采用 Hydra 仪器的探头读取，观测数据精确度为0.1℃；土壤含水率（体积含水率）的观测值也是通过 Hydra 仪器的探头读取，观测数据精确度为0.1%。探头共计5组，埋深分别为地面以下20cm、40cm、60cm、80cm、100cm，仪器数据采集时段设置为1小时1次，全天共计24组数据。

（3）日耗水量的计算。日耗水量采用水量平衡方程进行计算，计算方程如下：

$$P+I+Q_1+E_g=P_a+R+Q_z+E_p\pm\Delta W \tag{3.17}$$

式中：P 为有效降水量，mm；I 为灌溉水量，mm；Q_1、Q_z 为土壤中水平流入、流出量，mm；E_g 为潜水补给量，mm，在本实验区，由于潜水埋深在10m以下，故不予考虑该项，即 E_g 为0；P_a 为入渗量，mm；R 为地表径流量，mm；E_p 为作物耗水量，mm；ΔW 为土壤储水变量，mm。

（4）耗水计算时段的选取。综合考虑气象数据、土壤含水率、地温等因素，最终选取计算时段为当日零时至次日零时。

（5）部分数据的剔除。为了保证模型的稳健性以及模拟、预测精度，剔除由于大气降水、人工灌溉等其他干扰原因造成的异常值后，再进行建模。

（6）数据分析。采用 DPS 数据处理系统（Data Processing System，DPS）对观测数据进行分析。

3.4.2 模型计算

3.4.2.1 模型输入因子的确定

枣树耗水量主要有两部分组成，一部分耗水量是以土壤蒸发的形式进入到大气中，参与大气中的水循环；另一部分是以植株蒸腾的形式进入到大气中。概括起来，影响枣树日耗水量的因素主要包括气象因素中的温度、风速、辐射、大气湿度以及土壤含水率、土壤温度等因素。考虑到资料的可获取性以及具体试验的实际条件，模型选取日均温度（x_1,℃）、日均相对湿度（x_2,%）、日均风速（x_3，m/s）、日太阳总辐射量（x_4，J）、日均大气压（x_5，hPa）、0～100cm 土壤平均含水率（x_6,%）、0～20cm 土壤日均温度（x_7,℃）这 7 种因素为输入因子，即自变量；与此同时，选取枣树日耗水量（y，mm）为模型输出值，即因变量，结果见表 3.22。

表 3.22　枣树日耗水量及相关因素统计表

序号	日均温度 x_1/℃	日均相对湿度 x_2/%	日均风速 x_3/(m/s)	日太阳总辐射量 x_4/J	日均大气压 x_5/hPa	土壤平均含水率 x_6/%	土壤日均温度 x_7/℃	日耗水量 y/mm
1	21.6	47.2	0.2	7052	996.5	29.5	20.4	4.86
2	20.0	54.9	0.5	7119	996.5	27.1	20.1	5.15
3	22.1	47.6	0.4	7030	992.4	26.9	20.9	5.32
4	22.6	50.5	0.4	6885.5	990.8	25.8	21.0	5.10
5	21.3	48.8	1.8	4551.5	993.6	25.7	20.6	4.40
6	22.7	52.3	0.3	6398.5	994.4	25.0	20.5	4.70
7	23.8	42.4	0.6	5708.5	993.7	24.5	21.0	4.80
8	23.1	52.5	0.2	7678.5	993.5	24.0	21.3	5.70
9	24.8	42.5	0.5	6747.5	994.2	23.6	21.3	5.40
10	24.6	40.1	1.0	5353	994.2	23.0	21.8	4.77
11	22.9	57.3	0.2	7880	995.4	22.3	20.7	5.73
12	22.5	53.7	0.6	3836	992.6	22.0	20.1	3.33
13	21.1	60.1	0.3	5211.5	991.1	22.1	19.3	3.80
14	20.8	66.1	0.8	6877	991.1	23.0	18.8	4.80
15	22.1	58.6	0.3	7960	990.9	23.0	17.8	5.75
16	23.4	55.8	0.2	6429	993.3	23.9	18.5	4.90
17	23.5	55.9	0.3	4720	994.5	24.0	18.0	3.74
18	22.9	60.4	0.2	5879.5	993.3	23.9	17.9	4.28
19	24.0	60.4	0.2	6660	991.6	23.9	17.9	5.18
20	25.2	58.4	0.2	7394.5	992.3	23.6	17.8	5.50

3.4.2.2 主成分分析

按照主成分分析的计算方法，首先计算各自变量之间的相关系数。从表3.23可以看出，x_1 和 x_4、x_6、x_7；x_2 和 x_3；x_4 和 x_6；x_6 和 x_7 之间相关性达到极显著相关，均通过了显著性为0.01的统计检验。由于各自变量之间具有一定的相关性，运用所有自变量进行作物蒸发蒸腾量的计算时，会存在信息的重叠。此时，如果运用主成分分析方法，可以用较少的综合指标代替原来较多的变量指标，使较少的综合指标尽可能多地反映原来较多变量指标所反映的信息，则可以在一定程度上解决信息重叠的问题。

表3.23　各自变量相关系数及显著性矩阵

影响因子	x_1	x_2	x_3	x_4	x_5	x_6	x_7
x_1	1	0.001	−0.211	0.0937	0.001	0.001	0.001
x_2	−0.3491	1	−0.2949	−0.4495	0.1037	0.0566	0.1224
x_3	−0.1976	−0.7087	1	−0.3853	−0.2174	0.2042	0.1099
x_4	0.5035	−0.2452	−0.0873	1	−0.0162	0.3248	0.2162
x_5	0.1293	0.0187	−0.0178	−0.039	1	0.002	−0.121
x_6	0.814	−0.0788	0.0413	0.2874	0.2179	1	−0.108
x_7	0.6464	−0.0951	0.149	0.0404	0.1021	−0.296	1

注　表中对角线左下角为相关系数，右上角为显著水平，$r_{0.01}=0.2687$。

由表3.24可知，前4个主成分累计贡献率已达87.323%，即这4个主成分能将枣树耗水量全部影响因子所提供信息的87.323%反映出来，根据因子贡献率的提取标准，累计贡献率大于等于85%的因子作为模型选择因子，可代入模型进行计算。因此，该问题利用主成分分析是科学、可靠的。

表3.24　特征值和主成分贡献率及累积贡献率

主成分	特征值	贡献率/%	累计贡献率/%
x_1	2.1202	30.2883	30.2883
x_2	1.5625	22.3214	52.6098
x_3	1.417	20.2433	72.853
x_4	1.0129	14.4697	87.3227
x_5	0.522	7.4569	94.7796
x_6	0.2053	2.9323	97.7119
x_7	0.1602	2.2881	100

主成分因子规格化特征向量见表3.25。根据前文计算选择的前4个主成分进行系统分析，得到各主成分的荷载值，见表3.26。

表 3.25　　规格化特征向量

影响因子	x_1	x_2	x_3	x_4	x_5	x_6	x_7
x_1	−0.5723	0.3477	−0.1102	0.0163	0.1826	−0.138	0.6977
x_2	−0.4503	−0.525	0.0944	0.0322	0.2558	0.6674	−0.0285
x_3	0.4714	0.3973	−0.2362	−0.3105	0.194	0.6145	0.2293
x_4	0.0143	0.375	0.3622	0.7149	−0.3168	0.3411	0.0157
x_5	0.3909	−0.4474	0.4434	−0.0562	−0.1627	−0.0583	0.646
x_6	0.0311	0.2498	0.6843	−0.1339	0.635	−0.1238	−0.1785
x_7	0.3058	−0.2058	−0.3565	0.6084	0.5775	−0.1515	0.1017

表 3.26　　主成分荷载值

影响因子	x_1	x_2	x_3	x_4
x_1	0.8332	0.4347	−0.1312	0.0164
x_2	−0.6557	−0.6563	0.1124	0.0324
x_3	0.6864	0.4966	−0.2811	−0.3125
x_4	0.0209	0.4688	0.4311	0.7195
x_5	0.5693	−0.5593	0.5278	−0.0565
x_6	0.0453	0.3122	0.8146	−0.1348
x_7	0.4453	−0.2572	−0.4244	0.6123

为了突出各个影响因素在这 4 个主成分上的荷载投影，有必要将上述主成分荷载值进行旋转，旋转方法采用方差极大正交法进行处理，旋转处理后的结果见表 3.27。

表 3.27　　主成分旋转后荷载值

影响因子	x_1	x_2	x_3	x_4
x_1	0.1816	0.8859	0.2259	0.0837
x_2	−0.0334	0.2771	−0.3878	−0.7838
x_3	0.0768	0.1321	0.8646	0.1655
x_4	0.9466	0.0423	0.0217	0.1569
x_5	0.1481	−0.0922	0.1051	0.8513
x_6	0.2236	0.2658	0.8432	0.2178
x_7	0.0847	0.8945	−0.1452	0.1876

从表 3.26 和表 3.27 可以看出，第一主成分的贡献率占总变异信息的 30.288%，主要反映了日太阳辐射量这一因素的变异信息；第二主成分的贡献率占总变异信息的 22.321%，主要反映日均温度和土壤日均温度这两种因素

成分的变异信息；第三主成分的贡献率占总变异信息的 20.243%，主要反映了日均风速与土壤平均含水率的变异信息；第四主成分的贡献率占总变异信息的 14.47%，主要反映了日均相对湿度与日均大气压的变异信息。荷载值主要反映的是各变量对主成分的贡献大小，从表 3.27 可以看出，第一主成分主要反映了太阳辐射这个因子的变异信息，这个因子在第一主成分上的荷载值最大，为 0.9466；第二主成分主要综合了日均温度和土壤日均温度这两种因子成分的变异信息，将这两种因素统一归纳为温度因素，这两个变量在第二主成分上的荷载值依次为 0.8859 与 0.8945；第三主成分主要综合了日均风速与土壤日均含水率这两种因素的变异信息，这两个变量在第三主成分上的荷载值分别为 0.8646 与 0.8432；第四主成分主要综合了日均相对湿度与日均大气压这两种因素的变异信息，这两个变量在第四主成分上的荷载值分别为 −0.7838 与 0.8513。

根据旋转后的主成分荷载值计算各主成分得分及综合得分，如图 3.2 所示。从图 3.2 可以看出，$z(i, 1)$、$z(i, 2)$、$z(i, 3)$、$z(i, 4)$、y 分别代表第一、第二、第三、第四主成分得分值与主成分综合得分值。从图中可以看出，随着枣树耗水量的变化（主成分综合得分值），第一、第二、第三、第四主成分得分值也呈相同变化趋势，即它们的变化规律基本一致，这也从侧面说明了经过主成分处理后的数据，其自变量与因变量间的相关性更加密切。

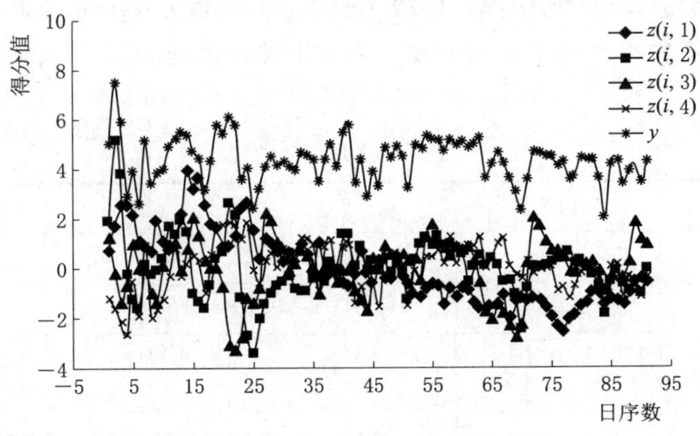

图 3.2　主成分得分值及综合得分值

3.4.2.3　多重共线性诊断

由前文计算可知，部分自变量之间存在显著的相关性，因此有必要先对自变量进行多重共线性诊断。诊断采用方差膨胀因子（VIF）诊断法[80]，表达式为：$F_{\mathrm{VIF}}=(1-R_i^2)^{-1}$，其中 R_i 为自变量对其余自变量 X_i 进行回归分析的复相关系数，所有 X 变量中最大的 F_{VIF} 通常用来作为多重共线性严重程度指标，如果 $F_{VIFi}>10$，表示多重相关性将严重影响到系统的模拟值。

针对该建模系统，枣树耗水量与各影响因素的共线性诊断结果见表3.28。由表3.28可以看出，温度因素（即日均温度与土壤日均温度）、日太阳辐射量存在较为严重的多重共线性，其方差膨胀因子分别为45.2、25.8与18.1，远大于10，故可以用主成分回归模型来加以分析。

表3.28　枣树耗水量与各影响因素的共线性诊断结果

因素	x_1	x_2	x_3	x_4	x_5	x_6	x_7
F_{VIF}	45.2	3.7	4.2	25.8	3	2.6	18.1

3.4.2.4　主成分回归法与多元线性回归法分析比较

将前述的7个影响因子转化为4个主成分之后，以第一、第二、第三、第四主成分得分值为自变量，枣树耗水量为因变量，进行多元线性回归分析，得到四元一次线性回归方程如下：

$$Y=4.3624+0.0805z_1+0.5671z_2+0.1673z_3+0.4443z_4$$

$$(n=91, r=0.9635, \mathrm{sig}_{0.01}=0.2687) \tag{3.18}$$

式中：n 为统计样本数；r 为相关系数；$\mathrm{sig}_{0.01}$ 为显著性水平为0.01时的临界相关系数。

通过分析可以看出，可以用第一、第二、第三、第四主成分的因子得分对枣树耗水量进行预测。见表3.29～表3.31，建立的主成分回归方程，方程系数的显著性水平都为0.0001，即所有系数都通过了 t 检验，达到极显著水平。

表3.29　主成分回归方程系数值

变量 z	回归系数	标准误差	t 值	显著水平 sig
b_0	4.3624	0.0259	168.3707	0.0001
b_1	0.0805	0.0179	4.501	0.0001
b_2	0.5671	0.0208	27.2085	0.0001
b_3	0.1673	0.0219	7.6438	0.0001
b_4	0.4443	0.0259	17.1636	0.0001

表3.30　主成分回归方程方差分析

方差来源	平方和	df	均方	F 值	p 值
回归	68.0274	4	17.0069	278.395	0.0001
剩余	5.2536	86	0.0611		
总的	73.2811	90	0.8142		

表 3.31　　多元线性回归方程系数值

变量 x	回归系数	标准误差	t 值	显著水平
b_0	4.6551	4.7344	0.9832	0.3283
b_1	0.0687	0.0078	8.8613	0.0001
b_2	−0.0173	0.0019	−8.9839	0.0001
b_3	0.5739	0.0455	12.6188	0.0001
b_4	0.0006	0	49.1844	0.0001
b_5	−0.0047	0.0051	−0.9203	0.36
b_6	−0.1675	0.522	−0.3209	0.7491
b_7	−0.0191	0.0125	−1.5289	0.1301

从表 3.32 可以看出，运用全部因子建立的枣树耗水量多元线性回归模型中，回归系数中 b_0、b_5、b_6 与 b_7 这 4 个系数没有通过 t 检验，显著性水平较差，且回归系数显著性水平不如主成分回归方法的回归系数显著性水平，但是就回归方程总体评定而言，其还是通过了方差检验，达到极显著水平。主成分回归方程与多元线性回归方程模拟值与实际值的比较如图 3.3 所示。

表 3.32　　多元线性回归方差分析

方差来源	平方和	df	均方	F 值	p 值
回归	72.069	7	10.2956	705.0146	0.0001
剩余	1.2121	83	0.0146		
总的	73.2811	90	0.8142		

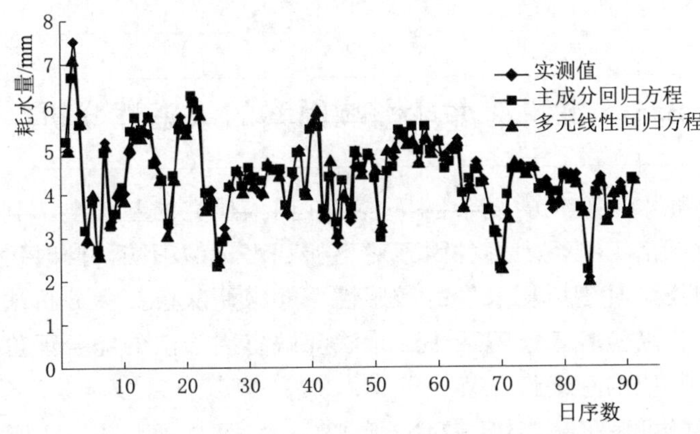

图 3.3　主成分回归方程与多元线性回归方程模拟值与实测值的对比

3.4.3 小结

（1）应用所有影响因子建立的枣树耗水量计算模型存在信息的重叠。主成分分析中前 4 个主成分累计贡献率已达 87.323%，即 4 个主成分能将全部影响因子所提供信息的 87.323%反映出来，大于评价标准要求的 85%，因此运用该方法是可靠的。

(2) 第一主成分主要反映了太阳辐射量这个因子的变异信息，这个因子在第一主成分上的荷载值最大，为 0.9466。第二主成分主要综合了日均温度和土壤日均温度这两种因子成分的变异信息，将这两种因素统一归纳为温度因素，这两个变量在第二主成分上的荷载值依次为 0.8859 与 0.8945。第三主成分主要综合了日均风速与土壤平均含水率这两种因素的变异信息，这两个变量在第三主成分上的荷载值分别为 0.8646 与 0.8432。第四主成分主要综合了日均相对湿度与日均大气压这两种因素的变异信息，这两个变量在第四主成分上的荷载值分别为−0.7838 与 0.8513。

(3) 以枣树耗水量为因变量，第一、第二、第三、第四主成分得分值为自变量，进行多元线性回归分析，得到四元一次线性回归方程。

应用所有影响因子建立的多元线性回归方程如下：

$$Y=4.6551+0.0687x_1-0.0173x_2+0.5739x_3+0.0033x_4-0.013x_5+0.3982x_6+0.0006x_7 \quad (n=91, r=0.9917, \mathrm{sig}_{0.01}=0.2673) \tag{3.19}$$

其拟合效果（相关系数）稍优于主成分回归方程，但方程的回归系数 b_0、b_2、b_3 与 b_4 都没有通过 t 检验，回归系数的显著性水平与主成分方程相比较差。

将拟合结果与多元线性回归相比，可以发现主成分分析方法能够使问题简化，且模型具有一定精度。这说明将主成分分析法用于枣树耗水量的分析与预测是可行的。

3.5　枣树耗水量影响因素的敏感性分析

鉴于作物耗水量变化的复杂性，本书在前人研究的基础上，利用偏最小二乘法建立枣树耗水模型，表述各因素对枣树耗水量的影响，同时运用缺省因子法分析各影响因素对枣树耗水量的敏感性，并采用灰色关联分析法对影响因素进行综合排序，以检验基于偏最小二乘法和缺省因子法的综合评价模型在耗水量敏感因子判断中的正确性。

3.5.1　模型数据的采集与计算软件

(1) 气象资料数据（日温度、相对湿度、大气压、风速、太阳辐射、降水量）采用美国 Davis 公司生产的 Weather Link 自动气象站进行观测，数据采集器对相关数据的采集时段为 1 小时 1 次。

(2) 地温的采集与土壤含水率的观测。土壤地温的观测采用 Hydra 仪器的陶瓷探头读取，观测数据精确度为 0.1℃；土壤含水率（体积含水率）的观测值也是通过 Hydra 仪器的陶瓷探头读取，观测数据精确度为 0.1%。陶瓷探头共计 5 组，埋深分别为地面以下 20cm、40cm、60cm、80cm、100cm，仪器数据采集时段设置为 1 小时 1 次，全天共计 24 组数据。

(3) 日耗水量的计算。日耗水量采用水量平衡方程进行计算。耗水计算时段的选取，应综合考虑气象数据、土壤含水率、地温等原因，最终选取计算时段为当日零时至次日零时，研究对象为单位面积下（1m 深度）土壤耗水量。

(4) 部分数据的剔除。为了保证模型的稳健以及模拟、预测精度，在剔除由于大气降水、人工灌溉等其他干扰原因造成的异常值后，再进行建模。

(5) 计算软件。模型计算软件采用浙江大学唐启义教授及其团队研发的 DPS 数据处理系统（Data Processing System，DPS），DPS 是一款通用多功能数理统计和数学模型处理软件系统。它将数值计算、统计分析、模型模拟以及图表绘制等功能融为一体。与国外同类专业统计分析软件系统（如 SAS、STAT、SPSS 等）相比，DPS 软件具有操作简便、功能齐全、容易掌握、工作界面友好等特点。

3.5.2 基于偏最小二乘法的枣树耗水量因素敏感性分析

3.5.2.1 基本资料

枣树耗水量因素的敏感性分析考虑的主要影响因子及相关数据详见 3.4.2 节。

3.5.2.2 偏最小二乘法

1. 最小二乘法方程

应用所有影响因素建立的最小二乘法方程如下：

$$Y=4.6551+0.0687x_1-0.0173x_2+0.5739x_3+0.0006x_4-0.0047x_5-0.1675x_6-0.0191x_7 \quad (n=91, r=0.9917, \mathrm{sig}_{0.01}=0.2673) \tag{3.20}$$

式（3.20）的拟合效果（相关系数）虽然通过了相关系数法检验，且达到极显著水平，但方程却无法解释各自变量对因变量的贡献情况，即：从方程的物理成因方面分析，一个合格的方程，应该不仅能够从数值上对模型做出精确的预测，更应该能从机理上解释自变量（影响因素）对因变量的作用。从式（3.20）可以看出，影响因子 x_6、x_7 的系数分别为 -0.1675、-0.0191，也就是说，在其他影响因素不变的情况下，枣树耗水量将会随着土壤含水率、土壤温度的增加而减小，这种解释明显与实际情况相违背。

2. 偏最小二乘法计算

先将自变量、因变量进行标准化处理，得到自变量和因变量的标准化序列

F_0 与 E_{0j}。通过提取两个成分 c_1，c_2，得到多元线性回归预测方程（模型效应和因变量权数与模型效应负荷量分别见表 3.33 和表 3.34）：

$$\hat{F}=0.1744E_{01}-0.3062E_{02}+0.118E_{03}+0.7505E_{04}-0.1479E_{05}+0.105E_{06}+0.0191E_{07} \tag{3.21}$$

表 3.33　模型效应和因变量权数

成分	x_1	x_2	x_3	x_4	x_5	x_6	x_7	y
c_1	0.1793	−0.4766	0.2464	0.7632	−0.2048	0.2358	−0.0089	1
c_2	0.1254	0.4601	−0.4413	0.576	0.1153	−0.4636	0.1336	1

表 3.34　模型效应负荷量

成分	x_1	x_2	x_3	x_4	x_5	x_6	x_7
c_1	0.1561	−0.5618	0.3281	0.6564	−0.2262	0.3217	−0.0336
c_2	0.3026	0.4971	−0.711	0.5167	−0.1205	−0.2555	0.133

将标准化回归方程变换成 y 对 x 的回归方程：

$$\hat{y}=28.018+0.0517x_1-0.026x_2+0.2366x_3+0.0006x_4-0.031x_5+3.2325x_6+0.01468x_7 \quad (n=91, r=0.9789, \mathrm{sig}_{0.01}=0.2673) \tag{3.22}$$

式（3.22）的拟合效果（相关系数）通过了相关系数检验，且达到极显著水平，且回归方程能够合理解释各自变量对因变量的贡献情况，即：从方程的物理成因方面分析，式（3.22）意义更明确，不仅能够从数值上对模型做出精确的预测，更能从枣树的耗水机理上解释自变量（影响因素）对因变量的作用。

3.5.2.3　缺省因子法

1. 计算方法

本书将缺省因子法引入到偏最小二乘法计算中，通过对上述所说的影响因子的缺省来进行偏最小二乘法模型的建立及检验，根据检验误差与全因子模型检验误差的比值 R_i 的大小来确定缺省因子对输出因子的敏感程度。计算公式如下：

$$R_i=RMSE_i/RMSE \tag{3.23}$$

式中：R_i 为敏感性指数；$RMSE_i$ 为缺省第 i 个因子时模型检验误差；$RMSE$ 为全因子模型检验误差。若 $RMSE_i>RMSE_j$，表示枣树耗水量对第 i 个因子较第 j 个因子敏感。

2. 敏感因子的分析结果

根据本书前述方法，分别对缺省因子 x_1、x_2、x_3、x_4、x_5、x_6、x_7，利

用偏最小二乘法模型建立 6 因子的模型拟合方程。

缺省因子 x_1 后所得方程表达式见式（3.24），误差检验见表 3.35。

$$y=47.0614-0.0249x_2+0.19x_3+0.0006x_4-0.0505x_5+3.744x_5-0.0191x_7 \tag{3.24}$$

表 3.35　缺省因子 x_1 后的模型统计值

统计量	实测平均值	实测标准差	拟合相对误差
y	4.3624	0.9023	12.36%

缺省因子 x_2 后所得方程表达式见式（3.25），误差检验见表 3.36。

$$y=27.431+0.0263x_1+0.744x_3+0.0006x_4-0.0329x_5+4.172x_6+0.04x_7 \tag{3.25}$$

表 3.36　缺省因子 x_2 后的模型统计值

统计量	实测平均值	实测标准差	拟合相对误差
y	4.3624	0.9023	7.35%

缺省因子 x_3 后所得方程表达式见式（3.26），误差检验见表 3.37。

$$y=28.132+0.034x_1-0.0357x_2+0.0005x_4-0.0303x_5+3.22x_6+0.0356x_7 \tag{3.26}$$

表 3.37　缺省因子 x_3 后的模型统计值

统计量	实测平均值	实测标准差	拟合相对误差
y	4.3624	0.9023	10.59%

缺省因子 x_4 后所得方程表达式见式（3.27），误差检验见表 3.38。

$$y=35.182+0.087x_1-0.0424x_2-0.0064x_3-0.0378x_5+9.96x_6+0.055x_7 \tag{3.27}$$

表 3.38　缺省因子 x_4 后的模型统计值

统计量	实测平均值	实测标准差	拟合相对误差
y	4.3624	0.9023	18.37%

缺省因子 x_5 后所得方程表达式见式（3.28），误差检验见表 3.39。

$$y=0.0344+0.081x_1-0.0277x_2+0.267x_3+0.0006x_4+2.712x_6+0.0019x_7 \tag{3.28}$$

表 3.39　缺省因子 x_5 后的模型统计值

统计量	实测平均值	实测标准差	拟合相对误差
y	4.3624	0.9023	6.12%

缺省因子 x_6 后所得方程表达式见式（3.29），误差检验见表 3.40。

$$y=22.975+0.0524x_1-0.0274x_2+0.2594x_3+0.0006x_4-0.0237x_5-0.0233x_7 \tag{3.29}$$

表 3.40　缺省因子 x_6 后的模型统计值

统计量	实测平均值	实测标准差	拟合相对误差
y	4.3624	0.9023	11.86%

缺省因子 x_7 后所得方程表达式见式（3.30），误差检验见表 3.41。

$$y=28.441+0.0522x_1-0.026x_2+0.2364x_3+0.0006x_4-0.0312x_5+3.32x_6 \tag{3.30}$$

表 3.41　缺省因子 x_7 后的模型统计值

统计量	实测平均值	实测标准差	拟合相对误差
y	4.3624	0.9023	9.58%

根据表 3.35～表 3.41 所得的结果，通过缺省因子检验法进行分析比较，得到各因子的敏感性指数，见表 3.42。

表 3.42　缺省因子检验结果

影响因子	平均相对误差	R	敏感性排序
全部因子	5.67%	—	
x_1	12.36%	2.18	2
x_2	7.35%	1.30	6
x_3	10.59%	1.87	4
x_4	18.37%	3.24	1
x_5	6.12%	1.08	7
x_6	11.86%	2.09	3
x_7	9.58%	1.69	5

由表 3.42 可知，日太阳辐射量对枣树日耗水量的敏感性指数最大，R 值为 3.24；其次为日均温度和土壤平均含水率这两种因素，R 值分别为 2.18 和 2.09；再次为日均风速与土壤日均温度两种因素，R 值分别为 1.87 和 1.69；最后为日均相对湿度和日均大气压这两种因素，R 值分别为 1.30 和 1.08。此分析结果与前面主成分分析法的定性结果基本一致，这也从侧面说明了主成分分析法对枣树耗水量的物理成因解释的正确性。

3.5.3　基于灰色关联分析法的枣树耗水量敏感性分析

利用式（3.16）计算得出各影响因素与枣树耗水量的关联度及排序，见

表 3.43。

表 3.43　　枣树耗水量与各影响因素的关联度及排序

影响因素	x_1	x_2	x_3	x_4	x_5	x_6	x_7
关联度	0.8019	0.7567	0.7955	0.9211	0.7635	0.7995	0.7804
排序	2	7	4	1	6	3	5

根据灰色关联分析法的计算结果可知，灰色关联模型的计算结果与采用偏最小二乘法和缺省因子法的综合模型的计算结果基本一致，而且在判断主要影响因素的结论上是完全一致的。这不仅说明了前述的偏最小二乘法和缺省因子法的综合模型在枣树耗水量因素敏感性分析上的可行性，而且也说明了将灰色关联分析法用于枣树耗水量敏感因素的判别是可行的。

3.5.4 小结

（1）通过采用偏最小二乘法与缺省因子法对枣树耗水敏感性因子进行分析，结果表明：太阳辐射和日均土壤含水率、温度（包括环境温度与土壤温度）这三因素对枣树的耗水量影响较大。

（2）偏最小二乘法、缺省因子法和灰色关联分析法，这 3 种方法对枣树耗水敏感性判别基本一致，尤其在主要影响因素上，其判别的结果完全一致，说明上述 3 种方法判别枣树耗水量的敏感性因素是可行性。

（3）偏最小二乘法在枣树耗水量的建模中，由于其方程物理意义明确，能从机理上解释各自变量对因变量的贡献，且模型精度可靠，因此可以作为耗水量建模的主要方法。

第4章　滴灌枣树根系分布特性及吸水模型

4.1　试验材料与方法

4.1.1　试验区概况

试验区地理位置、气候条件及土壤质地见2.1.1节。

4.1.2　供试材料及试验布置

供试枣树为7年生灰枣（2009年），枣树直径为7～8cm（距地面30cm处），树高2～3m，株距2m，行距3m，树势均匀。研究区的枣树幼龄期的灌溉方式采用地面灌，从2008年改为滴灌灌溉。本次试验枣树的灌溉方式继续采用滴灌，滴灌管采用一行双管平行布置的方式，滴灌管距树50cm，管径为16mm，滴头间距为50cm。在2010年试验研究的基础上，试验区枣树的灌溉制度采用下限控制方案，即以距树50cm处，滴头正下方30～60cm深度范围的平均土壤含水率作为控制指标，若30～60cm处土壤的实际含水率低于土壤田间持水率的60%，则开始灌溉，灌水定额为450m^3/hm^2。本次试验区面积及灌溉制度见表4.1。

表4.1　枣树滴灌灌溉制度表

生育期	日　期	试验区面积/hm^2	灌水定额/(m^3/hm^2)	灌水次数/次
萌芽期	4月15日—5月18日	0.106	450	2
花期	5月19日—7月10日	0.106	450	5
果实膨大期	7月11日—9月21日	0.106	450	10
成熟期	9月22日—10月20日	0.106	控水	

4.1.3　观测项目及方法

土壤水分的测定和气象数据监测同2.1.3节。

4.1.3.1　土壤水分特征曲线的测定

土壤水分特征曲线表示的是土壤含水率与基质势之间的函数关系，它是分析土壤水运动的最基本资料之一[81]。本书采用压力仪法测定土壤水分特征曲线。

本研究区的土样是采用环刀取样法获得的原状土，环刀的高度及直径均为5cm。从地表向下，每20cm为一层，每层取两个原状土样，最深取至100cm，总计取 10 个土样，将土样带回试验室，采用压力仪法测定各层土壤水分特征曲线。

研究区土层深度 0～60cm 为粉壤土，60～100cm 为黏壤土，不同土层测得的土壤水分特征曲线存在差异，故对 0～60cm 土层范围内测得的数据进行平均，得到 0～60cm 土层范围内的土壤水分特征曲线，同理获得 60～100cm 土层范围内的土壤水分特征曲线。并采用 RETC 软件对测得的数据进行拟合计算，从而得到土壤水分特征曲线的 VG 模型［式（4.1）］。各土层土壤水分特征曲线 VG 模型的参数拟合值见表 4.2，土壤水分特征曲线如图 4.1 及图 4.2 所示。

$$\theta=\theta_r+(\theta_s-\theta_r)[1+(\alpha S)^n]^{-m} \quad (m=1-1/n) \tag{4.1}$$

式中：θ 为体积含水率，cm^3/cm^3；θ_r 为残余含水率，cm^3/cm^3；θ_s 为饱和含水率，cm^3/cm^3；S 为土壤吸力，cm；α 为土壤进气值的倒数，1/cm；m、n 均为拟合参数。

表 4.2　土壤水分特征曲线 VG 模型的拟合参数

参　数	土　层　深　度	
	0～60cm	60～100cm
$\theta_r/(cm^3/cm^3)$	0.06	0
$\theta_s/(cm^3/cm^3)$	0.3431	0.3944
$\alpha/(1/cm)$	0.0472	0.0507
n	1.7958	1.2628
R^2	0.9937	0.9874

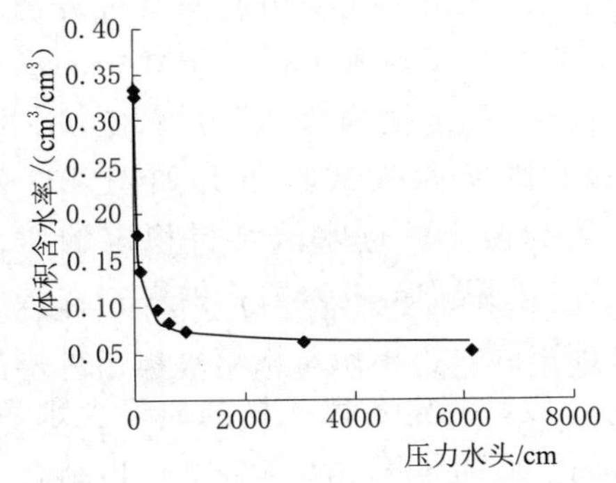

图 4.1　0～60cm 土壤水分特征曲线

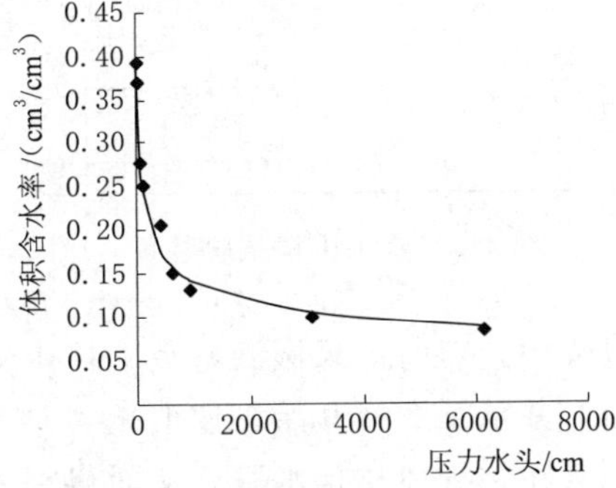

图 4.2　60～100cm 土壤水分特征曲线

4.1.3.2　非饱和土壤水扩散率的测定

本书采用水平土柱法测定非饱和土壤水扩散率，即根据水平土柱的吸渗试验并结合水分流动微分方程及定解条件计算出扩散率 $D(\theta)$ 值[82]。

1. 流动方程及定解条件

流动微分方程和定解条件为

$$\begin{cases}\dfrac{\partial\theta}{\partial t}=\dfrac{\partial}{\partial x}\left[D(\theta)\dfrac{\partial\theta}{\partial x}\right]\\ \theta=\theta_a \quad (x>0, t=0)\\ \theta=\theta_b \quad (x=0, t>0)\end{cases} \tag{4.2}$$

式中：θ 为体积含水率，%；θ_a 为均匀的初始体积含水率；θ_b 为进水端体积含水率（接近其饱和值）；t 为时间，min；x 为水平距离，cm。

采用 Boltzmann 变换，将上述非线性偏微分方程转化为常微分方程求解，可得

$$D(\theta)=\frac{-1}{2(\mathrm{d}\theta/\mathrm{d}\lambda)}\int_{\theta_a}^{\theta}\lambda\,\mathrm{d}\theta \tag{4.3}$$

式中：λ 为 Boltzmann 变换的参数，$\lambda=xt^{-1/2}$；其他符号意义同前。

在进行水平土柱吸渗试验时，等试验结束后，记录试验的总历时时间 t，并测定 t 时刻水平土柱中土壤含水率的分布。根据时间 t 计算各水平监测点对应的 λ 值，就可以绘制出 $\theta=f(\lambda)$ 关系曲线。根据曲线可以求出不同 θ 值对应的 $\mathrm{d}\theta/\mathrm{d}\lambda$ 值和 $\int_{\theta_a}^{\theta}\lambda\,\mathrm{d}\theta$ 值，结合式（4.3）即可计算出 $D(\theta)$ 值。

2. 试验方法

在田间 0～60cm 土层的剖面上挖取土样，将土样风干并碾碎，过 2mm 筛，然后将土样按田间原状土干容重装入水平土柱中。水平土柱总长为 30cm，内径为 5cm，土柱采用透明有机玻璃制成，主要便于观察水分在土柱中的渗透情况。水平土柱分为 3 段：水室段、滤层段、试验段（试验装置如图 4.3 所示），为使土柱进水端维持稳定的压力水头，采用马氏瓶为试验供水。在试验的过程中，定时记录湿润峰在土柱中前进的距离。等试验结束后，记录试验总历时，并从湿润峰开始迅速取土，1cm 为一段，测定各段土样的质量含水率，并把其转化为体积含水率。从而得到 t 时刻土柱的体积含水率分布，再结合式（4.2）计算出 $D(\theta)$ 值。

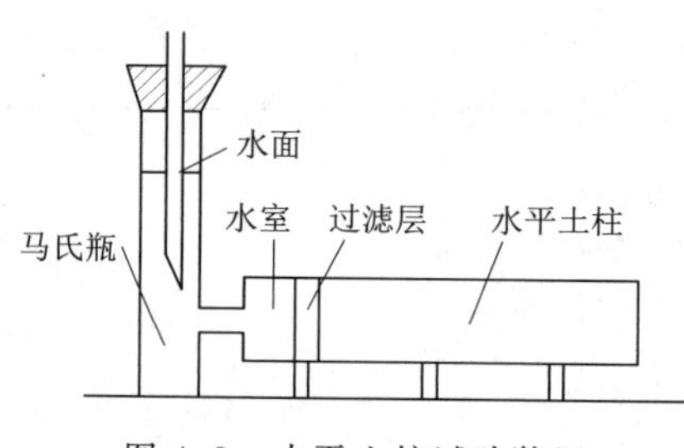

图 4.3　水平土柱试验装置

采用同种方法即可得到 60～100cm 土层的土壤水扩散率。

对测得的土壤含水率 θ 及对应的扩散率 $D(\theta)$ 值采用 SPSS17.0 进行拟合，拟合结果如下：

$$D(\theta)=a\mathrm{e}^{b\theta} \tag{4.4}$$

式中各参数取值见表4.3。

表4.3　土壤水扩散率拟合参数

参　数	0～60cm深度	60～100cm深度
a	1.422	0.863
b	20.447	17.264
R^2	0.912	0.925

4.1.3.3 植株蒸腾量测定

1. 测定原理

在作物蒸腾过程中，作物根系所吸收的水分首先通过作物的茎秆输送至叶片，然后再经过气孔散发到大气中。在整个蒸腾过程中，茎秆中的液体一直处于流动状态。若在某一点对茎内的水流进行加热（如同输入一个热脉冲），那么茎内水流中所携带的能量一部分随正常向上传输的液流向上传输，一部分以辐射的形式向周围发散，一部分与上部和下部的水流发生热交换。基于加入茎流中的热脉冲向上传输的速度及与周围水流的热交换程度，结合热平衡与热传输理论，并通过一定的数学计算，即可求出作物茎秆内的水流通量。所求得的水流通量就是作物的茎流量，也就是植株的蒸腾速率。

当茎流计的热源以恒定的功率（P_{in}）作用于茎秆后，传输给茎秆液流的能量在不考虑茎秆本身热容量的情况下，可以分解为3个部分：一部分用于与垂直方向上的茎流进行热交换（Q_v）；一部分以辐射的方式向周围散发（Q_r）；一部分随着茎秆内液流的上升向上传输（Q_f）。这种能量的平衡方式可用式（4.5）表示：

$$P_{in}=Q_r+Q_v+Q_f \tag{4.5}$$

根据欧姆定律：

$$P_{in}=v^2/R \tag{4.6}$$

用于垂直方向上热交换部分的能量Q_v，可以分为向上的热交换Q_u与向下的热交换Q_d两部分，可用式（4.7）表示：

$$Q_v=Q_u+Q_d \tag{4.7}$$

根据Fourier定理，向上的热交换与向下的热交换可用式（4.8）表示：

$$\begin{cases}Q_u=K_{at}\times A\times \mathrm{d}T_u/\mathrm{d}x\\ Q_d=K_{at}\times A\times \mathrm{d}T_d/\mathrm{d}x\end{cases} \tag{4.8}$$

式中：K_{at}为茎秆的热传导特性，W/(m·K)；A为干茎的截面积，m^2；$\mathrm{d}T_u/\mathrm{d}x$为向上热传导时的温度梯度，℃/m；$\mathrm{d}T_d/\mathrm{d}x$为向下热传导时的温度梯度，℃/m；$\mathrm{d}x$为测定温度梯度时两个热电偶间的距离，m。

茎流通量采用式（4.9）计算：

$$F=(P_{in}-Q_v-Q_r)/C_p\times dT \tag{4.9}$$

式中：F 为茎流通量，g/h；P_{in}为输入功率，W；Q_v 为茎流向上交换的热量，W；Q_r 为向周围散发的热量，W；C_p 为水的比热容，取值为 4.186J/(g·℃)；dT 为茎秆液流温度变化，℃。

2. 测定方法

在研究区选取两株长势较均匀的枣树，采用 Dynagage 包裹式茎流仪观测其在不同天气情况、不同时间段的蒸腾速率，并采用自动数据采集器采集、记录数据，记录频率与小型气象站同步。最后采用专用软件对数据进行处理分析，并取两株枣树蒸腾速率的平均值作为单株枣树的蒸腾速率。

4.1.3.4　棵间表土蒸发测定

本试验采用微型蒸渗仪测定棵间表土蒸发。为了使测定值更精确，本试验在研究区选择 3 株长势较均匀的枣树，每株枣树下布置 4 个微型蒸渗仪。微型蒸渗仪的具体布置方式为株间两个，分别距树为 50cm 和 100cm；行间两个，分别距树为 75cm 和 150cm。微型蒸渗仪采用直径为 10.36cm 的 PVC 塑料管制成，长度为 15cm，蒸渗仪外面的套筒采用铝片制成，直径为 11cm，长度为 17cm。微型蒸渗仪中的土每天称重一次，测定时间为早上 10：00，采用精度为 0.1g 的天平称重，3～5 天换一次土。

4.1.3.5　根系形态特征测定

许多研究人员认为，单位体积的根长是估算植物根系吸收水分和养分的最优参数之一，根长在土壤中的分布情况直接影响着根系吸水速率的分布[83]。

本书于 2011 年 10 月根据典型取样原则在试验田中选取两株生长良好，长势均匀的枣树为供试材料，采用分段挖掘法进行取样。以树干为起点，在垂直于行的方向：水平方向 30cm×20cm 为一段，最远取至 150cm 处（行距的 1/2 处），垂直方向 20cm 为一层，最深取至 100cm；在平行与行的方向：水平方向 30cm×20cm 为一段，最远取至 120cm 处，垂直方向 20cm 为一层，最深取至 100cm。共采集 90 个样本，具体取样俯视图如图 4.4 所示。挑出土样中的所有根系，将根系装入带有编号的自封袋中，并带回试验室。

用清水将根冲洗干净，去除杂物和死根后，采用根系分析系统对根系进行分析。首先将清洗好的根系平整地铺放在有机玻璃制成的托盘中，之后采用高分辨率的平板扫描仪对放置好的根系进行扫描，最后将得出的高分辨率图像用 Delta－T Scan 专用的根系图像分析软件进行分析处理，从而得到不同直径根系对应的根系长度。

枣树主要依靠直径小于 2mm 的根系吸收水分[84]，因此采用 Delta－T Scan 软件对根系进行分析处理时，应依据直径大小对根系分档，分为 0～

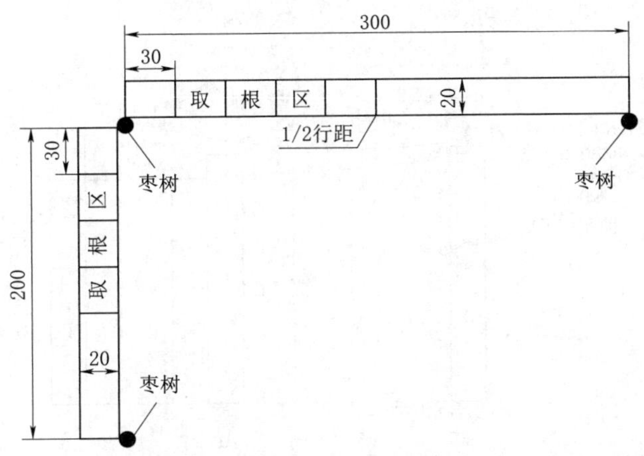

图 4.4 根系取样俯视图（单位：cm）

2mm 和>2mm 两档，即可得到不同直径对应的根系长度。将扫描过后的根系全部拣出，按原编号放入到较大的铝盒中，然后将根系置于 105℃的烘箱中烘 24 小时。烘箱冷却后采用精度为 0.001g 的天平称重，即可得到根系干重数据。

4.2 枣树根系分布函数的建立

4.2.1 土壤水分动态变化

本试验连续观测了 6—9 月的根区土壤水分动态变化数据，以典型时间段（连续无雨日）的含水率数据为基础，分析根区水分动态变化规律。各层土壤含水率分布情况如图 4.5～图 4.12 所示。

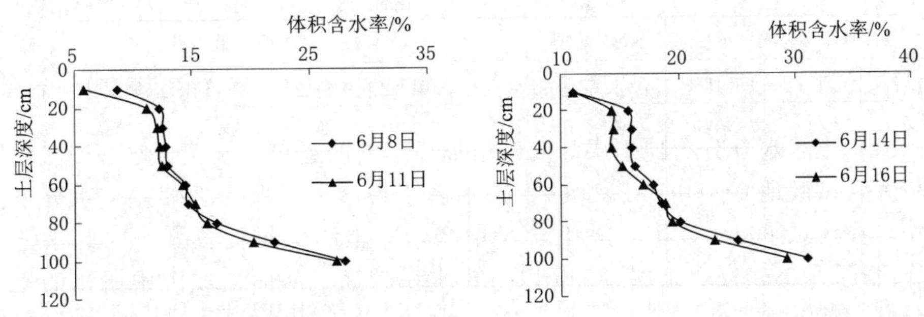

图 4.5 6 月 8—11 日土壤含水率分布情况　图 4.6 6 月 14—16 日土壤含水率分布情况

从图 4.5～图 4.12 可以看出，各月土壤水分变化规律大致相同，具体表现如下：

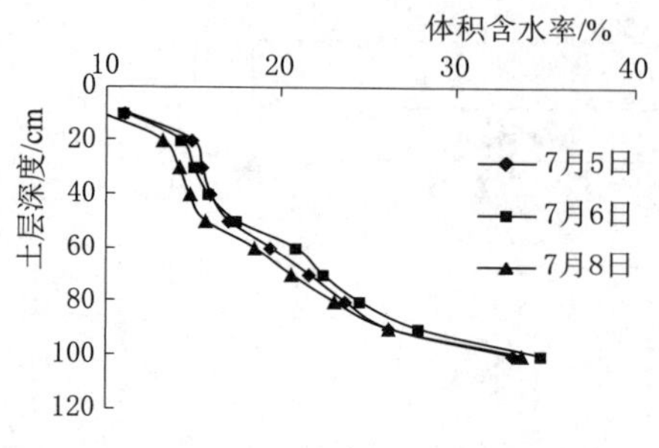

图 4.7　7 月 5—8 日土壤含水率分布情况

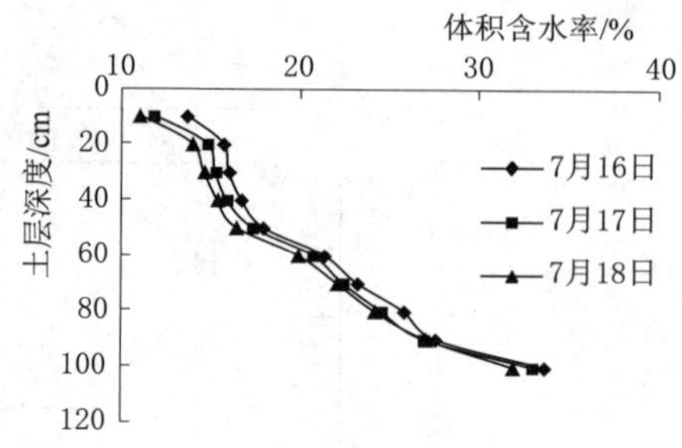

图 4.8　7 月 16—18 日土壤含水率分布情况

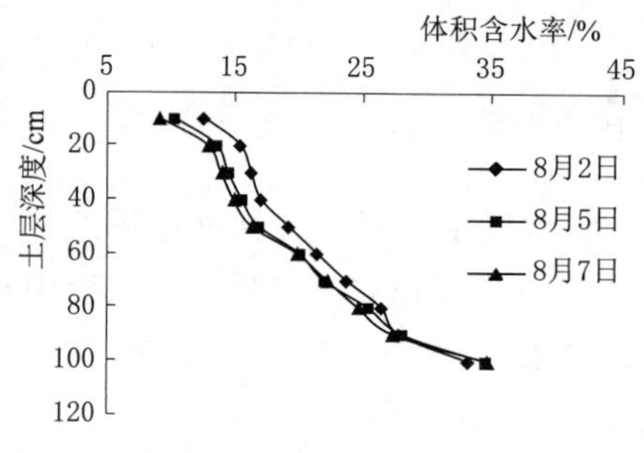

图 4.9　8 月 2—7 日土壤含水率分布情况

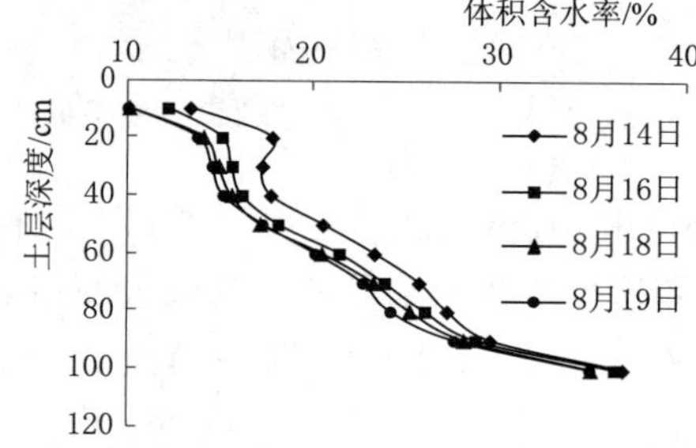

图 4.10　8 月 14—19 日土壤含水率分布情况

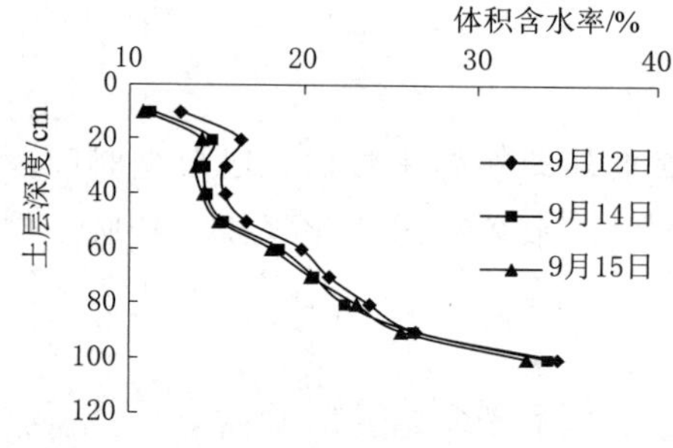

图 4.11　9 月 12—15 日土壤含水率分布情况

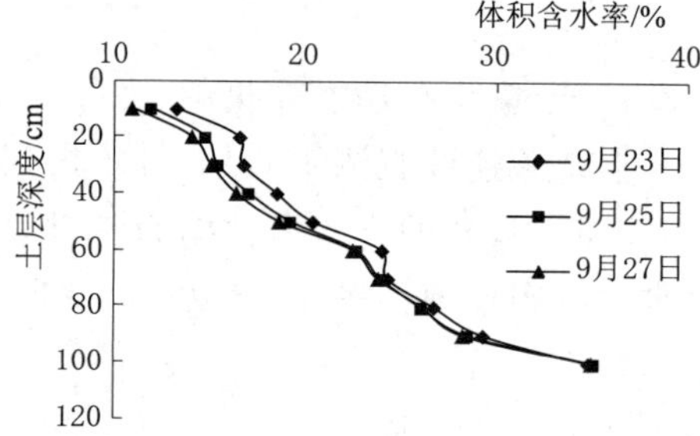

图 4.12　9 月 23—27 日土壤含水率分布情况

(1) 土壤水分分布随土层深度的增加呈递增的趋势。土壤含水率受土质影响较大，试验地 0～60cm 深度的土层多属于粉壤土，保水性较差，水分下渗较快。在土层 80cm 以下，黏土含量增多，黏土的保水性较好，因此水分在 80cm 以下下渗较慢，土层 80cm 以下含水率较高，从而造成图中所示的土壤水分分布情况。

(2) 距表层越近，土壤水分变化越剧烈，20～60cm 深度的含水率变化最为剧烈，90cm 以下含水率变化较小。这主要是由于表层土受蒸发及根系吸水影响较大，20～60cm 深度是根系分布较多的地方，受根系吸水的影响，土壤含水率变化较为显著。随着土层的加深，根系越来越稀疏，蒸发及入渗对深层土壤影响较小，使得深层土壤含水率处在一个比较稳定的状态。

4.2.2 枣树根系空间分布特性

1. 总根长一维分布特性

对所取两株枣树的根系数据进行平均，作为单株枣树根系进行研究，考虑到有部分根系与相邻枣树的根系在远处重叠，本书在对根系处理时，行间水平方向上 120～150cm 和株间水平方向上 90～120cm 分别取此范围内总根系量的 60%。图 4.13 和图 4.14 为枣树总根长在水平方向及垂直方向上的分布图。从图中可以看出枣树根系在水平方向上分布范围较广，且随着距树距离的增加逐渐减少。水平距离 0～90cm 范围内的根系约占总根系的 73.8%；在垂直方向上，枣树根系随土层深度增加而减少，0～60cm 土层范围内的根系约占总根系的 83.8%。

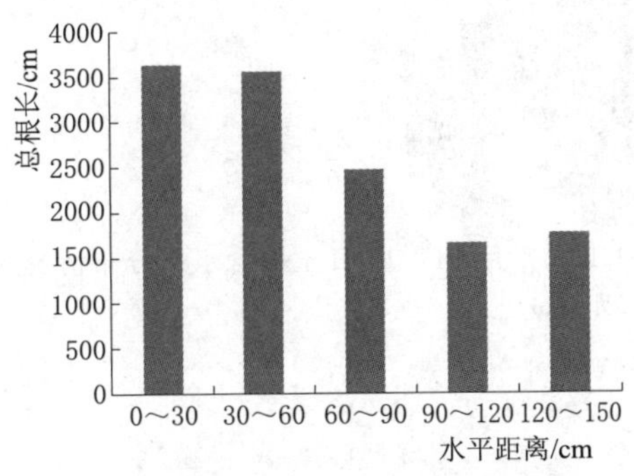

图 4.13 枣树总根长在水平方向上的分布

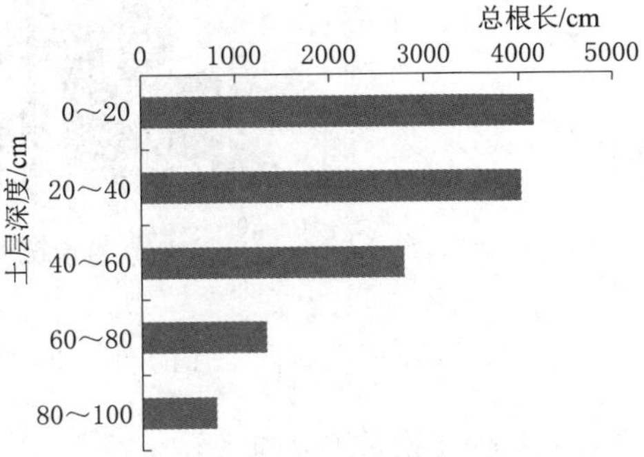

图 4.14 枣树总根长在垂直方向上的分布

2. 总根长空间分布特性

枣树不同深度不同水平距离各点处的总根长见表 4.4，并采用柱状图对其分布进行直观地描述（图 4.15）。图 4.15 表明，在水平方向上，枣树根系长度随距树距离的增加而减少。经计算，0～30cm、30～60cm、60～90cm、90～120cm、120～150cm 的根长密度分别为 0.0606cm/cm^3、0.0595cm/cm^3、0.0412cm/cm^3、0.0278cm/cm^3、0.0295cm/cm^3，分别占总根长的 27.7%、27.2%、18.9%、12.7%、13.5%左右。在垂直方向上，枣树根系在土壤表层分布较多，土层越深，根系越少。土层 0～20cm、20～40cm、40～60cm、60～80cm、80～100cm 范围内的根长密度分别为 0.0696cm/cm^3、0.0672cm/cm^3、0.0463cm/cm^3、0.0223cm/cm^3、0.0131cm/cm^3，分别占总根长的 31.9%、30.8%、21.2%、10.2%、6%左右。枣树根系主要分布在水平方向上距树 0～90cm，土层深度 0～60cm 的范围内，此范围内的根系约占总根系的 63%。

表 4.4　　枣树不同深度不同水平距离各点处的总根长分布表　　单位：cm

土层深度/cm	径　距/cm				
	0～30	30～60	60～90	90～120	120～150
0～20	1270.10	1356.52	825.95	382.99	341.79
20～40	1211.03	1026.40	699.79	561.47	534.18
40～60	604.70	675.65	587.31	478.06	432.65
60～80	288.75	294.21	238.52	163.34	351.28
80～100	260.55	215.62	121.40	81.16	108.85

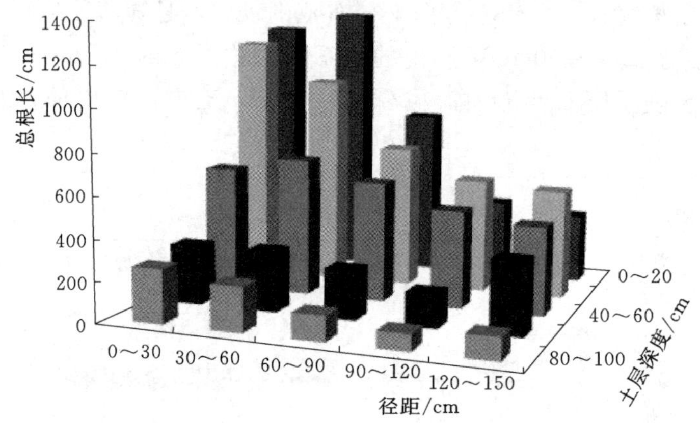

图 4.15　枣树总根长空间分布

3. 总根重空间分布

枣树根系重量分布情况见表 4.5 及图 4.16，根系重量又称为根系的干物质，其分布规律与根长大致一致，都随距枣树距离的增加而减少。从图 4.16 可以看出，枣树根系干物质在一年中的累积量的峰值出现在土层 20～40cm 范围内。土层 0～20cm 范围内的根长与 20～40cm 内的根长相差不大，分别为 4177.35cm 和 4032.87cm，土层 0～20cm 范围略高 3.6%，但其根系干物质累积量远比土层 20～40cm 内的要低（分别为 27.439g 与 58.291g）。出现此种情形的原因主要在于，0～20cm 的土层属于耕作层，表层土经常被翻耕，虽然表层根系生长较活跃，但由于其生长周期较短，多为细小的毛根。而 20cm 以下的土层为老土，根系生长较稳定，根系直径相对较大，因此表层根系干物质累积量相对 20～40cm 的土层较低。

4.2.3　有效根长密度分布函数的建立

4.2.3.1　有效根长密度一维分布函数的建立

理论上来讲枣树根系密度应呈三维分布，但受多种因素的影响，例如田间土壤、外界气候及植株个体自身发育的差异等，导致枣树的三维根系密度分布

表 4.5　　　　枣树根系重量分布表　　　　单位：g

土层深度/cm	径距/cm				
	0～30	30～60	60～90	90～120	120～150
0～20	12.343	7.889	3.165	1.128	2.914
20～40	28.085	14.825	5.874	3.785	5.722
40～60	3.891	3.243	4.026	2.725	2.091
60～80	3.077	1.766	1.281	1.043	1.758
80～100	3.873	1.238	0.788	0.668	1.364

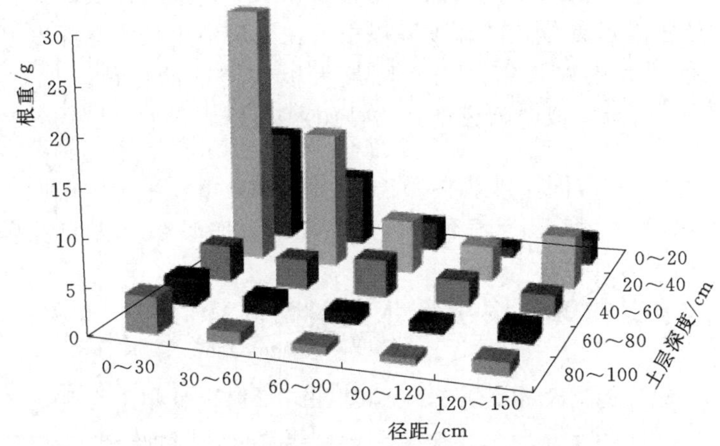

图 4.16　根系重量空间分布

随植株个体不同而差异很大。而一维和二维枣树根系密度分布由于进行了一定程度的空间平均，因此具有较好的适用性，并且应用较简便，多被人们采用。

枣树主要依靠直径小于 2mm 的吸水根从土壤中吸收水分及养分，吸水根又被称作有效根。由于有效根长对根系吸水速率影响较大，因此主要对直径小于 2mm 枣树有效根长的分布进行调查研究，并分析有效根长与根系吸水速率的定量关系。

本书对实测的枣树有效根长密度数据在水平方向及垂直方向上分别进行平均，所得数据见表 4.6。

表 4.6　　　　枣树一维有效根长密度数据

水平距离/cm	有效根长密度/(cm/cm³)	土层深度/cm	有效根长密度/(cm/cm³)
0～30	0.0539	0～20	0.0644
30～60	0.0535	20～40	0.0575

续表

水平距离 /cm	有效根长密度 /(cm/cm³)	土层深度 /cm	有效根长密度 /(cm/cm³)
60～90	0.0368	40～60	0.0415
90～120	0.0253	60～80	0.0199
120～150	0.0248	80～100	0.0109

采用 e 指数函数对枣树有效根长密度在水平方向和垂直方向上的分布进行拟合，拟合时水平距离、土层深度及有效根长密度均以相对值计。即相对水平距离等于根系所在位置的水平距离除以根系在水平方向上伸展的总长度；相对土层深度等于根系所处位置的深度除以根系在土层中生长的总深度；相对有效根长密度是指计算区根长密度与实际最大根长密度的比值，拟合曲线如图 4.17 及图 4.18 所示。拟合函数见式（4.10）和式（4.11）。

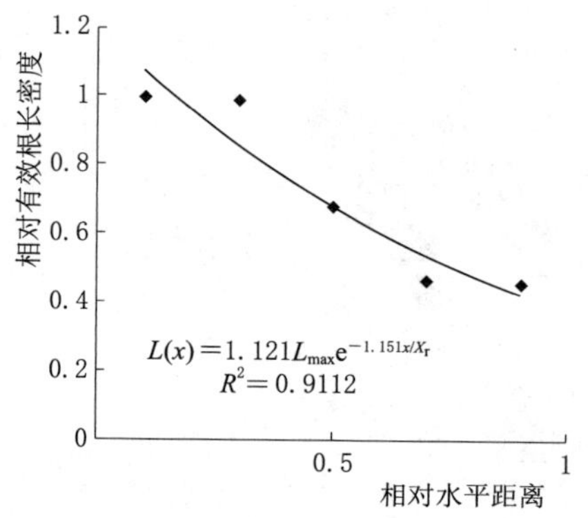

图 4.17 水平方向上相对有效根长密度

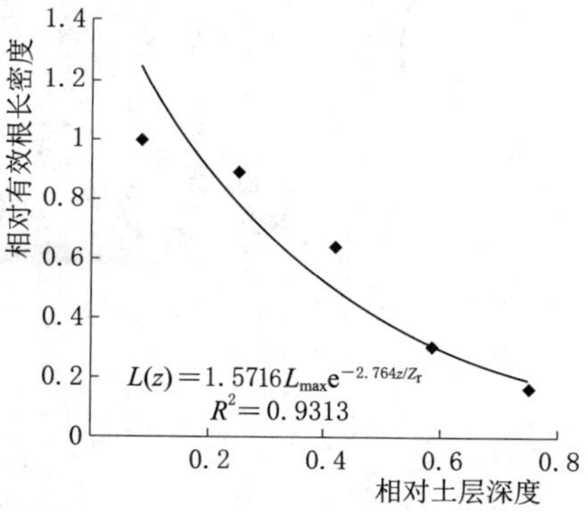

图 4.18 垂直方向上相对有效根长密度

有效根长密度分布函数拟合如下：

（1）水平方向：

$$L(x)=1.121L_{\max}e^{-1.151x/X_r} \quad (R^2=0.9112) \tag{4.10}$$

式中：$L(x)$ 为相对有效根长密度，cm/cm^3；x 为距树的水平距离，cm；X_r 为根系水平伸展长度，对于本试验取 $X_r=150$cm；$L_{\max}$ 为水平方向最大有效根长密度，取 $0.0539cm/cm^3$。

（2）垂直方向：

$$L(z)=1.5716L_{\max}e^{-2.764z/Z_r} \quad (R^2=0.9313) \tag{4.11}$$

式中：$L(z)$ 为相对有效根长密度，cm/cm^3；z 为土层深度，cm；Z_r 为根系垂向伸展深度，对于本试验取 $Z_r=120$cm；$L_{\max}$ 为垂直方向最大有效根长密度，取 $0.0644cm/cm^3$。

4.2.3.2 有效根长密度二维分布函数的建立

对两株枣树的有效根长密度在各个深度及水平距离上进行平均，即可得到土层中不同位置处枣树有效根长密度值。取枣树根系各值的相对值对相对有效根长密度分布进行分析，所得数值见表 4.7。采用柱状图对有效根长密度分布进行描绘，枣树相对有效根长密度具体分布如图 4.19 所示。

表 4.7 相对有效根长密度

相对深度	相对径距				
	0.1	0.3	0.5	0.7	0.9
0.0833	0.9456	1.0000	0.6174	0.2914	0.2270
0.2500	0.8257	0.7209	0.4764	0.3980	0.3322
0.4167	0.4377	0.4782	0.4082	0.3460	0.3166
0.5833	0.1943	0.2126	0.1710	0.1196	0.2562
0.7500	0.1780	0.1462	0.0887	0.0558	0.0545

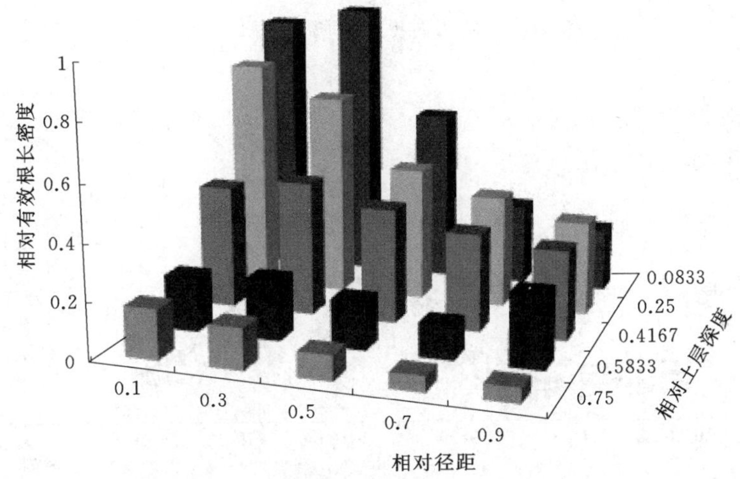

图 4.19 相对有效根长密度空间分布

参考前人的研究成果，用 e 指数函数反映有效根长密度在土层空间的分布规律[85-86]，假定其形式如下：

$$L(x,z)=aL_{\max}e^{bx/X_r+cz/Z_r} \tag{4.12}$$

式中符号意义同前，其中 a、b、c 为待定参数，$L_{\max}$为最大有效根长密度。

采用 SPASS17.0 对所得枣树有效根长密度数据进行非线性参数估计，最大有效根长密度 $L_{\max}$取 0.1045cm/cm^3，结果如下：

$$L(x,z)=1.458L_{\max}e^{-1.258x/X_r-2.24z/Z_r} \quad (R^2=0.845) \tag{4.13}$$

4.2.4　枣树蒸腾耗水规律及与气象要素的关系

4.2.4.1　枣树蒸腾速率日变化

由于天气的多变性，将其划分为晴天、阴天及雨天 3 种类型，并对各月同一天气类型对应时刻的枣树蒸腾速率日变化进行平均计算，计算结果如图 4.20～图 4.22 所示。

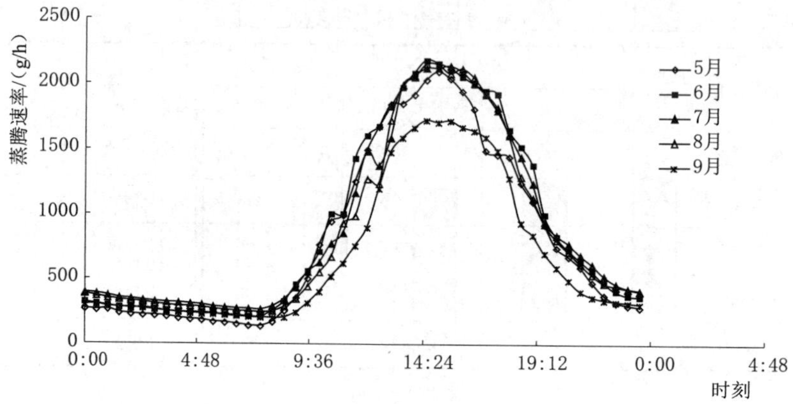

图 4.20　晴天时枣树蒸腾速率日变化图

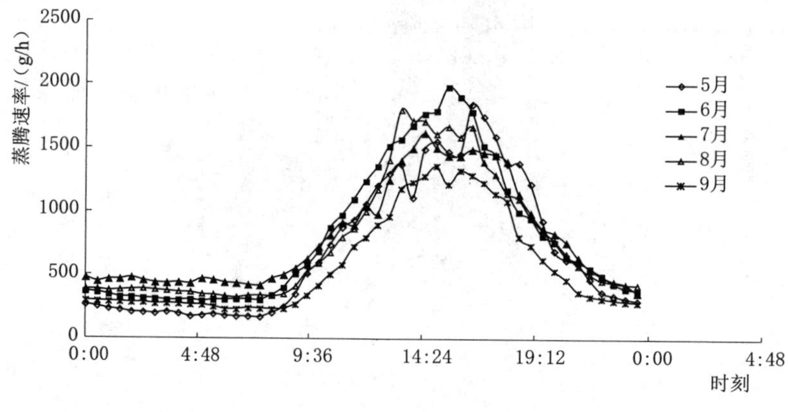

图 4.21　阴天时枣树蒸腾速率日变化图

晴天时枣树蒸腾速率日变化情况如图 4.20 所示，观测时间为 5—9 月。枣树的蒸腾速率日变化在各月均表现为单峰曲线的形式，且蒸腾速率值昼夜变化较大。5—7 月枣树蒸腾启动的较早，在早晨 7：30 左右。5 月蒸腾速率上升较慢，在中午 15：00 左右达到一天中的最大值，而后蒸腾速率逐渐降低，且降落速度较快，22：30 左右降到峰底。6 月、7 月蒸腾速率提升较快，均在中午 14：30 左右达到最大值，且相对 5 月较高，这主要是由于 6 月、7 月太阳辐射较强，温度也比较高，枣树各生理生长较快，需要吸收大量的水分，因此蒸腾较

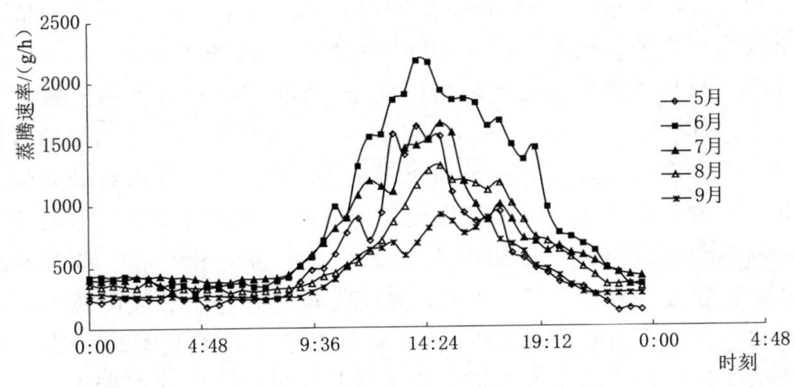

图 4.22 雨天时枣树蒸腾速率日变化图

大。但之后降落较慢，23：00 左右到达峰底，且峰值较宽。

8 月蒸腾启动时间向后推移，在早上 8：00 左右，但上升较快，在中午 14：30 左右达到最大值。9 月蒸腾启动最晚，在早上 8：30 左右，且上升较慢，一天中的最大值也远远低于前几个月，这主要是由于 9 月温度已开始下降，而且枣树叶子也逐渐脱落，需要的水分较少，因此蒸腾较小。各月枣树蒸腾速率夜间都较小，且变化较平缓，蒸腾速率均在 500g/h 以下，这是由于在夜间没有了太阳的辐射，温度也随之降低，同时湿度逐渐增大，枣树的生理活动也随太阳的降落逐渐减缓，消耗的水分较少，故蒸腾较小。

阴天时枣树蒸腾速率日变化情况如图 4.21 所示。除 6 月外其他月份枣树的蒸腾速率曲线白天均呈多峰曲线趋势，而夜间还是保持一种较平稳的趋势。说明白天蒸腾速率受天气变化影响较大，而夜间受天气变化影响较小。这主要是由于枣树的各生理活动多在白天进行，受光照影响较大，天气的变化往往影响枣树的光照强度，而夜间本就没有光照，枣树生理活动也比较弱，因此受天气变化影响较小。各月阴天天气蒸腾速率比晴天均有所降低。

雨天时枣树蒸腾速率日变化情况如图 4.22 所示。同阴天天气变化趋势相同，多呈多峰曲线形式。受天气及自身生理特性的影响，各月之间蒸腾速率变化较显著，具体表现为，5 月蒸腾速率较低，而后逐渐升高，6 月达到最大值，之后逐渐降低。除 6 月外其他月份日最大蒸腾速率都在 2000g/h 以下，各月蒸腾速率比晴天显著降低。虽然受降雨影响曲线有所波动，但各月蒸腾速率均在中午 14：00—14：30 左右达到一天中的最大值，说明降雨能导致蒸腾速率降低，但对最大值的出现时间影响不大。

4.2.4.2 枣树蒸腾耗水日际变化

通过对各日的蒸腾速率曲线进行积分就可求得每日的蒸腾耗水量，由于蒸腾速率曲线变化较大，曲线函数不易求得，因此采用分段求面积法近似得到其积分值。把每日的蒸腾耗水分为48个时段，30min为一段，每段近似为一个梯形，求其面积，最后把各段面积相加即得到日蒸腾耗水量值。

计算得出的日蒸腾耗水量结果如图4.23所示，各月日平均蒸腾耗水量分别为18.2L、21.1L、20.9L、19.1L和14.5L。蒸腾耗水具有明显的日际或季节性规律。具体表现为，从5月开始逐渐上升，6月、7月达到最大值，而后逐渐降低。枣树从4月底开始发芽慢慢长出枝叶，5月初长成，但由于5月天气较冷，温度刚有所回升，枣树的生长活动还没达到最大值，需要的水量较少，因此蒸腾较慢。到了6月、7月，温度已经回升且光照强度较大，枣树新梢生长较快，且处在开花结果的阶段，需水量较大，因此蒸腾较快。到8月时，枣树的生理生长虽已基本完成，但枣树枝繁叶茂，空气温度较高，光照充足，故蒸腾并未显著降低。从9月开始枣树叶子逐渐脱落，空气温度也逐渐降低，枣树每天只需少量的水分来维持自身的生理活动，因此蒸腾耗水较少。

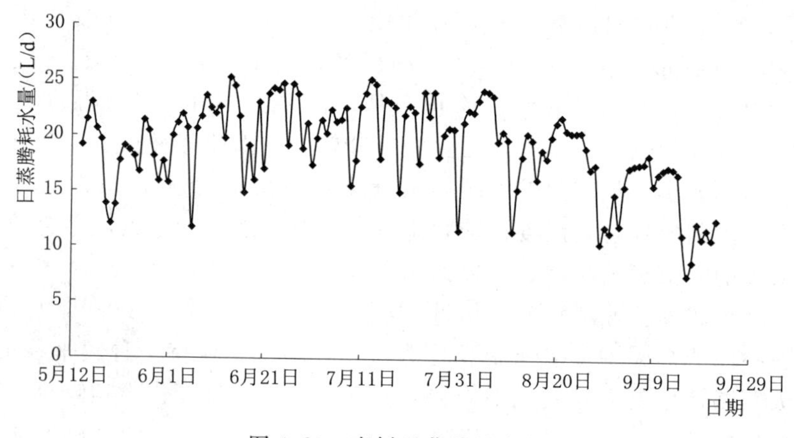

图4.23　枣树日蒸腾量变化

4.2.4.3　枣树蒸腾速率与气象要素的关系

气象因素对果树蒸腾速率变化的影响具有重要的作用[87]。新疆属于干旱荒漠性气候，降雨相对较少，但近两年，随着气候的变化，新疆阿克苏地区降雨具有明显增多的趋势，故将降雨也作为影响蒸腾速率变化的一个重要因素。本研究引入降雨P，并考虑空气温度T_a、相对湿度RH、太阳辐射R_n及风速W等5种气象因子对蒸腾速率T_r的影响，采用SPSS17.0对这5种气象因子与蒸腾速率进行偏相关及回归分析，偏相关分析结果见表4.8，回归方程见式(4.14)。

偏相关分析结果表明，T_a、RH、R_n及P与T_r具有较好的相关性，T_a、R_n与T_r均呈现正相关关系，RH、P与T_r均呈现负相关关系，相关系数分别为0.856、−0.727、0.916及−0.119，并能通过0.05水平上的显著性检

表 4.8　　　　　　　　　　　　**偏相关分析**

控制变量			空气温度	太阳辐射	降雨	相对湿度	风速	蒸腾速率
无[a]	空气温度	相关性	1.000	0.776	−0.140	−0.864	0.023	0.856
		显著性（双侧）		0	0.009	0	0.670	0
	太阳辐射	相关性	0.776	1.000	−0.052	−0.667	−0.029	0.916
		显著性（双侧）	0		0.337	0	0.589	0
	降雨	相关性	−0.140	−0.052	1.000	0.194	0.091	−0.119
		显著性（双侧）	0.009	0.337		0	0.093	0.027
	相对湿度	相关性	−0.864	−0.667	0.194	1.000	−0.173	−0.727
		显著性（双侧）	0	0	0		0.001	0
	风速	相关性	0.023	−0.029	0.091	−0.173	1.000	−0.004
		显著性（双侧）	0.670	0.589	0.093	0.001		0.940
	蒸腾速率	相关性	0.856	0.916	−0.119	−0.727	−0.004	1.000
		显著性（双侧）	0	0	0.027	0	0.940	
蒸腾速率	温度	相关性	1.000	−0.040	−0.073	−0.680	0.051	
		显著性（双侧）		0.463	0.173	0	0.342	
	太阳辐射	相关性	−0.040	1.000	0.144	−0.005	−0.063	
		显著性（双侧）	0.463		0.007	0.924	0.241	
	降雨	相关性	−0.073	0.144	1.000	0.158	0.091	
		显著性（双侧）	0.173	0.007		0.003	0.093	
	湿度	相关性	−0.680	−0.005	0.158	1.000	−0.257	
		显著性（双侧）	0	0.924	0.003		0	
	风速	相关性	0.051	−0.063	0.091	−0.257	1.000	
		显著性（双侧）	0.342	0.241	0.093	0		

注　a 表示包含零阶（Pearson）相关。

验。而 W 与 T_r 的相关性较差，相关系数仅为−0.004，且影响不显著。R_n 对 T_r 的影响最大，主要原因在于太阳辐射的变化会导致温度及相对湿度变化，其次这也是枣树自身生理特性所决定的。

对气象要素与蒸腾速率之间的关系进行回归分析，回归方程如下：

$$T_r = -718.653 + 41.921T_a + 4.318RH + 1.676R_n - 277.883P + 14.897W \quad (R^2 = 0.889) \tag{4.14}$$

式中：T_r、T_a、R_n、P 及 W 的单位分别为 g/h、℃、W/m^2、mm 及 km。RH 为无量纲值，以%表示。

4.2.5　小结

（1）根区土壤水分动态资料表明，土壤含水率的分布遵从随土层深度的增加而增加的趋势。从各层土壤水分动态变化来看，距土壤表层越近，土壤含水率变化越剧烈，土层以下 20～60cm 的含水率变化也较为剧烈，主要是由于蒸发及根系吸水的作用影响。

(2) 枣树的根长及根重数据表明，滴灌枣树根系在水平方向上随径距的增加而减少，根系主要分布在径距 0～90cm 的土层内。在垂直方向上，土层越深，根系分布越少，根系主要分布在 0～60cm 的土层内。径距 0～90cm，土层深度 0～60cm 的范围内的根系约占总根系的 63%。

(3) 枣树根系沿深度方向及水平方向的一维根长密度分布均服从 e 指数衰减规律，枣树沿深度方向和水平方向的二维根系密度分布也服从 e 指数衰减规律。

(4) 晴天天气，蒸腾速率曲线多呈单峰曲线趋势。5—7 月蒸腾启动较早，比 8 月提前了半小时左右，9 月蒸腾启动最晚，6—8 月峰值较宽。阴天与雨天蒸腾速率日变化曲线多呈多峰波浪形式，相对晴天蒸腾速率较低。白天天气的变化对蒸腾速率的影响较大，夜间天气的变化对蒸腾速率的影响不太显著。由于枣树 6 月、7 月耗水量较大，因此需要供给充足的水分，以满足枣树生长的需要。

(5) 蒸腾速率与气象因素的偏相关分析表明，蒸腾速率 T_r 与空气温度 T_a、相对湿度 RH、太阳辐射 R_n 及降雨 P 具有较高的相关性，而与风速 W 的相关性较差。影响枣树蒸腾速率最主要的气象因子是太阳辐射 R_n，对蒸腾速率影响显著的气象因子的顺序为：$R_n>T_a>RH>P$。

4.3　枣树根系吸水模型的建立

4.3.1　基于有效根长密度的根系吸水模型建立

1. 模型选择

现阶段模拟根系吸水的模型众多，本书在前人研究的基础上，综合考虑根系密度及土壤水势这两个因素对根系吸水的影响，决定采用改进的 Feddes 模型。该模型以 Feddes 模型为基础，同时考虑根系密度分布对根系吸水的影响。另外该模型形式较为简单，而且模型中各参数容易获取，便于实际应用，其具体形式如下：

$$S_r(z,t)=\frac{\alpha(h)L(z)}{\int_0^{Z_r}\alpha(h)L(z)\mathrm{d}z}T_r(t) \tag{4.15}$$

其中

$$\alpha(h)=\begin{cases}\dfrac{h}{h_1}, & h_1<h\leqslant 0\\ 1, & h_2<h\leqslant h_1\\ \dfrac{h-h_3}{h_2-h_3}, & h_3<h\leqslant h_2\\ 0, & h\leqslant h_3\end{cases} \tag{4.16}$$

式中：$S_r(z,t)$ 为根系吸水强度，L/h；z 为根系土层深度，cm；Z_r 为根系伸展总深度，cm；$L(z)$ 为有效根长密度在垂直方向上的分布函数；$T_r(t)$ 为植株蒸腾强度时间分布函数，L/h；h 为土壤水势，cm；h_1、h_2、h_3 为影响根系吸水速率的土壤水势阈值；h_3 为根系吸水对应的土壤水势下限值，当土壤中的水势小于 h_3 时，根系无法从土壤中吸收水分，h_3 通常与作物出现永久凋萎时的土壤水势相对应；(h_2,h_1) 为最适合根系吸水的土壤水势区间，当土壤水势高于 h_1 时，根系吸水速率会随着土壤水势的增加而降低。

2. 参数确定

由于影响枣树对水分吸收的根系主要为吸水根，因此模型中根长密度分布函数 $L(z)$ 的取值应采用有效根长密度在垂直方向上拟合的一维 e 指数函数，即 $L(z)=1.5716L_{\max}e^{-2.764z/Z_r}$。

不同时间段枣树植株蒸腾强度 $T_r(t)$ 的具体取值见 4.2.4 节。

$\alpha(h)$ 中 h_1，h_2，h_3 的取值通常由试验确定，有时也可采用经验法。一般 h_1 和 h_2 取研究区田间持水率的 80%和 60%所对应的土壤水势，h_3 取作物出现永久凋萎时对应的土壤水势。田间持水率可采用环刀法测定，具体操作见《土壤农化分析手册》。本研究区 h_1，h_2，h_3 的取值见表 4.9。

表 4.9　　土壤水势阈值　　单位：cm

深　度	h_1	h_2	h_3
0～60	−24.842	−50.147	−5032.04
60～100	−49.497	−174.745	−11996.2

3. 根系吸水模型的建立

采用改进的 Feddes 模型并结合实测的枣树根系密度及植株蒸腾等试验数据，建立了枣树根系一维吸水模型，模型形式如下：

$$S_r(z,t)=\frac{\alpha(h)e^{-2.764z/Z_r}}{\int_0^{Z_r}\alpha(h)e^{-2.764z/Z_r}}T_r(t)dz \tag{4.17}$$

式中：$Z_r=120$cm；其余符号意义同前。

4.3.2 枣树根系吸水模型的检验

1. 原理

现阶段根系吸水速率的实际值很难测得，因此对比模型拟合的根系吸水速率值与实测值来验证模型是不可行的。考虑到土壤水分运动方程中带有根系吸水项，且方程中土壤含水率参数容易获取，因此决定采用实测的土壤水分动态资料及表土蒸发数据，并结合模型拟合的根系吸水值，利用土壤水分运动方程反求土壤含水率值。最后通过对比反求的土壤含水率值与实测值来检验模型的准确性。

2. 土壤水分运动方程

在运用土壤水分运动方程解决实际问题的过程中，经常会遇到各式各样的情况，为了适应复杂而又多变的实际问题，并使问题简单化，土壤水分运动方程经常被转化为多种表达形式。如以土壤基质势 ψ_m 为因变量的运动方程，以土壤含水率 θ 为因变量的运动方程，以土壤基质势水头 h 为因变量的运动方程，以及以 x 或 z 位置坐标为因变量的运动方程及以参数 u 或 v 等为因变量的运动方程。本书采用以基质势水头 h 为因变量的一维土壤水分运动方程来检验所建立的根系吸水模型，土壤水分运动方程的基本形式如下：

$$C(h)\frac{\partial h}{\partial t}=\frac{\partial}{\partial z}\left[K(h)\frac{\partial h}{\partial z}\right]-\frac{\partial K(h)}{\partial z}-S_r(z,t) \tag{4.18}$$

上边界条件为

$$-K(h)\frac{\partial h}{\partial z}+K(h)=R(t) \tag{4.19}$$

下边界为变动边界，下边界土壤含水率的取值采用每日仪器实测得的含水率资料确定。

初始条件为

$$h(z,0)=h^0(z) \tag{4.20}$$

式中：$C(h)$ 为比水容，L/cm；$K(h)$ 为导水率，cm/h；z 为土层深度，cm；h 为土壤水势，cm；t 为时间，h；$S_r(z,t)$ 为根系吸水强度，L/h；$R(t)$为土壤边界蒸发或入渗，cm/h，蒸发为负值，入渗为正。

3. 方程的离散化

为了方便采用数值计算法求解方程，首先将式（4.18）进行离散化，运用隐式差分格式对方程进行离散，差分结果见式（4.21）：

$$C_i^{k+\frac{1}{2}}\frac{h_i^{k+1}-h_i^k}{\Delta t}=\frac{K_{i+\frac{1}{2}}^{k+1}(h_{i+1}^{k+1}-h_i^{k+1})-K_{i-\frac{1}{2}}^{k+1}(h_i^{k+1}-h_{i-1}^{k+1})}{\Delta z^2}-\frac{K_{i+\frac{1}{2}}^{k+1}-K_{i-\frac{1}{2}}^{k+1}}{\Delta z}-S_{ri}^{k+\frac{1}{2}} \tag{4.21}$$

令 $r=\dfrac{\Delta t}{\Delta z^2}$，上式经整理后可写为

$$a_i h_{i-1}^{k+1}+b_i h_i^{k+1}+c_i h_{i+1}^{k+1}=d_i \tag{4.22}$$

其中

$$\begin{cases}a_i=-K_{i-\frac{1}{2}}^{k+1}\\ b_i=K_{i-\frac{1}{2}}^{k+1}+K_{i+\frac{1}{2}}^{k+1}+\dfrac{C_i^{k+\frac{1}{2}}}{r}\\ c_i=-K_{i-\frac{1}{2}}^{k+1}\\ d_i=\dfrac{C_i^{k+\frac{1}{2}}}{r}h_i^k-\Delta z(K_{i+\frac{1}{2}}^{k+1}-K_{i-\frac{1}{2}}^{k+1})-\dfrac{\Delta t}{r}S_{ri}^{k+\frac{1}{2}}\end{cases} \tag{4.23}$$

式中：k 为时间节点编号，$k=0,1,2,\cdots,m$；m 为计算总时段数；i 为空间节点编号，$i=1,2,\cdots,n-2$；n 为土层总层数。

在进行隐式差分的过程中，如果出现的参数值不在节点处，则要对参数值进行插值。如对在两空间节点之间的土壤导水率 K，可采用式（4.24）插值：

$$\begin{cases}K_{i-\frac{1}{2}}^{k+1}=\sqrt{K_i^{k+1}K_{i-1}^{k+1}}\\ K_{i+\frac{1}{2}}^{k+1}=\sqrt{K_{i+1}^{k+1}K_i^{k+1}}\end{cases} \tag{4.24}$$

当 $i=n-1$ 时

$$a_{n-1}h_{n-2}^{k+1}+b_{n-1}h_{n-1}^{k+1}=d_{n-1} \tag{4.25}$$

其中

$$\begin{cases}a_{n-1}=-K_{n-\frac{3}{2}}^{k+1}\\ b_{n-1}=K_{n-\frac{3}{2}}^{k+1}+K_{n-\frac{1}{2}}^{k+1}+\dfrac{C_{n-1}^{k+\frac{1}{2}}}{r}\\ d_{n-1}=\dfrac{C_{n-1}^{k+\frac{1}{2}}}{r}h_{n-1}^k-\Delta z(K_{n-\frac{1}{2}}^{k+1}-K_{n-\frac{3}{2}}^{k+1})+K_{n-\frac{1}{2}}^{k+1}h_n^{k+1}-\dfrac{\Delta t}{r}S_{rn-1}^{k+\frac{1}{2}}\end{cases} \tag{4.26}$$

当 $i=0$ 时，即在上边界处。

将上边界条件进行隐式差分得

$$-K_0^{k+1}\frac{h_1^{k+1}-h_0^{k+1}}{\Delta z}+K_0^{k+1}=R^{k+\frac{1}{2}} \tag{4.27}$$

式（4.27）可化为

$$K_0^{k+1}h_0^{k+1}-K_0^{k+1}h_1^{k+1}=\Delta z(R^{k+\frac{1}{2}}-K_0^{k+1}) \tag{4.28}$$

即

$$b_0h_0^{k+1}+c_0h_1^{k+1}=d_0 \tag{4.29}$$

则

$$\begin{cases} b_0 = K_0^{k+1} \\ c_0 = -K_0^{k+1} \\ d_0 = \Delta z (R^{k+\frac{1}{2}} - K_0^{k+1}) \end{cases} \tag{4.30}$$

土壤水分运动方程中比水容 C 为土壤水分特征曲线斜率的倒数，C 值随土壤吸力 s 而变化，按定义可表示为

$$C(s) = -\frac{\mathrm{d}\theta}{\mathrm{d}s} = \alpha m n \theta_s (\alpha s)^{n-1} [1 + (\alpha s)^n]^{-m-1} \tag{4.31}$$

非饱和导水率 K 值可根据已知的土壤水分特征曲线和扩散率计算求得

$$K(s) = C(s)D(s) = a\alpha m n \theta_s (\alpha s)^{n-1} [1 + (\alpha s)^n]^{-m-1} \exp\{b\theta_s [1 + (\alpha s)^n]^{-m}\} \tag{4.32}$$

土壤水分运动方程中 $C(s)$ 及 $K(s)$ 各参数均已知，且根系吸水速率 S_r 为试验所建根系吸水模型计算值，因此根据式（4.22）、式（4.25）和式（4.29）可建立一个以 h 为未知数的三对角方程组，即

$$[A][h] = [D] \tag{4.33}$$

$$\begin{bmatrix} b_0 & c_0 & 0 & & \cdots & 0 \\ a_1 & b_1 & c_1 & 0 & & \vdots \\ 0 & a_2 & b_2 & c_2 & 0 & \\ & \ddots & \ddots & \ddots & \ddots & \\ \vdots & & 0 & a_{n-2} & b_{n-2} & c_{n-2} \\ 0 & \cdots & & 0 & a_{n-1} & b_{n-1} \end{bmatrix} \begin{bmatrix} h_0^{k+1} \\ h_1^{k+1} \\ h_2^{k+1} \\ \vdots \\ h_{n-2}^{k+1} \\ h_{n-1}^{k+1} \end{bmatrix} = \begin{bmatrix} d_0 \\ d_1 \\ d_2 \\ \vdots \\ d_{n-2} \\ d_{n-1} \end{bmatrix} \tag{4.34}$$

4. 方程求解及数值模拟

根据时段初已知的土壤含水率值求出其对应的 h 值，即为初始时段 h 值，再根据时段初的 h 值求解各时段末节点的 h 值。采用追赶法求解三对角方程组（4.34），计算得出 h_{n-2}，h_{n-1}，…，h_1，直至求得 h_0。之后将计算得出的 h 值结合土壤水分特征曲线的 VG 模型，联立求解，解得各时段节点处的土壤含水率 θ 值，即 θ_0，θ_1，…，θ_{n-2}值，然后将模拟值与实测值作对比分析，对所建立的模型进行验证。

（1）追赶法求解方程组。追赶法求解方程组可分为两步，第一步为追的过程，由于三对角方程组可拆分为上三角和下三角两个矩阵，求上三角矩阵的过程即为追的过程。第二步根据求得的上三角矩阵，逐步反推，从而得到方程组中各未知变量的值，即为赶的过程。求解的具体步骤如下：

1）对方程组进行消元。

$$l_0 = \frac{d_0}{b_0}, u_0 = \frac{c_0}{b_0} \tag{4.35}$$

当 $i = 1, 2, \cdots, n-2$ 时

$$l_i=\frac{d_i-a_i l_{i-1}}{b_i-a_i u_{i-1}},u_i=\frac{c_i}{b_i-a_i u_{i-1}} \tag{4.36}$$

当 $i=n-1$ 时

$$l_{n-1}=\frac{d_{n-1}-a_{n-1}l_{n-2}}{b_{n-1}-a_{n-1}u_{n-2}} \tag{4.37}$$

2）反推土壤水势 h 值。

$$\begin{cases}h_{n-1}=l_{n-1}\\ h_{n-2}=l_{n-2}-u_{n-2}h_{n-1}\\ \qquad\vdots\\ h_1=l_1-u_1h_2\\ h_0=l_0-u_0h_1\end{cases} \tag{4.38}$$

（2）土壤水分运动数值模拟。对土壤水分运动进行数值模拟，模拟时间步长 Δt 取 1 天，空间步长 Δz 为 10cm，计算区域为 100cm 厚的土层，在采用追赶法求解方程组（4.34）时，迭代相对误差取 0.1。土壤水分运动的数值模拟程序采用 C 语言进行编写，主程序流程图如图 4.24 所示。

图 4.24 中，k 为时间节点编号；i 为空间节点编号；m 为总时间节点数；n 为总空间节点数；θ 为根区土壤含水率；s 为土壤水吸力；p 为迭代计算的次数；h 为本时刻土壤水势的计算值；h_1 为上一时刻土壤水势的计算值；h_2 为本时刻土壤水势的上次迭代值；S_r 为根系吸水速率；R 为边界蒸发或入渗；calaccu 为设定的计算精度。

采用图 4.24 所示的流程图编写土壤水分运动数值模拟程序，并运用编写的 C 语言程序对土壤含水率分布进行数值模拟，对比分析模拟值与实测值之间的关系，以此对模型进行验证。模拟结果如图 4.25 所示。

图 4.25 为一个灌水周期的模型模拟误差统计图，此时段内模型模拟的最大相对误差为 14.8%，最小相对误差为 0.2%，平均相对误差为 4.4%。出现这种情况的原因一部分是由于试验仪器本身精度存在一定误差，另一部分是在利用 Trime 仪器探测土壤含水率时，Trime 管周围的土中含有少许杂质（未被吸收的基肥），对仪器探测精度造成一定影响，使得误差加大。总而言之，本书建立的吸水模型基本可以反映枣树根系吸水的实际情况。

4.3.3 模型的应用

采用本书建立的模型对根系吸水速率进行计算，计算了不同时间点根系的吸水速率值，点绘出根系吸水速率随土层变化的分布图，具体分布如图 4.26～图 4.29 所示。

从图中可以看出，枣树根系吸水速率在土层以下 10～20cm 范围内最大，0～10cm 范围内，枣树根系吸水速率急剧增加，而后随着土层深度的增加逐

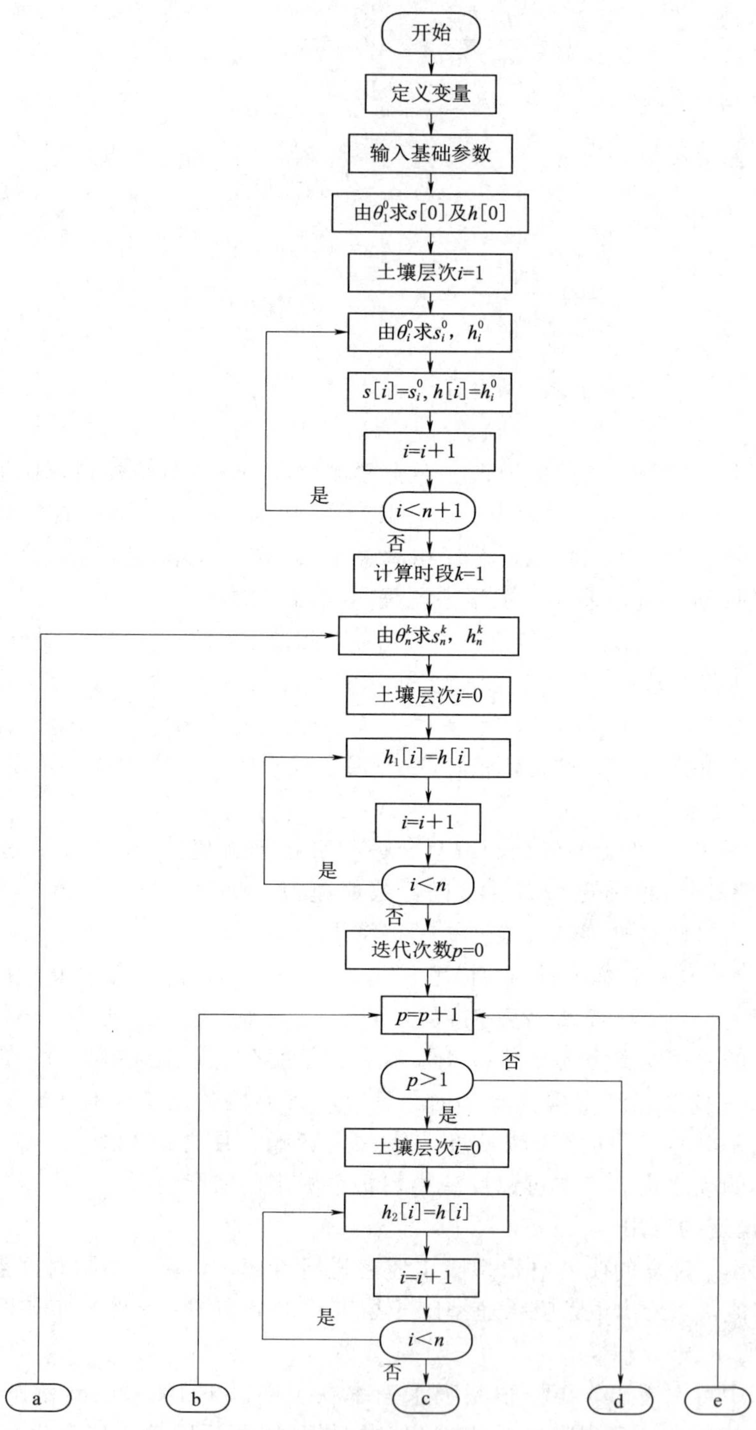

图 4.24（一）　土壤水分运动数值模拟主程序流程图

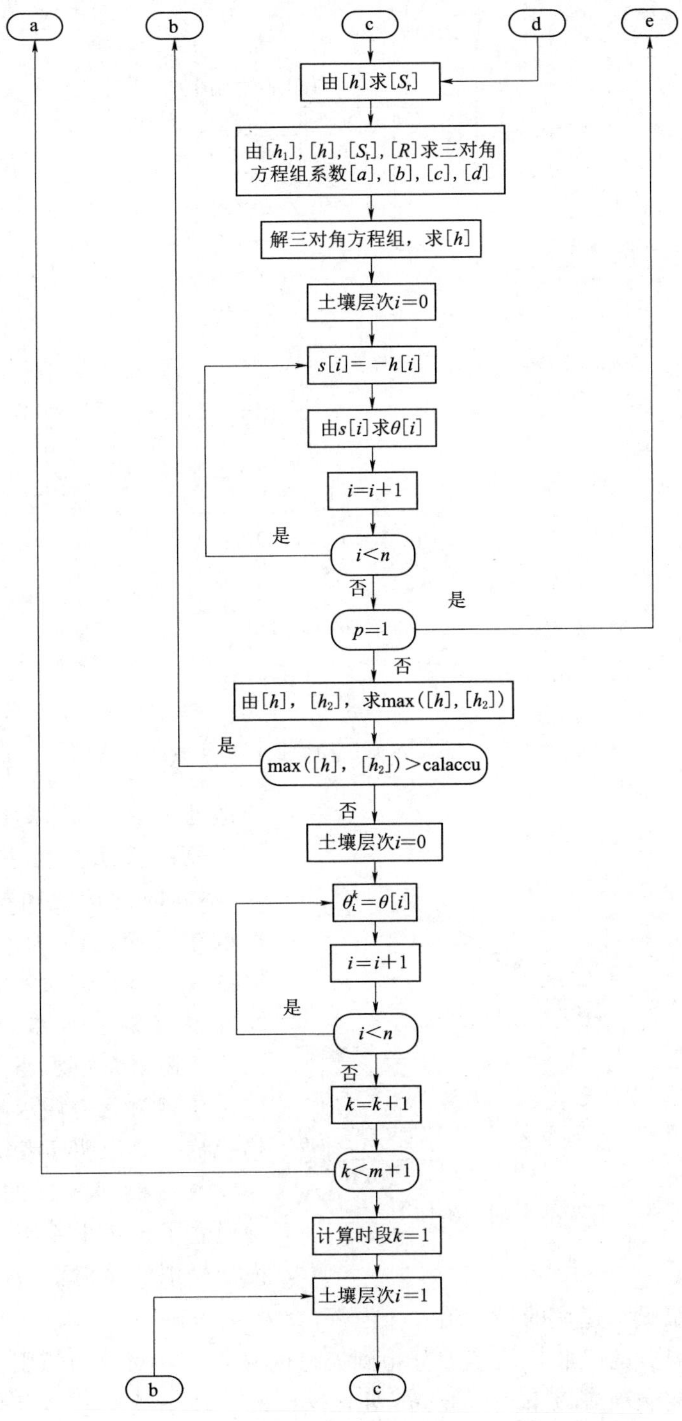

图 4.24（二） 土壤水分运动数值模拟主程序流程图

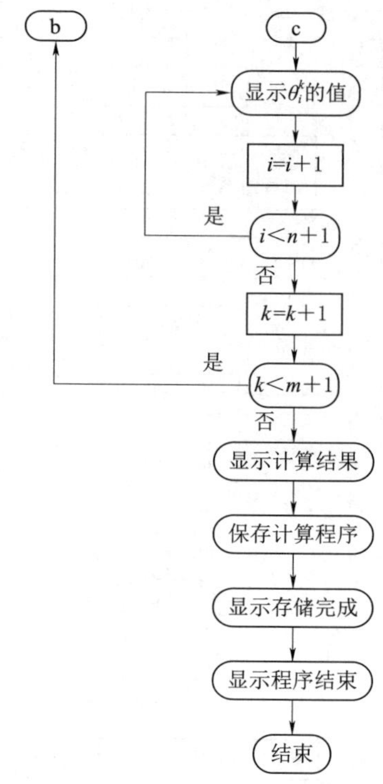

图 4.24（三）　土壤水分运动数值模拟主程序流程图

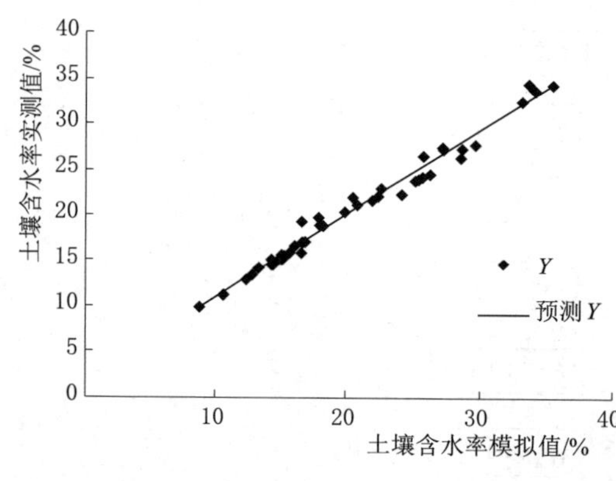

图 4.25　模型相对误差统计图

渐减小。在土层深度 100cm 以下，根系吸水速率基本趋向于0。不同时间段枣树根系吸水速率也有所变化，6 月、7 月枣树根系吸水速率较大，之后随着时间的推移根系吸水速率逐渐减小。枣树根系吸水速率随时间的变化与枣树蒸腾耗水的日际变化趋于统一，说明两者密切相关。

本书根据改进的 Feddes 模型建立了枣树根系吸水模型，从模型模拟的枣树根系吸水速率分布来看，根系吸水速率的最大值在土层深度 10～20cm 处。根系在吸水的同时也是对水中养分的吸收，为使养分得到充分的吸收，在对枣树施肥时应适量浅施。建议施在滴灌管以下 10～20cm 处，这样既有利于浅层较多吸水根对养分的吸收，又使养分随着灌溉水分的运移在深层土壤合理分配。

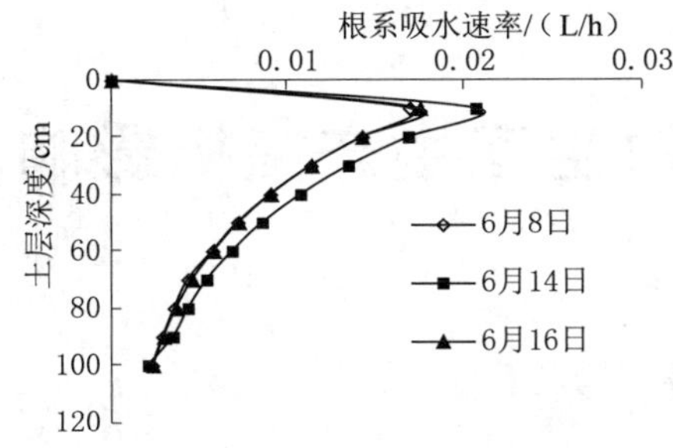

图 4.26 6 月 8—16 日根系吸水速率分布

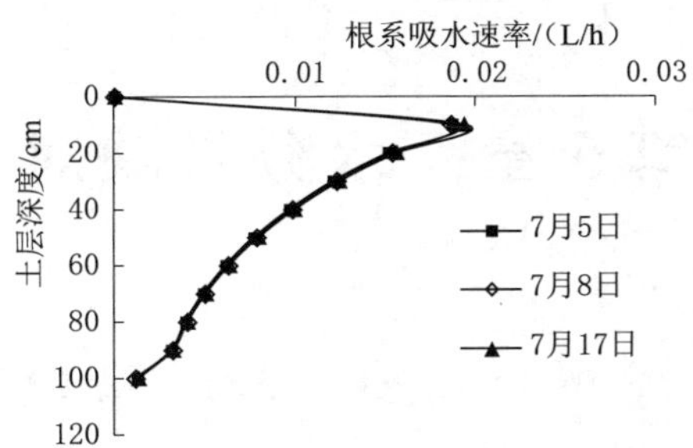

图 4.27 7 月 5—17 日根系吸水速率分布

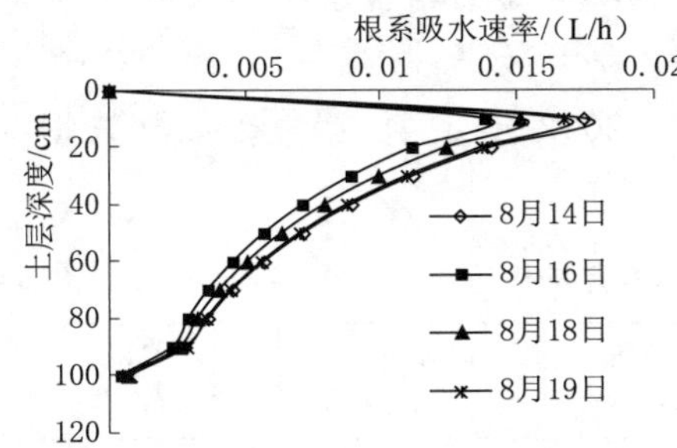

图 4.28 8 月 14—19 日根系吸水速率分布

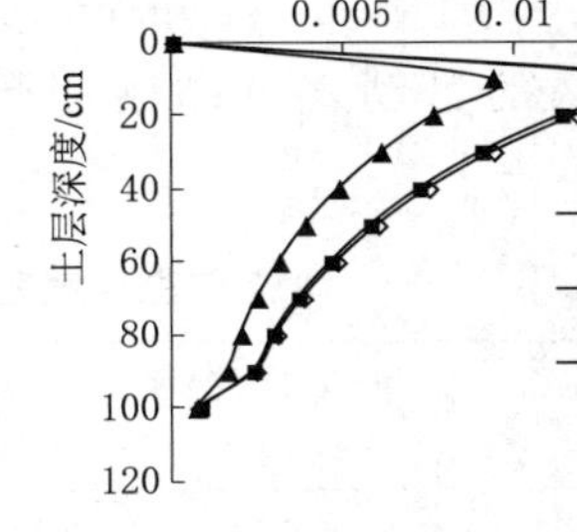

图 4.29 9 月 12—15 日根系吸水速率分布

本书建立的吸水模型表明，枣树根系吸水速率与土壤水势密切相关，土壤水势过大或过小都将会抑制根系对水分的吸收。一般在制定枣树灌溉制度时，很少有学者会考虑到最适宜枣树根系吸水的土壤水势区间。本书在制定灌溉制度时，也仅考虑了灌水的下限值，并未对上限值进行界定。通过本模型的建立与模拟，并结合吸水根系的空间分布规律，初步总结得出，适宜枣树根系吸水的土壤含水率区间上限为田间持水率的 80%，下限为田间持水率的 60%，上下限的控制区域为枣树根区土壤径距 0～90cm，土层深度 0～60cm 的范围。

4.3.4 小结

（1）本书采用改进的 Feddes 模型建立了枣树的一维根系吸水模型，并通过与实测含水率对比，对模型的准确性进行了验证，验证结果表明，该模型基本可以真实地反映枣树根系吸水分布情况。

（2）用建立的一维根系吸水模型，对枣树 6—9 月根系吸水速率进行了模拟计算，枣树根系吸水速率在 10～20cm 土层范围内达到最大，而后随着土层深度的增加逐渐减小。在土层深度 100cm 以下，根系吸水速率基本趋向于 0。不同时间段枣树根系吸水速率也有所变化，6 月、7 月枣树根系吸水速率较大，之后随着时间的推移，在 8 月、9 月根系吸水速率逐渐减小。

第5章　水分亏缺对枣树生理生态指标影响

5.1　试验材料与方法

5.1.1　试验区概况

试验区地理位置及土壤质地见2.1.1节，土壤平均含水率为33%（体积含水率），土壤平均干容重1.49g/cm^3。

根据试验区的自动气象站观测数据，2012年主要的气象参数数据见表5.1。

表5.1　　2012年主要气象因子各月平均值

月份	大气温度/℃	大气相对湿度/%	太阳辐射量/(W/m^2)	总降雨量/mm	ET_0/(mm/d)
5	19.6	44.4	206.85	17.2	3.7
6	22.1	45.6	191.68	15.5	3.7
7	23.0	61.6	702.34	17	3.2
8	23.5	63.4	212.94	8.6	3.1
9	19.2	59.7	177.51	3.3	2.3
10	10.7	52.4	158.57	0.0	1.5

5.1.2　供试材料及试验布置

本书现场试验于2012年4—11月进行，供试枣树地面积为1亩。试验枣树为10年生灰枣，株行距为2m×3m，地径9～10cm，树高3～3.5m，采用一行两管的地面滴灌灌水方式，即在树行两侧50cm处各布置一根滴灌管。滴头流量为3.75L/h。基肥采用穴施，生育期追肥均随水滴施，其他管理均与当地农户管理措施相同，枣树生长正常，树势均匀。

试验根据枣树生育期将其划分为4个生育阶段，即萌芽展叶期（4月23日—6月5日）、花期（6月6日—7月20日）、果实膨大期（7月21日—9月9日）和成熟期（9月10日—10月19日）。针对不同生育阶段设置不同水分亏缺试验小区，试验共6种处理，见表5.2，即花期及果实膨大期分别进行轻度土壤水分亏缺与中度土壤水分亏缺灌溉，花期及果实膨大期进行连续轻度土壤水分亏缺灌溉。每种处理3个重复。轻度土壤水分亏缺的灌水定额为

$300m^3/hm^2$，中度水分亏缺为 $225m^3/hm^2$。充分灌溉处理作为对照，灌水定额为 $450m^3/hm^2$。各种处理的灌水时间一致，整个生育期共灌水 14 次，灌水时间分别为：5 月 8 日、5 月 24 日、6 月 6 日、6 月 16 日、6 月 30 日、7 月 9 日、7 月 21 日、7 月 29 日、8 月 6 日、8 月 14 日、8 月 22 日、9 月 1 日、9 月 9 日、9 月 24 日。

表 5.2 枣树亏水灌溉试验处理 单位：m^3/hm^2

处理	萌芽展叶期（15d/次）	花期（10d/次）	果实膨大期（8d/次）	成熟期（15d/次）	亏缺程度	亏缺时期
1	450	225	450	450	中度亏缺	花期
2	450	300	450	450	轻度亏缺	花期
3	450	450	225	450	中度亏缺	果实膨大期
4	450	450	300	450	轻度亏缺	果实膨大期
5	450	300	300	450	轻度亏缺	花期、果实膨大期
6（对照组 CK）	450	450	450	450	充分灌溉	全生育期

5.1.3 观测项目与测定方法

1. 气象数据

试验地设有小型自动气象站，气象站型号为“Watch dog”。气象站可自动测定枣树全生育期内的温度、降雨、风速、湿度、太阳辐射、气压等气象因子数据，可应用 Penman - Monteith 公式计算参考作物蒸发蒸腾量。

2. 灌溉水量

在每个处理出水口处安装水表，通过水表量测每次灌溉量。

3. 土壤水分

采用土壤水分仪 Trime - IPH 测定不同深度处土壤含水率，每个处理布设一组 Trime 管，每组 4 根，分别布置在行间距树 35cm、70cm、105cm 和株间距树 100cm 处（图 5.1），每根 Trime 管埋深 1.0m，测量土层深度 10cm、20cm、30cm、40cm、50cm、60cm、80cm 处的含水率，所测得的含水率均为体积含水率。

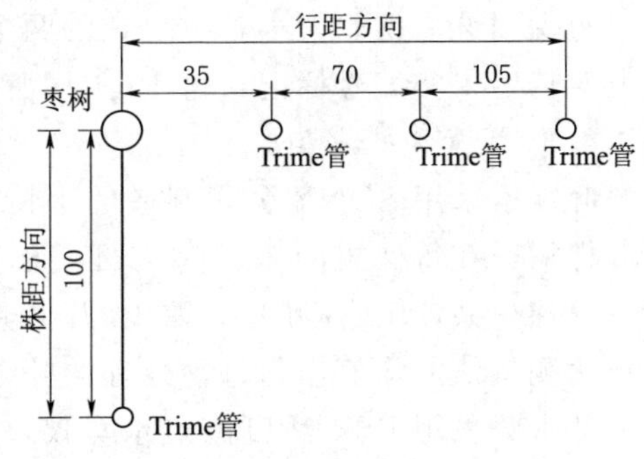

图 5.1 Trime 管布置图（单位：cm）

4. 枣树耗水量的计算

枣树的田间耗水量可由水量平衡公式计算：

$$ET = \Delta W + P + I + G - D \tag{5.1}$$

式中：ET 为阶段耗水量，mm；P 为时段内有效降雨量，mm；I 为时段内灌溉量，mm；G 为时段内地下水补给量，mm；D 为时段内深层渗漏量，mm；ΔW 为时段内土壤储水量变化量，mm。

$$\Delta W = 10\sum\gamma_i H_i(\theta_{i1} - \theta_{i2}) \tag{5.2}$$

式中：γ_i 为第 i 层的土壤干容重，g/cm^3；H_i 为第 i 层的土壤厚度，cm；θ_{i1}、θ_{i2}为第 i 层土壤计算时段始、末的含水率，以占干土重的百分率计。

因试验区地下水深度为 10m 以下，无地下水补给量，故 $G=0$；根据试验监测的土壤含水率数据分析得出灌水引起土壤的深层渗漏量很小，故 $D=0$；试验以一次灌水后到下一次灌水前作为一个计算时段，此时段内无灌水，故 $I=0$。因此，式（5.1）变为

$$ET_{1-2} = \Delta W + P = 10\sum\gamma_i H_i(\theta_{i1} - \theta_{i2}) + P \tag{5.3}$$

利用式（5.3）可计算出枣树各个生育阶段的耗水量 ET(mm)。根据实际观测的各生育期出现的时间，可计算出日耗水强度。根据各个生育阶段的耗水量 ET(mm）与田间总耗水量的比值可计算出各生育期的耗水模数。

5. 新梢长、横径

在枣树的东南西北 4 个方向，各选择树冠外围长势较强且初始长度基本一致的新梢各一枝，每棵树共选取 4 根枝条，每种处理 3 棵样树，共 12 根枝条。对选定的枝条编号标记，用皮卷尺和游标卡尺分别测量新梢的长度（含徒长枝）与横径（距枝条根部 1cm 处），每个生育期进行两次测量。

6. 枣树干径

每个生育期用皮卷尺对每种处理的 3 棵样树进行周长测量，再换算成杆径，公式为：杆径=周长/π，测量位置为枣树根部离地面 30cm 处，一个月测量一次。

7. 果实纵横径

每棵树选取初始大小基本一致的两个果实，每种处理 3 棵样树，共 6 个果实，对选定果实编号标记，每 10 天用游标卡尺测量 1 次果实纵横径。

8. 叶绿素和叶水势

叶绿素采用 SONY 公司制造的手持式叶绿素指数仪进行测量，每种处理选 3 棵树，在每棵树的东、南、西、北 4 个方向上选择 3 片固定叶片进行测量，一棵树共计 12 片叶片，取 12 片叶片的平均值作为一棵枣树的测量值，3 棵枣树测量值的均值作为每种处理的叶绿素含量，每隔 20 天测定一次。

叶水势采用 PSYPRO 露点水势仪，测定枣树不同生育期的叶水势日变化过程。在每个生育期内各选择一个典型晴天，从 10：00—22：00 每两小时测定一次，分别选取枣树中部的正常生长的枣叶作为样品，每种处理取 3 棵样树，每棵样树 3 片枣叶，共 12 片叶子，取测定值的均值作为该处理的叶水势。

9. 枣树产量和果实品质的测定

枣树收获时，对每种处理的 3 棵样树分别进行人工采收，分别称其产量，将 3 棵样树的平均值作为这种处理枣树的产量。将产量混合均匀后分别数 100 个果实，称其重量，算得单果重。从混合均匀的每种处理中随机称取红枣 500g，化验红枣维生素 C、可溶性总糖和总酸。维生素 C 含量采用二氯靛酚滴定法测定；可溶性总糖含量采用斐林法测定；总酸含量采用酸碱滴定法测定。

5.2 亏水处理的土壤水分分布

5.2.1 亏水期土壤水分动态变化

图 5.2 为不同亏水处理下花期和果实膨大期灌溉前后的土壤含水率。图 5.2 表明，灌水后各种处理的土壤含水率在垂直剖面上的分布状况近似呈双“S”形。由处理 6（CK）的土壤含水率变化可知，花期土壤水分变化大小表现

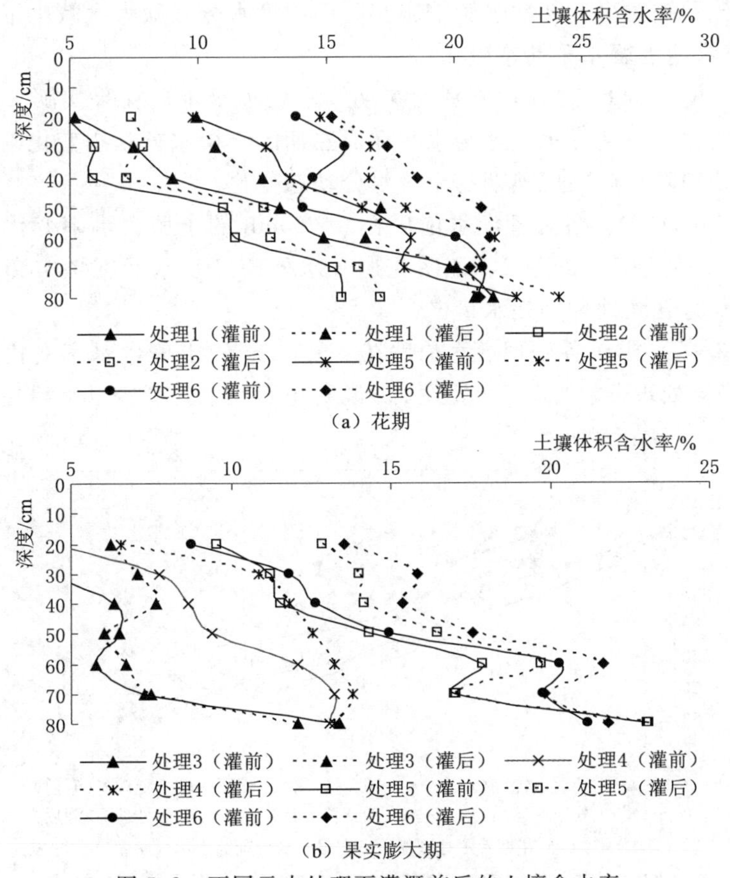

图 5.2 不同亏水处理下灌溉前后的土壤含水率

为：30～70cm＞0～20cm＞70～80cm；果实膨大期水分变化大小表现为：0～40cm＞40～70cm＞70～80cm。说明在充分灌溉条件下不同生育阶段的土壤水分变化有所不同，由于枣树根系层主要分布在 30～70cm 范围，在花期主要通过枣树根系吸水满足枣树的需水要求，而在果实膨大期，地表温度较高，主要通过地表蒸发和根系吸水满足枣树的需水要求，因此在土壤水分变化上，表现出花期根系层的土壤水分变化较大，在果实膨大期地表处的土壤水分变化较大。在 70～80cm 以下，土壤水分变化相对较小。

在花期［图 5.2（a）］各处理的土壤含水率变化大小表现为：处理 6＞处理 5≈处理 2＞处理 1，即充分灌＞花期、果实膨大期连续轻度亏水≈花期轻度亏水＞花期中度亏水，说明花期土壤水分的变化随着亏水程度的加重而减小，即在花期灌水越少，耗水越少。在果实膨大期［图 5.2（b）］各处理的土壤含水率变化大小表现为：处理 6≈处理 4＞处理 5＞处理 3，即充分灌≈果实膨大期轻度亏水＞花期、膨大期连续轻度亏水＞膨大期中度亏水，说明在膨大期轻度水分亏缺对枣树耗水量影响很小，而中度水分亏缺大大减少了耗水量。

5.2.2　复水期土壤水分动态变化

图 5.3（a）、（b）、（c）分别为花期亏水处理复水后在果实膨大期的土壤水分动态变化、花期亏水处理复水后在成熟期的土壤水分动态变化以及果实膨大期亏水处理复水后在成熟期的土壤水分动态变化。

图 5.3（a）中，各处理灌水前后在 0～60cm 的土壤含水率变化大小依次为：处理 6＞处理 1＞处理 2，说明花期亏水处理经复水后在果实膨大期的耗水量均不及充分灌处理的耗水量。

图 5.3（b）中，各处理灌水前后在 0～50cm 的土壤含水率变化大小依次为：处理 6＞处理 5＞处理 1≈处理 2。说明花期亏水处理经复水后在成熟期的

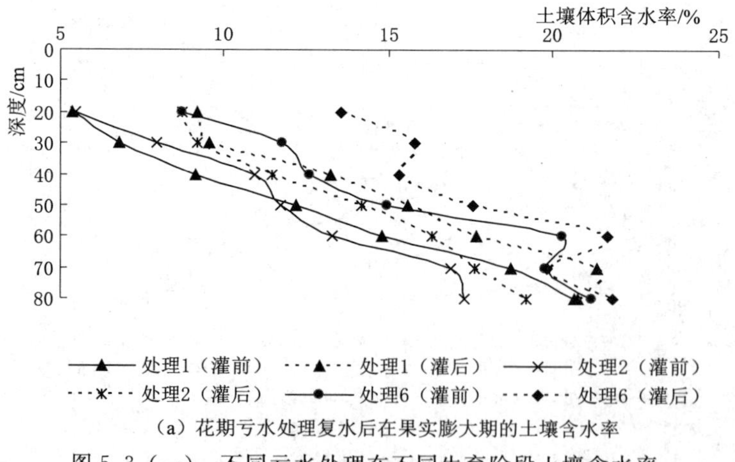

（a）花期亏水处理复水后在果实膨大期的土壤含水率

图 5.3（一）　不同亏水处理在不同生育阶段土壤含水率

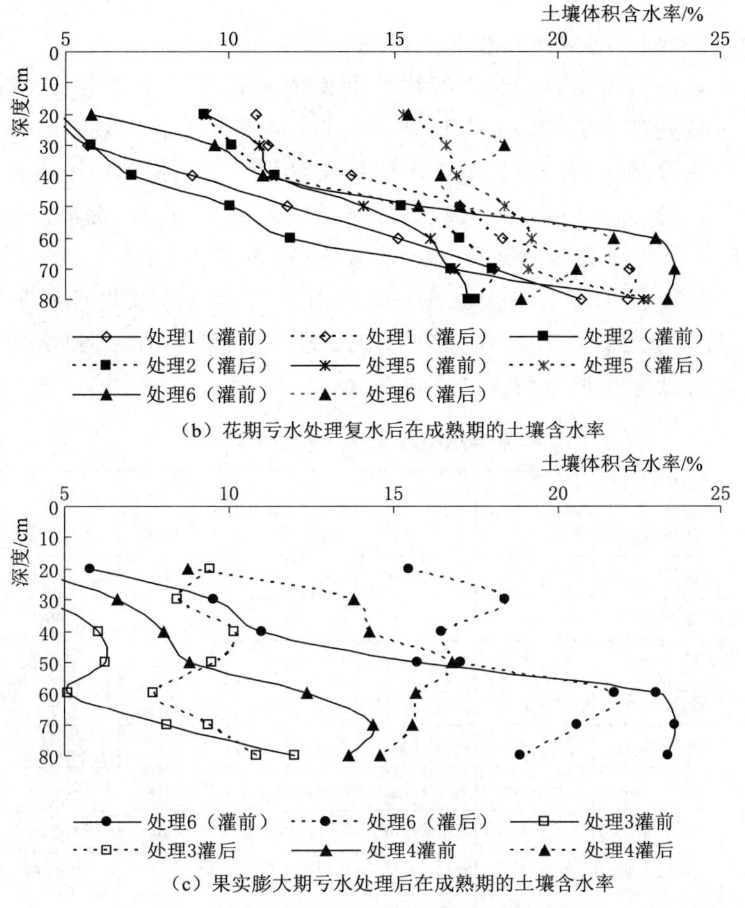

（b）花期亏水处理复水后在成熟期的土壤含水率

（c）果实膨大期亏水处理后在成熟期的土壤含水率

图 5.3（二） 不同亏水处理在不同生育阶段土壤含水率

耗水量依然不及充分灌处理的耗水量。

图 5.3（c）中，各处理灌水前后在 0～50cm 的土壤含水率变化大小依次为：处理 6＞处理 4＞处理 3。说明果实膨大期亏水处理经复水后在成熟期的耗水量不及充分灌处理的耗水量。

5.3 水分亏缺对枣树生理生态的影响

作物生存环境的水分状况与作物生理活动密切相关，水分的变化直接引起作物体内的生理变化，经过植物体内一系列的信号传导，最终表现在作物的外部形态上，如果实生长、树干生长等。叶片是反映植物内部水分状况最为敏感的器官，植物叶片的叶绿素及水势能及时、灵敏地反映出植物体内的水分状况。

5.3.1　水分亏缺对枣树果实生长的影响

果形指数是指果实纵径与果实横径的比值，是评价果实生长的综合指标。不同水分亏缺处理的枣树果实生长见表 5.3。从花期以后，果实纵横径逐渐增大，而果形指数却逐渐减小，说明枣树果实纵径增长的速度小于横径增长的速度。由表 5.3 可知，不同水分亏缺处理对果实纵横径均有所提高。处理 2、处理 3、处理 4 果实纵径较处理 6（CK）分别显著增加 15%、10%、14%（以 10 月 10 日观测值为例），其他处理提高不显著；处理 2 和处理 4 果实横径较处理 6（CK）分别提高 10%和 9%（以 10 月 10 日观测值为例），其他处理提高不显著。各处理果形指数提高不显著。

表 5.3　　果实纵横径长度及果形指数

处理		处理 1	处理 2	处理 3	处理 4	处理 5	处理 6
7 月 27 日	横径/mm	10.97c	10.34f	10.76e	11.99a	10.81d	11.16b
	纵径/mm	18.92d	18.22e	19.45b	20.1a	18.2e	19.01c
	果形指数	1.73c	1.76b	1.81a	1.68e	1.68e	1.7d
8 月 3 日	横径/mm	14.37b	13.62d	13.49f	14.72a	14.07c	13.55e
	纵径/mm	23.91b	23.67c	23.29d	24.3a	23.1e	22.43f
	果形指数	1.66c	1.74a	1.73b	1.65d	1.64e	1.66c
8 月 12 日	横径/mm	15.63b	15.5c	14.3e	15.92a	15.69b	14.58d
	纵径/mm	25.6b	25.66a	24.41d	25.6b	24.61c	23.61e
	果形指数	1.64c	1.66b	1.71a	1.61e	1.57f	1.62d
8 月 22 日	横径/mm	16.79c	16.82bc	16.39d	16.9b	17a	16.14e
	纵径/mm	26.14d	27.2a	26.43c	26.61b	25.85e	24.54f
	果形指数	1.56c	1.62a	1.61a	1.57b	1.52d	1.52d
9 月 4 日	横径/mm	18.64c	18.66c	18.86b	19.54a	18.85b	17.9d
	纵径/mm	27.99d	29.1b	28.66c	29.37a	27.42e	25.74f
	果形指数	1.5bc	1.56a	1.52b	1.5c	1.45d	1.44d
9 月 13 日	横径/mm	21.04e	21.69b	21.39c	22.17a	21.25d	20.09f
	纵径/mm	30.51d	32.12a	31.12c	31.47b	30e	28.24f
	果形指数	1.45b	1.48a	1.45b	1.42c	1.41d	1.41d
10 月 10 日	横径/mm	22.32ab	22.80a	22.50ab	23.63a	22.59ab	20.82b
	纵径/mm	31.57ab	33.42a	32.10a	33.17a	30.94ab	29.04b
	果形指数	1.41a	1.47a	1.43a	1.40a	1.37a	1.39a

注　同行数据不同字母表示在 a=0.05 水平下差异显著。

综上所述，处理 2 和处理 4 对提高果实纵横径以及果实体积都有较好的效果，在果实膨大期轻度水分亏缺对果实纵横径以及果实体积效果最好。

5.3.2　水分亏缺对枣树干径的影响

表 5.4 为不同亏水处理枣树树干直径变化值。由表 5.4 可以看出，枣树亏水后，都会对树干直径生长产生影响。由于各处理试验样树的树干直径初始值有较大差异，因此，仅从观测期结束时的枣树直径绝对值来分析，很难看出变化规律，但从相对生长量来看，处理 1～6 分别相对增加了 8.5%、10.1%、7.8%、9.3%、8.0%和 10.2%，果树膨大期中度水分亏缺对枣树树干直径的影响最大，连续轻度水分亏缺对枣树树干直径的影响次之。

表 5.4　　不同亏水处理的枣树树干直径变化值　　单位：mm

处理	5 月 13 日	6 月 16 日	7 月 10 日	8 月 14 日	10 月 10 日
处理 1	92.4c	95.54c	96.7d	99d	100.27bc
处理 2	91.8d	95.54c	97.5c	99.5c	101.09b
处理 3	95.5b	98.73b	101.9b	103b	103b
处理 4	82.8f	86.62e	88.7f	90.27f	90.57d
处理 5	90.4e	93.95d	95.8e	97.7e	97.7c
处理 6	97.1a	100.96a	104.5a	106.69a	107.01a

注　同列数据不同字母表示在 a=0.05 水平下差异显著。

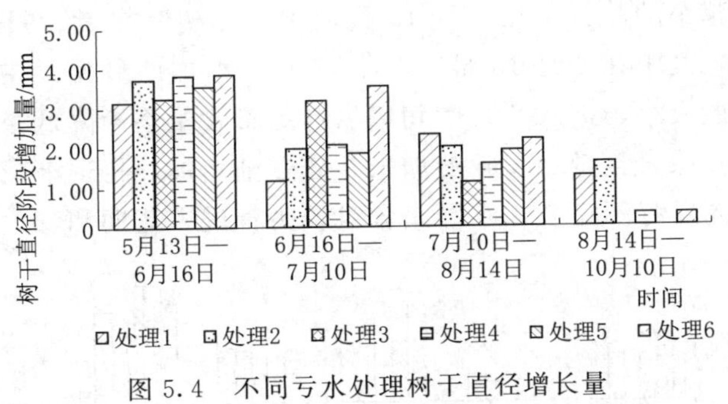

图 5.4　不同亏水处理树干直径增长量

由图 5.4 和图 5.5 可知，枣树干径在萌芽展叶期（5 月 13 日—6 月 16 日）增长量最大，占全生育期增长量的 39%～49%，其次为开花期（6 月 16 日—7 月 10 日）和果实膨大期（7 月 10 日—8 月 14 日），分别为 14%～36%和 14%～29%，增长最少的为成熟期（8 月 14 日—10 月 10 日），为 0～17%。说明枣树干径随着生育期的推移增长速度变缓。分析原因认为，萌芽展叶期枣树的生殖生长还没开始，此时营养生长比较旺盛，因此萌芽展叶期增长的最快；花期和果实膨大期，由于枣树开花和果实生长需要大量的水分及营养供给，生殖生长竞争优于营养生长，所以这两个时期的干径增长速度缓于萌芽展叶期；在枣树成熟期，由于枣树各项生理指标均处于停止状态，所以干径生长也趋于停止状态。

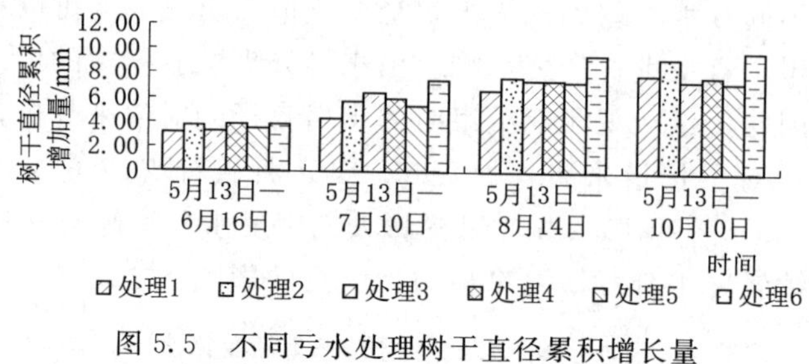

图 5.5　不同亏水处理树干直径累积增长量

在 6 月 16 日—7 月 10 日和 7 月 10 日—8 月 14 日期间，干径增长量大小分别为：处理 6＞处理 3＞处理 4＞处理 5≈处理 2＞处理 1 和处理 1≈处理 6＞处理 2＞处理 5＞处理 4＞处理 3。说明在花期中度调亏显著影响树干直径的生长，在果实膨大期调亏对枣树干径生长有影响，但小于在花期的调亏处理。花期调亏结束后，在果实膨大期复水，对树干直径生长有一定的促进作用。

5.3.3　水分亏缺对枣树叶片叶绿素的影响

图 5.6 为枣树在不同亏水处理情况下，全生育期内叶绿素含量 *SPAD* 值在一定时间间隔内的增长量图。从图中可以看出，整个生育期枣树叶绿素含量呈现先增大后减小的趋势：在 9 月 13 日之前，枣树叶绿素含量随着生育进程发展逐渐增加，其中在 8 月 13 日—9 月 13 日，增加值最大，在 6 月 13 日—7 月 3 日，增加值最小；进入 9 月中旬以后叶绿素含量逐渐降低。说明枣树从叶片萌芽开始，叶绿素含量随着叶龄增长，先逐渐增加，再逐渐减少。因为幼龄叶片中的叶绿体发育不完全，叶绿素含量较少；进入花期和膨大期后，由于叶

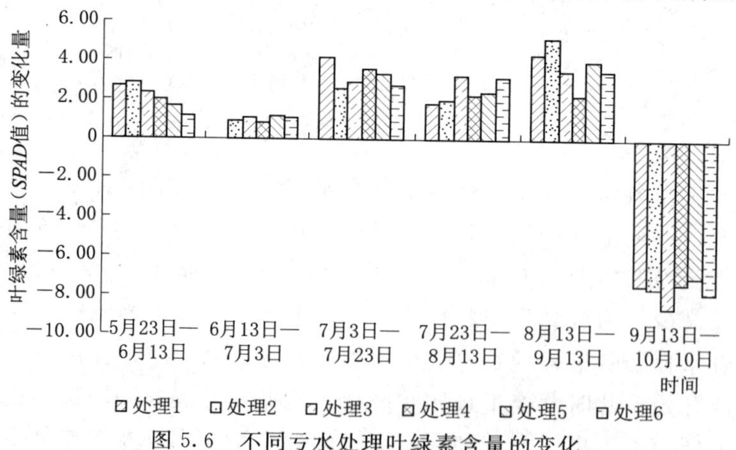

图 5.6　不同亏水处理叶绿素含量的变化

绿素与光合作用密切相关，叶绿素被大量合成并保持，此阶段叶绿素含量较高，叶片颜色变绿并逐渐加深；进入成熟期后，由于温度逐渐降低，合成叶绿素的酶的活性降低，导致合成的叶绿素含量减少，加之此阶段的叶片开始衰老，叶绿素又被分解或转移，因此最后叶片逐渐变黄而慢慢脱落。

表 5.5 为枣树在不同亏水处理条件下，不同生育期枣树叶片叶绿素含量 *SPAD* 值。由表 5.5 可知，同一生育期、不同处理间叶绿素含量差异均不显著，但是同一处理、不同生育期的叶绿素含量差异显著，而且都是在果实膨大期达到最大值，说明不同亏水程度对不同时期、不同处理的叶绿素含量影响不显著。

表 5.5　　不同亏水处理叶片叶绿素含量 *SPAD* 值

生育期	处理 1	处理 2	处理 3	处理 4	处理 5	处理 6
萌芽展叶期	39.40d	39.33d	39.23d	39.15d	39.08d	39.07d
花期	42.80c	42.75c	42.60c	42.80c	42.52c	42.30c
果实膨大期	48.88a	48.90a	49.40a	48.92a	48.92a	48.35a
成熟期	43.6b	43.93b	42.57b	43.87b	43.87b	42.30b

注　同行和同列数据不同字母表示在 a=0.05 水平下差异显著。

5.3.4　水分亏缺对枣树叶水势影响

植物叶水势是反映植物内部水分亏缺或水分状况的生理指标之一，受诸多因素的影响，如气温、空气相对湿度、光合有效辐射、可见光强度、植物叶片的蒸腾速率等。

图 5.7 为不同亏水处理的枣树叶水势在花期的典型日（7 月 2 日）、果实膨大期的典型日（8 月 17 日）和成熟期的典型日（10 月 13 日）的日变化曲线图。从图中可以看出，图 5.10（a）、（b）、（c）的叶水势的日变化趋势大致相同，均表现为凹抛物线形式，即早晚高，中午低。各处理早上 10：00 时的叶水势较大，而后随着太阳辐射增强、气温上升与相对湿度下降，叶水势开始变小，于 14：00—16：00 时达到一天中的最低值；随着时间的推移，太阳辐射减弱、气温开始回落、相对湿度增加，叶水势又开始回升，到 22：00 时叶水势回升到接近早上 10：00 时的水平。但不同生育期的不同亏水处理仍然表现出不同的规律。

如图 5.7（a）所示，花期（7 月 2 日）一天的叶水势表现为，处理 6（CK）>处理 2>处理 1，即在花期，叶水势表现为水分充分处理>轻度亏水的处理>中度亏水的处理。说明枣树花期叶水势随着土壤水分亏缺程度的加大而减小。

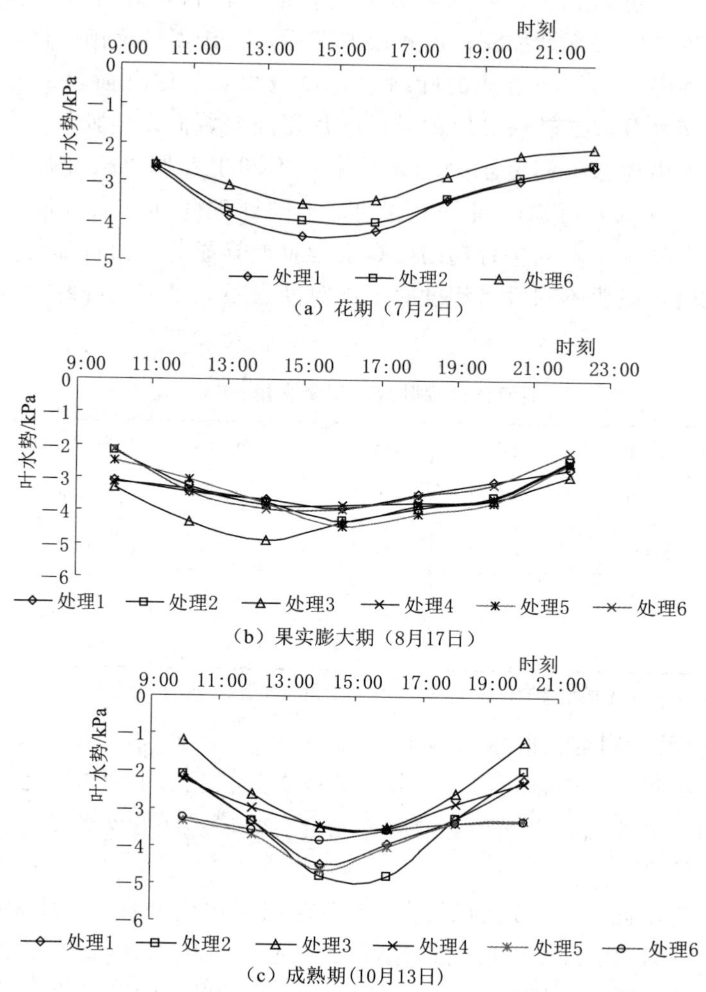

(a) 花期（7月2日）

(b) 果实膨大期（8月17日）

(c) 成熟期(10月13日)

图5.7　不同亏水处理叶水势在不同生育期典型日的日变化曲线

如图5.7（b）所示，果实膨大期（8月17日）一天的叶水势表现为，处理3叶水势值最小，且出现在14：00左右，而其余处理叶水势值最小值差异不大，且出现在16：00左右。说明果实膨大期，中度土壤水分亏缺不仅会使叶水势值达到最小，而且会使叶水势最小值提前。

如图5.7（c）所示，成熟期（10月13日）一天的叶水势均表现为，在太阳辐射较强、气温较高与相对湿度较低的12：00—18：00期间，处理3＞处理4＞处理6＞处理1≈处理5＞处理2；在10：00—12：00和18：00—22：00期间，处理3＞处理2≈处理4≈处理1＞处理5≈处理6。总的来说果实膨大期中度亏水的处理3经成熟期的复水后叶水势最高。

5.3.5 水分亏缺对枣树新梢干物质的影响

干物质作为作物光合作用的最终产物，它在作物不同器官的积累和分配直接影响作物的经济产量和水分利用效率，而干物质的积累和分配又直接受水分条件的影响[88]。因此干物质累积量是枣树对不同水分亏缺水响应特征的一个重要指标，其干物质的测定则是其生长分析中的最基本内容之一。然而目前对干物质的测定方法有传统的烘干称重法和风干称重法，也有研究采用其他的测定方法，如黄瑞冬[89]通过干重与鲜重的对应比例关系计算干重的方法；白云岗等[90]通过对葡萄叶片与枝条进行回归分析，建立了用叶面积的累积量代替葡萄树一年生地上枝条干物质量的估算方法等。像枣树这样的多年生、有经济价值的树木，如采取以往将样品植株分离、烘干或风干后称其重量来获得干物质量的传统方法，不但有破坏性，造成一定的经济损失，而且耗时费力。本书通过分析枣树新梢总叶面积、总叶片数、长度、径粗及枝条体积等与新梢干物质量的关系，建立简捷、实用的地上新梢干物质累积量的估算方法，并以此方法探求亏水处理对枣树新梢干物质的影响。

1. 枣树新梢的特征指标

本书选取了 20 个新梢，分别对新梢的总叶面积、总叶片数、长度、径粗、新梢干物质量和枝条体积等进行了测定，其中枝条体积用下式计算：

$$V=\frac{1}{400}\pi d^2 l \tag{5.4}$$

式中：V 为枝条体积，cm^3；d 为新梢径粗，mm；l 为新梢长度，cm。

枣树新梢的总叶面积、总叶片数、长度、径粗、枝条体积、新梢干物质量的测定和计算结果见表 5.6。

表 5.6　　枣树新梢特征指标统计表

枝条	总叶面积/cm^2	总叶片数/个	长度/cm	径粗/mm	枝条体积/cm^3	新梢干物质量/g
枝条 1	2064.68	214	98.80	6.98	37.79	24.20
枝条 2	730.66	94	51.20	4.61	8.54	10.60
枝条 3	1105.18	92	77.00	5.73	19.85	18.00
枝条 4	2760.92	309	100.00	9.87	76.51	60.80
枝条 5	2174.20	269	100.00	7.96	49.76	39.80
枝条 6	2828.12	376	84.00	9.87	64.27	52.80
枝条 7	2246.86	242	77.00	9.55	55.18	45.50
枝条 8	2400.25	290	83.50	7.96	41.55	42.70
枝条 9	6492.08	473	90.00	10.83	82.83	75.50

续表

枝条	总叶面积 /cm²	总叶片数 /个	长度 /cm	径粗 /mm	枝条体积 /cm³	新梢干物质量 /g
枝条10	1808.18	232	88.00	7.01	33.91	36.60
枝条11	2137.18	249	96.50	7.96	48.02	50.80
枝条12	2400.47	305	103.20	9.55	73.95	59.90
枝条13	1134.10	155	98.00	8.92	61.17	59.90
枝条14	4575.34	356	122.00	11.15	118.99	91.10
枝条15	3784.23	301	114.00	10.51	98.84	70.80
枝条16	2565.73	316	98.00	10.19	79.90	67.80
枝条17	1759.40	204	104.00	11.15	101.43	60.10
枝条18	4535.87	365	112.00	10.19	91.31	80.20
枝条19	2350.65	261	96.00	10.51	83.24	64.20
枝条20	2682.28	305	97.00	11.46	100.09	72.50

2. 新梢干物质量与总叶面积、总叶片数、长度及径粗的多元关系

新梢干物质量与新梢总叶面积、总叶片数、长度及径粗的回归分析结果表5.7，回归方程的表达式为

$$DM = 0.004A - 0.016X + 0.301L + 7.148d \qquad (5.5)$$

式中：DM 为新梢干物质量，g；A 为新梢总叶面积，cm²；X 为新梢总叶片数，个；其他符号意义同前。

表5.7为新梢干物质量与各特征指标的回归统计结果。通过统计分析，其决定系数 $r=0.91$，方差分析 $F<0.01$（$\alpha=0.05$），表明新梢干物质量与新梢总叶面积、总叶片数、长度及径粗具有高度的相关关系，且达到显著水平；由 t 数据可知，对新梢干物质量的影响主次关系为：新梢径粗>新梢长度>新梢总叶面积>新梢总叶片数，因此新梢径粗和新梢长是影响新梢干物质量的主要指标。

表5.7　多元线性回归统计结果

统计项目	系　数	t
Intercept	−46.249	−4.378
新梢总叶面积/cm²	0.004	1.626
新梢总叶片数/个	−0.016	−0.372
新梢长度/cm	0.301	2.098
新梢径粗/mm	7.148	5.023

3. 新梢干物质量与新梢长度、新梢径粗的关系

通过对新梢干物质量与新梢长度、新梢径粗进行回归分析，得到5种常用

的方程（一元线性、对数、二元多项式、乘幂与指数方程）。由表5.8可知，新梢干物质量与新梢径粗间存在较高的相关关系，相关系数为0.83～0.91，与新梢长度的相关性较差，相关系数为0.56～0.65；并且乘幂方程的相关性最好。

表5.8　干物质量（*DM*）与新梢径粗（*d*）、新梢长度（*L*）回归关系

回归方程	分析结果			
	*DM*与*d*		*DM*与*L*	
	拟合结果	相关系数	拟合结果	相关系数
一元线性	$DM=10.133d-38$	0.8483	$DM=1.0391L-44.017$	0.5806
对数	$DM=74.423\ln d-119.19$	0.8336	$DM=84.913\ln L-330.8$	0.5596
二元多项式	$DM=-0.0028d^2+10.602d-39.845$	0.8484	$DM=0.0025X^2+0.5998L-25.375$	0.5826
乘幂	$DM=0.4746d^{2.121}$	0.9138	$DM=0.0012L^{2.3316}$	0.6483
指数	$DM=4.5114e^{0.2615d}$	0.8681	$DM=3.7194L^{0.0272X}$	0.612

分别以新梢径粗和新梢长度为自变量拟合的乘幂方程，计算新梢干物质量见表5.9。由表可知，$P=0.47$（大于0.05），表明两个方程在$a=0.05$水平下没有显著性差异。在实际生产当中，考虑到新梢径粗更容易获得，所以建议在实际应用中使用以新梢茎粗为参数的乘幂拟定方程进行新梢干物质量的估算。

表5.9　新梢干物质量预测值和显著性检验

新梢数	枝条干物质量预测值/g	
	径粗为自变量	长度为自变量
新梢1	29.27	34.51
新梢2	12.14	10.21
新梢3	19.26	20.37
新梢4	61.08	61.50
新梢5	38.70	43.24
新梢6	61.08	53.32
新梢7	56.98	47.06
新梢8	38.70	37.30
新梢9	74.31	65.64
新梢10	29.51	31.58
新梢11	38.70	42.00

续表

新梢数	枝条干物质量预测值/g	
	径粗为自变量	长度为自变量
新梢 12	56.98	59.81
新梢 13	49.22	51.21
新梢 14	79.02	88.30
新梢 15	69.75	75.86
新梢 16	65.34	63.72
新梢 17	79.02	77.48
新梢 18	65.34	71.09
新梢 19	69.75	65.90
新梢 20	83.88	76.64
平均	53.90	53.84
方差	438.05	420.91
观测值	20.00	20.00
df	19.00	19.00
F	1.04	
$P(F\leqslant f)$ 单尾	0.47	
F 单尾临界	2.17	

4. 水分亏缺对新梢干物质累积量的影响

将花期和果实膨大期实测的新梢径粗数据代入干物质量计算公式：$DM=0.4746d^{2.121}$，结果见表 5.10 和图 5.8。图 5.8 显示了不同水分亏缺处理对枣树新梢干物质量的影响。由图 5.8 可知，花期轻度（处理 2）和中度水分亏缺（处理 1）较对照（处理 6）在亏水期间干物质量分别减少 51%和 55%，果实膨大期轻度（处理 4）和中度水分亏缺（处理 3）及花期和果实膨大期连续轻度亏缺（处理 5）较对照（处理 6）在亏水期间干物质量分别较少 25%、93%和 27%。由此可见，水分亏缺抑制了枣树新梢干物质量的累积，花期中度水分亏缺与轻度水分亏缺相差不大，果实膨大期亏缺程度越大影响越大，中度水分亏缺对新梢干物质量影响最大。

复水后，各水分亏缺处理均未产生补偿效应。处理 1、处理 2 经果实膨大期复水后新梢干物质量较对照（处理 6）仍下降 54%和 18%；到成熟期时，各亏水处理较对照组（处理 6）分别减少为：48%、57%、95%、82%、88%。

综上所述，水分亏缺抑制了枣树新梢干物质累积，亏缺程度越大影响越大；复水后，各亏水处理均未产生补偿效应；最终新梢干物质增长量的大小为：处理 6＞处理 4＞处理 2＞处理 5＞处理 1＞处理 3。

表 5.10 新梢干物质量

生育期	项目	处理 1	处理 2	处理 3	处理 4	处理 5	处理 6
萌芽展叶期	径粗/mm	5.76a	4.13e	4.52b	4.14e	4.17d	4.28c
	干物质累积量/g	19.46a	15.03b	11.64c	9.66f	9.81e	10.37d
花期	径粗/mm	6.58a	5.31e	6.33b	6.08c	5.47d	6.4b
	干物质累积量/g	25.81a	16.38f	23.77c	21.83d	17.44e	24.34b
果实膨大期	径粗/mm	7.49c	7.15d	6.49f	7.6b	7.1e	8.26a
	干物质累积量/g	33.92c	30.78d	25.07f	34.99b	30.28e	41.81a
成熟期	径粗/mm	7.59c	7.24d	6.52f	7.7b	7.2e	8.44a
	干物质累积量/g	34.94c	31.61c	25.31e	36.02b	31.24d	43.76a

注 同行数据不同字母表示在 a=0.05 水平下差异显著。

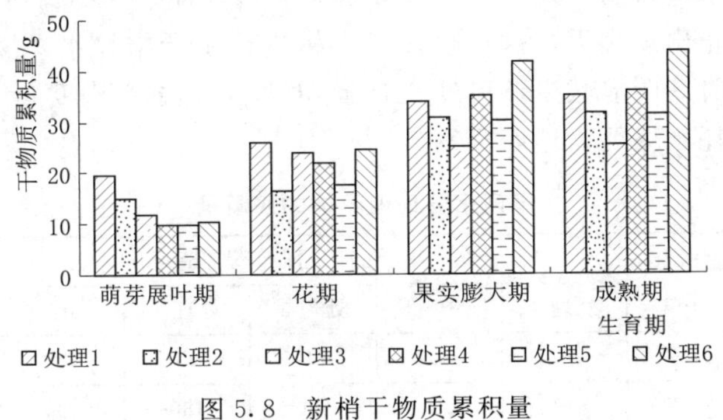

图 5.8 新梢干物质累积量

5.3.6 小结

（1）在花期和果实膨大期轻度水分亏缺，对枣树新梢长度影响最大，在果实膨大期中度水分亏缺对新梢横径影响最大，在花期中度水分亏缺，经复水后更能促进新梢的生长。

（2）在花期或果实膨大期轻度水分调亏有利于枣树果实横径和纵径的增加。在花期和果实膨大期连续轻度水分调亏比仅在一个生育阶段轻度调亏，使果实体积更小，但比不调亏或仅在一个生育阶段中度调亏，使果实体积更大。

（3）在花期中度调亏显著影响枣树树干直径的生长，在果实膨大期调亏对枣树干径生长有影响，但影响小于在花期的调亏处理。花期调亏结束后，在果实膨大期复水，对树干直径生长有一定的促进作用。

（4）不同亏水程度对不同时期、不同处理的枣树叶绿素含量指数的影响不显著。

（5）枣树新梢干物质量可用 $DM=\alpha d^{\beta}$ 来计算，水分亏缺抑制了枣树新梢干物质累积，亏缺程度越大影响越大，复水后，各亏水处理均未产生补偿效应。

5.4　水分亏缺对枣树产量、品质的影响

5.4.1　水分亏缺对枣树耗水特性的影响

利用式（5.1）计算出枣树生育期各个生育阶段的耗水量。各不同水分处理的灌溉量见表 5.11，不同水分处理枣树在各生育期的耗水指标见表 5.12。从表 5.12 可看出，枣树在不同亏水处理下，各生育期的耗水量和耗水强度变化均呈现出季节性规律。4 月下旬到 5 月初枣树根系开始活动，枝叶开始萌发，耗水量较小且主要为土壤蒸发，随着温度升高和枣树枝叶的迅速生长，耗水强度逐渐增加；6 月、7 月枣树开花，温度不断升高，土壤蒸发和植株蒸腾加剧，耗水强度也不断增强；7 月下旬、8 月初出现幼果，此时枣树需要消耗大量水分，耗水进入高峰期；9 月、10 月果实逐渐成熟，枣树对水分需求量减少，同时为防止出现裂果，这个阶段对枣树进行了严格控水，灌水周期延长，耗水量较上一时期明显减少，另外 9 月下旬到 10 月初部分枣叶开始脱落，植株蒸腾减弱，耗水主要为地面蒸发。

表 5.11　　不同水分处理枣树的灌溉量

生育期	降雨量/mm	灌溉量/mm					
		处理 1	处理 2	处理 3	处理 4	处理 5	处理 6（CK）
萌芽展叶期	17.2	90	90	90	90	90	90
花期	32.5	90	120	180	180	120	180
果实膨大期	8.6	225	225	112.5	150	150	225
成熟期	3.3	90	90	90	90	90	90
合计	61.6	495	525	472.5	510	450	585

表 5.12　　不同水分处理枣树在各生育期的耗水指标

生育期	耗水指标	处理 1	处理 2	处理 3	处理 4	处理 5	处理 6
萌芽展叶期	阶段耗水量/mm	62.55	62.64	61.72	65.00	56.35	63.28
	耗水模数/%	10	11	12	10	9	8
	耗水强度/(mm/d)	1.77	1.77	1.75	1.83	1.63	1.79
花期	阶段耗水量/mm	152.47	129.23	184.90	201.47	214.93	205.91
	耗水模数/%	24	23	36	31	33	27
	耗水强度/(mm/d)	3.63	3.08	4.40	4.80	5.12	4.90
果实膨大期	阶段耗水量/mm	281.01	231.23	158.64	210.29	211.75	315.75
	耗水模数/%	45	40	31	32	32	41
	耗水强度/(mm/d)	5.30	4.36	2.99	3.97	4.00	5.96

续表

生育期	耗水指标	处理1	处理2	处理3	处理4	处理5	处理6
成熟期	阶段耗水量/mm	133.84	148.71	105.94	179.02	171.97	188.35
	耗水模数/%	21	26	21	27	26	24
	耗水强度/(mm/d)	3.35	3.72	2.65	4.48	4.30	4.71
生育期总耗水量/mm		629.87	571.81	511.20	655.78	655.09	773.29

1. 总耗水量

各处理总耗水量大小为：处理6＞处理4≈处理5＞处理1＞处理2＞处理3，而灌溉量大小为：处理6＞处理2＞处理4＞处理1＞处理3＞处理5，总耗水量并未随着灌溉量的增大而增大，而是随着亏水时间和亏水程度的不同表现出不同的规律。果实膨大期中度亏水的处理3耗水量最小，其次为花期轻、中度亏水，再者为果实膨大期轻度亏水和花期、果实膨大期连续轻度亏水，耗水最大的为充分灌处理。

2. 耗水模数

各处理在花期和果实膨大期耗水量最大，以处理6为例，其耗水模数分别达到27%和41%，萌芽期和成熟期耗水量较小，其耗水模数分别为8%和24%，原因在于花期和果实膨大期枣园温度较高，需水量较大，而萌芽期和成熟期大气温度较低，同时在成熟期有控水要求，因此，需水量较小。

3. 日耗水强度

最大日耗水强度出现在果实膨大期，其值达到了5.96mm/d。原因在于果实膨大期时，枣树营养生长已经基本停止，主要以生殖生长为主，枣树生长旺盛，因此其耗水强度达到最大，同时也是对水分最为敏感的时期。在果实膨大期保证适当的水分供给对枣树的增产具有重要意义。其次为花期，最大日耗水强度达到了5.12mm/d，此时期也为枣树的需水敏感时期。成熟期日耗水强度降低，萌芽展叶期日耗水强度最小，为1.63～1.83mm/d。

5.4.2 水分亏缺对枣树水分利用效率的影响

表5.13为不同水分处理枣树在不同生育阶段的耗水量、土壤体积含水率、产量和水分利用效率表。由表5.13可知，中度亏水的各处理，耗水量相对较小，如在果实膨大期中度亏水的处理3，总耗水量仅为511.2mm，在各处理中耗水量最小，在花期中度亏水的处理1，总耗水量为571.8mm，耗水量次之，其次为花期轻度亏水，花期和果实膨大期连续轻度亏水处理耗水量基本与果实膨大期轻度亏水处理一致，耗水最大的为充分灌处理。果实膨大期中度水分亏缺对枣树耗水量有较大的影响。

表 5.13　　不同水分处理枣树不同生育阶段的耗水量、土壤体积含水率、产量和水分利用效率表

处　理		处理 1	处理 2	处理 3	处理 4	处理 5	处理 6
耗水量/mm	萌芽展叶期	62.64	62.55	61.72	65	56.35	63.28
	花期	129.23	152.47	184.9	201.47	214.93	205.91
	果实膨大期	231.23	281.01	158.64	210.29	211.75	315.75
	成熟期	148.71	133.84	105.94	179.02	171.97	188.35
	合计	571.81	629.87	511.2	655.78	655	773.29
土壤体积含水率/%	萌芽展叶期	8.60	13.98	8.53	7.69	14.24	11.96
	花期	10.62	13.88	10.10	10.50	16.96	17.11
	果实膨大期	13.53	14.34	7.48	11.16	16.28	17.33
	成熟期	12.29	14.31	7.93	11.55	16.40	17.19
产量/(kg/hm^2)		4018.68	5952.98	2551.28	3835.25	4070.37	5040.85
水分利用效率/[$kg/(mm \cdot hm^2)$]		7.03	9.45	4.99	5.85	6.21	6.52

各亏水处理的产量均有显著性差异。其中处理 2 的产量最高，且高于对照，而其他处理的产量均低于对照，尤以处理 3 的产量最低，仅为 2551.28kg/hm^2；各处理的水分利用效率有较大差异，从大到小排序为处理 2>处理 1>处理 6>处理 5>处理 4>处理 3。花期轻度水分亏缺的处理 2 水分利用效率最高，其次为花期中度水分亏缺的处理 1，均超过了对照；而果实膨大期中度水分亏缺的处理 3 水分利用效率最低，仅为 4.99kg/(mm・hm^2)。说明花期水分亏缺，有利于提高水分利用效率，而果实膨大期水分亏缺，尤其是中度水分亏缺，将严重影响水分利用效率，花期和膨大期连续轻度亏水处理，其对水分利用效率的影响不大。

以枣树产量和水分利用效率为因变量，以枣树各阶段耗水量为自变量进行逐步多元回归分析，设枣树萌芽展叶期、花期、果实膨大期、成熟期阶段耗水量分别为 ET_1、ET_2、ET_3、ET_4，则枣树产量及水分利用效率与其阶段耗水量间的多元线性回归方程分别为

$$Y=22.92-0.15671ET_1-0.06968ET_2-0.00866ET_3+0.052965ET_4 \quad (r^2=0.91, p=0.437) \tag{5.6}$$

$$WUE=7.157-0.021ET_1-0.2109ET_2+2.766135ET_3-2.58694ET_4 \quad (r^2=0.94, p=0.16) \tag{5.7}$$

通过多元线性逐步回归分析，得到不同水分亏缺处理的枣树产量（Y）及

水分利用效率（*WUE*）与不同生育时期（萌芽展叶期、花期、果实膨大期、成熟期）0～80cm 土层土壤平均体积含水率（X_1，X_2，X_3，X_4）的回归方程如下：

$$Y=28.35-145.259X_1-100.28X_2+1249.685X_3-932.231X_4 \quad (r^2=0.99, p=0.041) \tag{5.8}$$

$$WUE=7.157-0.021X_1-0.2109X_2+2.766135X_3-2.58694X_4 \quad (r^2=0.98, p=0.16) \tag{5.9}$$

式中：X_1，X_2，X_3，X_4 为萌芽展叶期、花期、果实膨大期、成熟期阶段土壤体积含水率，%；其他符号意义同前。

式（5.6）～式（5.9）中，除了式（5.8）p 为 0.041，小于 0.05，其余各式 p 值均大于 0.05，说明式（5.8）中各阶段土壤体积含水率对枣树产量影响显著，但其余方程各阶段参数对枣树产量或水分利用效率影响均不显著。

式（5.6）～式（5.9）的决定系数 r^2 均在 0.9 以上，说明其相关性较好。而枣树产量和水分利用效率与不同生育时期土层土壤体积含水率间的决定系数更高，达到了 0.99。因此采用式（5.8）和式（5.9）计算枣树产量和水分利用效率较好。

表 5.14 为枣树产量和水分利用效率与枣树各生育阶段的耗水量和土壤含水率分析表。由表 5.14 可知，ET_3 和 X_3 所对应的各方程 t 值均最大，说明果实膨大期的耗水量和土壤含水率是影响其产量和水分利用效率的主要因素，果实膨大期是枣树需水关键期。其余各方程各自变量系数所对应 p 均大于 0.05，说明在其他生育阶段，土壤阶段体积含水率和阶段耗水量对枣树产量与水分利用效率的影响均不显著。

5.4.3 水分亏缺对红枣品质的影响

表 5.15 为不同水分亏缺处理对枣树果实品质的影响。由表 5.15 可知，不同亏水处理对单果重、维生素 C、可溶性总糖和糖酸比均有不同程度的影响，对总酸影响不显著。各亏水处理的单果重与处理 6（CK）比较，处理 1 有显著提高，提高幅度为 8%；处理 3、处理 4、处理 5 有显著降低，降低幅度分别为 12%、8%、13%，处理 2 影响不显著。各亏水处理的维生素 C 与处理 6（CK）比较，处理 1 和处理 2 均有显著提高，提高幅度分别为 33% 和 15%，其他处理影响不显著。各亏水处理的可溶性总糖与处理 6（CK）比较，处理 1 有显著降低，降低幅度为 24%；其他处理降低不显著。亏水处理的糖酸比与处理 6（CK）比较，处理 1、处理 2、处理 4、处理 5 均有显著降低，降低幅度分别为 17%、2%、7%、30%，处理 3 影响不显著。因此，总体评价认为，在花期调亏对果实品质有正面的影响，处理 2（即花期轻度水分亏缺）对果实品质提高更有益。

表 5.14　枣树产量和水分利用效率与枣树各生育期的耗水量和土壤含水率的关系

回归统计结果			
函数名称	自变量	t	p
Y 与 ET	C	1.65	0.340
	ET_1	−0.75	0.590
	ET_2	−3.1	0.200
	ET_3	−0.65	0.630
	ET_4	−1.92	0.300
Y 与 X	C	21	0.030
	X_1	−6.9	0.090
	X_2	−2.67	0.230
	X_3	18	0.035
	X_4	−10	0.063
WUE 与 ET	C	1.6	0.340
	ET_1	−0.75	0.590
	ET_2	−3.07	0.200
	ET_3	−0.65	0.600
	ET_4	−1.92	0.300
WUE 与 X	C	8.44	0.075
	X_1	−0.16	0.899
	X_2	−0.89	0.535
	X_3	6.36	0.099
	X_4	−4.43	0.141

表 5.15　不同水分亏缺处理对枣树果实品质的影响

处理	单果重/g	维生素 C/(mg/100g)	可溶性总糖/%	总酸/%	糖酸比
1	6.92a	15.96a	42.28bcd	0.33a	128d
2	6.35b	13.83b	48.54ad	0.32a	151b
3	5.65cd	12.51bc	52.21ac	0.34a	153a
4	5.83c	11.59c	53.04ab	0.37a	143c
5	5.61d	12.61bc	44.31ad	0.41a	108e
6 (CK)	6.42b	11.98c	55.75a	0.36a	154a

注　同列数据不同字母表示在 a=0.05 水平下差异显著。

5.4.4　小结

（1）各亏水处理的产量及水分利用效率均有显著性差异。花期轻度水分亏缺的处理 2，产量及水分利用效率最高，均超过了对照（处理 6）；而其余处理均小于对照（处理 6），且果实膨大期中度水分亏缺的处理 3，产量及水分利用效率最低。

（2）果实膨大期的土壤含水率和耗水量是影响其产量和水分利用效率的主要因素，果实膨大期是亏水对其产量有较大影响；萌芽展叶期、花期和成熟期土壤水分亏缺尚不会对枣树产量和水分利用效率构成负面影响；在花期调亏对果实品质有正面的影响，花期轻度水分亏缺对果实品质提高更有益。

（3）各处理枣树耗水量不同，果实膨大期中度亏水耗水量最小，其次为花期轻、中度亏水，耗水最大的是充分灌处理；花期和果实膨大期耗水模数最大，萌芽期和成熟期耗水模数较小；最大日耗水强度出现在果实膨大期，其次为花期，最小的为萌芽展叶期。

第6章 枣树花期冠层弥雾试验和根区土壤水分模拟

6.1 试验材料与方法

6.1.1 试验区概况

试验区地理位置和土壤质地见2.1.1节。

试验区气候条件见2.1.1节和5.1.1节。

6.1.2 试验方案设计

枣树品种为灰枣，树龄6年（2008年），树高2～3m，干径5～6cm（距地面30cm处），株行距为2m×3m。试验灌溉采用滴灌技术，采用一行双管、距树50cm布置方式，滴灌管管径为16mm，滴头间距50cm（内镶补偿式滴头），滴头流量为3.75L/h。根据灌水定额，滴灌试验区共设3种处理，分别为低、中、高3种水平，即：37.5mm（处理1）、45.0mm（处理2）、52.5mm（处理3），每种处理设3次重复，具体灌水时间见表6.1。

表6.1 试验方案设计表

生育期	日　期	设计灌水周期/d	试验灌水日期	灌水定额/mm
萌芽期	4月15日—6月18日	12～14	4月27日，6月9日	37.5/45.0/52.5
花期	6月19日—7月10日	10～12	6月19日，6月30日，6月11日，6月21日，7月3日	37.5/45.0/52.5
果实膨大期	7月11日—9月20日	12～16	7月16日，7月30日，8月10日，8月24日，9月8日	37.5/45.0/52.5
成熟期	9月21日—10月20日	控水		

试验地面积为1320m²（24m×55m），共9行，每行27棵树。在盛花期（6月1日—7月15日）采用2因素（架设高度、弥雾时间）3水平的裂区分组法对试验地进行了设计和布置，共9种处理（3次重复）和1个对照，具体见表6.2。

为了减小飘移对不同行处理间的试验结果造成影响，处理行之间有两行的隔离带。在选出的行中，以1棵树为1小区，小区与小区之间相隔两棵树，共有27个小区，将9种处理随机放在各区组，对照为试验区旁的1行枣树，不弥雾。

表 6.2 不同架设高度和弥雾时长试验设计

编号	处理	设 计 说 明
1	架高 0.4m，弥雾 20min	喷头距地面高度 0.4m，弥雾 20min
2	架高 0.4m，弥雾 40min	喷头距地面高度 0.4m，弥雾 40min
3	架高 0.4m，弥雾 60min	喷头距地面高度 0.4m，弥雾 60min
4	架高 1.5m，弥雾 20min	喷头距地面高度 1.5m，弥雾 20min
5	架高 1.5m，弥雾 40min	喷头距地面高度 1.5m，弥雾 40min
6	架高 1.5m，弥雾 60min	喷头距地面高度 1.5m，弥雾 60min
7	架高 2.2m，弥雾 20min	喷头距地面高度 2.2m，弥雾 20min
8	架高 2.2m，弥雾 40min	喷头距地面高度 2.2m，弥雾 40min
9	架高 2.2m，弥雾 60min	喷头距地面高度 2.2m，弥雾 60min
CK	对照	喷头距地面高度 0.4m，不弥雾

注 各处理均在 20：00 喷水，每两天喷一次。

6.1.3 观测项目与测定方法

1. 取根和根长密度测定

本书采用根钻法分别在 4 月 10 日（萌芽前）与 10 月 20 日（落叶后）对样树的根系进行了调查。以树干为中心，沿东-西和南-北 4 个方向取根：东-西方向上取到行间（距树干 150cm），水平方向上每 30cm 钻取一个点，垂直方向 20cm 一层；南-北方向上取到株间（距树干 100cm），水平方向上每 20cm 钻取一个点，垂直方向 20cm 一层，共 100 个样。将每次取出的土体进行编号，放入土筛中用水冲洗干净，放进带少量水的自封袋中带回实验室用 EPSON EXPRESSION 1680 型扫描仪对根样进行扫描，扫描后的图片用浙江理工大学视觉检测研究所制作的万深 LA－S 型植物图像分析软件进行根系分析。得到不同根系直径间隔（本书采用是 0～4.5mm，每 0.5mm 一个梯度）的根长、投影面积、表面积、体积等数据。前人的研究表明[91]，果树有效吸水根系主要为直径小于 2mm 的根，因此，主要选定直径小于 2mm 的根样数据进行整理分析，用各个根样的总根长除以土样体积即可得到对应点的根长密度。

2. 土壤体积含水率监测

本书采用两种仪器对枣树根区的土壤体积含水率进行监测。

管式 TDR 系统（Trime－IPH，IMKO，Germany），对试验地不同处理的样树埋设 5 根 Trime 管，使用 Trime－IPH 土壤水分测量仪对土壤剖面含水率进行定时观测，测定深度为 100cm，测点垂向间距为 20cm，灌前、灌后观测，降雨加测，观测管分别垂直埋设在行间距样树 0cm、50cm、150cm 处，株间距样树 0cm、50cm 处。

Hydra 系统（Probe Soil Sensor）土壤水分/盐分/温度速测仪，Hydra 探头对埋设点的含水率进行实时监测，每小时测定 1 次，探头埋设在滴灌管下，深度为 100cm，垂向间距为 20cm。

3. 棵间蒸发量

用微型蒸渗仪（Microlysimeter）测定棵间土层表面蒸发，每天测定 1 次，测定的时间在每天上午 10：30，采用精度为 0.01g 的电子秤进行称重。微型蒸渗仪用直径为 75mm 的 PVC 管制成，长度为 200mm，底部用细纱网封堵，将微型蒸渗仪放进田间的预埋管中，顶部与地面平齐。预埋管采用直径为 100mm 的 PVC 管制成，长度为 200mm。蒸渗仪中的土每 3～5 天更换 1 次，具体视天气情况而定。微型蒸渗仪分别布置在行间距样树 0cm、50cm 和 100cm 处。

4. 作物蒸腾量

在试验期间枣树全生育期内用包裹式茎流仪（DL2e Dynagage Sap Flow）对样树的蒸腾量进行观察，采用专用软件对日蒸腾量进行整理分析。

5. 枣园小气候因素调查

对枣树冠层温湿度进行调查：每天 19：00（弥雾前）与 21：30（弥雾后）分别对各处理样树 0.6m 与 1.8m 高处的温湿度进行测量，分别取平均值代表各处理弥雾前后的温湿度值。

6. 坐果率调查

花量调查：在盛花时期（6 月 10 日），在各处理样树上的 4 个方向，1.0～1.5m 高处选两年生的枝上枣吊，每棵样树标记 8 个枣吊，统计枣吊上所有花与花苞的数量。果量调查：在幼果期（7 月 20 日）统计花期标记枣吊上幼果的数量。

6.2　花期弥雾方式优选

据调查表明，枣树的花期一般从 5 月持续到 7 月，花量大但坐果率低，一般仅为 1%左右[92]。主要原因为枣树的开花坐果需要一定的气候条件，一般要求湿度为 70%～80%，温度为 23～25℃[93]，而在花期时，阿克苏当地的湿度平均为 40%～50%，傍晚枣花开放的温度平均为 26～30℃，与枣树适宜坐果的温湿度有较大差别。因此，本书考虑是否可以通过一定的技术，调控枣园的小气候以达到保花促果的效果，前人的研究表明用喷灌技术可以影响果园小气候，但该技术在枣园的运用鲜有报道。本试验利用建好的微灌系统，在枣树的花期，将高雾化指数（>5000）的微喷头接在微灌系统上，并架设在不同高度，采用不同喷雾时长对枣园的小气候进行调控（弥雾技术），以便找出好的弥雾参数，改善花期枣园小气候，提高坐果率，增加产量。

6.2.1 不同弥雾方式对湿度的影响

将各处理在花期试验时测定的 0.6m 与 1.8m 高度处弥雾前相对湿度（RH_1）、弥雾后相对湿度（RH_2）分别进行平均，并求出各处理的相对湿度增加值 $RH=RH_1-RH_2$。然后对相对湿度增加值 RH 用裂区方差法进行分析，结果见表 6.3。

表 6.3　　不同弥雾方式对湿度的影响

处理编号	1	2	3	4	5	6	7	8	9	CK
喷前湿度 RH_1/%	44.1	45.7	46.0	41.4	42.7	41.7	44.5	41.8	43.5	44.7
喷后湿度 RH_2/%	74.9	74.8	76.6	72.6	72.7	74.7	62.6	63.3	66.1	64.1
湿度增加 RH/%	30.8ab	29.1abc	30.6ab	31.2a	30.0ab	33.0a	18.1c	21.6abc	22.6abc	19.4c
架设高度/m	0.4	1.5	2.2	CK	弥雾时长/min		20	40	60	CK
喷前湿度 RH_1/%	41.9	45.3	43.3	44.0	喷前湿度 RH_1/%		70.0	70.3	72.4	44.0
喷后湿度 RH_2/%	75.4	73.3	64.5	64.1	喷后湿度 RH_2/%		43.3	43.4	43.7	64.1
湿度增加 RH/%	30.2a	31.4a	21.2ab	20.1b	湿度增加 RH/%		26.7a	26.9a	28.7a	20.1a

注　同行数字后小写字母不同者表示在 a=0.05 水平下差异显著。

通过对各处理与对照的结果进行分析，结果表明：处理 4、处理 6 与其他处理差异显著；通过对弥雾高度进行方差分析，0.4m 和 1.5m 高度的处理湿度比对照（CK）有显著差异，但 2.2m 高度与对照相比湿度差异不显著；喷头架设高度较小时，相对湿度与对照相比增加较大，当喷头高度在 1.5m 时，相对湿度增加达到最高，但当高度达到 2.2m 时相对湿度比对照几乎没有增加。通过对弥雾时长进行方差分析，结果表明，相对湿度增加值随弥雾时长的增大而增加，但各个水平之间的差异不显著。

6.2.2 不同弥雾方式对坐果率的影响

根据调查的各处理果实数量与花量数据，用坐果率（%）=果实（个）/花量（个）可求得各处理的坐果率（%），结果见表 6.4。处理 5、处理 6 与 CK 相比差异显著（$P<0.05$），其他处理与对照相比差异不显著；不同高度水平之间，1.5m 高度坐果率相比对照差异显著（$P<0.05$），其他处理之间差异不显著；不同时长处理之间差异不显著，规律基本呈 S 形曲线，20～40min 增长较快，但在 40min 处有拐点，40～60min 增长不大。

表 6.4　　不同弥雾方式对坐果率影响

架设高度	0.4m	1.5m	2.2m	CK	弥雾时长	20min	40min	60min	CK
坐果率/%	3.8ab	4.9a	2.8ab	2.6b	坐果率/%	3.4b	3.8a	3.9a	2.6c

注　同行数字后小写字母不同者表示在 a=0.05 水平下差异显著。

6.2.3　不同弥雾方式对产量的影响

将调查的各处理的产量与单果重（图 6.1）用 DPS 软件的双因素方差进行分析，其结果见表 6.5。结果表明，处理 6 的产量最高，单果重也最大，其他依次为处理 5、处理 1，对照 CK 产量最低；处理 6 与处理 3、处理 4、处理 7、处理 8、处理 9、CK 相比，差异极显著（$P<0.01$）；处理 5 与处理 8、处理 4、CK 相比，差异极显著（$P<0.01$），与处理 7 差异显著（$P<0.05$）。不同高度处理产量表现为 1.5m 高度处理的产量比 0.5m、2.2m 高度的产量分别高 3.9%和 26.6%，1.5m 高度的处理与 2.2m 高度的处理差异极显著（$P<0.01$）；不同时长处理产量呈 S 形曲线变化，即 20～40min 增长较快，在 40min 处有拐点，40～60min 增长不大。

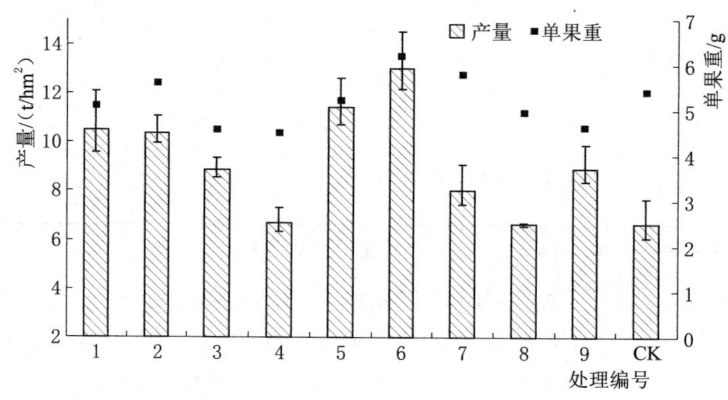

图 6.1　各处理的产量与单果重

表 6.5　　不同处理产量双因素方差分析

架设高度	0.4m	1.5m	2.2m	CK	弥雾时间	20min	40min	60min	CK
产量/(kg/棵)	6.6	6.86	5.42	4.43	产量/(kg/棵)	5.54	6.51	6.64	4.43
	aAB	aA	bB	bB		bcAB	abA	aA	cB

注　同行数字后小写字母不同者表示在 a=0.05 水平下差异显著，大写字母不同表示 a=0.01 水平下差异极显著。

6.2.4　不同弥雾方式对品质的影响

将各处理的产量混合，然后从中随机抽取样品，并测量可滴定总糖、可滴定酸、维生素 C（VC）含量等指标，由于数值之间差异太大，故将其取对数。

通过对不同处理数据进行方差分析，结果表明，各种处理之间的指标差异不显著（图6.2）。

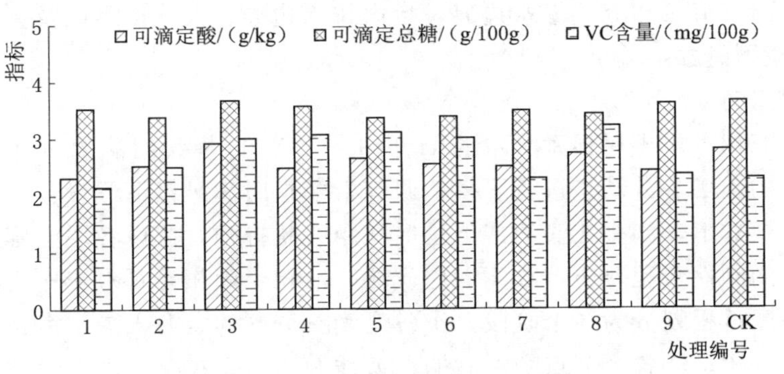

图6.2 不同处理对红枣品质的影响

6.2.5 小结

通过对枣树在花期开展不同高度、不同时长隔天弥雾处理试验，并对枣树冠层湿度、坐果率、产量、品质等影响进行分析，得出以下结论：

（1）冠层中部、下部弥雾比对照组显著提高枣树冠层的相对湿度，而冠层上部弥雾对冠层湿度增加不明显。

（2）冠层中部弥雾（1.5m）比对照组显著提高坐果率；不同时长弥雾处理对坐果率的影响不显著。

（3）冠层中部弥雾（1.5m）的产量比对照组高54.9%，冠层中部弥雾40min处理的产量比对照组高46.9%。

（4）各处理的品质可滴定总糖、可滴定酸及VC含量等指标差异不显著。

由以上分析可知，枣花是夜开型，盛花期每隔两天在傍晚时分（20：00），通过弥雾技术树冠中部（距离地面1.5m）处弥雾40min，用水量约50mm，可以显著提高坐果率和增加产量。

6.3 枣树根区土壤水分动态模拟

在众多确定灌溉制度的方法中，依据作物根区土壤水分、消耗的规律来制定是最科学的方法之一。为了得到根区土壤水分数据，对根区土壤含水率进行逐时逐点观测是无法实现的，而在掌握特定参数及边界条件时，采用数值模拟是获得根区土壤水分动态变化数据的一种有效方法。本节在根系密度及根区土壤含水率资料的基础上，对枣树根区的土壤水分动态进行了模拟研究。

6.3.1 模型的选择

本书采用的是Hydrus-2D/3D土壤水分动态模拟软件，它基于微软Windows

环境，可以模拟非饱和孔隙介质中三维水、热、溶质运移和动态分布，以及作物根系对土壤水分吸收。软件可以灵活处理各类水流边界，包括定水头和变水头边界、给定流量边界、渗水边界、自由排水边界、大气边界以及排水沟等。

6.3.2　模型建立

1. 假设条件

本研究用考虑枣树根系吸水的 Hydrus - 2D/3D 模型对滴灌条件下干旱区枣树根区的土壤水分动态进行了模拟研究，模拟时满足以下假设：

滴灌模式下，滴头在滴灌带上是等间距线状排列，假设各层土壤为均质且各向同性的刚性多孔介质，故不考虑气相、液相、固相等对水流作用的相互影响。将滴灌过程划分为 3 个阶段：①各个滴头分开的点源入渗；②相邻节点点源的交汇入渗；③各个节点交汇后的近似线源入渗。在整个灌水的过程中，前两个阶段相对持续较短；滴头的间距相对整行滴灌管的长度较小。为了简化分析，将滴灌过程认为是线源入渗的平面二维水流运动问题。

2. 模拟区域

考虑到滴灌管的铺设方式为一行双管对称布置，灌水时左右区域水量相等，假设没有交换，并忽略枣树各个方向吸水根系分布的差异。选择垂直于枣树行向的一个剖面为模拟区域，如图 6.3 所示。图中坐标用（X，Z）表示，X 为水平距离，Z 为垂直距离。在坐标为（0，0）处，是枣树，在（61，0）处是滴灌管，长度单位为 cm，时间单位为天，模拟期为 179 天（4 月 16 日—10 月 11 日）。

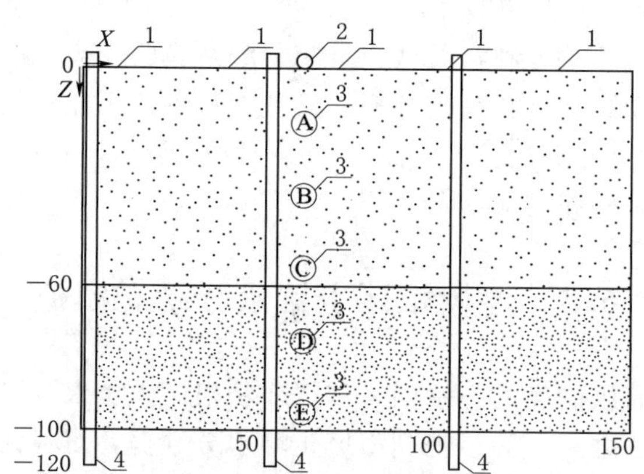

图 6.3　根系调查及土壤水分观测位置示意图（单位：cm）

1—取根点；2—滴灌管；3—Hydra 探头；4—Trime 管

3. 模拟时段及迭代信息

软件模拟时间段为 2010 年枣树的生育期，4 月 16 日—10 月 11 日，共

179 天，时间步长设置如下：初始为 0.001 天，最小为 0.0001 天，最大为 3 天，时间的步长一般会介于最大和最小时间步长之间，并且根据收敛迭代次数来进行调整。

4. 初始及边界条件

用有限元法将模拟区域剖分为三角形单元，其中滴灌管处边界较复杂，对其周围网格加密，较远处适当减小网格密度。

初始条件：根据土壤剖面各层颗粒组成，将模拟区域划分为两层，各层的初始含水率为灌前所测含水率，0～60cm 层为 11%，60～100cm 为 36%。

边界条件：上边界（$Z=0$）裸露于大气中，除（58.43，0）与（62.57，0）之间的滴灌管周围设为变流量边界（Variable Flux）外，其余均设为大气边界（Atmospheric）；左边界（$X=0$）在对称轴上，其水流通量为 0，右边界（$X=150$），为水流达不到的区域，所以左、右边界均设定为零流量边界（No Flux）；下边界（$Z=100$）处选择为自由排水边界（Free Drainage）。

5. 控制方程

模型中采用的是考虑根系吸水的以基质势为变量的二维水分运动 Richards 方程：

$$C(h)\frac{\partial h}{\partial t}=\frac{\partial}{\partial x}\left[K(h)\frac{\partial h}{\partial x}\right]+\frac{\partial}{\partial z}\left[K(h)\frac{\partial h}{\partial z}\right]+\frac{\partial K(h)}{\partial z}-S(x,z,t) \quad (6.1)$$

土壤水分特征采用的是 Van Genuchten 方程：

$$\theta(h)=\begin{cases}\theta_r+\dfrac{\theta_s-\theta_r}{[1+|\alpha h|^n]^m} & h<0\\ \theta_s & h\geqslant 0\end{cases} \quad (6.2)$$

$$K(h)=K_s S_e^l[1-(1-S_e^{1/m})^m]^2 \quad (6.3)$$

$$S_e=\frac{\theta-\theta_r}{\theta_s-\theta_r} \quad (6.4)$$

其中

$$m=1-1/n, n>1 \quad (6.5)$$

式中：$C(h)$ 为容水度$\partial\theta/\partial h$；$h$ 为土壤水势，L；t 为时间，T；x 为模拟区域自树干向行间的水平距离，L；$K(h)$ 为非饱和导水率，L/T；z 为模拟区域自地面向下的深度，L；$S(x, z, t)$ 为根系吸水强度，L/T；$\theta(h)$ 为以水势为变量的土壤体积含水率，L^3/L^3；θ_r 为残余含水率；θ_s 为饱和含水率；α 为进气值的倒数；K_s 为饱和导水率，L/T；S_e 为饱和度；l 为土壤空隙连通性参数，通常取 0.5；n、m 为方程拟合参数。

6.3.3 模型参数的确定

1. 土壤物理参数

首先将表 2.5 中不同土层土壤颗分粒径级配数据代入 Hydrus 软件自带的

Rosetta 模型所提供的神经网络程序模拟得到土壤的水力参数 θ_r，θ_s，α，n，K_s（分析值）。将田间所测饱和含水率值及根据负压计所测土壤水势与取土法测的含水率用 RETC 软件进行拟合，对分析值进行修正，再利用 Hydrus 软件中的反演计算方法，用 4 月 15 日—6 月 20 日之间含水率的观测数据对分析值进行反演计算，得到各层土壤水力特性参数的识别值见表 6.6。

表 6.6　模拟区域各层土壤水力特性参数

土层 /cm	θ_r /(L^3/L^3)	θ_s /(L^3/L^3)	α	n	K_s /(cm/h)	备注
0～60	0.0446	0.4108	0.0057	1.6265	42.32	分析值
60～100	0.0736	0.4339	0.0060	1.5808	13.37	
0～60	0.0300	0.3655	0.0060	1.5300	50.42	识别值
60～100	0.3410	0.4667	0.0059	1.5730	15.11	

2. 吸水根系密度分布参数

式（6.1）中的根系吸水项为 $S(x,z,t)=b(x,z)S_tT_p$，其中 $b(x,z)$ 为根系分布函数；S_t 为与蒸腾相关的土壤表面宽度，L，本次模拟取为 150cm；T_p 为潜在蒸腾速率，L/T；Hydrus 模型中对二维根系分布采用的是指数函数的形式，具体如下：

$$b(x,z)=\left(1-\frac{z}{120}\right)\left(1-\frac{x}{150}\right)e^{-\left(\frac{2}{120}|18-z|+\frac{2.91}{150}|61-x|\right)}\quad (R^2=0.8651)\quad (6.6)$$

图 6.4（a）为根据 25 个根系调查数据，用 Surfer 软件绘制的根系分布图，图 6.4（b）为将拟合的参数代入 Hydrus 软件后的根系分布图，两图的最大根长密度区分布相同，大致都在水平方向 60cm，垂直方向的 20cm 处；两图右下角有一定误差，但由于该区域水流很少到达，对整个根系吸水结果影响不大。

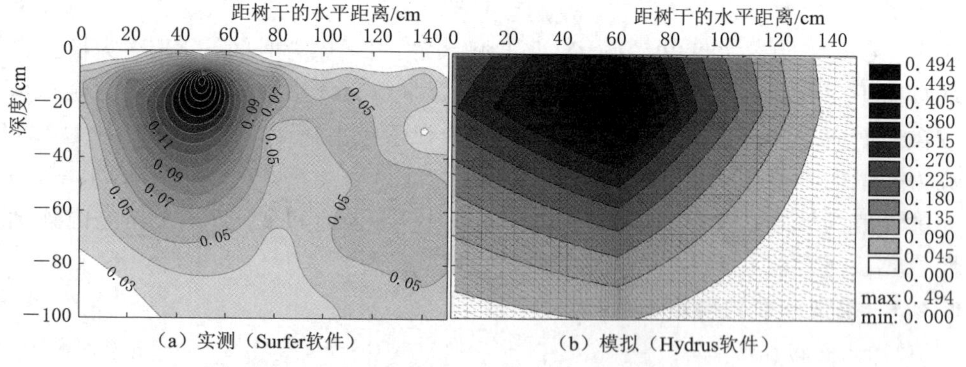

（a）实测（Surfer软件）　（b）模拟（Hydrus软件）

图 6.4　枣树吸水根系实测与模拟分布图

3. 作物蒸发蒸腾量计算

参考作物蒸发蒸腾量（ET_0）是某种标准参考作物潜在蒸发蒸腾量，是所计算作物蒸发蒸腾量的计算基础。参考作物蒸发蒸腾量（ET_0）主要受辐射、温度、湿度和风速等气象要素的影响，其主要是根据气象资料和水面蒸发资料来计算。本书根据试验区架设的 Vantage Pro2 型自动气象站监测了湿度、气温、风速以及太阳辐射等数据，采用 1986 年经 Aller 修正了的 Penman - Monteith 公式逐日计算枣树在生育期内的参考作物蒸发蒸腾量（ET_0），Penman - Monteith 公式表示为

$$ET_0=\frac{0.408\Delta(R_n-G)+\gamma\dfrac{900}{T+273}u_2(e_s-e_a)}{\Delta+\gamma(1+0.34v_2)} \tag{6.7}$$

式中：ET_0 为参考作物蒸发蒸腾量，mm/d；Δ 为饱和水汽压与温度关系曲线的斜率，kPa/℃；T 为空气平均温度，℃；R_n 为作物冠层表面净辐射量，MJ/(m^2 · d)；G 为土壤热通量，MJ/(m · d)，逐日计算时 $G=0$；γ 为温度表常数，kPa/℃；u_2 为 2m 处的风速，m/s；e_s 为空气饱和水汽压，kPa；e_a 为空气实际水汽压，kPa。

作物的蒸腾速率（ET_p）是作物在特定的时间、地点，由气象条件所决定的作物最大蒸腾速率，主要受当地的气象条件影响（其中太阳的辐射是主要影响因素，空气湿度、风速和温度对其也有影响），由参考作物蒸发蒸腾量与作物系数的乘积来表示。本书在模拟分析时认为枣树作物系数在整个生育期全为 1.0。Hydrus 软件在模拟时，大气边界条件需输入土壤蒸发速率及作物蒸腾速率，本书采用茎流计与蒸发皿所测数据按比例对枣树蒸腾速率进行划分。

6.3.4 模拟结果

6.3.4.1 不同土层含水率分布模拟

用含水率模拟值与实测值的均方根误差 $RMSE$（Root Mean Square Error）[式 (6.8)] 和相对均方误差 $RMAE$（Root Mean Absolute Error）[式 (6.9)] 来评价模拟效果。

$$RMSE=\sqrt{\frac{\sum_{i=1}^{N}(P_i-O_i)^2}{N}} \tag{6.8}$$

$$RMAE(\%)=\frac{100}{\overline{y}}\sqrt{\frac{\sum_{i=1}^{N}(y_i-\hat{y}_i)^2}{N}} \tag{6.9}$$

式中：y_i 为观测值；$\hat{y}_i$ 为模拟值；$\overline{y}$ 为观测值的平均数；N 为观测点数目。

RMSE 是对预测值与实测值偏差的总体估计，可定量描述模拟值与实测值的一致性，*RMSE* 值越小，表明模拟结果越好。*RMAE* 值在 0～1 之间，表示模拟值与实测值的吻合程度，1 为最差，0 为最优。

在用模型模拟时，在模拟区域设置 4 个观测点（Observation Nodes），坐标分别为（61，－20）、（61，－60）、（61，－80）、（61，－100），各点的含水率实测值和模拟值在模拟区的变化如图 6.5 所示，实测值与模拟值对比情况如图 6.6 所示。图 6.5（a）、（b）分别为滴灌管下埋深为 20cm、60cm 土层土壤含水率实测值与模拟值的动态变化，0～60cm 土层受灌水、地表蒸发和根系吸水影响，含水率变化幅度较大，模拟值与实测值基本吻合，20cm 土层 *RMSE*、*RMAE* 分别为 0.024cm^3/cm^3、14.2%，60cm 土层的 *RMSE*、*RMAE* 分别为 0.022cm^3/cm^3、13.0%。图 6.5（c）、（d）分别为滴灌管下埋深为 80cm、100cm 土层土壤含水率实测值与模拟值的动态变化，60～100cm 层受灌水及根系吸水的影响小，含水率变化幅度不大，模拟效果较好，80cm 土层 *RMSE*、*RMAE* 分别为 0.008cm^3/cm^3、2.1%，100cm 土层的 *RMSE*、*RMAE* 分别为 0.007cm^3/cm^3、1.8%。

利用 DPS 中的相关系数为距离，对观测点的含水率模拟值与实测值进行距离相关分析得到，滴头下埋深 20cm、60cm、80cm、100cm 观测点模拟值与实测值的相关系数分别为 0.83、0.90、0.74、0.86，均达极相关水平。以上分析显示，模拟结果基本反映出了滴灌方式下土壤水分的动态变化，模拟效果较好，可以应用 Hydrus－2D/3D 模型对该条件下土壤水深层渗漏特征进行模拟研究。

6.3.4.2　根区土壤含水率分布模拟

图 6.7 分别是灌水前、灌水后 0.2 天、灌水后 0.4 天和灌水后 1 天（每次灌水时间大约为 18 小时）的土壤水分分布图。其中，图 6.7（a）为灌水前土壤含水率分布，上层土壤（0～60cm）含水率比下层土壤（60～100cm）明显偏低，图 6.7（b）为灌水后 0.2 天土壤含水率分布，在上层土壤形成近似半圆形的湿润体；图 6.7（c）为灌水后 0.4 天含水率分布，湿润峰遇到两土层的交界面时，湿润体迅速向两边扩散；图 6.7（d）为灌水后 1 天土壤含水率分布，在上层形成大致为 120cm 的湿润宽度，而下层只在滴头下部含水率有变化，湿润峰只到达滴头下的 80cm 处，宽度在 60cm 范围之内。图 6.7（e）、（f）分别为灌水前、灌水后 1 天实测含水率分布图，通过与模拟值对比可见：灌水前模拟值与实测值基本相同；灌水后 1 天观测值与模拟值在（0，0）到（100，100）范围内基本相似，而（100，100）到（150，100）的区域内有一定差别。

分别对灌水前、灌水后 1 天的模拟值进行评价，灌水前 *RMSE*、*RMAE* 分

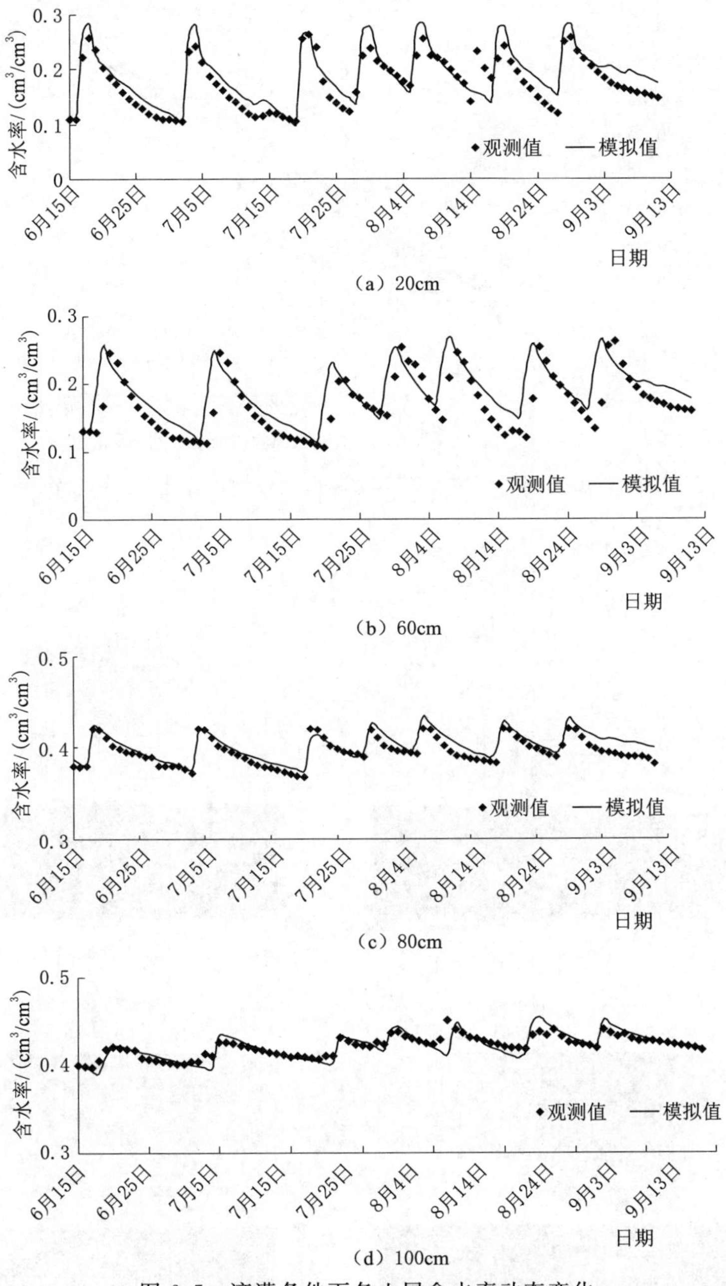

（a）20cm

（b）60cm

（c）80cm

（d）100cm

图 6.5　滴灌条件下各土层含水率动态变化

别为 $0.009\mathrm{cm}^3/\mathrm{cm}^3$，4.1%，灌水后 *RMSE*、*RMAE* 分别为 $0.016\mathrm{cm}^3/\mathrm{cm}^3$，5.6%。说明 Hydrus 模型的模拟精度较高，可用于枣树根区的土壤水分分布模拟。

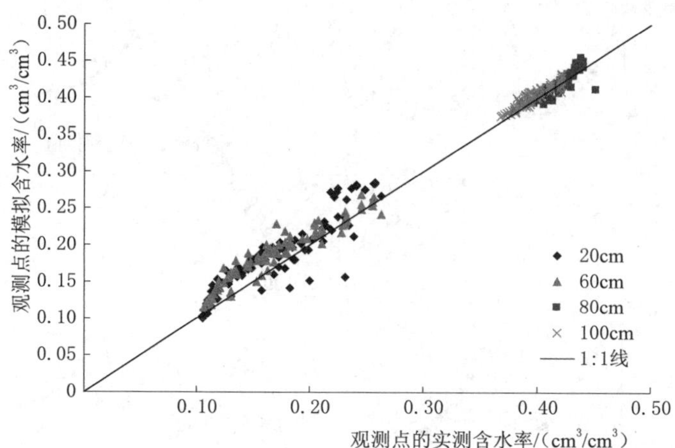

图 6.6　观测点的土壤含水率实测值与模拟值在 1：1 线分布

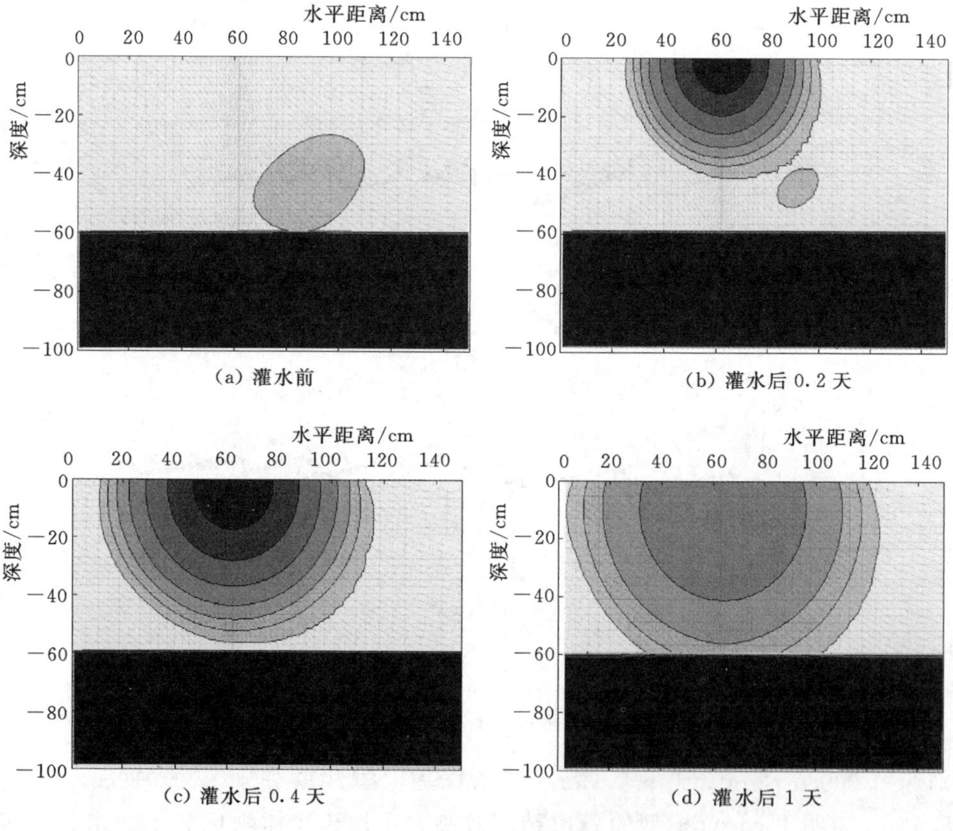

(a) 灌水前

(b) 灌水后 0.2 天

(c) 灌水后 0.4 天

(d) 灌水后 1 天

图 6.7（一）　滴灌过程中断面含水率分布图

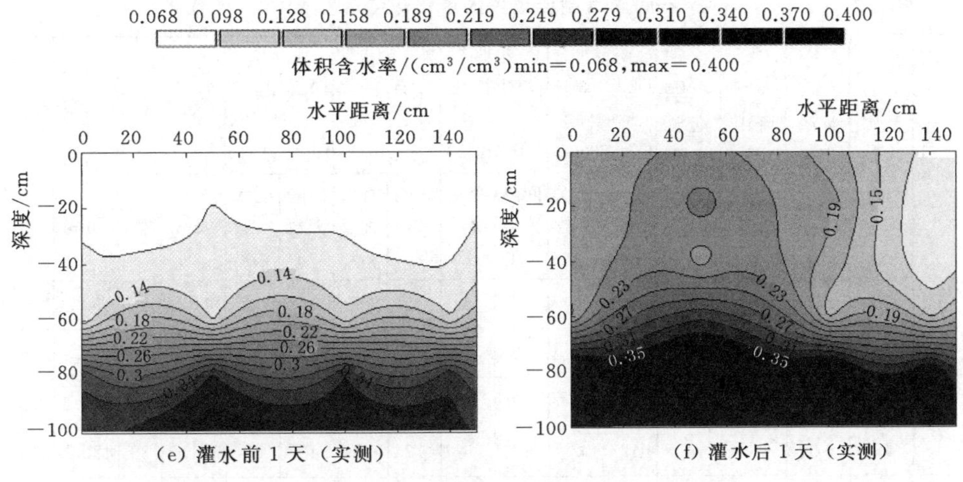

(e) 灌水前1天（实测）　　(f) 灌水后1天（实测）

图 6.7（二） 滴灌过程中断面含水率分布图

6.3.5 小结

本书利用考虑根系吸水的Hydrus模型对滴灌条件下枣树根区土壤水分动态过程进行了模拟，用*RMSE*与*RMAE*作为评价指标，对模拟效果进行了检验，结果表明：

(1) 不同土层的土壤含水率模拟值与实测值基本吻合，其中，0～60cm土层*RMSE*为0.023～0.024cm^3/cm^3，*RMAE*为13%～14%；60～100cm土层*RMSE*为0.007～0.008cm^3/cm^3，*RMAE*为1%～2%。

(2) 对土壤水分二维分布模拟效果较好，灌前、灌后含水率的*RMSE*分别为0.009cm^3/cm^3、0.016cm^3/cm^3，*RMAE*分别为4.1%、5.6%。

6.4 枣树滴灌灌溉制度的优化模拟

本书小区试验所采用实际灌溉制度见表6.1。根据灌水定额不同共设3种处理，分别为低、中、高3种水平，即：37.5mm（处理1）、45.0mm（处理2）、52.5mm（处理3），各处理的灌水日期一致，各处理的灌水次数也相同，共灌水12次，则灌溉定额有3种水平，即450mm、540mm和630mm。

为了对灌溉制度进行优化，本书根据2009年和2010年实际观测的降雨资料、设计的5个不同灌水定额以及3个不同的灌水次数，对其进行组合后，共设计了13种灌溉制度场景，见表6.7。同时用Hydrus－2D/3D模型对不同灌溉制度进行了模拟，意在对实际灌溉制度进行优化。

表 6.7　　不同灌溉制度场景的枣树蒸腾蒸发量

试验场景	灌水次数/次	灌溉定额/mm	降雨量/mm	灌水定额/mm	萌芽期(4月16日—6月20日)		花期(6月21日—7月10日)		果实膨大期(7月11日—9月20日)		成熟期(9月21日—10月20日)		蒸发量		腾发量	
					间隔天数/d	灌水次数/次	间隔天数/d	灌水次数/次	间隔天数/d	灌水次数/次	间隔天数/d	灌水次数/次	mm	%	mm	%
1	12	540	163	45	12	2	10	5	15	5	20	0	260.8	48	459.3	85
2	12	540	52.4	45	12	2	10	5	15	5	20	0	218.1	40	411.9	76
3	12	540	163	45	15	2	15	3	15	5	15	2	170.6	32	394.1	73
4	15	675	163	45	12	2	12	5	12	6	12	2	251.8	37	470.9	70
5	17	765	163	45	10	3	10	5	10	7	10	3	260.5	34	495.3	65
6	12	360	163	30	12	2	10	5	15	5	20	0	177.6	49	324.9	90
7	12	360	52.4	30	12	2	10	5	15	5	20	0	128.7	36	290.3	81
8	12	450	163	37.5	12	2	10	5	15	5	20	0	196.8	44	371.6	83
9	12	450	52.4	37.5	12	2	15	3	15	5	15	0	149.4	33	343.6	76
10	12	630	163	52.5	12	2	10	5	15	5	20	0	237.2	38	445.1	71
11	12	630	52.4	52.5	12	2	15	3	15	5	15	0	193.8	31	430.7	68
12	12	720	163	60	12	2	10	5	15	5	20	0	250.0	35	470.1	65
13	12	720	52.4	60	12	2	15	3	15	5	15	0	219.2	30	462.7	64

6.4.1　灌水定额对枣树耗水的影响

在相同灌水次数（12 次）下，对 5 种不同灌水定额、不同降雨量情景，用 Hydrus－2D/3D 模型模拟枣树蒸发量、蒸腾量，结果分析可知，在降雨量为 52.4mm 时，灌水定额分别为 30mm（试验场景 7）、37.5mm（试验场景 9）、45mm（试验场景 2）、52.5mm（试验场景 11）、60mm（试验场景 13）的 5 种情景，其蒸发量分别为 128.7mm、149.4mm、218.1mm、193.8mm 和 219.2mm，其蒸腾量分别为 290.3mm、343.6mm、411.9mm、430.7mm 和 462.7mm。若以 30mm 的灌水定额为基准，则在降雨量为 52.4mm（偏枯年份）的情况下，灌水定额为 37.5mm、45mm、52.5mm、60mm、蒸发量、腾发量分别比 30mm 的高 25%、16.0%、18.3%，50%、69.4%、41.9%，75%、50.6%、48.3%和 100%、70.3%、59.3%。即随着灌水定额的增加，枣树腾发量增加，但增加幅度均小于灌水定额的增幅，在灌水定额为 45mm

时，蒸发量相对增幅最大，而灌水定额为 60mm 时，虽然其灌溉量增大了 1 倍，但蒸发量仅增加了 59.3%；随着灌水定额的增加，土壤蒸发量呈现出波状变化的趋势，灌水定额分别为 45mm 和 60mm 时，土壤蒸发量增幅达到极值。

在降雨量为 163mm 时，灌水定额分别为 30mm（试验场景 6）、37.5mm（试验场景 8）、45mm（试验场景 3）、52.5mm（试验场景 10）、60mm（试验场景 12）的 5 种情景，其蒸发量分别为 177.6mm、196.8mm、170.6mm、237.2mm 和 250.0mm，其腾发量分别为 324.9mm、371.6mm、394.1mm、445.1mm 和 470.1mm。在降雨量为 163mm（偏丰年份）的情况下，灌水定额为 37.5mm、45mm、52.5mm、60mm 的灌水定额、蒸发量、腾发量分别比 30mm 的高 25%、10.8%、14.3%，50%、－3.9%、21.3%，75%、33.6%、37.0%和 100%、40.3%、44.7%。即随着灌水定额的增加，枣树腾发量也增加，但增幅也小于灌水定额的增幅，同时，增幅还小于降雨量为 52.4mm 的情况。如灌水定额为 45mm 时，其腾发量增幅仅为 21.3%。原因是由于降雨量增加，气温较低，湿度较高，使腾发量降低。

6.4.2　灌水次数对枣树耗水的影响

在相同灌水定额（45mm），不同灌水次数（12，15，17）情景下，用 Hydrus－2D/3D 模型模拟的枣树蒸发量、腾发量，结果分析可知，其灌溉定额分别为 540mm、675mm 和 750mm，蒸发量分别为 170.6mm、251.8mm 和 260.5mm，腾发量分别为 394.1mm、470.9mm 和 495.3mm。随着灌溉定额的增加，蒸发量和枣树腾发量均增加。

但对于均进行 12 次灌水的两种情景，一种是试验采用的灌水情景，即根据枣树不同生育阶段需水要求而进行的灌水，在灌水周期上表现出非均匀性的灌水情景，一种是把枣树生育阶段历时根据灌水次数平均而采用的均匀灌水情景，通过 Hydrus－2D/3D 模型模拟，认为非均匀灌水情景的腾发量比均匀灌水情景高了 65.2mm，而与均匀灌水 15 次和 17 次的情景相比，其腾发量仅减少了 16.3%和 20.4%，因此，采用 12 次非均匀性的灌水方式更能提高枣树的腾发量。

6.4.3　小结

本书根据不同的灌水定额、灌水次数、灌溉定额、降雨量等因素，设计了 13 种不同试验场景的灌溉制度，用调试后的 Hydrus－2D/3D 模型对不同试验场景进行了模拟分析，主要得出以下结论：

（1）对灌水定额分别为 30mm、37.5mm、45mm、52.5mm、60mm，降雨量分别为 52.4mm 和 163mm 下的蒸发量和腾发量进行了模拟研究，结果表明，灌水定额为 45mm（30m^3/亩）时，腾发量相对增幅最大。

(2) 模型对是否考虑生育期划分灌溉间隔的灌溉制度进行了模拟分析，用枣树在不同灌溉定额下的腾发量作为评价指标，结果表明，考虑生育期确定的灌溉制度比按生育期历时均匀确定的灌溉制度，其腾发量要高 65.2mm (16.5%)。

第7章　干旱区枣园土壤水深层渗漏数值模拟

7.1　试验材料及方法

7.1.1　研究区概况

1. 地理位置

研究区位于新疆维吾尔自治区阿克苏地区实验林场9队，距阿克苏市约5km，地理坐标为东经79°39′～82°01′，北纬39°30′～41°27′。

2. 气象条件

研究区土层深厚，光热丰富，无霜期长，属典型的暖温带干旱沙漠性气候，降雨稀少，蒸发量大，气候干燥。多年平均降雨量71.3mm，多年平均气温10.3℃左右，昼夜温差大，平均湿度为57.1%，光能资源丰富，≥10℃的有效积温为3902.9℃左右，多年平均年日照时数2848.1h，全年无霜期长达205～219天。由于研究区位于阿克苏市郊，根据国家气象局阿克苏气象站监测的1998—2007年的气象数据（其中蒸发数据为1992—2001年由ϕ20cm蒸发皿监测），来分析研究区各气象要素的多年变化状况。

气温：阿克苏市气温年内变化明显，昼夜温差大。1998—2007年年平均气温11.4℃，月平均最低气温−6.9℃，月平均最高气温为24.4℃，各月平均温度见表7.1。

表7.1　阿克苏市月平均气温、降水、蒸发量及相对湿度统计表（1998—2007年）

气象要素	1月	2月	3月	4月	5月	6月	7月	8月	9月	10月	11月	12月	全年
平均气温/℃	−6.9	−0.3	7.7	15.6	20.2	23.6	24.4	23.3	18.9	11.6	3.5	−5.0	11.4
平均降水/mm	2.5	1.2	3.1	5.5	9.3	13.9	17.8	11.1	9.1	7.3	1.4	2.4	84.5
平均蒸发量/mm	22.5	47.7	128.9	241.5	294.1	310.7	328.2	265.0	183.6	115.1	48.1	18.6	2003.8
平均相对湿度/%	72.2	60.0	46.7	40.4	44.0	46.2	53.0	56.5	59.4	62.2	67.8	77.3	57.1

降水：阿克苏市位于新疆的天山以南地区，降雨稀少，1998—2007年年平均降水量84.5mm，其中2007年降水量仅为29.1mm，各月平均降水见表7.1。

蒸发量：阿克苏市气候干旱，蒸发强烈，根据 1992—2001 年气象资料分析，多年平均年蒸发量为 2003.8mm，各年年蒸发量均在 1700mm 以上。各月平均蒸发量见表 7.1。

相对湿度：阿克苏市 1998—2007 年年平均相对湿度为 57.1%，各月平均相对湿度见表 7.1。

风速：由于阿克苏市处于天山南坡背风侧，风速较小，1998—2007 年的平均风速为 1.55m/s，月平均最大风速不超过 3m/s，见表 7.2。

表 7.2　　阿克苏市 1998—2007 年年平均风速

年份	1998	1999	2000	2001	2002	2003	2004	2005	2006	2007	平均
平均风速/(m/s)	1.48	1.47	1.54	1.58	1.59	1.52	1.50	1.60	1.63	1.64	1.55

日照时数：阿克苏市 1998—2007 年各年总日照时数均大于 2600h，其中 1998—2007 年的平均总日照时数为 2829h，平均月最大日照时数出现在 7 月，高达 303.4h，光能资源丰富，见表 7.3。

表 7.3　　阿克苏市 1998—2007 年年总日照时数

年份	1998	1999	2000	2001	2002	2003	2004	2005	2006	2007	平均
总日照时数/h	2921	2914	2881	2774	2703	2692	2885	2945	2656	2918	2829

3. 土壤物理性状

试验地土壤基本物理性状见表 7.4。可以看出，试验地 0～200cm 土层主要划分为 4 种质地，其中，研究土壤层 0～70cm 以细砂土为主，而 20～70cm 土壤层的砂粒含量高达 99.1%，土壤水分渗透性良好，土壤持水力差，灌溉后水分入渗较快，不利于枣树根系对水分的吸收，同时也容易造成土壤水分的渗漏。

表 7.4　　试验地土壤基本物理性状

土层/cm	粒径比例/%			容重/(g/cm³)	质地
	砂粒	粉粒	黏粒		
0～20	63.2	27.0	9.8	1.48～1.50	砂壤土
20～70	99.1	0.9	0.0	1.49～1.61	细砂土
70～160	16.5	62.1	21.4	1.46～1.58	粉黏土
160～200	81.9	16.8	1.3	1.51～1.64	粗砂土

注　土壤粒径划分采用美国制。

4. 土壤养分状况

试验地土壤养分基本状况见表 7.5。可以看出，试验地 0～20cm 土壤层有机质含量与速效氮、磷、钾含量均明显高于 20～70cm 土壤层，主要是由于 20～

70cm 土壤层砂性较强，不利于土壤养分的保持造成的。

表 7.5　　试验地土壤养分状况

土层/cm	有机质/(g/kg)	速效氮/(g/kg)	速效磷/(g/kg)	速效钾/(g/kg)
0～20	4.46	26.94	16.19	31.49
20～70	1.67	11.82	11.99	17.48

7.1.2 试验设计

试验地于 1999 年按株行距 2m×4m 定植的枣树，品种为灰枣。本书中的试验主要包括以下两部分内容：

(1) 为探索地面灌与滴灌方式下土壤水的深层渗漏规律及枣树的耗水特征等，通过连续监测枣园土壤含水率、枣树的叶面积指数（*LAI*）、气象数据等资料，开展了枣园土壤水渗漏试验，并借助 Hydrus-1D 模型进行了数值模拟分析。

(2) 为探索不同微灌方式对枣树耗水、生长、产量、品质的影响，通过 Hydrus 模型模拟渗漏量与耗水量，枣树生育期内监测不同灌溉方式下枣树的生长指标、产量以及果实品质等，开展了枣树的微灌技术试验，以筛选适宜研究区成龄枣树的微灌方式。

1. 试验设计

试验布设处理 3 种，分别为滴灌、微喷灌及对照地面灌处理，各处理两行枣树为一个小区，设 3 次重复，共 9 个小区。试验设计及土壤水分监测点布置如图 7.1 所示。

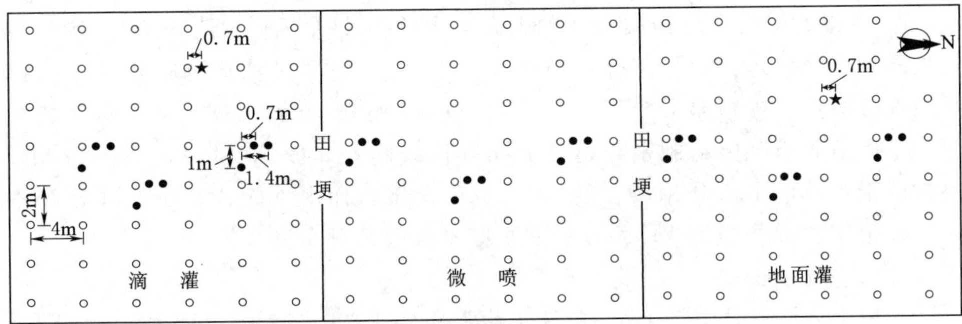

图 7.1　试验设计及土壤水分监测点布置图

2. 灌溉制度

试验地滴灌及微喷灌方式在 2008 年试验的基础上，结合试验地的土壤质地条件采用少量多次的灌溉制度，滴灌和微喷灌的灌溉制度相同，旨在筛选适宜成龄枣树的节水灌溉方式；地面灌方式灌溉制度按农户传统的管理习惯（灌水定额、灌溉频次）进行，旨在研究农户传统灌溉条件下的土壤水深层渗漏规律及枣树的耗水特征，以及对照采用节水灌溉方式对枣树生长、产量及果实品质的影响，不同灌溉方式枣树的灌溉制度详见表 7.6。

表 7.6　不同灌溉方式枣树的灌溉制度

灌溉方式		滴灌/微喷		地面灌	
		灌水次数/次	灌溉量/mm	灌水次数/次	灌溉量/mm
生育期	花前期（4 月 10 日—5 月 10 日）	2	168	2	222
	前花期（5 月 10 日—6 月 10 日）	5	157	2	215
	后花期（6 月 10 日—7 月 10 日）	6	165	4	520
	果实膨大期（7 月 10 日—8 月 20 日）	11	248	6	695
	果实成熟期（8 月 20 日—10 月 10 日）	6	210	2	222
合计		30	948	16	1873

注　灌溉量不包含冬春灌溉量。

7.1.3　监测项目

1. 枣树根系调查

根系是植物吸收水分的主要器官，在土壤水转化为植物水的过程中起着“咽喉”的作用[95]。调查枣树的根系有利于确定灌溉水的计划湿润深度以及研究土壤水深层渗漏的下界面。

为调查枣树根系在土壤中的空间分布，在枣树行间距树 60cm 开始以面积 30cm×20cm 网格状进行取样，取样以 10cm 深度分层进行，取样深度为 70cm。取出的根洗净后使用浙江理工大学视觉检测研究所制造的 LA－S 全能植物图像分析仪进行根系扫描，扫描图片用 DT－SCAN 图像分析软件进行根系定量分析，其中根系分布以根长密度（cm/cm^3）表示。为更直观地反映根系的空间分布情况，绘制根长密度分布等值线图，如图 7.2 所示。可以看出，枣树的根系垂向主要分布在土层 20～50cm 范围，而水平向分布在距树干 70～120cm 范围，垂向距地表 70cm 以下土壤枣树根系分布稀少。

2. 土壤水分监测

土壤水分监测采用 Trime－IPH 土壤水分测量仪和 Hydra 土壤水分/盐分/温度速测仪监测，监测方法同 5.1.3 节。

3. 灌溉水渗漏量监测

分别对滴灌与地面灌的渗漏量进行观测，在地面以下 80cm 处安装了塑料盘（图 7.3），用于监测枣园不同灌溉方式下灌溉水的深层渗漏量。渗漏盘面积为 42cm×35cm，每次灌水后使用 2XZ－0.5 型旋片真空泵抽取渗漏溶液，

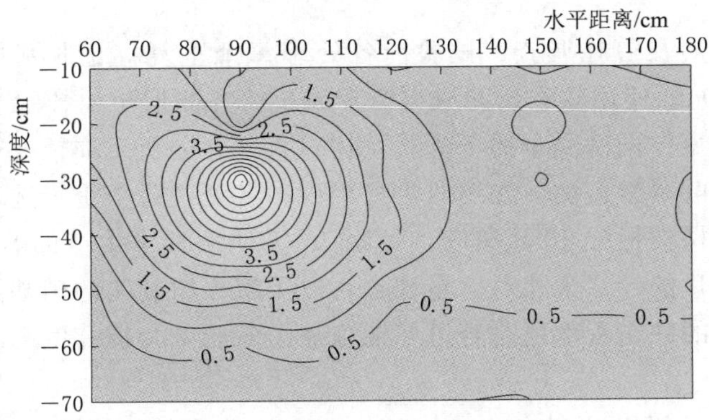

图 7.2 枣树根长密度等值线图

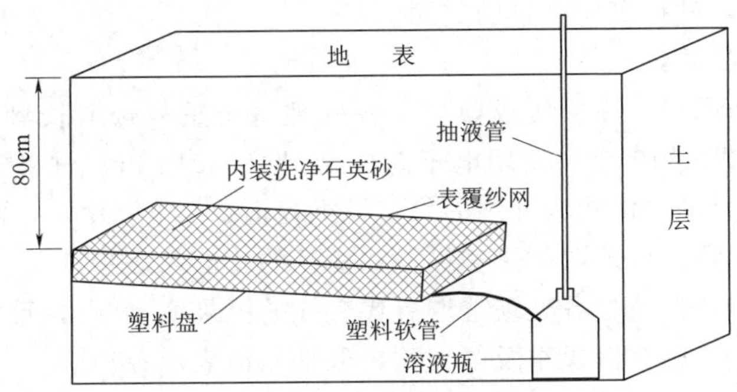

图 7.3 渗漏盘埋设示意图

作为每次灌溉后的实测渗漏量。

4. 气象数据监测

试验地设有 Vantage pro2 型自动气象站，可逐日记录试验期间枣树全生育期（4 月 10 日—10 月 10 日）内温度、湿度、风速、光照、太阳辐射、气压等气象因子数据。气象站设有雨量筒，可记录试验期间研究区的降雨量。

5. 枣树生长指标监测

(1) 枣吊数量调查：进入花期，各处理每个重复选取长势中等的枣树 3 棵，每棵枣树选取 3 个枣股，对枣股上的枣吊数目进行调查。

(2) 叶片厚、重调查：在果实成熟前期，各处理每个重复选取长势中等的枣树 10 棵，每棵选取叶片 10 片，分别测取叶片的百叶厚及百叶重，取平均值代表各处理单叶厚及单叶重。

(3) 叶面积指数（*LAI*）监测：为监测枣树生长对枣园覆盖的变化，使用加拿大生产的 TRAC 植物冠层分析仪在枣树冠层下方沿着横断面测定枣树冠层吸收的光合有效辐射分量，然后将之转换为林隙比例分布，从而计算出枣树的叶面积指数。

(4) 树干周及冠径调查：试验前各处理每个重复标记长势中等的枣树 2 棵，距地面 30cm 使用软卷尺测取枣树干周长，并测取枣树树冠直径，试验结束后，对标记枣树同法测量树干周长及树冠直径，分析干周长及冠径增幅。

(5) 叶片叶绿素监测：在枣树生育期内，各处理每个重复选取 2 棵长势中等的枣树，每棵树标记 10 片树叶，每隔 15 天使用日本生产的 SPAD－502 叶绿素仪进行叶片的叶绿素相对含量调查，以了解枣树真实的硝基需求量，并且了解土壤硝基的缺乏程度或是否过多地施加了氮肥，为提高氮肥的利用效率提供依据。

6. 枣树产量及品质测定

(1) 产量：在枣树收获时（10 月中旬），每个处理各重复均采用人工采摘，分打分收，进行枣树产量的实测。

(2) 果实品质：

1) 果实横纵径：在果实成熟后，各处理每个重复选取长势中等的枣树 3 棵，每棵标记果实 10 个，使用电子游标卡尺（0.01mm）对果实横纵径进行调查，各重复取平均值作为处理的果实横纵径值；

2) 果形指数：以测取的果实纵径和横径的比值来表示；

3) 单果重及核重：各处理选取有代表性的鲜果实 20 个，重复 3 次，用电子天平（0.01g）称其鲜果重及鲜核重，取平均值表示；

4) 可食率：通过"可食率＝[(单果重－单核重)/单果重]×100%"来计算；

5) 出干率：通过"出干率＝(干果重/鲜果重)×100%"来计算；

6) 总糖和还原糖：采用斐林法测定；

7) 总酸：采用酸碱滴定法测定；

8) 维生素 C：采用 2,6－二氯靛酚滴定法测定。

7.2　枣园土壤水运移数值模型建立

7.2.1　Hydrus 模型介绍

Hydrus 模型是基于微软 Windows 环境，分析变饱和孔隙介质中一维、二维、三维水流、热量和溶质运移的数值模拟模型，它包括用于解决一维问题的 Hydrus－1D 模型，以及解决二维和三维问题的 Hydrus－2D 和 Hydrus－3D 模型。最近 Hydrus－2D 和 Hydrus－3D 模型又发布了最新版本，新的版本具备全新的用于二维和三维模拟的图形化环境，为用户提供更加灵活和便捷的操作。

随着 Hydrus 模型的不断升级发展，以及其对水流、热量和溶质运移的良好模拟效果，Hydrus 模型得到了世界范围内的认可并被广泛应用，国内外许多学者应用 Hydrus 模型对农田土壤水分及溶质运移规律展开研究，为节约农田灌溉水资源、改善农田水土和生态环境提供了必要的科学依据。

曹巧红等[96]应用 Hydrus-1D 模型对冬小麦农田土壤水分及氮素的运移转化过程进行模拟，分析了不同处理下土壤的水分动态、渗漏状况及土壤中氮素的运移转化过程与淋失特征，为筛选适合冬小麦的农田水肥优化管理制度提供了依据；王伟等[97]利用 Hydrus-2D 模型模拟了棉花苗期咸水滴灌条件下土壤水盐的运移情况，并以实测数据验证，模拟效果良好，表明利用 Hydrus-2D 模型对土壤水盐动态的模拟精度满足滴灌系统设计与运行参数选取的要求，为选取滴灌系统设计与运行参数提供了新思路。

A A Siyal 等[98]利用 Hydrus-2D/3D 模型模拟了不同水压条件下渗灌区土壤的湿润状况，并利用观测的含水率数据进行检验，模拟效果良好，为渗灌系统设计和运行参数的选取提供了依据；J Doltra 等[99]运用水及溶质运移模型 Hydrus-2D 和作物模型 EU-Rotate_N 对作物轮作期内的土壤水分动态及氮素淋失状况进行模拟，并对比分析了两个模型对土壤剖面水分及氮素分布的模拟结果，为区域农田制定合理的氮素施用制度提供了依据。

7.2.2 Hydrus-1D 模型的建立

1. 模拟内容及假设条件

本书在考虑枣树根系吸水作用的基础上利用 Hydrus-1D 模型模拟了干旱区枣园地面灌（畦灌）及滴灌方式下的土壤水分动态及深层渗漏特征，模拟时段为枣树生育期（4 月 10 日—10 月 10 日），共 184 天。模型在模拟时满足以下假设条件。

（1）地面灌（畦灌）方式下，假设土壤为均质、各向同性、骨架不变形，土壤水不可压缩，同时不考虑气相和溶质作用对水流的影响以及流体的滞后作用，在忽略了土壤水分的水平与侧向运动情况下，将土壤水分运动问题简化为符合等温达西定律和质量守恒原理的一维垂向流动问题处理。

（2）地表滴灌方式下，由于滴头在滴灌带上等间距线状排列，假设土壤为均质、各向同性的刚性多孔介质，不考虑气相、溶质、固相相互作用对水流的影响，滴头下的土壤水分呈现轴对称的运动特征，土壤水分运动认为是符合等温达西定律和质量守恒原理的二维水流运动问题。本研究由于试验地供试土层土壤砂性较强，灌溉后土壤水分以垂向入渗为主，在不考虑滴灌对水平湿润峰影响的情况下，将滴灌方式下的土壤水分运动问题看作一维水流运动问题来处理。

2. 研究土层几何划分

由于研究区地下水埋深（17m）较大，忽略潜水蒸发的影响，并且试验地供试土壤浅层以细砂为主，细砂的土壤水吸力较小，灌溉后土壤水分蒸发影响深度较浅，土壤水分向下层入渗为主，因此，结合调查的枣树根系（毛细根）垂向分布情况，确定模拟的下界面定为土壤层80cm处，即模型模拟深度取在地表以下80cm处。根据试验地土壤物理性状调查资料，将研究土层划分为3种土壤质地，分为3层，按1cm等间距剖分成81个单元格。

3. 模拟时段及迭代信息

模型模拟时段为2009年枣树全生育期，从4月10日—10月10日，共184天，初始时间步长为0.001天，最小时间步长为0.001天，最大时间步长为5天，时间步长应介于最大与最小时间步长之间，且根据收敛的迭代次数进行调整。如果某时间步长达到收敛需要的迭代次数（≤3），则下一时间段的时间增量将乘以一个大于1的常数（通常为1.1～1.5）；如果迭代次数大于等于7，则下一时间段的时间增量将乘以一个小于1的常数（通常为0.3～0.9）；如果某特定时间段时间水平收敛的迭代次数超过给定的最大值（通常为10～50），则该时间水平的迭代将终止，随后该时间步长将重新被设为$\Delta t/3$，并开始新的迭代过程。

4. 土壤水力参数选取

前人研究表明[100]，土壤水分特征曲线主要受土壤颗粒组成、有机质含量、容重等因素的影响，其与这些基本的土壤物理特性关系密切，利用土壤的机械组成等来间接推求土壤水分特征曲线的方法是可行的。因此，本书在选取Van Genuchten模型拟合土壤水分特征曲线参数及非饱和导水率参数时，Van Genuchten模型包含的θ_r、θ_s、α、n、K_s五个参数的推求，根据取自试验地土壤的机械组成（表7.7），使用Hydrus－1D模型中自带的Rosetta软件提供的神经网络模型（SSC法）模拟得到。

表7.7　　试验地土壤机械组成表

土层/cm	质地	粒径比例/%		
		0.05～2mm	0.002～0.05mm	<0.002mm
0～20	砂壤土	63.2	27.0	9.8
20～70	细砂土	99.1	0.9	0.0
70～80	粉黏土	16.5	62.1	21.4

Hydrus－1D模型在模拟时对土壤水分运动方程求解的精度很大程度上取决于土壤水力参数的选取，特别是在模拟实际的田间土壤水分运动问题时，为更加贴近田间水分运动的真实情况，需要对Hydrus－1D模型中的土壤水力参

数进行适当调整，为此需要进行参数的敏感性分析。通过分析各土壤水力参数值改变而引起的底部流量变化情况来分析各参数对模拟结果的敏感程度[101]，底部流量的变化由式（7.1）表示：

$$\Delta D=\frac{\sum D_{t}-\sum D_{b}}{\sum D_{b}} \tag{7.1}$$

式中：ΔD 为参数调整引起底部流量变化的百分率；D_t 为调整参数后模拟得到的底部流量；D_b 为基本参数模拟得到的底部流量。

通过对研究的土壤层分层进行土壤水力参数的敏感性分析（表7.8），可以看出，由于底部流量数值较大，参数变化对底部流量的影响都不是太明显，但不同土壤层参数的变化对底部流量变化的敏感性有所不同，土壤层0～20cm土壤水力参数 θ_s 对底部流量的影响最大，而对土壤层20～70cm及土壤层70～80cm而言，引起底部流量变化的主要土壤水力参数为 n、θ_s、K_s。L 是一个经验参数，根据1998年Simunek，J M Seina和M Th Van Genuchten的研究结果，L 通常为常量，取值为0.5[102]，因此，不必对其敏感性再做分析。

表7.8　土壤各层的水力参数敏感性分析

参数	参数变幅/%	土层0～20cm		土层20～70cm		土层70～80cm	
		底部流量/cm	底部流量变幅/%	底部流量/cm	底部流量变幅/%	底部流量/cm	底部流量变幅/%
基准	0	136.2	0	136.2	0	136.2	0
θ_r	−25	135.8	−0.3	136.3	+0.1	136.3	+0.1
	+25	136.7	+0.3	136.1	−0.1	136.1	−0.1
θ_s	−25	142.2	+4.4	139.7	+2.5	136.5	+0.2
	+25	131.6	−3.4	132.8	−2.5	135.7	−0.4
α	−25	134.9	−1.0	136.6	+0.2	136.4	+0.1
	+25	137.5	+0.9	135.9	−0.2	136.1	−0.1
n	−25	—	—	130.8	−4.0	129.8	−4.8
	+25	136.7	+0.3	139.1	+2.1	137.0	+0.5
K_s	−25	136.4	+0.1	135.0	−0.9	135.9	−0.3
	+25	136.1	−0.1	137.2	+0.7	136.4	+0.1

注　+、−分别表示变幅的增加和减小。

根据对研究土层分层进行土壤水力参数对底部流量变化的敏感性分析，得到引起模拟底部流量变化的参数主要有 θ_s、K_s、n，因此，在对Hydrus-1D模型进行参数识别时，主要对 K_s 和 n 两个参数进行识别，模型识别后的土壤水力参数值见表7.9。

表 7.9　　模型识别后的土壤水力参数值

土层/cm	θ_r	θ_s	α	n	K_s	L
0～20	0.041	0.387	0.019	1.403	39.1	0.5
20～70	0.050	0.378	0.035	2.680	712.8	0.5
70～80	0.073	0.440	0.005	1.627	3.0	0.5

5. 土壤水分运动控制方程

本研究是在地面灌及滴灌方式下的土壤水分运动模拟，假设土壤为均质多孔介质，忽略气体及热量等对土壤水流运动的影响，同时忽略了土壤水分的水平与侧向运动，只考虑土壤水在垂向的一维运移情况，土壤水分运动采用改进的 Richards 方程，在考虑枣树根系吸水的情况下土壤水分运动方程表示为[103]

$$\frac{\partial\theta}{\partial t}=\frac{\partial}{\partial z}\left[K\left(\frac{\partial h}{\partial z}+\cos\alpha\right)\right]-S(z,t) \tag{7.2}$$

$$K(h,z)=K_s(z)K_r(h,z) \tag{7.3}$$

式中：θ 为土壤体积含水率，cm^3/cm^3；K 为土壤非饱和导水率，cm/d；h 为土壤水势，cm；α 为水流方向与垂直方向的夹角，本试验 $\alpha=0$；$S(z,t)$ 为土壤中根系的吸水速率，$cm^3/(cm^3\cdot d)$；t 为时间，d；z 为土壤深度，cm；K_r 为土壤相对水力传导度；K_s 为土壤饱和导水率，cm/d。

6. 初始及边界条件

本研究 Hydrus－1D 模型中土壤水分运动基本方程的初始和边界条件可表示为

初始条件：$$\theta(z,0)|_{t=0}=\theta_0(z) \tag{7.4}$$

第二类上边界条件：$$-K(\theta)\left(\frac{\partial h}{\partial z}\right)\bigg|_{z=0}=q_0 \tag{7.5}$$

下边界条件：$$-K(\theta)\left(\frac{\partial h}{\partial z}\right)\bigg|_{z=L}=q_L \tag{7.6}$$

式中：θ 为土壤体积含水率，cm^3/cm^3；t 为模拟时间，d；z 为土壤深度，地表为 0，向下取正，深度为 L，cm；h 为土壤水势，cm；θ_0 为模拟初始时刻的土壤剖面体积含水率，cm^3/cm^3；$K(\theta)$ 为土壤导水率，cm/d；q_0 为地表水分通量强度，cm/d；q_L 为下界面水分通量强度，cm/d。

(1) 初始条件。试验前对试验地土壤剖面含水率进行监测，监测按 20cm、40cm、60cm、80cm 分层进行，监测深度为 80cm，将监测的土壤剖面含水率数据作为模型的初始条件，并通过线性插值的方法求得模型土壤剖面离散后的各单元格含水率值，作为模型输入的初始含水率分布。

(2) 边界条件。研究区试验地 0～80cm 土质以细砂为主，渗透能力强，灌溉或降雨时不会产生地表积水和形成地表径流，因此，上边界选用通量已知的第二类边界条件，在枣树生育期内逐日输入包括灌溉量、降水量、作物潜在棵间蒸发量及潜在蒸腾量的上边界通量值。研究的下边界定为土壤层 80cm 处，由于地下水位（17m）远低于模拟深度（80cm），为分析土壤水的深层渗漏规律，模型下边界选取自由排水边界。

7. 根系吸水模型

（1）根系吸水模型选取。根系吸水率[104]是作物根系在单位时间内从单位体积土壤中所吸收水的体积。目前，计算作物根系吸水率的常用模型有[105]：Feddes 于 1974 年、1976 年和 1978 年分别提出的 3 个不同的 Feddes 根系吸水模型；Molz 和 Remson 于 1970 年及 Molz 于 1981 年共同提出的 Molz - Remson 根系吸水模型；Selim 和 Iskandar 于 1978 年提出的 Selim - Iskandar 根系吸水模型。

常用的根系吸水模型中，由于 Feddes 模型表达形式比较简单，且考虑了根系密度以及土壤水势对作物根系吸水速率的影响，在实际应用中比较方便。本研究 Hydrus - 1D 模型正是在运用 Richards 方程模拟土壤水分运动的基础上增加了对枣树根系吸水的考虑，采用 Feddes 根系吸水模型来计算，模型方程为[106]

$$S(z,t)=\alpha(h,z)\beta(z)T_{\mathrm{p}} \tag{7.7}$$

$$\alpha(h,z)=\begin{cases} 0 & (h_1\leqslant h\leqslant 0) \\ \dfrac{h-h_1}{h_1-h_2} & (h_2\leqslant h<h_1) \\ 1 & (h_3\leqslant h<h_2) \\ \dfrac{h-h_4}{h_3-h_4} & (h_4<h<h_3) \\ 0 & (h\leqslant h_4) \end{cases} \tag{7.8}$$

式中：$S(z,t)$ 为土壤中根系的吸水速率，$\mathrm{cm^3/(cm^3 \cdot d)}$；$\alpha(h,z)$ 为土壤水分胁迫响映函数，α 满足 $0\leqslant\alpha\leqslant1$；$h$ 为土壤水势，cm；h_1、h_2、h_3 为影响作物根系吸水速率的土壤水势阈值（含义见 Feddes 模型原理），cm；$\beta(z)$ 为根系吸水分布函数，L/cm；T_{p} 为作物的潜在蒸发蒸腾速率，cm/d。

根系吸水分布函数 $\beta(z)$ 用来描述作物根系吸水的空间变异性，模型中假定根系吸水分布函数在枣树各生育期内随土壤中根层深度呈线性变化，将枣树根区划分为若干层，假定各层内根系分布均匀，土壤各层具有相同的根系密度，根系密度随枣树生长而变化。根据实测的枣树各层土体内根系干重占土体内总根重的比值来表示根系密度，见表 7.10。

Feddes 模型原理如图 7.4 所示，其中 h_1 为饱和含水率对应的土壤水势值，h_2 为田间持水率对应的土壤水势值，h_3 为当土壤中的毛管水因作物吸收

表 7.10　　枣树根系密度比例分布

土层/cm	根重/g	占总根重比/%	累积根重比/%
0～10	6.4	2.76	2.76
10～20	17.5	7.56	10.32
20～30	50.3	21.73	32.05
30～40	83.9	36.24	68.29
40～50	37.4	16.15	84.44
50～60	8.5	3.68	88.12
60～70	27.5	11.88	100.00

和地表蒸发作用而发生断裂时对应的土壤水势值，h_4 为凋萎含水率对应的土壤水势值。根系吸水作用在 $h_1 \sim h_2$ 之间呈增加趋势，在 $h_3 \sim h_4$ 之间呈减少趋势，$h_2 \sim h_3$ 之间是作物根系的易吸水范围，根系吸水作用也最强，当土壤水势值 h 满足 $h \geqslant h_1$ 或 $h \leqslant h_4$ 时根系吸水为 0。

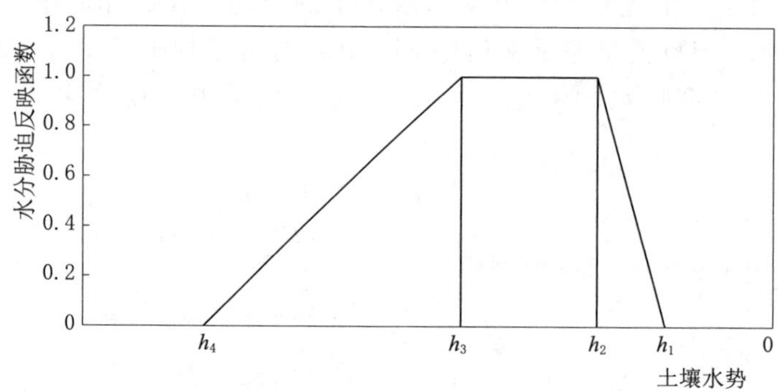

图 7.4　Feddes 模型原理示意图

从土壤含水率的角度来说，作物根系的易吸水范围为土壤含水率大于毛管断裂时的含水率而小于田间持水率，当土壤含水率大于凋萎含水率而小于毛管断裂含水率时，或土壤含水率接近饱和时，作物的根系吸水将比较困难。

(2) 根系吸水参数确定。根据 Feddes 根系吸水模型原理，模型中采用的根系吸水参数值见表 7.11。其中，P_0 为饱和含水率对应的土壤水势值，P_{0pt} 为田间持水率对应的土壤水势值，P_{2H} 与 P_{2L} 为土壤中毛管水因作物吸收和地表蒸发作用发生断裂时分别对应的土壤水势值，P_3 为凋萎系数对应的土壤水势值，r_{2H} 与 r_{2L} 为两个经验值。

表 7.11　　模型中采用的根系吸水参数值

参数	P_0 /cm	P_{0pt} /cm	P_{2H} /cm	P_{2L} /cm	P_3 /cm	r_{2H} /(cm/d)	r_{2L} /(cm/d)
取值	−10	−25	−400	−400	−8000	0.5	0.1

8. 潜在蒸发蒸腾速率划分

Hydrus-1D模型在模拟时，大气边界条件需要输入作物的潜在棵间蒸发速率及潜在蒸腾速率，因此，本研究在利用作物系数法计算出枣树的潜在蒸发蒸腾速率（ET_p）后，需要借助一定的方法对枣树的潜在蒸发蒸腾速率（ET_p）进行划分，目前主要的划分方法有联合国粮农组织（FAO）推荐的作物系数法及叶面积指数（LAI）法（或利用作物的表面覆盖度）[107]，本书通过田间实测的枣树叶面积指数（LAI）将潜在蒸发蒸腾速率（ET_p）划分为潜在棵间蒸发速率与潜在蒸腾速率，划分公式为[108]

$$T_p=(1-e^{-kLAI})ET_p \tag{7.9}$$

$$E_p=ET_p e^{-kLAI} \tag{7.10}$$

式中：T_p 为作物潜在蒸腾速率，cm/d；LAI 为叶面积指数；ET_p 为作物潜在蒸发蒸腾速率，cm/d；k 为消光系数，取值0.438；E_p 为潜在棵间蒸发速率，cm/d。

7.3 枣园土壤水深层渗漏数值模型应用分析

7.3.1 Hydrus-1D模型检验

本书利用Hydrus-1D模型模拟了2009年枣树生育期（4月10日—10月10日）枣园地面灌及滴灌方式下的土壤水分动态变化，为便于对模拟结果进行检验，模拟时对应田间实测土壤剖面含水率的深度在概化模型土壤剖面20cm、40cm、60cm、80cm设定4个观测点，利用试验地田间实测的土壤剖面含水率值对模拟的含水率值进行验证。

7.3.1.1 地面灌方式土壤水分动态模拟检验

图7.6和图7.7是地面灌方式下模拟的土壤剖面含水率值与实测值的比较。利用SPSS16.0以Pearson相关系数为距离对模拟值与实测值进行距离相关分析，土壤层20cm、40cm、60cm、80cm处的土壤剖面含水率模拟值与实测值的相关系数分别为0.94、0.94、0.92、0.71，均达极相关水平；同时，为分析模拟值与实测值的吻合程度，采用均方误差（Root Mean Square Error，RMSE）进行定量描述，公式为

$$RMSE=\sqrt{\frac{1}{n}\sum_{i=1}^{n}(\theta_i-S_i)^2} \tag{7.11}$$

式中：θ_i 为含水率实测值；S_i 为含水率模拟值；n 为模拟值与实测值比较的样本数。

根据式（7.11）计算得到，土壤层20cm、40cm、60cm、80cm处的土壤

剖面含水率模拟值与实测值的均方误差分别为 0.023、0.026、0.057、0.035，模拟的含水率值与实测值吻合良好。

通过图 7.5、图 7.6 及以上分析可以看出，模型在模拟土壤浅层 20cm、40cm 含水率时模拟效果良好，而在模拟土壤层 60cm、80cm 处含水率时与实

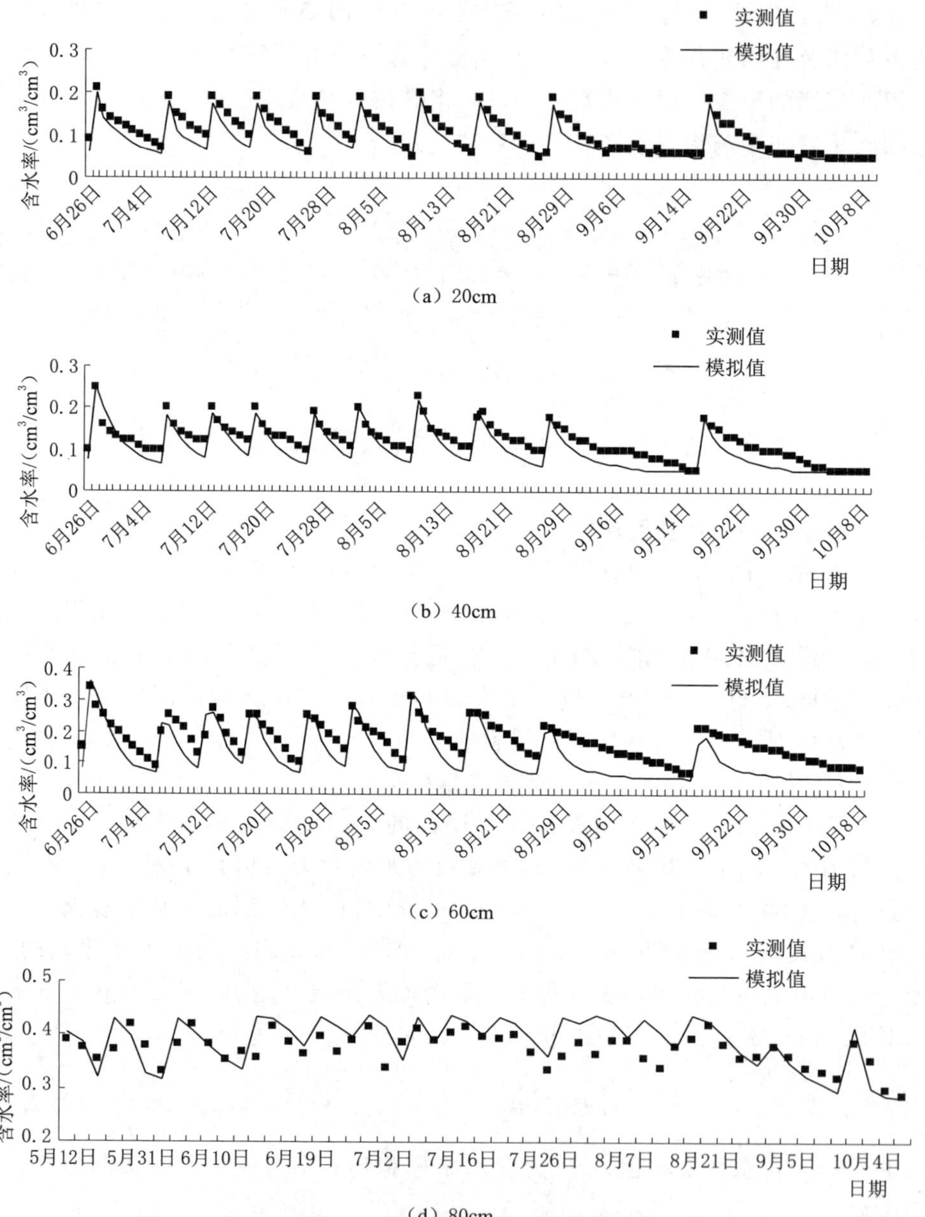

图 7.5　地面灌方式下土壤剖面含水率模拟值与实测值比较

测值存在一定的偏差，分析偏差较大的原因主要是由于试验观测误差及模拟时没有考虑滞后现象的影响造成的。总体显示，模拟结果反映出了土壤水分垂向的动态变化情况，与实测结果吻合良好，应用 Hydrus - 1D 模型对该条件下进行的土壤水深层渗漏模拟研究是可行的。

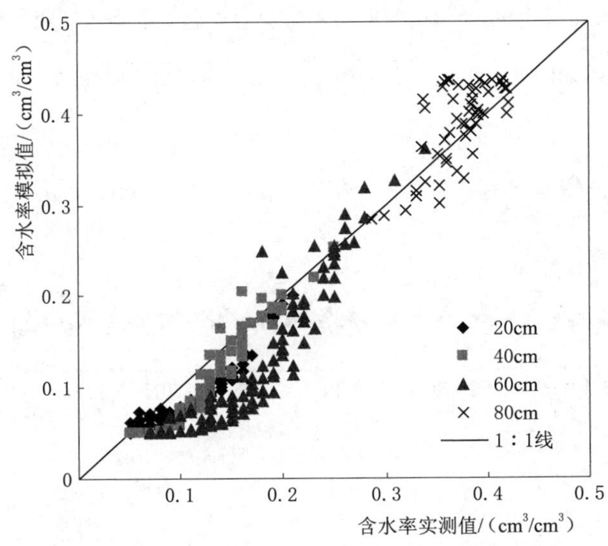

图 7.6　地面灌方式下 0～80cm 土壤含水率实测值与模拟值在 1：1 线分布

7.3.1.2　滴灌方式土壤水分动态模拟检验

图 7.7 和图 7.8 是滴灌方式下模拟的土壤剖面含水率值与实测值的比较。可以看出，模型在模拟滴灌方式下土壤水分动态变化时，模拟值与实测值存在一定的偏差，主要是因为滴灌属于局部灌溉，其土壤水分运动属三维运动问题，在考虑其轴对称特点时，为使问题简化，其土壤水分运动认为是二维的运动问题，而本研究由于未对滴灌方式下的水平湿润峰进行调查，并且缺乏必要的室内试验数据，仅考虑试验地土质特性及观察的滴灌水分入渗特点，将滴灌方式下的土壤水分运动问题作一维问题处理，同时模型在模拟时忽略了土壤水分入渗的滞后影响，因此，导致土壤水分动态模拟结果与实测结果存在一定的差距。

利用 SPSS16.0 以 Pearson 相关系数为距离对土壤剖面含水率模拟值与实测值进行距离相关分析，土壤层 20cm、40cm、60cm、80cm 处模拟值与实测值的相关系数分别为 0.86、0.52、0.75、0.41，均达极相关水平；根据式 (7.11) 进行均方误差分析，土壤层 20cm、40cm、60cm、80cm 处模拟值与实测值的均方误差分别为 0.025、0.027、0.033、0.036，含水率模拟值与实测值吻合较好。以上分析显示，模拟结果基本反映出了滴灌方式下土壤水分的动

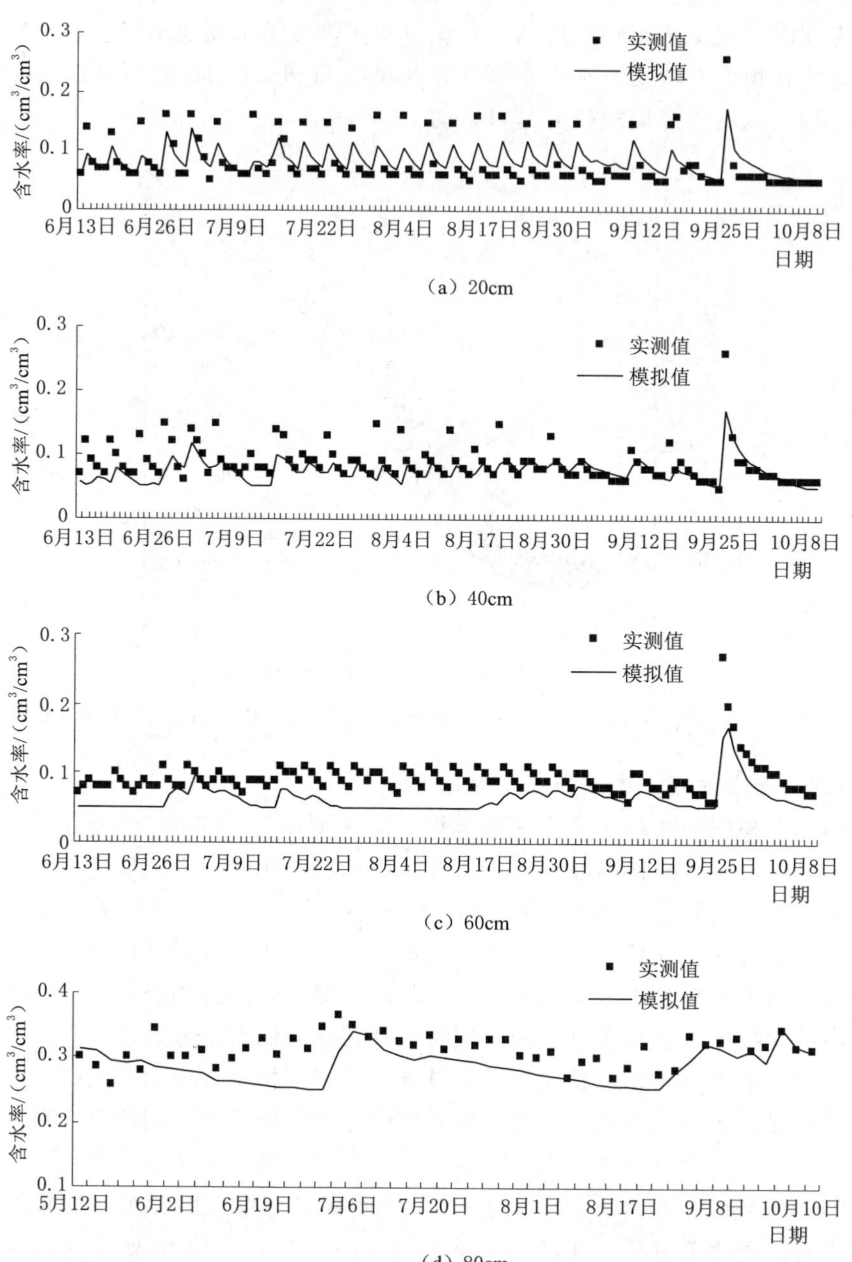

（a）20cm

（b）40cm

（c）60cm

（d）80cm

图7.7　滴灌方式下土壤剖面含水率模拟值与实测值比较

态变化，模拟效果较好，可以应用Hydrus－1D模型对该条件下土壤水深层渗漏特征进行模拟研究。

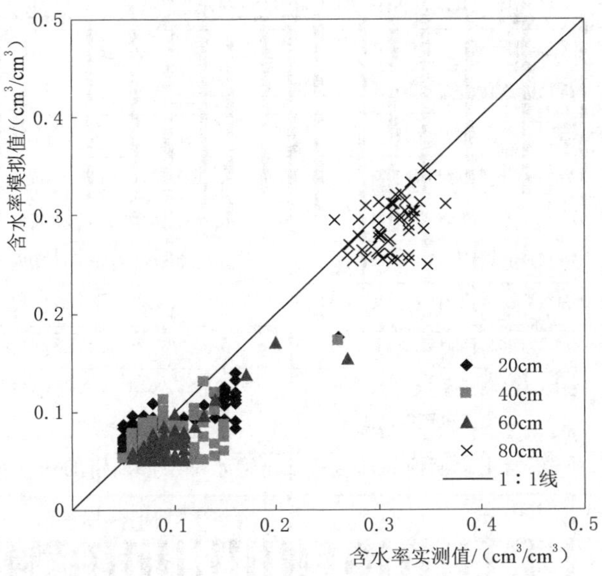

图 7.8 滴灌方式下 0～80cm 土壤含水率实测值与模拟值在 1：1 线分布

7.3.2 枣园土壤水深层渗漏规律分析

由于研究区地下水埋深（17m）较大，忽略潜水蒸发的影响，并且试验地供试土壤浅层以细砂为主，细砂的土壤水吸力较小，灌溉后土壤水分蒸发影响深度较浅，土壤水分以向下层入渗为主，因此，结合调查的枣树根系（毛细根）垂向分布情况，将研究土壤水深层渗漏的下界面定在土壤层 80cm 处，即将土壤层 80cm 界面的水分通量作为土壤水的深层渗漏量。

土壤水的深层渗漏受土壤质地、灌溉、降水及蒸腾蒸发等因素的影响。图 7.9 是枣树生育期地面灌方式下土壤水深层渗漏量的变化曲线，可以看出，灌溉是影响土壤水深层渗漏的主要因素，而且过度的灌溉是造成土壤水深层渗漏状况严重的最直接原因。由于试验地土壤层 0～70cm 以细砂为主，而 70cm 以下为粉黏土，粉黏土渗透性差，灌溉后土壤水深层渗漏的产生滞后于灌溉的时间，但当灌水定额过大或灌水频次过高时，土壤水深层渗漏将会随灌溉进行而产生，因此，灌水强度过大和灌水频次过高将增大土壤水的渗漏量。

图 7.10 是枣树生育期滴灌方式下土壤水深层渗漏量的变化曲线，可以看出，滴灌方式下深层渗漏主要产生于试验首尾的两次地面灌溉，而生育期内其他时段由于采用了高频次小定额的灌水方法，生育期内无明显的土壤水渗漏产生，说明试验首尾的两次高灌水定额地面灌溉是滴灌方式下产生土壤水渗漏的最主要原因，而滴灌采用高频次小定额的灌水方法达到了避免产生深层渗漏的目的，节约了灌溉水量。

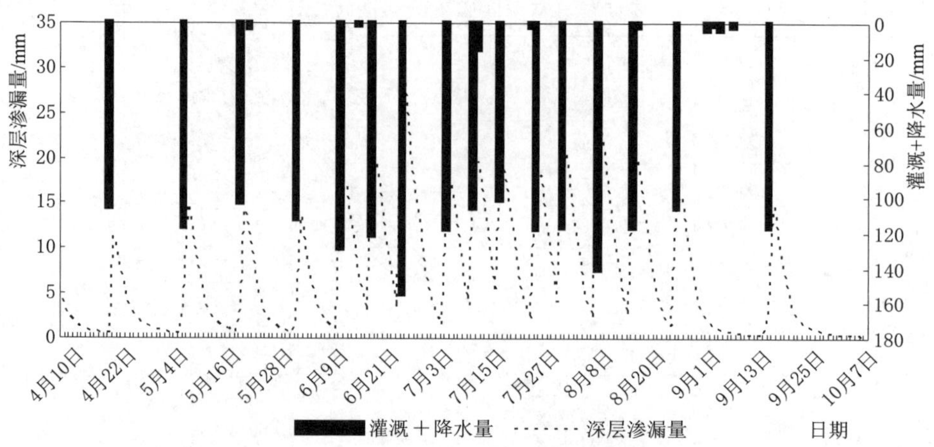

图7.9　枣树生育期地面灌方式下土壤水深层渗漏量的变化曲线

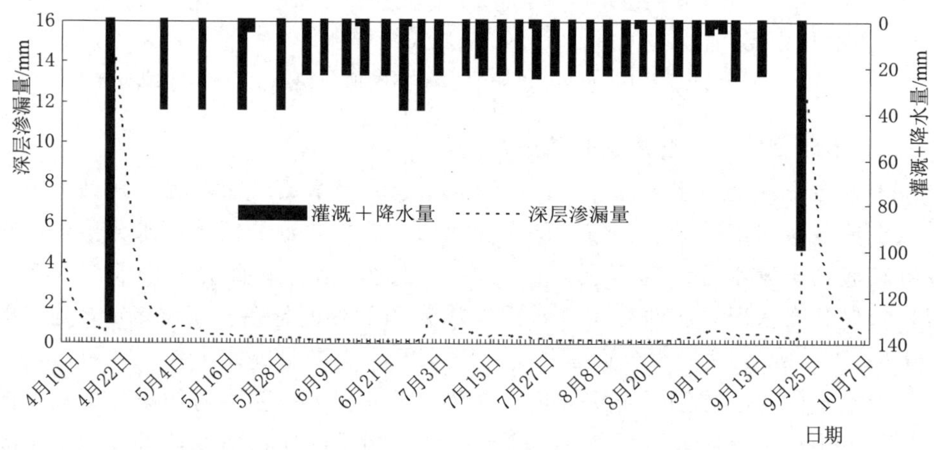

图7.10　枣树生育期滴灌方式下土壤水深层渗漏量的变化曲线

图7.11和图7.12为枣树生育期内地面灌及滴灌方式下土壤水深层渗漏量的累积曲线，可以看出，在传统管理模式的地面灌溉方式下，枣树生育期内的土壤水渗漏非常严重，累积渗漏量为1124mm，约占灌溉量的60%，而且枣树生育期内的土壤水渗漏主要发生在6月中旬至8月中旬，此阶段为枣树的花期至果实膨大期，是枣树需水的关键期，传统灌水定额高的情况下又增大了灌水频次，造成土壤水的渗漏严重。滴灌方式下，由于采取高频次小定额的灌水方法，除试验开始及结束时采用地面灌溉外，全生育期内无明显水分渗漏产生，水分渗漏量为65.7mm，约占灌溉量的9.1%，全生育期内（含头尾两次地面灌溉）渗漏量为180.7mm，约占灌溉量的19.1%，若在滴灌方式下全生育期采用高频次小定额的灌水方法，可以起到避免产生深层渗漏、节约水资源

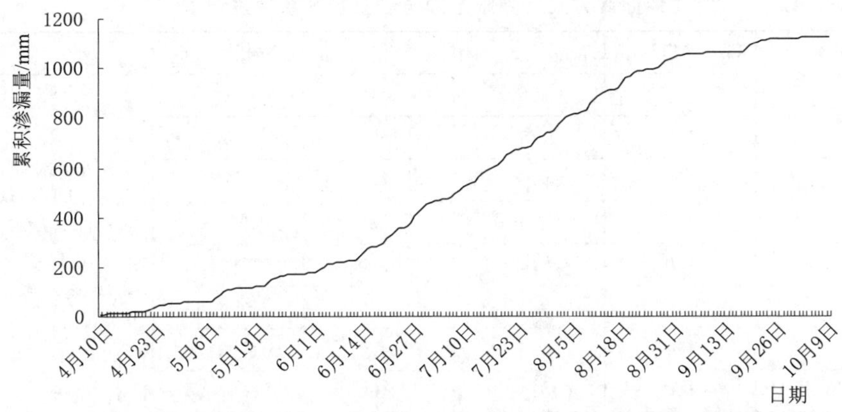

图 7.11　枣树生育期内地面灌方式下土壤水深层渗漏量累积曲线

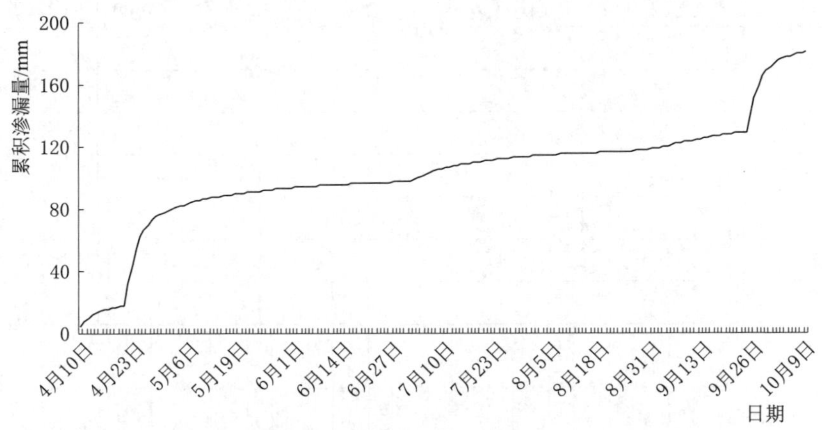

图 7.12　枣树生育期内滴灌方式下土壤水深层渗漏量累积曲线

的效果。

7.3.3　灌溉定额与深层渗漏量的关系

为探索不同灌溉定额对土壤水深层渗漏量的影响，本研究根据当地农户传统的灌溉模式（灌水定额、灌溉频次）以及滴灌采用高频次小定额的情况，对地面灌及滴灌方式下的灌溉制度各设置了若干情景，见表 7.12 和表 7.13，应用所建 Hydrus－1D 模型分析了不同灌溉定额对土壤水深层渗漏量的影响，为进行地面灌及滴灌方式下的土壤水渗漏量预测提供参考。

图 7.13 是地面灌与滴灌方式下灌溉定额与土壤水深层渗漏量的拟合曲线，可以看出，地面灌方式下，土壤水深层渗漏量与灌溉定额呈线性正相关关系，相关系数为 1.0（极相关水平），随灌溉定额的增加土壤水深层渗漏量线性增加，满足设定情景灌水周期的情况下，每当灌溉定额增加 1mm 将引起土壤水

表 7.12　　地面灌方式下灌溉定额与渗漏量关系情景设置

情景	灌水定额/mm	灌水次数/次	灌溉定额/mm	渗漏量/mm	备　注
1	90	16	1440	612.8	灌水周期：花期（5 月 10 日）以前及果实膨大期（8 月 20 日）以后，周期为 14 天，其余时期为 9 天
2	100	16	1600	756.6	
3	110	16	1760	901.5	
4	120	16	1920	1047.8	
5	130	16	2080	1197.3	
6	140	16	2240	1348.4	
7	150	16	2400	1500.7	
8	160	16	2560	1655.9	

表 7.13　　滴灌方式下灌溉定额与渗漏量关系情景设置

情景	灌水定额/mm	灌水周期/d	灌水次数/次	灌溉定额/mm	渗漏量/mm
1	10	4	37	370	29.6
2	15	4	37	555	29.6
3	20	4	37	740	30.1
4	25	4	37	925	86.1
5	30	4	37	1110	195.1
6	35	4	37	1295	364.4
7	40	4	37	1480	547.7

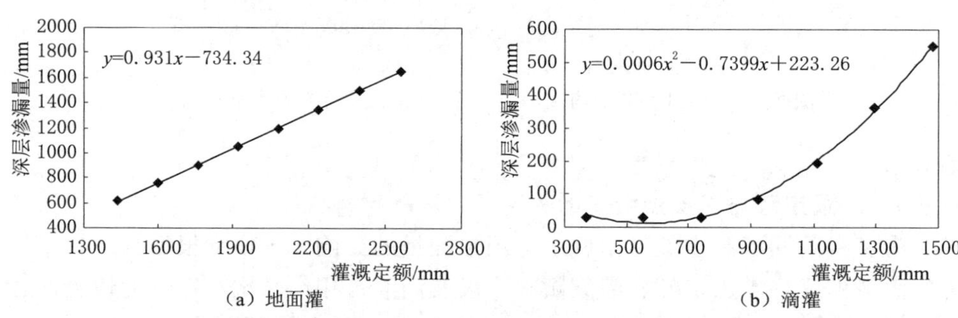

图 7.13　地面灌与滴灌方式下灌溉定额与土壤水深层渗漏量的拟合曲线

深层渗漏量增加 0.93mm；滴灌方式下土壤水深层渗漏量与灌溉定额呈二次曲线正相关关系，相关系数达 0.91（极相关水平），土壤水深层渗漏量随灌溉定额的增加而增加，而且满足设定情景灌水周期 4 天的情况下，当灌溉定额小于 800mm 时，灌溉定额的减小对减少土壤水渗漏量的作用不大，而当灌溉定额大于 800mm 时，随灌溉定额的等幅增加，土壤水深层渗漏量的增加幅度越来越大。

7.3.4 改进灌溉模式对灌溉水量转化的影响

为对研究区农户传统地面灌溉模式进行改良，根据枣树生育期耗水特点设置了两种改良方案，应用所建 Hydrus-1D 模型分析了不同灌溉模式对灌溉水量转化的影响，见表 7.14。改良方案 1、2 通过减小灌水定额，全生育期较传统地面灌溉模式分别节约灌溉水量 112.5mm、272.5mm，分别减少土壤水渗漏量 222.5mm、367.4mm；枣树的耗水量方面，改良方案 1、2 较传统地面灌溉模式增大了枣树的耗水量，但灌溉水量用于枣树耗水量的比例分别提高了 4.0%和 7.8%。可以看出，改良方案节约了灌溉水量，减少了土壤水的渗漏量，同时提高了灌溉水的有效利用率。本研究供试土层砂性较强，灌溉时水分入渗快，若过度减小灌水定额将造成灌溉无法完成，因此，研究区不适宜采用地面灌溉。

表 7.14 不同灌溉模式对灌溉水量转化的影响

灌溉模式	灌水次数/次	灌水定额/mm	灌溉定额/mm	渗漏量/mm	蒸腾量/mm
传统地面灌溉	16	100～160	1872.5	1124.0	802.6
改良方案 1	16	110	1760.0	901.5	825.5
改良方案 2	16	100	1600.0	756.6	810.3

滴灌是一种对植物根区进行灌水的局部灌溉方式，具有良好的节水增产效果。利用所建 Hydrus-1D 模型分析了滴灌方式下不同灌溉制度对灌溉水量转化的影响，见表 7.15。可以看出，情景 1、2、3 较地面灌方式节约灌溉水量分别为 1132.5mm、947.5mm、772.5mm 的情况下，渗漏率（占灌溉量）分别降低了 56%、51%、42%，枣树耗水量分别占灌溉量的 92.9%、86.7%、79.9%；情景 4、5、6 在较地面灌方式节约灌溉量 1252.5mm、1097.5mm、942.5mm 的情况下，渗漏率（占灌溉量）分别降低了 55%、56%、50%，枣树耗水量分别占灌溉量的 93.8%、92.1%、85.8%，说明在滴灌方式下，采用高频次小定额的灌水方法，能够有效节约灌溉水量，显著减少土壤水的渗漏量，同时提高了灌溉水的利用效率。

表 7.15 滴灌方式下不同灌溉制度对灌溉水量转化的影响

情景	灌水定额/mm	灌水周期/d	灌水次数/次	灌溉定额/mm	渗漏量/mm	蒸腾量/mm
1	20	4	37	740	30.1	687.6
2	25	4	37	925	86.1	801.9
3	30	4	37	1100	195.1	878.9

续表

情景	灌水定额/mm	灌水周期/d	灌水次数/次	灌溉定额/mm	渗漏量/mm	蒸腾量/mm
4	20	5	31	620	29.6	581.6
5	25	5	31	775	31.9	713.5
6	30	5	31	930	89.7	798.1

7.3.5 不同方法计算土壤水渗漏量的比较

本研究通过渗漏盘对土壤水渗漏量进行实测，利用 Hydrus－1D 模型对土壤水渗漏量进行模拟，同时根据农田水量平衡模型计算了土壤水渗漏量，对不同方法计算的土壤水渗漏量进行比较，为进行渗漏量的准确监测提供依据。

根据农田水量平衡原理，建立枣园的土壤水量平衡模型为

$$P+I+U=R+D+ET_c+\Delta W \tag{7.12}$$

式中：P 为降水量，mm；I 为灌溉量，mm；U 为地下水补给量，mm；R 为地表径流量，mm；D 为土壤水深层渗漏量，mm；ET_c 为枣树蒸腾量，mm；ΔW 为 0～80cm 土体储水量的变化量，mm。

本试验研究区地下水埋深约为 17m，由于地下水位较深，不考虑毛管上升水对土壤根系层的水分补给影响，$U=0$；试验地地表平整，浅层土壤以细砂为主，土壤水分入渗速率快，因此灌水历时及灌后无地表径流产生，$R=0$。从而枣园土壤水量平衡模型就简化为

$$D=P+I-ET_c-\Delta W \tag{7.13}$$

根据农田水量平衡原理运用式（7.13）可计算出枣树在生育期内的土壤水渗漏量，对不同方法计算的土壤水渗漏量进行比较，见表 7.16。可以看出，Hydrus－1D 模型在模拟地面灌方式下土壤水渗漏量时，模拟结果与水量平衡模型的计算结果最为接近，这也进一步验证了所建 Hydrus－1D 模型对地面灌方式下土壤水渗漏量模拟的可靠性，而其比渗漏盘监测的土壤水渗漏量偏大，主要是由于地表不平整或灌水不均匀导致渗漏盘对渗漏量的监测出现偏差所致；滴灌方式下土壤水量平衡模型的计算结果与渗漏盘的监测结果更为接近，主要是由于滴灌方式下渗漏盘对渗漏量的监测受地表不平整或灌水不均匀影响较小，其对渗漏量的监测更为准确，而 Hydrus－1D 模型模拟的土壤水渗漏量与渗漏盘监测结果及水量平衡模型计算结果相差偏大，主要是由于 Hydrus－1D 模型在模拟滴灌方式土壤水渗漏量时，将其土壤水分运动简化为土壤水流的一维垂向运动情况，忽略了土壤水流的水平与侧向流动造成的。

7.3.6 地面灌与滴灌方式下枣树耗水规律分析

7.3.6.1 枣树耗水量的特征

表 7.17 为不同灌溉方式枣园土壤水量平衡表，可以看出，滴灌方式下枣

表 7.16 不同方法计算的土壤水渗漏量对比

灌溉方式	土壤水渗漏量/mm		
	渗漏盘监测值	Hydrus-1D 模拟值	土壤水量平衡计算值
滴灌	116.9	180.7	103.4
地面灌	787.6	1124.0	1032.4

树的植株蒸腾量大于地面灌方式，主要是由于滴灌方式采用高频次的灌水方法，有利于枣树根系的吸水，枣树蒸腾旺盛所致；棵间蒸发量方面，地面灌方式大于滴灌，主要是大灌水定额情况下，灌溉后土壤水分蒸发强烈，而滴灌属于局部灌溉，在节约灌溉水量的同时减少了棵间水分的无效蒸发。总体看来，由于滴灌采用高频次小定额灌溉，而地面灌则是低频次高定额灌溉，两者对枣树的耗水总量影响不大，枣树全生育期耗水量分别为 805.3mm 和 802.6mm，据此可以初步确定，研究区成龄枣树全生育期的耗水量为 800mm 左右。

表 7.17 不同灌溉方式枣园土壤水量平衡表

灌溉方式	灌溉量/mm	降水量/mm	储水量变量/mm	耗水量/mm		渗漏量/mm
				棵间蒸发量	蒸腾量	
滴灌	947.5	35.8	-2.7	380.0	425.3	180.7
地面灌	1872.5	35.8	-18.3	389.2	413.4	1124.0

地面灌方式下，灌溉水量主要消耗于渗漏损失，枣树的耗水量仅占灌溉水量的 42.9%，并且用于枣树植株蒸腾的仅有 22.1%，可见，地面灌方式下灌溉水的利用效率相当低，侧面反映其灌溉节水存在巨大的潜力；滴灌方式下，灌溉水量主要用于枣树的耗水，枣树耗水量约占灌溉水量的 85.0%，其中用于枣树植株蒸腾的占 44.9%，说明滴灌方式在较地面灌节约灌溉水 925mm 的情况下，用于枣树耗水的比例提高了 42.1%，这就进一步证明了研究区在滴灌方式下，采用高频次小定额的灌水方法，大幅节约灌溉水量的同时，显著提高了枣园灌溉水的有效利用率。同时可以看出，滴灌采用高频次小定额灌水方法，主要是通过提高了枣树对灌溉水的利用效率来达到节约灌溉水的目的，而不是通过降低枣树的耗水量来实现的。

图 7.14 是枣树在不同生育时期的耗水量变化曲线，可以看出，枣树生育期内的耗水量总体上呈“增长—稳定—降低”的趋势。花前期枣树耗水量较低，地面灌与滴灌方式枣树的平均耗水强度分别为 2.2mm/d、2.6mm/d，进入前花期，随着气温的回升及枣树开始发育，耗水量逐渐增大，两者平均耗水强度分别为 4.5mm/d、4.5mm/d，进入后花期及果实膨大期，枣树生长旺盛，果实迅速发育，枣树耗水强度达到最大值，两者平均耗水量分别为

6.0mm/d、5.6mm/d 左右，进入果实成熟期，枣树耗水量减少，但由于滴灌方式灌水频次高，其耗水量较地面灌方式减小缓慢。

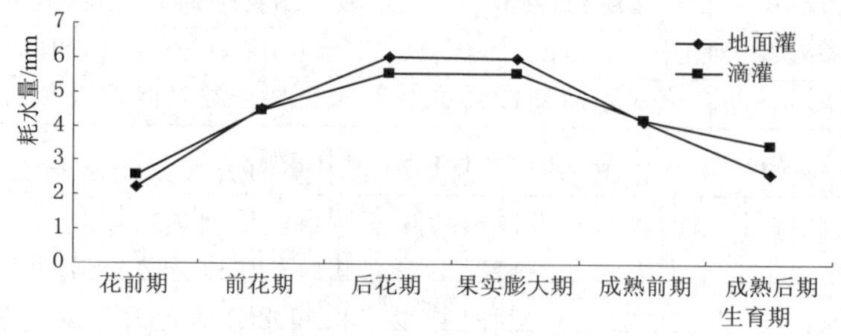

图 7.14　不同生育时期枣树耗水量的变化曲线

通过分析可初步确定后花期至果实膨大期为枣树的需水临界期，也是需水的关键期，Hydrus 模型为分析枣树的耗水量提供了可靠的方法，并清晰地提供了枣树在不同生育期的耗水变化情况。

7.3.6.2　枣树蒸腾速率的影响因素

植物的蒸腾速率受生物学特性、生长发育状况、气象条件及灌溉等因素的影响，其中气象条件是最主要的影响因素。康燕霞等[109]利用波文比法计算了作物的蒸腾量，结果表明，所计算的蒸腾量与太阳净辐射的变化曲线基本一致，两者有很好的相关性；Taichi T 等[110]通过对蒸发皿蒸发量与太阳辐射量进行相关性分析，得出两者相关性较好；李禄等[111]应用统计学的方法对影响流域参考作物蒸发蒸腾量变化的主要气象因素进行分析，同样认为太阳辐射量是影响参考作物蒸发蒸腾量变化的最主要因素。

本研究利用灰色关联分析法分析了影响研究区参考作物蒸发蒸腾量的各种气象因素，包括太阳辐射量、平均温度、最大温度、最小温度、风速与相对湿度。假设参考作物蒸发蒸腾量序列为 $\{X_0\}$，各影响因素序列为 $\{X_m\}$，利用公式（7.14）计算各气象因素对参考作物蒸发蒸腾量的关联系数，然后由公式（7.15）计算各气象因素与参考作物蒸发蒸腾量的关联度并排序：

$$\zeta_i(K)=\frac{\min\limits_i\min\limits_k|X_0(K)-X_i(K)|+P\max\limits_i\max\limits_k|X_0(K)-X_i(K)|}{|X_0(K)-X_i(K)|+P\max\limits_i\max\limits_k|X_0(K)-X_i(K)|} \tag{7.14}$$

$$r_i=\frac{1}{n}\sum_{k=1}^{n}\zeta_i(K) \tag{7.15}$$

式中：$\zeta_i(K)$ 为气象因素与参考作物蒸发蒸腾量的关联系数；$|X_0(K)-$

$X_i(K)|=\Delta_i(k)$为X_0与X_i的绝对差；$\min\limits_i\min\limits_k|X_0(K)-X_i(K)|$为两级最小差；$\max\limits_i\max\limits_k|X_0(K)-X_i(K)|$为两级最大差；$P$为分辨系数，取值0.5；$r_i$为关联度；$n$为比较序列的数据个数，$n=1,2,3,\cdots,n$。

表7.18是研究区参考作物蒸发蒸腾量与气象因素关联度及影响排序，可以看出，太阳辐射量与参考作物蒸发蒸腾量的发展趋势最为接近，对其影响也最大，其次是平均温度、最大温度、最小温度、风速与相对湿度。图7.15和图7.16是不同灌溉方式下枣树的蒸腾速率与太阳辐射量的关系曲线和拟合曲线，可以看出，枣树的蒸腾速率与太阳辐射量的变化曲线基本一致，地面灌与滴灌方式下枣树的蒸腾速率与太阳辐射量的拟合关系分别为$Y=0.0142X-0.8125$和$Y=0.0114X+0.2008$，相关系数分别为0.83、0.82，均达极相关水平，说明太阳辐射量与枣树蒸腾速率的发展趋势最为接近，所得结论与康燕霞等、Taichi等、李禄等研究结果一致，同时进一步证明了决定枣树蒸腾速率的气象因素中，太阳辐射起最主要的作用，是枣树蒸腾速率的主要能量来源。

表7.18　参考作物蒸发蒸腾量与气象因素关联度及影响排序

气象因素	平均温度	最大温度	最小温度	相对湿度	风速	辐射能量
	X_1	X_2	X_3	X_4	X_5	X_6
关联度	0.8438	0.8142	0.7417	0.6058	0.6310	0.8501
影响排序	2	3	4	6	5	1

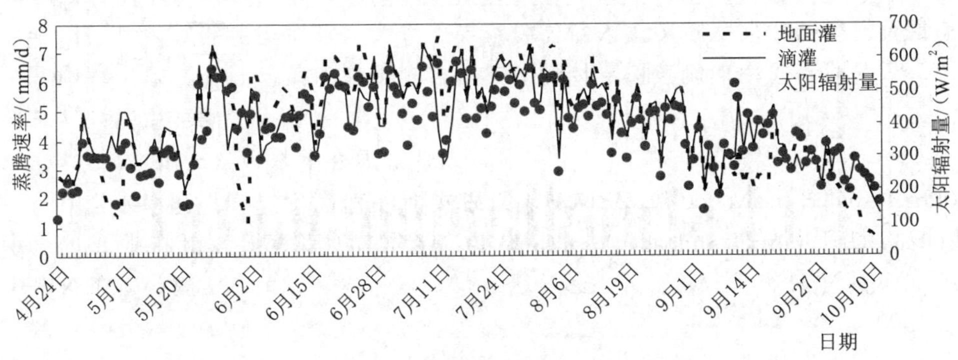

图7.15　不同灌溉方式下枣树的蒸腾速率与太阳辐射量关系

图7.17和图7.18是地面灌与滴灌方式下枣树的灌水量与蒸腾速率的关系对比图，可以看出，在地面灌方式下，灌溉后蒸腾速率增强，随着灌水周期的延长及灌溉后水分的大量入渗，枣树的蒸腾速率逐渐减弱，说明灌溉也是影响枣树蒸腾速率的因素之一；而在滴灌方式下，由于灌水定额小、灌水频次高，灌溉与枣树蒸腾速率的关系在图7.18中体现不明显。

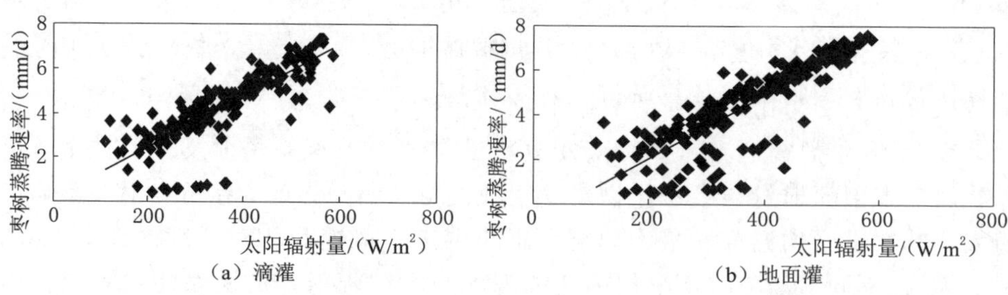

图 7.16　不同灌溉方式下枣树的蒸腾速率与太阳辐射量拟合曲线

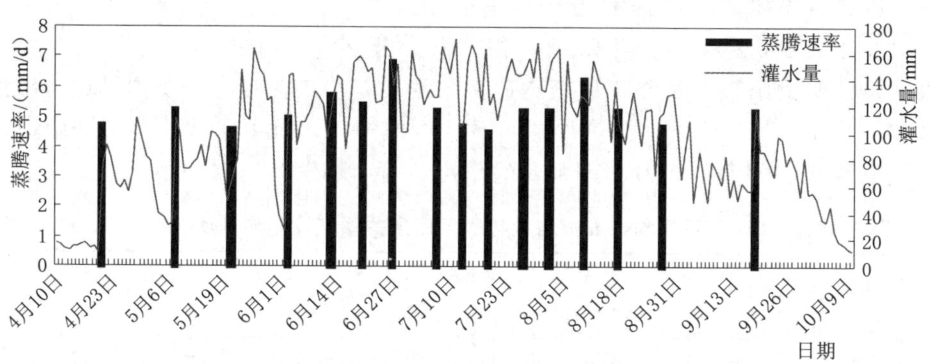

图 7.17　地面灌方式下枣树的灌水量与蒸腾速率的关系

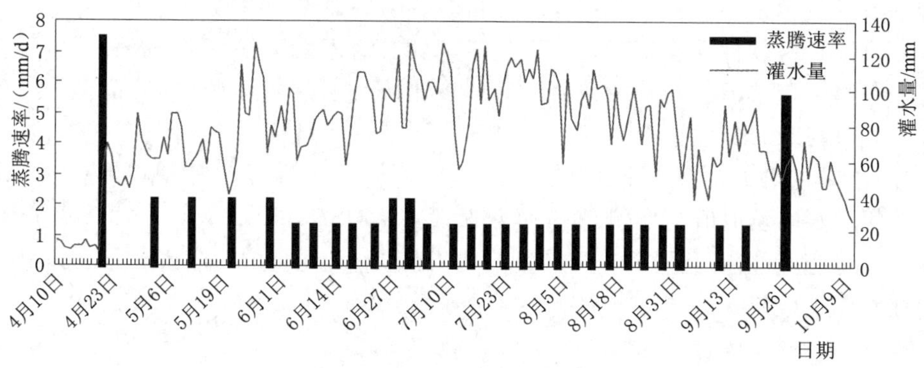

图 7.18　滴灌方式下枣树的灌水量与蒸腾速率的关系

7.3.7　小结

(1) 利用实测土壤含水率对 Hydrus－1D 模型进行检验，模拟结果较好地反映了土壤水分的动态变化，其对土壤水渗漏的模拟研究是可行的；对比分析用不同方法计算的土壤水渗漏量，可以得出地面灌方式下水量平衡模型与 Hydrus－1D 模型计算结果最为接近，进一步证明所建 Hydrus－1D 模型对渗漏量模拟的可靠性，而滴灌方式由于将土壤水分运动作一维问题处理，Hydrus-1D模型计算的渗漏量偏大。总体而言，利用Hydrus-1D模型对研究区进行土壤水渗漏的研究与预测，是一种较为理想的方法与手段。

（2）地面灌方式下，枣树生育期内土壤水渗漏严重，累积渗漏量为1124mm，约占灌溉量的60%；滴灌方式下，除试验头尾采用地面灌溉外，累积渗漏量为65.7mm，约占灌溉量的9.1%。可见，过度灌溉是造成土壤水渗漏严重的最主要原因，土壤质地、灌水强度、灌水频次对土壤水的渗漏影响明显。滴灌方式由于采用高频次小定额的灌水方法，有效减少了土壤水渗漏量。

（3）地面灌方式下，灌溉水量主要通过渗漏转化为地下水，枣树的耗水量为802.6mm，仅占灌溉水量的42.9%，并且用于枣树植株蒸腾的仅有22.1%，灌溉水利用效率低；滴灌方式属局部灌溉，减少了枣园的棵间蒸发量，灌溉水量主要用于枣树的耗水，耗水量为805.3mm，占灌溉水量的85.0%，其中用于枣树植株蒸腾的占44.9%。通过分析初步确定，研究区成龄枣树生育期耗水量为800mm左右，且后花期至果实膨大期枣树的耗水强度最大，约为6mm/d，是枣树的需水临界期。

（4）地面灌方式下，在灌溉定额为1440mm的基础上，随灌溉定额的增加，土壤水的渗漏量呈线性增大，灌溉定额每增加1mm，渗漏量约增大0.93mm；滴灌方式下，随着灌溉定额的等幅增加，土壤水渗漏量的增加幅度越来越大，且当灌溉定额小于800mm时，灌溉定额的减小对减少土壤水渗漏量的作用不大。

（5）利用灰色关联分析法分析了影响参考作物蒸发蒸腾量的各气象要素，结果表明太阳辐射量对参考作物蒸发蒸腾量的影响最大，两者发展趋势最为接近；通过分析枣树蒸腾速率与太阳辐射量及灌溉的关系可知，灌溉后蒸腾速率加强，是影响枣树蒸腾速率的因素之一，而太阳辐射量是决定枣树蒸腾速率的最主要气象因素，是蒸腾蒸发的主要能量来源。

7.4 不同灌溉方式对枣树的影响研究

7.4.1 不同灌溉方式对枣树耗水的影响

表7.19是不同灌溉方式枣树在生育期的耗水量对比，图7.19是不同灌溉方式枣树耗水量与土壤水渗漏量的关系。其中，滴灌与地面灌方式枣树耗水量与土壤水渗漏量由Hydrus-1D模型模拟得到。微喷灌方式下，由于采用高频次小定额灌溉，灌溉后水分主要补给浅层土壤，其水分渗漏量由试验头尾两次地面灌溉产生，其他时期忽略，耗水量根据枣园水量平衡原理求得。可以看出，在不同生育期耗水强度方面，微喷灌方式普遍高于其他方式，主要是由于

微喷灌溉后水分主要分布于浅层土壤，枣树的根系吸水强烈，并且由于其灌水均匀、灌水面积大，灌溉后一部分表土蒸发水分用于了增加枣园湿度的环境耗水，营造了良好的枣园小气候造成。在耗水总量方面，以微喷灌最高，地面灌最低，主要是微喷灌溉后水分多分布在枣树根系附近，有利于枣树的根系吸水产生有效的蒸腾蒸发量。而地面灌溉则产生了更多深层渗漏损失，导致枣树有效蒸发蒸腾量降低。总之，微喷灌方式下避免了土壤水渗漏的产生，灌溉后水分主要用于枣树的耗水，并且营造了良好的枣园微区小环境。

表 7.19 不同灌溉方式枣树在生育期的耗水量对比

灌溉方式	平均耗水强度/(mm/d)						耗水量/mm
	花前期（4 月 10 日—5 月 10 日）	前花期（5 月 10 日—6 月 10 日）	后花期（6 月 10 日—7 月 10 日）	果实膨大期（7 月 10 日—8 月 20 日）	成熟前期（8 月 20 日—9 月 10 日）	成熟后期（9 月 10 日—10 月 10 日）	
滴灌	2.6	4.5	5.6	5.6	4.2	3.4	805.3
微喷	3.6	4.1	5.9	6.2	4.3	4.0	842.6
地面灌	2.3	4.5	6.0	6.0	4.2	2.6	802.6

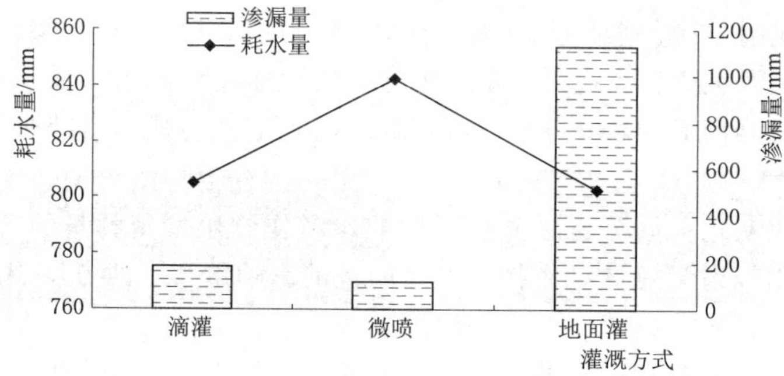

图 7.19 不同灌溉方式枣树耗水量与土壤水渗漏量的关系

7.4.2 不同灌溉方式对枣树生长的影响

7.4.2.1 枣树生长指标差异性分析

表 7.20 是不同灌溉方式下枣树生长指标差异性分析，可以看出，不同灌溉方式下枣树叶重、枣吊数及树干周长增幅差异不显著，说明滴灌与微喷灌方式在节约灌溉水 49%以上的情况下，对枣树的叶重、枣吊数以及树干生长没有显著影响；叶片厚度方面，不同灌溉方式在 0.01 水平上差异不显著，说明滴灌与微喷灌方式对叶片厚度影响不显著，但滴灌方式叶片厚度在 0.05 水平大于微喷灌方式，可能是滴灌方式下肥料随水滴施利于叶厚发育造成的；从枣树树冠增幅来看，微喷灌方式在 0.05 水平上要大于滴灌和地面灌方式，主要是微喷灌方式灌水均匀度高，增加了枣园的空气湿度，枣树树冠生长发育较滴

灌和地面灌旺盛。

表 7.20　　不同灌溉方式下枣树生长指标差异性分析

灌溉方式	叶厚/mm	叶重/g	枣吊数/个	树干周长增幅/cm	冠径增幅/cm
滴灌	0.245aA	0.215aA	2.98aA	2.85aA	48.8bA
微喷	0.226bA	0.215aA	2.95aA	2.93aA	55.0aA
地面灌	0.23abA	0.220aA	2.95aA	2.90aA	48.5bA

注　不同大写字母表示在 0.01 水平上差异显著，不同小写字母表示在 0.05 水平上差异显著。

7.4.2.2　不同灌溉方式对枣树叶面积指数的影响

叶面积指数（*LAI*）是指叶面积数值与其覆盖下的土壤面积的比例，通常用来描述作物冠层的发育状况，是生态学与气候学中的重要生物物理参数，在生态学及气候学领域有着广泛的应用。为调查枣树生长对枣园覆盖的变化情况，在枣树不同生育期对不同灌溉方式下的叶面积指数进行监测。

不同灌溉方式下，枣树叶面积指数在生育期内整体呈“增长—稳定—下降”趋势，如图 7.20 所示。从花前期到后花期，不同灌溉方式下枣树叶面积指数相差不大，说明枣树叶片生长的前期阶段受灌溉方式的影响不明显，并且此阶段枣树耗水以表土蒸发为主；进入后花期，随着枣树果实的生长，灌溉频次加大，枣树冠层迅速发育，叶面积指数迅速增大，枣园表土蒸发量减少，枣树耗水向以根系吸水为主过渡；从果实膨大期到果实成熟前期，枣树叶面积指数处于稳定状态，说明枣树的冠层发育结束，枣树的耗水以根系吸水为主；进入果实成熟后期，灌水周期延长，枣树叶片开始脱落，叶面积指数开始减小，枣树的根系吸水减弱，枣树耗水又以表土蒸发为主。从后花期至果实成熟后期，枣树的叶面积指数微喷灌和滴灌方式均高于地面灌方式，主要是由于滴灌与微喷灌方式下枣树根系对水分的吸收好于地面灌方式，枣树冠层发育旺盛；微喷灌与滴灌方式相比，其叶面积指数高于滴灌方式，说明微喷灌水均匀度

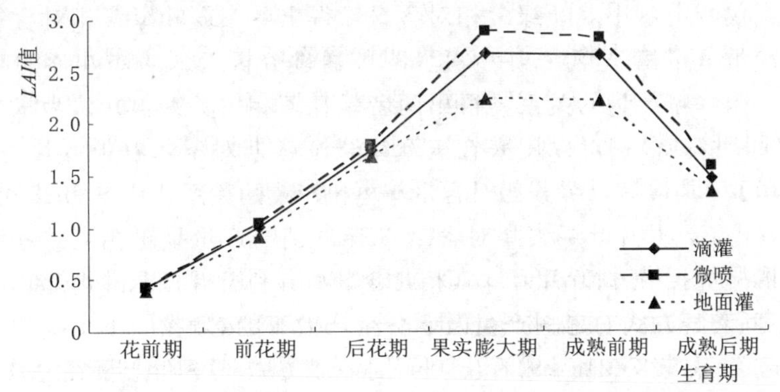

图 7.20　不同灌溉方式下枣树在不同生育期叶面积指数（*LAI*）变化曲线

高，提高了枣园的空气湿度更利于枣树冠层的发育。

7.4.3　不同灌溉方式对枣树叶片叶绿素含量的影响

植物代谢的基础是光合作用，而叶绿素则是光能吸收和转换的原初物质，在植物生长过程中起着重要的作用[112]。从图7.21可以看出，生育期内枣树叶片叶绿素相对含量整体呈增加趋势，由于后期未对其进行测定，未能确定叶片叶绿素相对含量开始减小的临界期，对同阶段测取的叶片叶绿素相对含量而言，总体表现为滴灌方式高于微喷灌方式、高于地面灌方式，分析主要是由于滴灌采用随水滴施肥料，有利于根系对肥料的吸收利用，致使其叶绿素相对含量高于肥料穴施的微喷灌及肥量表施的地面灌方式。7月中旬，不同灌溉方式下枣树的叶片叶绿素相对含量呈现一个低点，尔后叶绿素相对含量呈增加趋势，主要是由于7月中旬前期施肥阶段结束，其后随着枣树进入果实膨大期，新一轮的高频灌溉施肥阶段开始，叶绿素相对含量又开始增大，这也证明了枣树叶片的叶绿素相对含量可以反映根系对肥料的吸收利用。

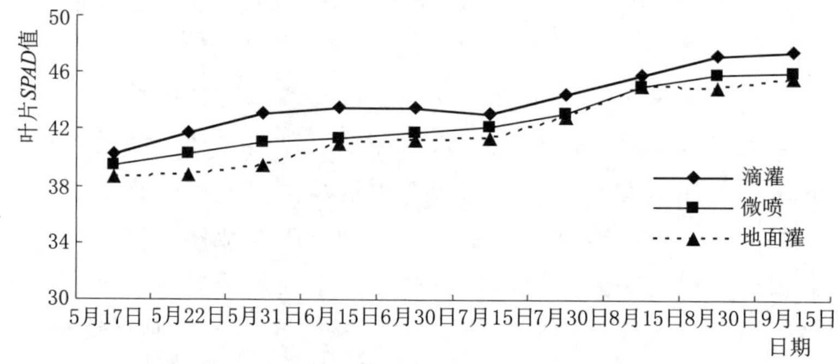

图7.21　不同灌溉方式下枣树叶片*SPAD*值变化曲线

一些学者研究了作物叶片叶绿素相对含量与作物产量的关系，为利用作物的叶片叶绿素相对含量对作物产量进行预测提供了一种新思路。Follet等[113]应用叶绿素仪测定冬小麦叶绿素相对含量，得出冬小麦叶绿素相对含量与冬小麦籽粒的产量呈正相关关系；王帘里等[114]通过分析玉米功能叶片的叶绿素相对含量与玉米籽粒产量的关系，得出两者呈显著相关关系，并认为玉米生长期功能叶叶绿素相对含量可以用来在玉米生长旺盛期对玉米籽粒产量进行估测。本研究建立了枣树叶片叶绿素相对含量与枣树产量的关系，从图7.22可以看出，不同灌溉方式下，叶片叶绿素相对含量*SPAD*值与产量呈正相关关系，决定系数达0.819，说明了枣树叶片叶绿素相对含量高有利于提高枣树的产量。

7.4.4　不同灌溉方式对枣树产量及水分生产效率的影响

从图7.23和表7.21可以看出，不同灌溉方式下枣树产量在0.01水平差异极显著，产量以滴灌方式最高，达到了1064.5kg/亩，其次为微喷灌方式，

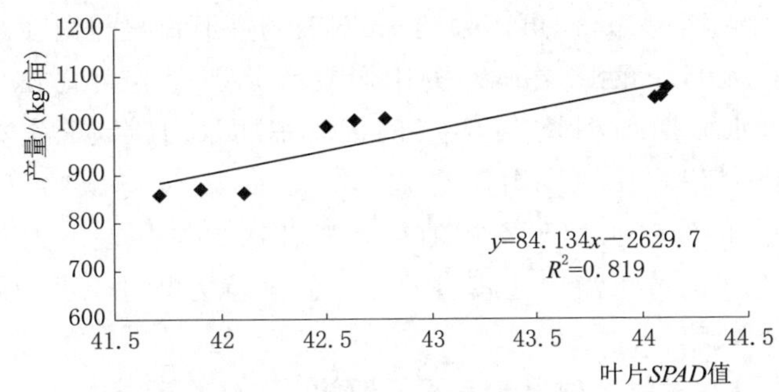

图 7.22　不同灌溉方式下枣树叶片 *SPAD* 值与产量的相关关系

地面灌方式产量最低。滴灌及微喷灌方式较地面灌方式在节水 49%以上的情况下，滴灌增产 23%，微喷灌增产 17%；单株枣树产量方面，微灌方式（滴灌、微喷灌）与地面灌方式单株产量在 0.01 水平差异显著，而滴灌与微喷灌方式差异不显著；对比分析不同灌溉方式对枣树单株产量及总产量的影响，可以看出，微灌方式（滴灌、微喷灌）在大幅节约灌溉水量的情况下提高了枣树的产量，实现了明显的节水增产效果。

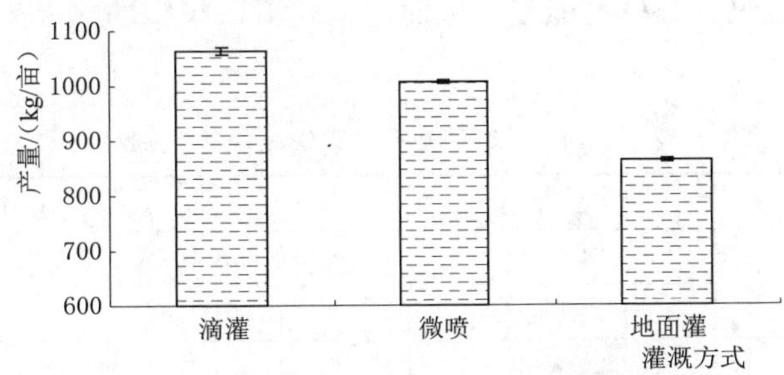

图 7.23　不同灌溉方式下枣树实测产量对比

表 7.21　不同灌溉方式下枣树的水分生产效率

灌溉方式	产量/(kg/亩)	单株产量/kg	灌溉量/m^3	耗水量/m^3	水分生产率/(kg/m^3)	
					占灌溉量	占耗水量
滴灌	1064.5aA	12.1aA	632	537.1	1.68	1.98
微喷	1006.2bB	12.1aA	632	562.0	1.59	1.79
地面灌	870.1cC	10.2bB	1249	535.3	0.69	1.63

注　不同大写字母表示在 0.01 水平上差异显著，不同小写字母表示在 0.05 水平上差异显著。

水分生产效率（*WUE*）是指每立方米水生产出的果实产量，通常以果实产量与灌溉水量的比值或果实产量与耗水量的比值来表示。从表 7.21 看出，水分生产效率以滴灌最高，每灌水 1m^3 可产果实 1.68kg，而每耗水 1m^3 可产果实 1.98kg，其次为微喷灌，而地面灌水分生产效率最低，每灌水 1m^3 仅产果实 0.69kg，而每耗水 1m^3 可产果实 1.63kg。由于滴灌与微喷灌方式较地面灌方式节水 49%以上，两者灌溉水分生产效率分别为地面灌方式的 2.4 倍和 2.3 倍，而耗水水分生产效率三者相差不大，主要是由于地面灌方式灌溉水量虽高，但灌溉水仅有 42.9%用于枣树消耗，而滴灌与微喷灌方式分别有 85.0%和 88.9%的灌溉水用于枣树消耗，三者耗水量相差不大造成的。可以看出，地面灌方式的节水潜力还相当大，并且在满足枣树需水的同时还可提高枣树的水分生产效率。

7.4.5　不同灌溉方式对枣树果实品质的影响

7.4.5.1　不同灌溉方式下枣树的果实品质差异性分析

不同灌溉方式对枣树果实横纵径的影响见表 7.22，其中滴灌及微喷灌方式下果实横径均高于对照地面灌方式，经方差分析，滴灌、微喷灌方式分别与地面灌方式下果实横径在 0.01 水平差异达极显著，而不同灌溉方式下果实纵径差异不显著，说明滴灌及微喷灌方式在节水 49%以上的情况下增大了果实的横径，而对果实的纵径生长没有明显影响；地面灌方式下果形指数与微灌方式（滴灌、微喷灌）在 0.01 水平差异极显著，其均高于微灌方式（滴灌、微喷灌）下果形指数，分析可能是在地面灌方式下，果实的纵径生长速度要高于横径的生长。

表 7.22　　不同灌溉方式对枣树果实横纵径的影响

灌溉方式	果实横径/mm	果实纵径/mm	果形指数/(mm/mm)
滴灌	21.5aA	30.9aA	1.44bB
微喷	21.6aA	31.4aA	1.45bB
地面灌	20.3bB	31.3aA	1.54aA

注　不同大写字母表示在 0.01 水平上差异显著，不同小写字母表示在 0.05 水平上差异显著。

对不同灌溉方式下枣树果实品质各评价指标进行方差分析，结果见表 7.23，可以看出，不同灌溉方式单果重、还原糖含量、维生素 C 含量在 0.01 水平差异极显著，其中单果重从大到小为滴灌、微喷、地面灌，这主要是滴灌、微喷提高了果实的横径长度造成的；维生素 C 含量从大到小为微喷、滴灌、地面灌，这主要是由于滴灌与微喷灌方式灌水频次高，枣果不易变干造成的；核重以滴灌最大，微喷与地面灌较小，两者差异不显著，而与滴灌差异极显著；可食率和总酸含量方面，不同灌溉方式差异不显著，说明滴灌与微喷灌方式在节水的情况下对果实的可食率和总酸含量没有明显的影响；由于滴灌方式下核重高于微喷及地面灌方式，导致滴灌与微喷及地面灌的出干率在 0.01 水平差异极显著；总糖含量方面，滴灌、微喷与地面灌在 0.01 水平差异极显著，地面灌方式均高于滴灌与微喷灌方式，分析原因可能是地面灌的灌水周期长，田间相对湿度较小，有利于果实糖分的积累。

表 7.23 不同灌溉方式下枣树果实品质指标差异性分析

灌溉方式	单果重/g	核重/g	可食率/%	出干率/%	总糖含量/(g/100g)	还原糖含量/(g/100g)	总酸含量/(g/100g)	维生素C含量/(g/100g)
滴灌	9.78aA	0.35aA	0.97aA	0.20bB	20.12bB	5.03bB	0.14aA	171.24bB
微喷	9.36bB	0.32bB	0.97aA	0.24aA	20.22bB	3.68cC	0.13aA	199.96aA
地面灌	8.92cC	0.32bB	0.96aA	0.24aA	22.28aA	7.21aA	0.13aA	76.27cC

注 不同大写字母表示在 0.01 水平上差异显著，不同小写字母表示在 0.05 水平上差异显著。

7.4.5.2 不同灌溉方式下枣树果实品质的优次评价

为确定不同灌溉方式下枣树果实品质的优次，根据测取的指标从单果重、核重、可食率、出干率、总糖、还原糖、总酸、维生素C、果形指数 9 个方面进行综合评价，为此引用合理-满意度的方法[115-116]。“合理-满意度”是指品种所表现出来的特性满足人们需要或满意的程度。不同灌溉方式果实品质特性的满意度表示为 $M(b_i)$，其应满足 $0<M(b_i)<1$。

假设在评价指标中某指标值为 b_i $(i=1,2,3,\cdots,n)$，其最大值为 $b_{i\max}$，定义其满意度为 1，最小值为 $b_{i\min}$，定义其满意度为 0，若满意度与评价指标值呈线性关系，则有

$$M(b_i)=\frac{b_i-b_{i\min}}{b_{i\max}-b_{i\min}} \tag{7.16}$$

根据式 (7.16) 计算出枣树果实品质各个评价指标的合理-满意度，见表 7.24。

表 7.24 不同灌溉方式下枣树果实品质各指标合理-满意度

灌溉方式	单果重/g	核重/g	可食率/g	出干率/%	总糖含量/(g/100g)	还原糖含量/(g/100g)	总酸含量/(g/100g)	维生素C含量/(g/100g)	果形指数/(mm/mm)
滴灌	0.10	0.05	0.12	0.00	0.00	0.02	0.15	0.08	0.00
微喷	0.05	0.00	0.15	0.15	0.01	0.00	0.05	0.10	0.01
地面灌	0.00	0.00	0.00	0.15	0.15	0.05	0.00	0.00	0.10

评价出不同灌溉方式下枣树果实品质各评价指标的合理-满意度后，假设各评价指标的变化是相对独立的，对果实品质的总贡献近似没有区别，则可以运用加法合并原则来计算不同灌溉方式果实品质的合成合理-满意度。计算公式为

$$V=\sum_{i=1}^{n}W_iM_i \tag{7.17}$$

式中：V 为合成合理-满意度；W_i 为第 i 个指标的加权数，满足 $0<W_i<1$，加权数由专家给出；M_i 为第 i 个单因素指标的满意度。

根据式（7.17），计算出不同灌溉方式下枣树果实品质的合成合理-满意度并排序，见表 7.25。可以看出，不同灌溉方式下枣树果实品质的合成合理-满意度以微喷最高，为 0.52，其次为滴灌，而以地面灌最小，说明微喷及滴灌方式较地面灌方式提高了枣树的果实品质，更符合人们对果实品质的要求，而微喷灌方式下果实品质最符合人们对品质的要求，是最期望得到的品质类型。

表 7.25　不同灌溉方式下果实品质合成合理-满意度及排序

灌溉方式	合成合理-满意度（V）	满意度排序
滴灌	0.51	2
微喷	0.52	1
地面灌	0.45	3

7.4.6　小结

通过对比分析不同灌溉方式对枣树耗水、生长、产量与水分生产效率、果实品质四方面的影响，主要得到以下结论：

（1）枣树耗水量方面，微喷灌方式灌溉后水分主要补给浅层土壤，枣树的根系吸水与表土蒸发强烈，不同生育期耗水强度普遍高于滴灌与地面灌方式；微喷灌方式避免了土壤水渗漏的产生，灌溉水主要用于枣树消耗，且营造了良好的枣园小气候。

（2）枣树生长方面，滴灌、微喷灌和地面灌方式对枣树的生长影响差异不显著，微喷灌方式有利于枣树叶片的生长，冠层发育旺盛；滴灌与微喷灌方式下枣树叶片叶绿素相对含量均高于地面灌，且叶绿素相对含量与枣树产量呈正相关关系，叶片叶绿素相对含量高有利于提高枣树的产量。

（3）枣树的产量及水分生产效率方面，滴灌及微喷灌较地面灌方式在节水49%以上的情况下，滴灌增产 23%，微喷增产 17%；从单株产量看，滴灌与微喷灌方式差异不显著，且均高于对照地面灌方式单株产量；滴灌与微喷灌灌溉水分生产效率分别为地面灌方式下的 2.4 倍和 2.3 倍，而耗水水分生产效率三者相差不大。

（4）枣树的果实品质方面，滴灌及微喷灌方式下，有利于增大果实的横径，提高单果重及维生素 C 含量，地面灌方式下枣树的总糖和还原糖含量要高于滴灌及微喷灌方式。通过引用合理-满意度的方法对不同灌溉方式下枣树果实品质的优次进行评价，合成合理-满意度以微喷灌方式最高，为 0.52，其次为滴灌，说明微喷及滴灌方式提高了枣树的果实品质，而微喷灌方式下果实品质则是最期望得到的品质类型。

(5) 综合分析不同灌溉方式对枣树耗水、生长、产量与水分生产效率、果实品质的影响，从节水增效方面考虑，微喷灌是最适合研究区成龄枣树的微灌方式，值得推广，其次为滴灌。

第8章　灌水定额和滴头流量对灰枣产量和品质的影响

8.1　试验材料及方法

8.1.1　试验区概况

试验区地理位置及土壤质地见2.1.1节。

2014年试验区的各气象因子月平均值见表8.1。

表8.1　　2014年试验区各气象因子月平均值

月份	太阳辐射量 /(W/m^2)	大气温度 /℃	大气相对湿度 /%	降雨量 /mm	ET_0 /(mm/d)
4	125.91	15.7	30.1	1.8	2.7
5	223.28	19.4	31.3	3.9	3.4
6	261.09	21.0	56.7	20.2	3.7
7	274.18	24.0	54.3	7.5	4.1
8	197.67	21.0	67.7	10.2	2.8
9	152.30	17.4	74.5	16.1	1.9
10	99.42	11.4	69.7	5.2	1.0

8.1.2　试验材料及方案设计

1. 试验材料

试验于2014年4—11月进行，试验区枣树面积为1467.4m^2，试验区枣树树龄为10年，品种为灰枣，株行距为2m×3m，树高为3.0～3.5m，在枣树两侧50cm处沿树行方向各平行布置一根滴灌管。基肥采用穴施，穴距枣树为50cm，在滴头正下方，深度为40cm，生育期追肥均随水滴施，田间管理与当地农户的管理措施同步，枣树在2013年春天进行了重剪。

2. 试验方案设计

本书采用小区试验方式开展试验，采用变灌水定额方法进行灌溉，考虑灌水定额和滴头流量两个因素，试验设置4种处理，处理1～处理3的灌水定额分别为22.5mm、30mm、37.5mm，滴头流量均为3.75L/h，滴头为管上补偿式滴头，滴头间距为50cm，处理4的灌水定额为30mm，滴头流量为2.0L/h，采用内镶迷宫式滴头，滴头间距为50cm，每种处理均设置3个重复，灌溉制度及试验设置见表8.2，灌水时间根据枣农的生产经验，观察树体生长状况，确定合适的灌水时间。

表8.2 枣树灌溉试验设计

处理名称	生育期起始时间	萌芽展叶期（4月16日—5月29日）	花期（5月30日—7月19日）	果实膨大期（7月20日—9月10日）	成熟期（9月11日—10月30日）	休眠期（10月31日至次年4月16日）	累积量/mm	备注
处理1	灌水定额/mm	22.5	22.5	22.5	22.5		270	滴头流量 q=3.75L/h
处理2	灌水定额/mm	30	30	30	30		360	
处理3	灌水定额/mm	37.5	37.5	37.5	37.5		450	
处理4	灌水定额/mm	30	30	30	30		360	滴头流量 q=2.0L/h
灌水次数/次		3	3	5	1		12	

各处理灌水时间同步，自萌芽展叶期到成熟期共灌水12次，灌水时间分别为5月1日、5月12日、5月28日、6月8日、6月17日、6月27日、7月25日、8月4日、8月14日、8月24日、9月3日、9月24日，冬灌及春灌水量未计入灌水总量中。

8.1.3 观测项目与测定方法

观测项目包括灌溉水量、土壤含水率、气象数据、果实纵横径、叶绿素、叶温、座果率等，其观测方法同6.1.3节和7.1.3节。

果实的色泽是衡量果实外观品质的一个重要因素，它也可反映果实的成熟度，是吸引购买者最直接的因素之一，对销量有较大影响。故本书对影响红枣果实着色的因素进行分析。为了达到可在任意时间进行果实着色测定的目的，且减少因光照对果实着色的影响，选用色阶 L 值（亮度）、R 值（红色）、G 值（绿色）的 R/G、R/L、G/L 比值来分别表示红枣果实着色的效果。果实着色测定过程如下：

(1) 试验设置4种灌水处理，每种灌水处理选取三棵样树作为重复，在每棵样树南面选取长势均一的灰枣果实3个，作为试验样本。

(2) 在晴天的中午13：30左右用佳能Power Shot A3400 IS数码照相机对果实样本进行拍照，获得果实着色图片。拍摄图片时间为9月13日、9月16日、9月25日、9月28日、10月1日、10月4日、10月15日、10月22日，共测8次。

(3) 用Photoshop 6.0软件对获得的果实图片进行处理，用“套索工具”尽可能选取全部果实着色区域，增强代表性，如图8.1所示，选择好着色区域后，单击“图像”菜单下“直方图”选项，在通道中选取“亮度”“红”“绿”“蓝”即可得到选择区域的 L 值（亮度）、R 值（红色）、G 值（绿色）、B 值（蓝色），将数据在 Excel 表格中进行处理，得到各试验处理的 R/G、R/L、G/L 比值。

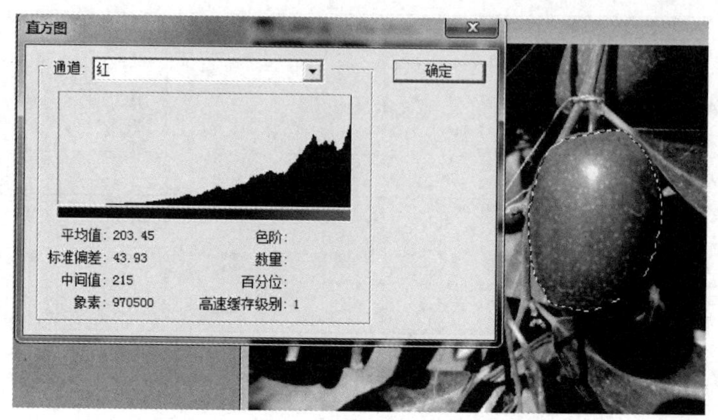

图 8.1　果实着色分析图像及 R 值

（4）在任一试验小区内，选取南侧的 3 个纯绿色灰枣，分别于 2014 年 9 月 13 日 14：10 和 2014 年 9 月 24 日 12：49、13：48、14：51、15：49、17：48 对其进行拍照，分析不同时段的指标是否有差异性，是否能够作为果实着色评价指标。田间拍照试验完成后，摘下该果实并装密封袋带回室内，并于第二天 13：54 左右在室内自然光照下对取回的果实进行拍照，完成整个果实着色的拍照工作后，采用上述方法获得色阶 L 值、R 值、G 值和 B 值，并计算出 R/G、R/L 和 G/L 比值。

8.2　不同灌水处理的土壤水分分布

8.2.1　土壤水分在垂向及水平向分布的分析

由于规律相似，本书仅以 8 月 13 日灌水前及 8 月 15 日灌水后的土壤含水率分析为例。灌水前后，各处理土壤含水率一维分布如图 8.2 所示，二维分布如图 8.3 所示，滴灌管位于二维分布图的（0，0）坐标处。由图 8.2 可知，各处理灌水前后土壤含水率变化较大的土层范围为 0～70cm，其中 0～20cm 土层的灌水前后土壤含水率变化最大，灌前土壤含水率为 7.8%～14.6%，灌后土壤含水率 14.4%～19.6%。各处理灌后 80cm 深度处的土壤含水率基本不变，说明灌水定额分别为 22.5mm、30mm、37.5mm 的灌水处理均不会产生深层渗漏。

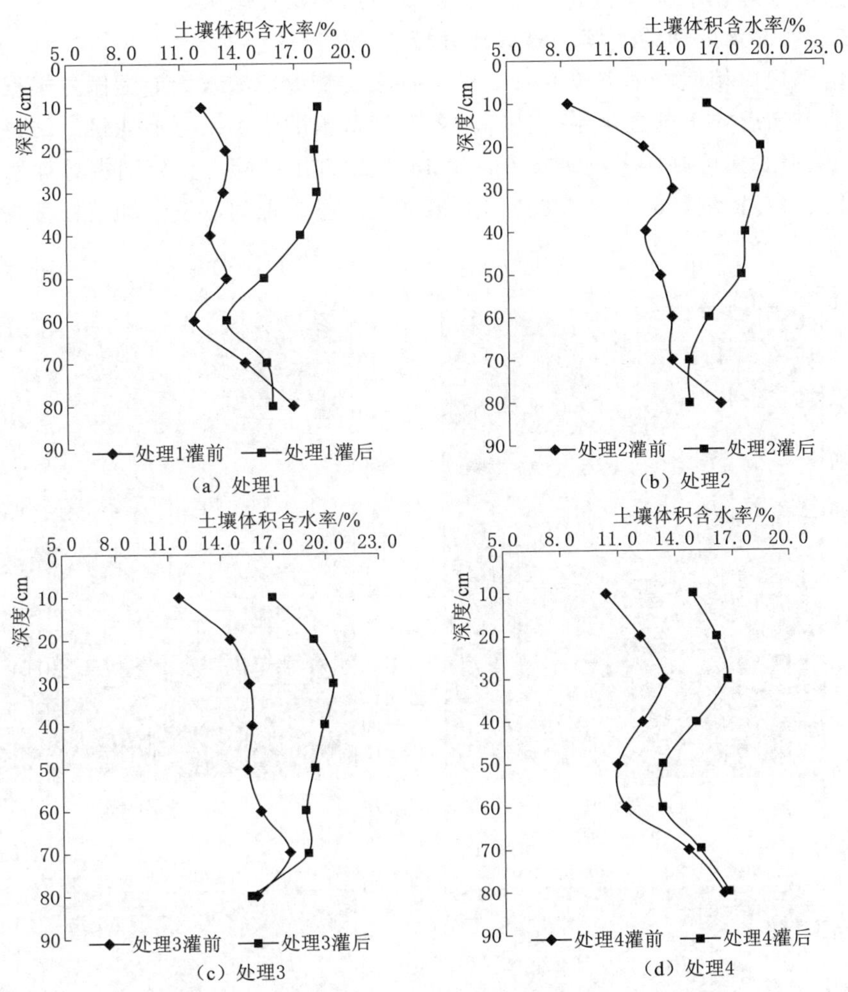

图 8.2 各处理灌前、灌后土壤含水率一维分布图

由图 8.3 可知，土壤含水率的最高值位于滴头正下方，滴头流量均为 3.75L/h 时，灌水定额为 22.5mm、30mm、37.5mm 的处理 1～处理 3，水平湿润宽度分别为 50.8cm、52.2cm、55.4cm，垂直入渗深度分别为 69.6cm、77.4cm、79.1cm，表明滴头流量相同时，土壤水平湿润宽度和入渗深度随灌水定额的增大呈逐渐增大趋势。

当灌水定额均为 30mm 时，滴头流量 q=2.0L/h 的处理 4，水平湿润宽度为 39.4cm，垂直入渗深度为 78.9cm；滴头流量 q=3.75L/h 的处理 2，水平湿润宽度为 52.2cm，垂直入渗深度为 77.4cm。处理 4 的水平湿润宽度小于处理 2，垂直入渗深度大于处理 2，这与李明思等[117]的研究成果一致，说明滴头流量大的处理，水平湿润宽度较小，但垂直入渗深度较大。

8.2.2 各灌水处理的土壤水分消耗分析

由于规律相似，本书以 8 月 5—13 日果实膨大期灌水周期为例，根据各土层灌前、灌后的土壤含水率，计算出各深度范围的土壤水分消耗量。结果见表 8.3。由表 8.3 可知，各处理在 0～60cm 土层的耗水量之和分别占总耗水量的 95.6%、97.1%、96.0%、96.8%。枣树耗水量为棵间蒸发量和植株蒸腾量之

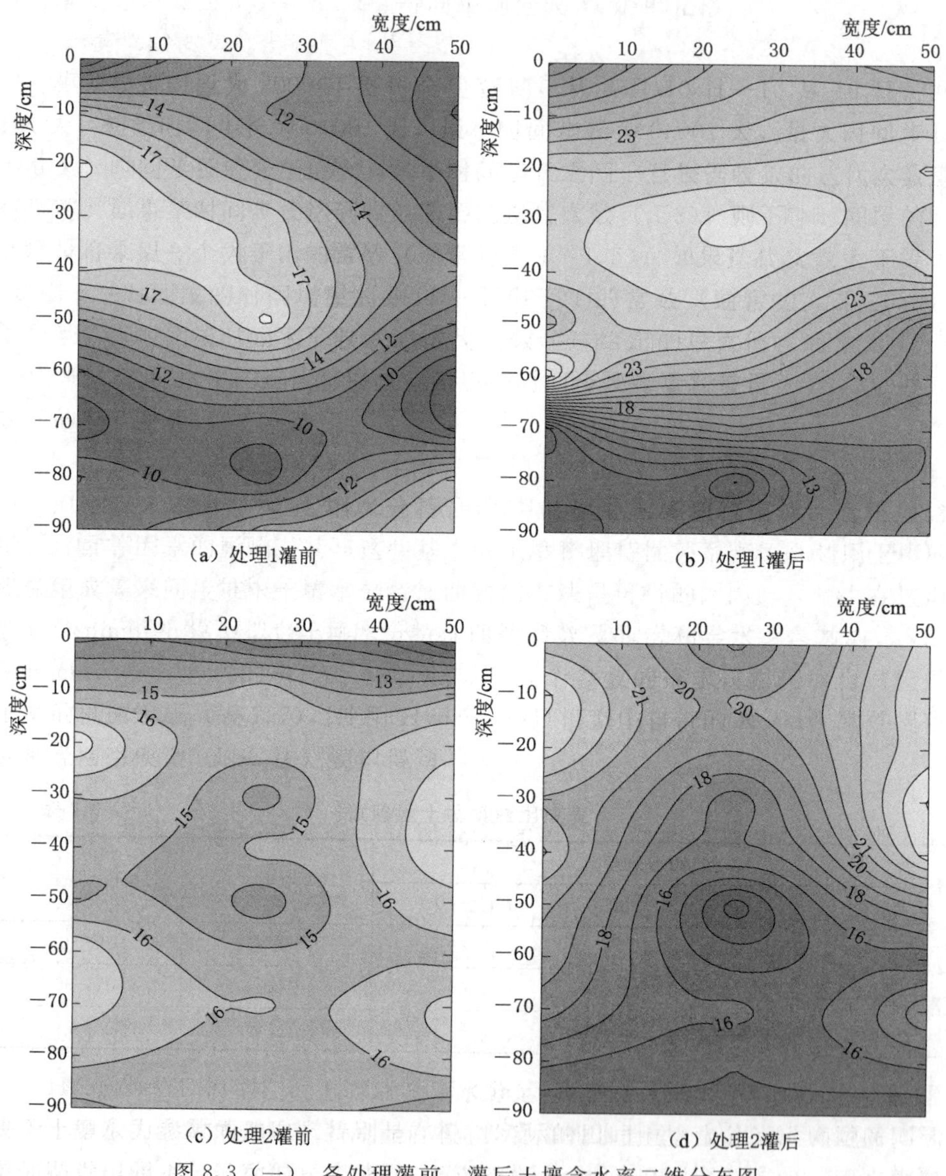

图 8.3（一）　各处理灌前、灌后土壤含水率二维分布图

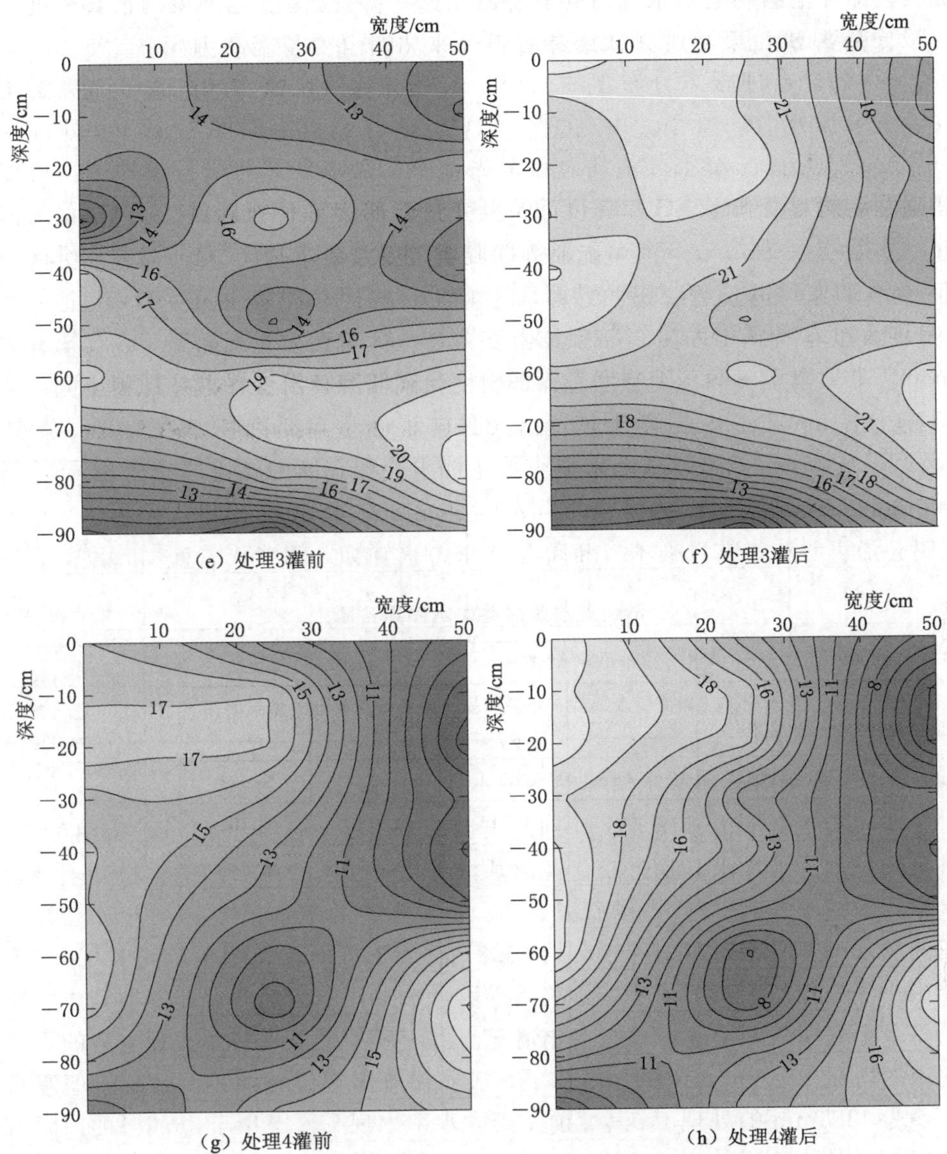

图 8.3（二）　各处理灌前、灌后土壤含水率二维分布图

和，根系从土壤中吸收的大部分水分通过植株蒸腾消耗掉，所以土壤含水率变化量也可间接反映植株蒸腾量的大小。由田盼盼的根系分布研究成果可知[37]：在 0～20cm、20～40cm、40～60cm、60～80cm、80～100cm 土层范围内的根长密度分别占总根长的 31.9%、30.7%、21.2%、10.2%、6.0%左右，其中在 0～60cm 土层的根长密度占总根长密度的 83.8%。通过分析可知，各处理

在相同深度范围的土壤水分消耗量均值（y）与对应深度范围内的根长密度占总根长密度的比例（x）存在正相关关系，相关方程为 $y=1.6503x-13.782$（$R^2=0.976$），即根系分布多的土层，土壤水分消耗量大，根系分布少的土层，土壤水分消耗量小。由表 8.3 可知，随着灌水定额的增大，各处理在 0～60cm 土层的土壤水分消耗总量呈先增大后减小的趋势。分析原因，可能是土壤湿润宽度和垂直入渗深度的不同导致了各处理不同土层土壤耗水量的差异。如灌水定额均为 30mm，滴头流量分别为 $q=3.75$L/h 的处理 2 和 $q=2.0$L/h 的处理 4，在 0～40cm 土层的土壤水分消耗量处理 2 大于处理 4，但在 40～60cm 土层的土壤水分消耗量处理 2 小于处理 4。分析原因，认为是由于两者在水平向的湿润宽度和垂直方向的入渗深度的差异导致了这种结果。

表 8.3　各灌水处理在不同深度范围的土壤水分消耗量

深度/cm	处理 1/%	处理 2/%	处理 3/%	处理 4/%	平均值/%
0～20	42.4	44.5	38.2	43.3	42.1
20～40	38.6	32.1	33.7	31.2	33.9
40～60	14.6	20.5	24.1	22.3	20.1
60～80	4.4	2.9	4.0	3.2	3.63

8.2.3　生育期内不同灌水处理的土壤水分动态变化

各枣树生育期内不同灌水处理的土壤水分变化如图 8.4 所示，由图可知，各处理土壤的平均水分动态变化规律基本一致，即随着生育期的推进，土壤含水率逐渐减小。谢美玲[118]的研究表明：枣树适宜的灌水控制下限为 55.3%的田间持水率。本书以田间持水率的 55.3%作为下限，田间持水率的 100%作为上限，分析各灌水处理的灌前、灌后土壤含水率，枣树从萌芽展叶期到成熟期的整个生育期的土壤水分动态变化情况。由图 8.4 可知，各处理灌水后的土壤含水率均在 100%的田间持水率以下，表明没有出现过量灌溉的情况。但灌水定额为 22.5mm 的处理 1，其灌前土壤含水率出现了 5 次小于 55.3%的田间持水率的情况，说明处理 1 灌溉量较小。处理 2 和处理 3 的土壤含水率均在 55.3%的田间持水率和 100%的田间持水率之间变化，说明处理 2 和处理 3 的灌水较为适宜，未出现灌水过多或过少的情况。而对灌水定额为 30mm 的处理 2 和处理 4，处理 2（大滴头流量 $q=3.75$L/h）的土壤含水率未出现小于 55.3%的田间持水率的情况，处理 4（小滴头流量 $q=2.0$L/h）出现了小于 55.3%的田间持水率的情况，可能是由于土壤的空间变异性导致了这种状况的发生。

8.2.4　枣树耗水量分析

各处理枣树月耗水量与同期月参考作物蒸发蒸腾量 ET_0 的关系如图 8.5 所示。由图 8.5 可知，ET_0 值变化呈单峰曲线，最大值为 123.6mm，出现在 7 月，然后逐渐降低。各灌水处理月耗水量变化较复杂，除了处理 3 呈单峰曲线外，其他处理总体呈双峰曲线，极值出现在 6 月和 8 月，但各处理的最大值

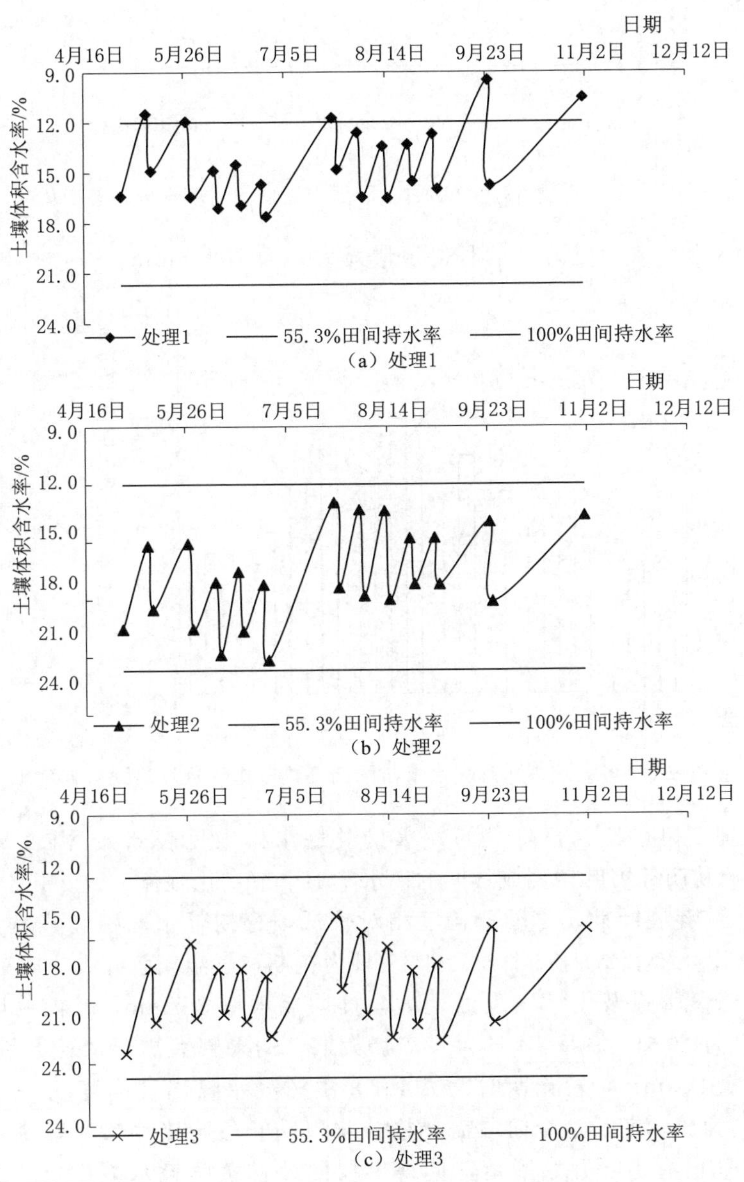

图 8.4（一）　枣树生育期内不同灌水处理的土壤水分动态变化

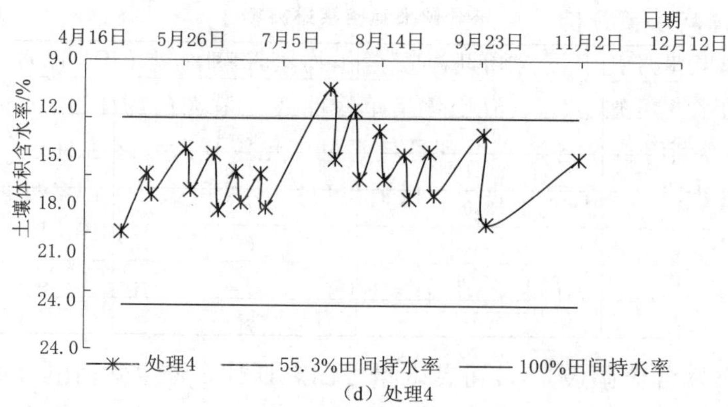

(d) 处理4

图 8.4（二）　枣树生育期内不同灌水处理的土壤水分动态变化

均出现在 8 月，其中处理 2 的月耗水量最大，为 100.8mm。

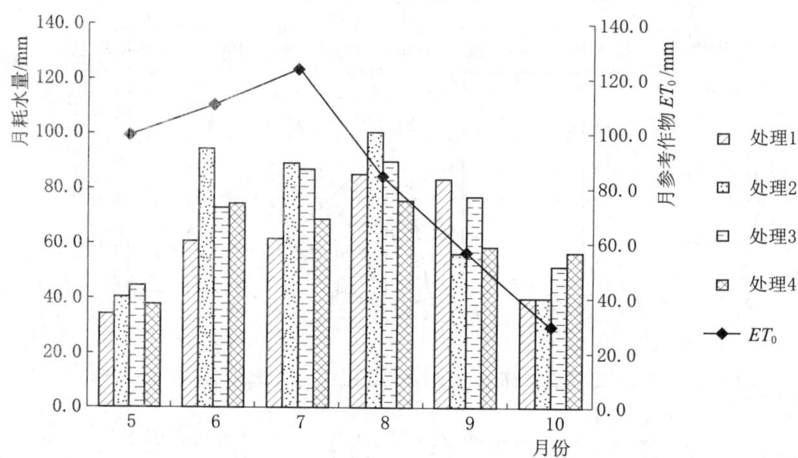

图 8.5　各处理枣树月耗水量与同期月参考作物蒸发蒸腾量 ET_0

各处理枣树在各生育阶段的耗水量及耗水模数见表 8.4。由表 8.4 可知，各处理枣树从萌芽展叶期到成熟期的耗水量随季节变化规律一致。4 月 16 日—5 月 29 日为萌芽展叶期，枣园覆盖度相对较低，枣树耗水以棵间蒸发为主，日均耗水量 2.3mm；5 月 30 日—7 月 19 日为花期，气温较萌芽展叶期有所升高，枣树的植株蒸腾量及土壤蒸发量增大，日均耗水量 2.7mm，较前一阶段增大 17.4%；7 月 20 日—9 月 10 日为果实膨大期，幼果膨大需要消耗大量的水分，日均耗水量 2.9mm，较花期增大 7.4%，枣树耗水量出现高峰期；9 月 11 日至 10 月底为成熟期，这个阶段需严格控水以防止红枣产生裂果，灌水周期延长，10 月初已有枣叶开始脱落，使得枣树的植株蒸腾耗水减小，加之此阶段太阳辐射量较前一阶段明显减小，使得棵间蒸发量也有所降低，日均耗水量

1.7mm，比果实膨大期降低了41.3%。

表8.4　　各处理枣树在各生育期的耗水量及耗水模数

处理名称	参数	生育期					
		萌芽展叶期（4月16日—5月29日）	花期（5月30日—7月19日）	果实膨大期（7月20日—9月10日）	成熟期（9月11日—10月30日）	休眠期（10月31日至次年4月16日）	累积量
处理1	耗水量/mm	83.48	99.77	142.03	91.71	—	416.99
	耗水模数/%	20.02	23.93	34.06	21.99	—	
处理2	耗水量/mm	97.32	148.11	161.62	74.35	—	481.40
	耗水模数/%	20.22	30.77	33.57	15.44	—	
处理3	耗水量/mm	107.68	130.68	152.03	99.69	—	490.09
	耗水模数/%	21.97	26.66	31.03	20.34	—	
处理4	耗水量/mm	84.98	118.52	125.16	93.40	—	422.06
	耗水模数/%	20.1	28.08	29.66	22.13	—	

（1）从枣树萌芽展叶期到成熟期的耗水来看，当滴头流量$q=3.75$L/h时，处理2的灌溉量较处理1增加了33.3%，耗水量增加了15.4%；处理3的灌溉量较处理2增加了25.0%，但耗水量仅增加了1.8%。说明耗水量随灌水定额的增加呈逐渐增加的趋势，但随着灌溉量的增大耗水量增加的幅度减小。

（2）对滴头流量为$q=3.75$L/h和$q=2.0$L/h的处理2和处理4，处理4的枣树耗水量较处理2减少了59.34mm，减小了12.3%。由表8.4可分别计算出处理2和处理4的枣树在果实膨大期和成熟期的耗水量之和，其值分别为235.97mm和218.56mm，处理2比处理4增大7.4%，处理2和处理4的枣树在萌芽展叶期和花期的阶段耗水总量分别为245.43mm和203.50mm，处理2比处理4增大20.6%，说明滴头流量的不同造成了耗水量差异，这主要是由于在萌芽展叶期和花期耗水总量的差异引起的。分析原因，枣树萌芽晚，故枣园前期覆盖度较低，枣树耗水主要为棵间蒸发，土壤湿润面积会随着滴头流量的增加而增大[119]。因此，由于大滴头流量处理2的土壤湿润面积大于小滴头流量处理4，使得处理2在枣树萌芽期和花期的耗水量显著大于处理4。在进入果实膨大期后，枣树耗水方式由棵间蒸发转变为植株蒸腾，棵间蒸发量逐渐减少，此时滴头流量对枣树的耗水影响逐渐减小，所以两种处理在果实膨大期和成熟期的阶段耗水总量接近。

（3）由表8.4可知，各处理的萌芽展叶期和成熟期的耗水模数较小，果实膨大期耗水模数最大。果实膨大期是枣树的需水临界期。这与王文明的研究结果一致[120]。

8.2.5　小结

针对不同灌水处理，对枣树的土壤水分在水平和垂向上的分布、不同深度的土壤水分消耗量及枣树耗水特性进行了研究，得出以下结论：

(1) 土壤含水率变化较大的土层范围为0～70cm，滴头流量相等时，土壤水平湿润宽度和入渗深度随灌水定额的增大呈逐渐增大趋势。当灌水定额相等时，滴头流量越大，水平湿润宽度越大，垂直入渗深度较小。

(2) 各处理土壤含水率均在100%田间持水率以下，但处理1的土壤含水率出现了临界含水率下限的情况（55.3%的田间持水率），这可能是处理1的灌溉量小所致。

(3) 随着灌溉量的增大，各处理的总耗水量逐渐增大，但耗水量的增加幅度减小。灌水定额相同时，滴头流量较小的处理4（q=2.0L/h），其总耗水量比滴头流量大的处理2（q=3.75L/h）小12.3%。

8.3　灌水定额和滴头流量对枣树产量及品质的影响

8.3.1　灌水定额和滴头流量对枣树产量的影响

不同灌水处理的平均产量见表8.5，由枣树萌芽展叶期到成熟期的耗水总量和枣树产量即可算出水分利用效率*WUE*。由表8.5可以看出，滴头流量q=3.75L/h的灌水处理1～3的枣树产量为5674.6～6818.8kg/hm²，枣树水分利用效率为1.26～1.42kg/m³，灌水定额为30mm的处理2，其枣树产量达到6818.8kg/hm²，比处理1高20.2%，比处理3高10.2%。但各处理间产量差异不显著。当灌溉量继续增加时，枣树产量并未继续增加反而下降，这与魏光辉[30]的试验结果相同，说明仅提高灌溉量并不能增产。

表8.5　各灌水处理的产量及水分利用效率*WUE*

处理名称	耗水量/(m^3/hm^2)	平均产量/(kg/hm^2)	*WUE*/(kg/m^3)	滴头流量/(L/h)
处理1	4169.9	5674.6a	1.36a	3.75
处理2	4814.0	6818.8a	1.42a	
处理3	4900.9	6189.2a	1.26a	
处理4	4220.6	5813.6a	1.38a	2.0

注　同列数据相同字母表示差异不显著（a=5%），表中产量为干枣产量。

从表8.5也可看出，当灌水定额均为30mm时，处理2和处理4的产量分别为6818.8kg/hm²、5813.8kg/hm²，水分利用效率分别为1.42kg/m³、1.38kg/m³。其中处理4的枣树产量较处理2低14.7%，但差异也不显著。说明在灌水定额不变的条件下，用较大滴头的流量进行灌溉有助于提高枣树产量，但作用不显著。

8.3.2 灌水定额和滴头流量对红枣着色的影响

8.3.2.1 红枣颜色的测定方法

红枣的品质主要取决于色、香、味。色即为红枣的着色，枣的色泽会影响其销量，着色好的红枣有较高的商品价值，也是吸引购买者的最直接的因素[121]。2014 年 11 月对阿克苏红枣市场进行调查得知：价格较高的红枣其颜色呈深红色。多数红枣颜色鉴定可以通过肉眼感观分析，肉眼观察方法简单易操作，但由于人的主观性限制和感观器官的局限性，鉴定结果的准确性并不高[122]。使用仪器测定果实的颜色，其优点在于准确客观，但采用专业仪器进行测定时，除了要求恒定光源和光源强度等条件外，还需要进行仪器投资，且不适于在田间应用。苑克俊等提出用数码相机拍照测算法来测定果实的着色情况，其测算过程是利用数码相机给果实拍照，然后通过图像处理软件处理图片，获得色阶值 R、G、B 和 L 值，整理数据计算获得 R/G、R/L 及 G/L 比值，用测得的比值来表示果实颜色。其特点是测量可在任意时间进行，可用于田间果实颜色测定[123]。

8.3.2.2 R/G、R/L 和 G/L 比值与枣树果实颜色的对应关系

由表 8.6 可知，R/G 和 R/L 比值与果实颜色存在一一对应关系。同一个果实在一天内不同时刻测定的 L、R、G 和 B 值各重复间存在差异。对果实的 R、G 和 B 值进行分析，见表 8.7，结果表明其相对误差分别达到 3.14%、10.30%、11.60%，其变异系数分别为 0.78%、5.68%、6.59%。但对果实的 R/G、R/L 和 G/L 比值进行分析，结果表明其相对误差分别为 0.04%、0.03%和 0.03%，其变异系数分别为 1.01%、0.91%、0.34%，说明上述比值在各重复间变异小，重复性好，可用于表示枣树果实颜色。

表 8.6　一天内不同时刻果实颜色的测算结果

品种	时刻	地点	L	R	G	B	R/G	R/L	G/L	颜色
灰枣	12：49	田间	127.86	204.57	98.61	76.48	2.08	1.60	0.77	鲜红
	13：48	田间	128.53	201.97	100.48	79.58	2.01	1.57	0.78	鲜红
	14：51	田间	131.78	204.64	103.79	84.07	1.97	1.55	0.79	鲜红
	15：49	田间	128.06	199.56	100.29	82.87	2.00	1.56	0.78	鲜红
	17：48	田间	131.36	194.80	101.82	116.99	1.91	1.48	0.78	鲜红
	13：54	室内	52.99	86.80	39.21	35.19	2.21	1.64	0.74	鲜红
	14：10	田间	157.15	142.45	179.75	76.78	0.79	0.91	1.14	绿色

注　表中 L、R、G、B 代表的数字表示各颜色的色阶值。

表 8.7　　果实颜色测量结果分析

品种	项目	R	G	B	R/G	R/L	G/L
灰枣	均值	201.11	90.7	88	1.99	1.55	0.78
	相对误差/%	3.14	10.3	11.6	0.04	0.03	0.03
	变异系数/%	0.78	5.68	6.59	1.01	0.91	0.34

对不同日期的同一颗果实进行拍照，用 Photoshop 6.0 软件提取各处理果实着色的色阶值进行分析，所得结果见表 8.8。由表 8.8 可看出，各处理枣果在果实膨大期到成熟期的 R 值变化无明显规律，但 R/G 比值和 R/L 比值均是逐渐增大，果实着色也不断加深，当达到一定值时又逐渐减小或趋于稳定。当果实为浅红色时，R/G 比值为 1.01～1.99，R/L 比值为 1.09～1.56；当果实为鲜红色时，R/G 为 2.01～2.22，R/L 比值为 1.57～1.64，此时果实着色尚不理想；当 R/G 比值达到 2.22 或者 R/L 比值达到 1.65 后，果实呈理想的深红色。G/L 比值中不包含描述果实红色的 R 值，所以它不适于表示果实着色状况，因此采用 R/G 比值或 R/L 比值来表示果实颜色。又因为 R/G 比值的数值范围更大些，所以采用 R/G 比值来表示果实颜色。当 R/G 比值为 2.22 时，果实着色已经比较理想，所以用 R/G 比值作为判定果实颜色的指标：R/G 比值小于 2.22 时，果实为浅红或鲜红；R/G 比值大于等于 2.22 时，果实为深红色，并且随着 R/G 比值增大，红色逐渐加深。

表 8.8　　不同灌水处理果实颜色测定结果

处理名称	日期	L	R	G	B	R/G	R/L	G/L	颜色
处理 1	9 月 13 日	141.86	175.48	134.93	88.40	1.30	1.24	0.95	浅红
	9 月 16 日	111.28	173.93	90.92	50.76	1.91	1.56	0.82	浅红
	9 月 25 日	112.44	176.33	87.86	71.01	2.01	1.57	0.78	鲜红
	9 月 28 日	117.40	185.43	91.02	74.35	2.04	1.58	0.78	鲜红
	10 月 4 日	103.31	170.07	76.55	65.80	2.22	1.65	0.74	深红
	10 月 15 日	86.40	154.51	58.40	51.76	2.65	1.79	0.68	深红
	10 月 22 日	71.19	126.44	48.28	44.13	2.62	1.78	0.68	深红
处理 2	9 月 13 日	133.73	181.87	128.54	30.50	1.41	1.36	0.96	浅红
	9 月 16 日	121.25	187.97	99.99	54.30	1.88	1.55	0.82	浅红
	9 月 25 日	100.19	158.85	78.07	59.77	2.03	1.59	0.78	鲜红
	9 月 28 日	118.85	197.30	89.06	65.77	2.22	1.66	0.75	深红
	10 月 4 日	118.83	206.18	84.12	67.91	2.45	1.74	0.71	深红
	10 月 15 日	123.24	209.77	87.46	80.28	2.40	1.70	0.71	深红
	10 月 22 日	114.74	188.76	80.32	93.00	2.35	1.65	0.70	深红

续表

处理名称	日期	L	R	G	B	R/G	R/L	G/L	颜色
处理 3	9月13日	180.61	206.70	184.72	87.76	1.12	1.14	1.02	浅红
	9月16日	172.71	206.64	174.12	72.85	1.19	1.20	1.01	浅红
	9月25日	142.65	202.24	125.19	74.81	1.62	1.42	0.88	浅红
	9月28日	141.97	204.11	121.46	83.68	1.68	1.44	0.86	浅红
	10月4日	137.49	198.70	114.21	96.36	1.74	1.45	0.83	浅红
	10月15日	132.25	210.70	101.67	83.36	2.07	1.59	0.77	鲜红
	10月22日	118.04	180.23	89.22	73.81	2.02	1.53	0.76	鲜红
处理 4	9月13日	182.87	199.33	198.07	56.12	1.01	1.09	1.08	浅红
	9月16日	182.76	214.97	190.15	54.83	1.13	1.18	1.04	浅红
	9月25日	118.48	180.71	96.68	66.77	1.87	1.53	0.82	浅红
	9月28日	134.75	213.45	107.00	69.91	1.99	1.58	0.79	浅红
	10月4日	117.40	192.84	88.42	68.10	2.18	1.64	0.75	鲜红
	10月15日	113.32	200.13	79.16	61.00	2.53	1.77	0.70	深红
	10月22日	102.19	178.92	70.70	62.81	2.53	1.75	0.69	深红

8.3.2.3 灌水定额和滴头流量对果实着色影响分析

1. 不同灌水定额处理对果实着色的影响

对滴头流量均为$q=3.75$L/h，不同灌水定额处理的着色指标R/G的比值进行分析，不同灌水定额处理红枣的R/G比值随时间的变化如图8.6所示。由图8.6可知，10月4日之前，R/G比值均呈随时间逐渐升高的趋势。10月4日之后，处理1和3的R/G比值仍然呈逐渐升高的趋势，10月15日后逐渐

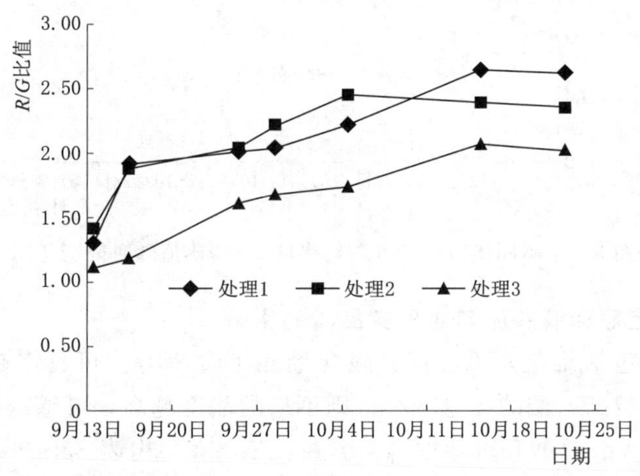

图8.6 不同灌水定额处理红枣的R/G比值随时间的变化图

达到稳定状态，而处理 2 在 10 月 4 日之后的 R/G 比值呈缓慢降低的趋势。到 10 月 22 日处理 1～3 的 R/G 比值分别为 2.62、2.35、2.02。处理 1 和处理 2 的 R/G 比值均大于 2.22，说明这两种处理着色较为理想；处理 3 的 R/G 比值小于 2.22，说明该处理果实着色不理想。处理 1 的 R/G 比值比处理 3 大 29.7%，比处理 2 大 11.5%，因此着色最好的处理是灌水定额为 22.5mm 的处理 1。但是各处理果实着色的 R/G 比值在显著水平 a=5%下的差异不显著。

2. 不同滴头流量处理对果实着色的影响

对灌水定额均为 30mm，滴头流量不同的处理 2 和处理 4 的着色指标 R/G 比值进行分析，不同滴头流量处理红枣的 R/G 比值随时间的变化趋势如图 8.7 所示。由图 8.7 可知，灌水定额均为 30mm 时，滴头流量 q=3.75L/h 的处理 2，其 R/G 比值在 10 月 4 日之前大于处理 4（滴头流量 q=2.0L/h），并且随着生育期的推进呈逐渐升高趋势。处理 2 的 R/G 比值在 10 月 4 日后呈现逐渐减小的趋势，处理 4 的 R/G 比值仍然呈升高趋势，到 10 月 15 日后达到稳定状态。10 月 22 日两种处理的 R/G 比值分别为 2.35、2.53，处理 4 的 R/G 比值较处理 2 高 7.7%，因此滴头流量 q=2.0L/h 处理 4 的果实着色优于处理 2（滴头流量 q=3.75L/h）。但两种处理的果实着色 R/G 比值在显著水平 a=5%下的差异不显著。

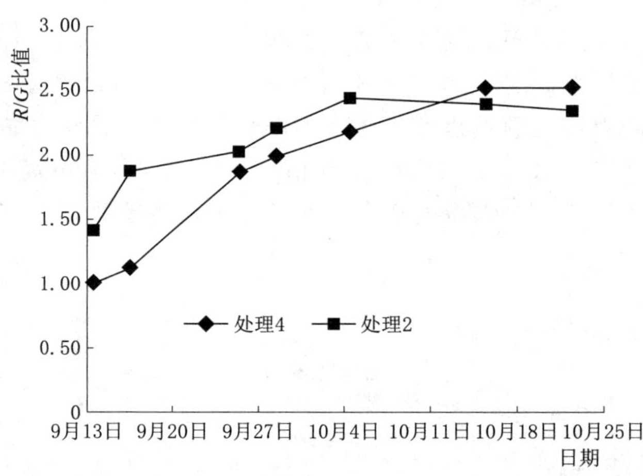

图 8.7　不同滴头流量处理红枣的 R/G 比值随时间变化图

8.3.3　灌水定额和滴头流量对果实品质的影响

果实品质包括维生素 C、糖、酸含量和可食率等。可食率越大，果肉越多；糖的含量越高，酸的含量越小，则枣果的甜度越高，口感越好。不同灌水处理的维生素 C、总酸和可溶性总糖含量见表 8.9。由表 8.9 知，各处理果实的维生素 C 含量为 15.15～20.20mg/100g，且随灌水定额的增大呈先增大后减小的趋势；处理 2 比处理 1 高 33.3%，比处理 3 高 2.4%。不同滴头流量处理的枣果维生素 C 值相同，说明滴头流量对果实的维生素 C 含量没有影响；试验各处理果实的总酸含量为 0.49%～0.73%，总酸随着灌水定额的增大而增大，处理 1 和处理 3 差异性显著，滴头流量对总酸的影响显著，滴头流量大的处理总酸含量高；各处理的果实可溶性总糖含量为 59.74%～62.43%，可溶性总糖含量随着灌水定额的增大呈现逐渐减小的趋势，但各处理之间无明显差异；各处理间的糖酸比为 81.84～127.41 变化，处理 1 与处理 3 差异显著，处理 2 比处理 1 低 19.9%，比处理 3 高 24.7%；枣果可食率随着灌水定额的增大呈现先增大后减小的趋势，在处理 2 出现峰值，但差异不显著。综上所述，处理 2 对于提高果实品质的效果较好，即在滴头流量 $q=3.75$L/h，灌水定额为 30mm 时，果实品质较优。

表 8.9　　不同灌水处理的果实品质指标

处理名称	维生素 C /(mg/100g)	总酸 /%	可溶性总糖 /%	糖酸比	可食率 /%
处理 1	15.15a	0.49b	62.43a	127.41a	93.79a
处理 2	20.20a	0.60ab	61.21a	102.02ab	93.84a
处理 3	19.73a	0.73a	59.74a	81.84b	92.85a
处理 4	20.20a	0.53c	61.47a	115.95a	93.60b

注　同列数据相同字母表示差异不显著（a=5%）。

8.3.4 果实着色与果实可溶性总糖及总酸的相关性分析

将所测得的不同灌水处理果实的着色指标 R/G 比值的最大值、收获后所测得的各处理的果实可溶性总糖和总酸含量值列于表 8.10。由表 8.10 可知，在相同滴头流量下，随着灌水定额的增大，R/G 比值的最大值减小，果实的可溶性总糖含量逐渐减小，总酸含量逐渐增大。将各处理的 R/G 比值的最大值与可溶性总糖及总酸值分别进行拟合，得到拟合方程分别为 $Y=51.428e^{0.0718X}$、$Y=-0.2317Z^2+0.6684Z+0.3398$（$X$ 为可溶性总糖含量、Y 为 R/G 最大比值、Z 为总酸含量），相关系数分别为 0.98、−0.99，说明 R/G 比值与可溶性总糖呈正相关，与总酸含量呈负相关，即 R/G 比值越大其可溶性总糖含量越大，总酸含量越小。

表 8.10　　不同灌水处理的果实品质及着色指标

处理名称	R/G 最大比值	可溶性总糖/%	总酸/%	备注
处理 1	2.65	62.43	0.49	$q=3.75$L/h
处理 2	2.45	61.21	0.60	
处理 3	2.07	59.74	0.73	
处理 4	2.53	61.47	0.53	$q=2.0$L/h

8.3.5 灌水定额和滴头流量对果实商品率的影响

不同灌水处理的果实商品率值如图 8.8 所示。由图 8.8 可知，各处理果实的商品率为 78.53%～82.16%，且随着灌水定额的增大呈先增大后减小的趋势，处理 2 较处理 1 的商品率提高了 3.6%，处理 3 较处理 2 降低了 4.4%，处理 2 与处理 1 和处理 3 的差异均显著。处理 4 比处理 2 的商品率低了 0.3%，但两者的差异不显著。说明灌水定额为 30mm 的处理 2 果实的商品率较高。

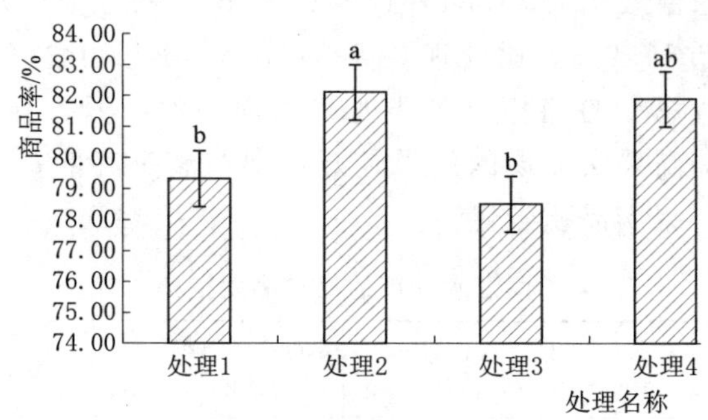

图 8.8 不同灌水处理的果实商品率

注：相同字母表示差异不显著（a=5%）。

8.3.6 灌水定额和滴头流量对果实单果重的影响

8.3.6.1 果实体积计算公式的确定

崔宁博等[124]曾提出通过圆柱体积计算公式来估算梨枣的体积，将梨枣实测纵径及其前部横径 R_1、中部横径 R_2、后部横径 R_3 的平均值 R（图 8.9）代入圆柱体积公式，估算出梨枣体积。此测量方法能够获得较高的测量精度，但需要测量 3 个部位的横径，较为耗时。

如图 8.10 所示，通过对枣树果实中部横径 R_2 与前、中、后部横径均值 R 的回归分析，两者的相关系数达到 0.96，表明两者具有较好的相关性，故

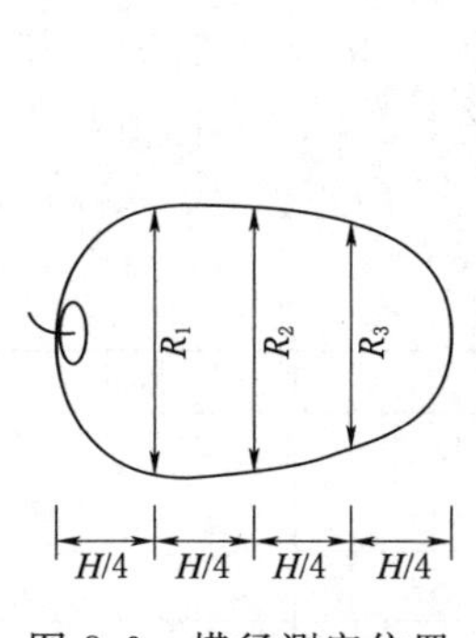

图 8.9 横径测定位置

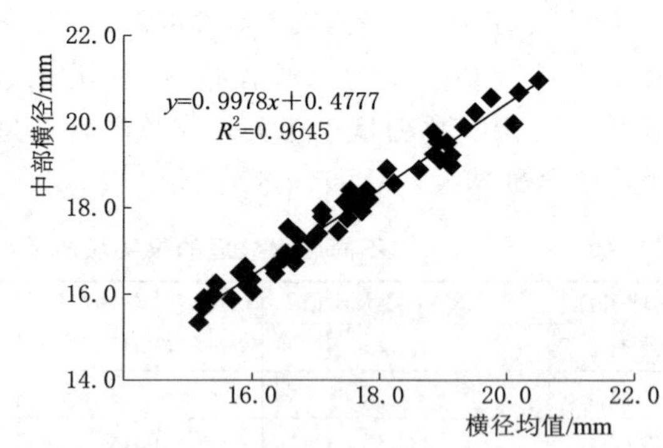

图 8.10 果实中部横径与前、中、后部横径均值的相关关系

在建立灰枣果实体积公式时采用选取灰枣果实中部横径的计算方法。

本书通过运用排水法实测果实体积，用精度为0.01mm的电子游标卡尺对随机抽取的30颗灰枣果实进行测量，测量内容为果实的纵径H、前部横径R_1、中部横径R_2、后部横径R_3。由于灰枣果实外形近似于椭球体，梨枣的外形近似于圆柱体，外形有较大差异，如图8.11所示，故分别采用圆柱和椭球体积公式分别计算灰枣果实体积。

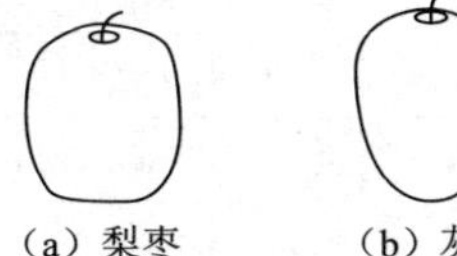

图8.11 梨枣与灰枣的果实外形特征

其中椭球的体积公式：$V=\frac{4}{3}\pi\frac{H}{2}\left(\frac{R}{2}\right)^2$；圆柱的体积公式：$V=H\pi\left(\frac{R}{2}\right)^2$，其中的$R$值为平均值。排水法的实测值和用公式计算的理论值，以及相对误差结果见表8.11。

由表8.11可知，用椭球体积公式估算灰枣果实体积，与实测值的平均相对误差为3.81%；圆柱体积公式估算灰枣果实体积，与实测值的平均相对误差为33.37%，故选用椭球体积公式对灰枣果实体积进行估算。

表8.11 两种体积公式估算的灰枣果实体积及其相对误差

序号	V_s/cm^3	V_{tq}/cm^3	V_{yz}/cm^3	$S_{tq}/\%$	$S_{yz}/\%$
1	5.7	5.38	7.33	5.66	28.65
2	5.7	5.54	7.55	2.86	32.46
3	4.3	4.25	5.80	1.15	34.80
4	3.8	4.00	5.46	5.29	43.58
5	4.0	3.92	5.34	2.04	33.58
6	4.5	4.49	6.12	0.27	35.99
7	6.8	6.48	8.84	4.66	30.01
8	5.2	5.37	7.32	3.29	40.85
9	5.0	4.67	6.37	6.60	27.37
10	6.6	6.82	9.30	3.36	40.95
11	3.4	3.54	4.83	4.25	42.16
12	4.8	4.60	6.27	4.15	30.70
13	5.1	4.83	6.58	5.36	29.05
14	5.9	5.55	7.57	5.91	28.31
15	4.6	4.33	5.90	5.98	28.21
16	5.0	4.78	6.52	4.44	30.31

续表

序号	V_s/cm³	V_{tq}/cm³	V_{yz}/cm³	S_{tq}/%	S_{yz}/%
17	5.8	5.55	7.56	4.36	30.41
18	4.9	4.89	6.66	0.26	36.00
19	4.1	3.87	5.28	5.63	28.69
20	3.4	3.37	4.60	0.75	35.34

注　V_s、V_{tq}、V_{yz}、S_{tq}、S_{yz}分别代表实测果实体积、用椭球体积公式和用圆柱体积公式计算的果实体积，以及用椭球体积公式和用圆柱体积公式计算的相对误差。

8.3.6.2　单果重的简易估算公式

果实的体积与质量存在相关性。在确定了灰枣的体积估算公式后，通过建立灰枣果实体积与单果重的回归关系，建立灰枣单果重的估算公式。灰枣体积估算及单果重测定结果见表 8.12。

表 8.12　　灰枣体积估算及单果重数据

序号	单果重/g	椭球体体积/cm³
1	2.64	5.38
2	2.69	5.54
3	2.11	4.25
4	1.96	4.00
5	1.84	3.92
6	2.26	4.49
7	3.07	6.48
8	2.47	5.37
9	2.30	4.67
10	3.10	6.82
11	1.87	3.54
12	2.12	4.60
13	2.21	4.83
14	2.75	5.55
15	2.06	4.33
16	2.31	4.78
17	2.67	5.55
18	2.27	4.89
19	1.94	3.87
20	1.86	3.37

通过对用椭球体积计算公式所得的 30 颗灰枣果实体积与所测得的相应的单果重进行回归分析，得到回归方程，回归分析结果见表 8.13。由表 8.13 可以看出，一元线性方程回归的相关系数最高，说明用该一元线性方程所估算的灰枣单果重更接近真实值。

表 8.13　　　　　　回 归 分 析 结 果

回归方程	质量（M）与体积（V）	
	拟合结果	相关系数
一元线性方程回归	$M=0.4242V+0.3006$	0.9753
指数方程回归	$M=1.0603e^{0.1623V}$	0.974
乘幂方程回归	$M=0.6001V^{0.8685}$	0.9694
对数方程回归	$M=2.2547\ln V-1.1616$	0.9571

通过用其他 20 颗灰枣来验证回归方程适用性：实测灰枣单果重与用回归方程计算值进行 t 检验，评价回归方程的适用程度，t 检验结果见表 8.14。由表 8.14 可知，枣果的质量实测值与估算值的均值分别为 2.325g、2.341g，二者非常接近，且二者的相关系数达到了 0.978，t 统计量的值是 0.856，95％的置信区间为（－0.05341，0.02241），99％的置信区间为（－0.06733，0.03663），临界置信水平都为 0.403，远大于 5％。说明回归公式计算的灰枣单果重与实际称重法测得灰枣单果重之间没有显著差异，表明用一元线性回归方程能够较好地估算灰枣的单果重。

表 8.14　　　灰枣实测质量与估算质量的差异显著性检验结果

质量/g	称重法测定值/g	回归公式计算值/g
均值	2.3250	2.3405
样本数	20	20
标准差	0.38583	0.38730
均值的标准误	0.08628	0.08660
差分的 95％置信区间	－0.05341	0.02241
差分的 99％置信区间	－0.06733	0.03633
相关系数 R	0.978	—
t 值	0.856	—
置信区间 df	19.0	—
临界置信水平	0.403	—

8.3.6.3　各处理灰枣果实体积和单果重

将 10 月 22 日测得的各处理枣树果实纵径、横径值代入椭球体积公式和一

元线性回归方程 $M=0.4242V+0.3006$，得到果实的体积及单果重，见表 8.15。由表 8.15 可知，相同滴头流量下（处理 1～3），随着灌水定额的增加，红枣单果重先增加后减小，在灌水定额为 30mm 时（处理 2）出现峰值；当灌水定额均为 30mm 时，大滴头流量处理的红枣单果重比小滴头流量处理的单果重大 2.2%，但各处理间在显著水平 a=5%下的差异不显著。

表 8.15　　不同灌水处理果实的体积及单果重

处理名称	体积/cm^3	单果重/g
处理 1	6.41	3.02a
处理 2	8.09	3.73a
处理 3	6.52	3.07a
处理 4	7.91	3.66a

8.3.7　小结

（1）各灌水处理的产量从大到小依次为处理 2>处理 3>处理 4>处理 1，水分利用效率从大到小依次为处理 2>处理 4>处理 1>处理 3。处理 2 的产量及水分利用效率均为最大，但各处理间的产量及水分利用效率均无显著性差异。

（2）当红色（R）与绿色（G）的色阶值 R/G 比值大于 2.22 时，果实着色为理想的深红色，且随着 R/G 比值的进一步增大，枣果的着色更优；收获时处理 1 和处理 2 的 R/G 比值均大于 2.22，着色较为理想，处理 3 的 R/G 比值小于 2.22，该处理果实着色不理想；处理 1 的 R/G 比值比处理 3 大 29.7%，比处理 2 大 11.5%，说明小灌水定额有助于提高果实的着色品质，但各处理果实着色的 R/G 比值在显著水平 a=5%下差异不显著。

（3）处理 2 对于提高果实品质的效果较优，其果实维生素 C 值比处理 1 高 33.3%，比处理 3 高 2.4%；枣果可食率在处理 2 出现峰值，但各处理间差异不显著；处理 2 的商品率比处理 1 提高 3.6%，比处理 3 提高 4.4%。

（4）果实的单果重可用公式 $M=\alpha V+\beta$（M 为果实的单果重，g；V 为用椭球体积公式计算枣果体积，cm^3；α，β 分别为经验参数）来估算，各处理的单果重在灌水定额为 30mm 的处理 2 出现峰值，但在显著水平 a=5%下差异不显著。

（5）综合坐果率、产量、品质、水分利用效率等指标可得出，处理 2 为此次试验的较优灌水处理。因此枣树的较优灌水定额为 30mm，灌溉定额为 360mm，灌水为 12 次，滴头流量为 3.75L/h。

第9章　不同水肥及农艺调控措施对枣树生长的影响

9.1　试验材料及方法

9.1.1　试验区概况

试验区地理位置及土壤质地见2.1.1节。

9.1.2　试验材料及方案设计

9.1.2.1　不同灌溉量试验设计

设置统一滴灌条件：采用ϕ16的滴灌管，滴头间距为30cm，滴头流量为2.0L/h，采用随机区组布置试验方案进行田间小区试验（表9.1），分为萌芽展叶期（4月15日—5月15日）、开花坐果期（5月16日—7月15日）、果实膨大期（7月16日—8月20日）与果实成熟期（8月21日—9月20日）4个时期，每个时期4种处理，每种处理设3次重复，区组内处理随机排列；试验小区为单行枣树，小区长为21m，宽为3m，每个小区7棵枣树，长势较为均一。

表9.1　灰枣田间灌水试验方案　单位：m^3/亩

处理	萌芽展叶期（7～8d）	开花坐果期（4～5d）	果实膨大期（4d）	果实成熟期（6～7d）
处理1	9	12	12	9
处理2	12	15	15	12
处理3	15	18	18	15
CK	18	21	21	18

9.1.2.2　不同施肥条件试验设计

施肥共采用4种处理方案（CK、C1、C2、C3），其中对照CK处理参考当地农户的施肥经验设定。在枣树萌芽前施入基肥，各种处理分别固定施入有机肥（油渣）2000kg/亩；磷酸二铵、磷酸一铵、硫酸钾按照1∶1.67∶0.2的比例进行施入，共4种处理，每种处理重复3次。在整个生长期追施尿素和硫酸钾两种肥料，基肥、追肥施用量具体见表9.2和表9.3。

灌溉方式为利用滴灌系统进行灌水处理，滴灌毛管在每行果树两侧各铺设一条，毛管与树干的距离为50cm，毛管滴头距离为30cm，流量为2.0L/h。

灌水次数分别为萌芽展叶期（4 次）、开花坐果期（17～18 次）、果实膨大期（8 次）、果实成熟期（4 次），具体见表 9.1 和表 9.3。

表 9.2　　　　枣树施肥用量试验方案　　　　单位：kg/亩

处理	基肥				追肥	
	OF	DAP	MAP	K_2O	N	K_2O
CK	2000	22.5	37.5	4.5	52.5	33
C1		30	50	6	70	44
C2		37.5	62.5	7.5	87.5	55
C3		45	75	9	105	66

注　OF 表示有机肥；DAP 表示磷酸二铵；MAP 表示磷酸一铵；N 表示尿素；K_2O 表示硫酸钾。

表 9.3　　　　枣树追肥用量试验方案　　　　单位：kg/亩

生长期	CK		C1		C2		C3	
	N	K_2O	N	K_2O	N	K_2O	N	K_2O
萌芽期	22.5	3.75	30	5	37.5	6.25	45	7.5
开花期	22.5	3.75	30	5	37.5	6.25	45	7.5
幼果期	3.75	12.75	5	17	6.25	21.25	7.5	25.5
果实膨大期	3.75	12.75	5	17	6.25	21.25	7.5	25.5

注　N 表示尿素；K_2O 表示硫酸钾。

9.1.2.3　不同农艺调控技术试验设计

本试验以生根粉（ABT）、保水剂（SAP）、黄腐酸（FA）等植物生长调节剂不同配比组合进行（表 9.4），共 5 种处理，每种处理重复 3 次，区组内处理随机排列；试验小区为单行枣树，小区长为 21m，宽为 3m，每个小区 5 棵枣树，长势较为均一。所有处理采用统一灌溉施肥水平：利用滴灌系统进行灌溉，灌溉量为 500m^3/亩，施肥量为 150kg/亩。而 ABT、SAP、FA 的施用方式采用环状沟施，环状沟深度为 20cm，距离枣树为 50cm。

表 9.4　　　　枣树农艺调控试验方案

处理	组合	施用量	喷施方法
T_1	ABT	0.4g/株	于枣树萌芽前，喷施于环状沟内
T_2	SAP	20g/株	于枣树展叶期，与沙壤土均匀混合后施入环状沟内
T_3	FA	0.5g/株	于 6 月 30 日和 8 月 1 日喷施于环状沟内
T_4	ABT+FA	ABT（0.4g/株）+FA（0.5g/株）	ABT 喷施方法同 T_1；FA 喷施方法同 T_3
T_5	ABT+SAP	ABT（0.4g/株）+SAP（20g/株）	ABT 喷施方法同 T_1；SAP 喷施方法同 T_2

9.1.3 观测项目与测定方法

观测项目包括灌溉水量、土壤含水率、气象数据、果实纵横径、叶绿素、叶温、座果率等，观测方法同前。

(1) 土壤水分监测：以滴头正下方为界，人工挖1.0m×0.8m×1.0m的土坑，在一侧划分10cm×10cm的方格，深为100cm，水平为50cm，然后灌水结束后12h取土样，采用烘干法测量湿润体内不同位置上的土壤含水率分布，具体取土点如图9.1所示。

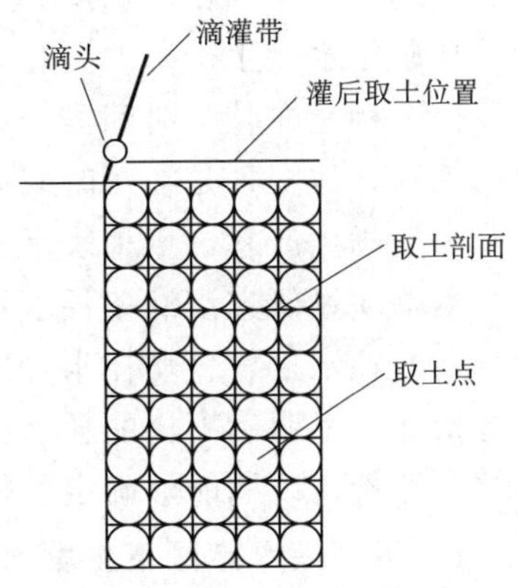

图9.1 大田取土点示意图

(2) 土壤含水率的测定：采用Trime水分测试仪测定，在垂直树行方向50cm、100cm处布设探管，测量深度为100cm，每20cm为1层，灌水前后测试，降雨加测。

(3) 叶水势的测定：采用露点水势仪测定，每30天测定1次日变化，时间为：8：00、10：00、12：00、14：00、16：00、18：00、20：00。每个生育期测定一次，测定时间为12：00。

(4) 枣树果实品质测定：每种处理选取500g样品，测定果实含水率后，带回实验室测定总糖、总酸、维生素C含量等品质。

9.2 不同灌溉条件对枣树生长的影响

土壤水分对植物生长有重要的作用，如植物从土壤中吸收养分等物质这一过程的运作，离不开土壤水分。植物的一系列生理活动更是依赖于良好的土壤水分状况，若水分不足或缺乏必然影响植物器官甚至个体的生长发育，最终对产量和果实品质产生影响[124]。植物需水量，即健康植株在适宜的生长环境中，植株蒸腾、棵间蒸发等组成植株体的水量之和，受其种类、品种、生长阶段等内部条件及土壤质地、含水率、农业技术措施等外部因素的共同影响。因而想要获得优质高产的作物，有效的土壤水分调控措施（如合理的灌溉方式、灌溉时间、灌溉次数、灌溉量等）就显得十分重要了。

到目前为止，使用较多、效果明显的灌溉方式为地面滴灌，地面滴灌由各级管道和滴头两部分组成，可以严格控制灌溉量，且能够准确有效地对植物根部进行灌溉，使得根系及时补充水分，从而满足生长发育所需水量[125]。与漫灌等传统灌溉方式相比，其具有很多优势，如能够节省水量和劳动力、不破坏土壤原有结构、减少土壤养分流失等[126-127]。这些优势对提高产量、达到经济利益最大化的目的十分重要。目前对滴灌的研究多集中于对其技术本身的研究，而对枣树滴灌灌溉制度方面的研究相对较少。

植物对土壤中的水分并不能全部吸收，不同植物在不同条件下的水分利用特性不同[128-129]，能反映水分利用特性的重要参数就是水分利用效率，是指植物消耗单位水量生产出的同化量[130]，目前常用的植物水分利用效率的方法有两种：一种是在较长时间段中找到植物生长过程中耗水量与形成的干物质量之间的关系；另一种是在短时间内分别测定光合速率和蒸腾速率，两者的比值被定义为蒸腾生产率，用来表示水分利用效率[131]。

本书通过研究滴灌条件下不同灌水定额下枣树的土壤水分变化规律以及各生育期的耗水量、日均耗水强度，并同时监测枣树生理指标、光合利用以及产量等指标，来明确枣树的耗水特性和需水规律，然后对这几种不同灌溉条件进行综合评价，以期能够确定枣树优质、高效的滴灌灌溉制度。

9.2.1　不同灌水定额下土壤水分变化规律

9.2.1.1　不同灌水定额下的土壤湿润区变化

如图 9.2 所示，当灌水定额为 9m^3/亩时，土壤湿润锋的范围是：水平方向为±30cm，垂直方向为 35cm；当灌水定额为 12m^3/亩时，土壤湿润锋的范围是：水平方向为±40cm，垂直方向为 50cm；当灌水定额为 15m^3/亩时，土壤湿润锋的范围是：水平方向为±40cm，垂直方向为 65cm。随着灌溉量的增加，土壤湿润区的范围随之增加，且水平方向的增加范围较小，而垂直方向的增加范围较为明显。

9.2.1.2　枣树生长期各阶段的耗水量变化

枣树各生育期的耗水量见表 9.5。结果表明：枣树各生育期耗水量随着灌溉定额的增大而增大，由此认为在一定条件下枣树耗水量的大小由灌溉量来决定，从全生育期看，成龄枣树的耗水规律为盛花期＞果实膨大期＞果实成熟期＞萌芽期。

表 9.5　不同灌水处理枣树生育期耗水量　　单位：mm

处理	萌芽期	盛花期	果实膨大期	果实成熟期	全生育期
处理 1	51.8	238.5	182.4	89.1	561.7
处理 2	93.5	281.3	210.7	90.2	675.7
处理 3	92.3	339.2	256.4	92.3	780.2
CK	113.5	402.1	297.0	125.6	938.2

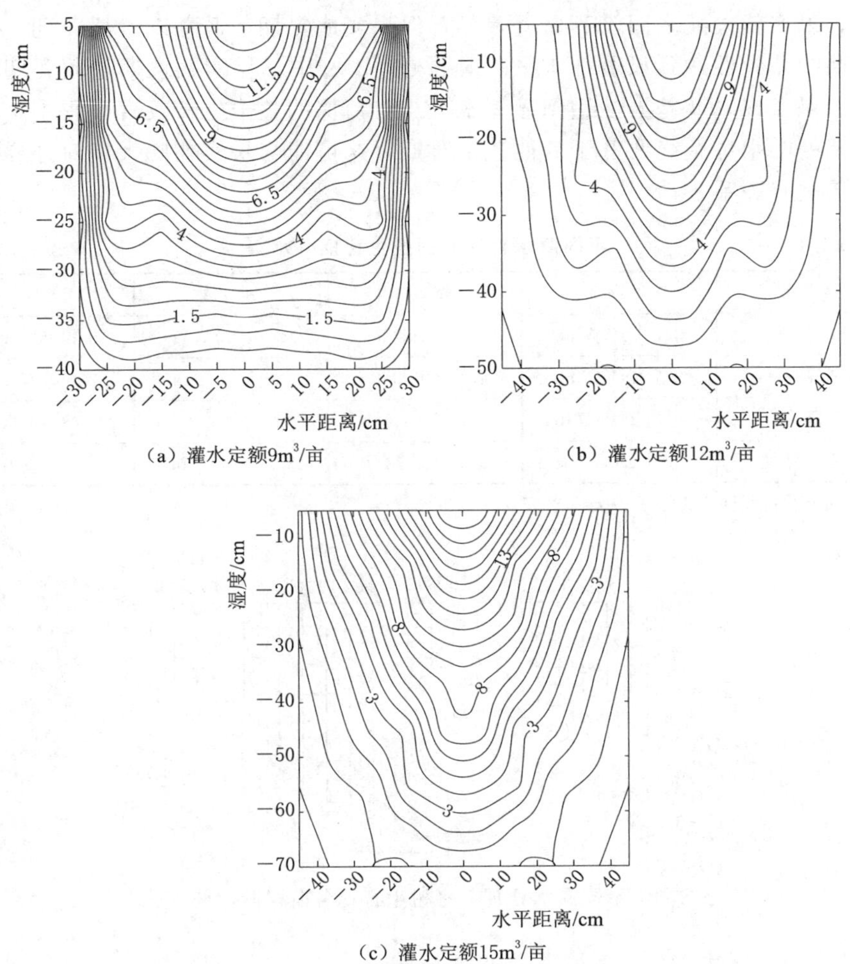

(a) 灌水定额9m³/亩　(b) 灌水定额12m³/亩
(c) 灌水定额15m³/亩

图 9.2　不同灌水定额条件下土壤湿润区示意图

9.2.2　不同灌水处理对枣树叶水势的影响

9.2.2.1　不同时期枣树的叶水势

因植物个体及生境差异会造成植物水势的不同；就同一植物个体而言，其根、茎、叶、花、果等不同器官的水势也会不同。其中叶水势是最能直接反应植物在生长发育过程中的生理活动受水分条件制约程度的指标，它表现出植物水分运动的能量水平，并代表植物组织水分情况。

枣树从萌芽期到果实成熟期其叶水势变化呈现先减小后增大的趋势（图 9.3 和表 9.6），处理 1 中各生育期叶水势相差不大，差异不显著，其中果实膨大期的叶水势最大为－6.66MPa。与处理 1 相同，处理 2 在各个时期差异也不显著，但各个时期的叶水势相比于处理 1 差异性变小，处理 3 中，萌芽期、盛花期、果实膨大期之间没有显著差异，但果实成熟期与萌芽期、盛花期、果实膨大期的差异性达到显著性水平。对照处理 CK 中，果实膨大期与萌芽期、盛花期、果实成熟期差异性达到显著水平。在植株的整个生长发育过程中，果实膨大期的叶水势始终要低于其他各个时期，这可能与果实在膨大期对外界水分要求较高有关系。

表 9.6　　不同灌水处理枣树各生育期叶水势　　单位：MPa

生育期	处理 1	处理 2	处理 3	CK
萌芽期	3.51±0.37ab	3.62±0.12ab	3.40±0.45a	3.38±1.10a
盛花期	2.77±1.23ab	4.12±0.85bc	2.97±0.91a	2.76±0.18a
果实膨大期	6.66±1.27ab	6.01±0.18ab	5.20±1.0a	6.48±0.35ab
果实成熟期	3.70±0.53bc	2.95±1.14ab	3.62±0.11bc	2.84±0.05a

注　同列数据相同字母表示差异不显著（a=5%）。

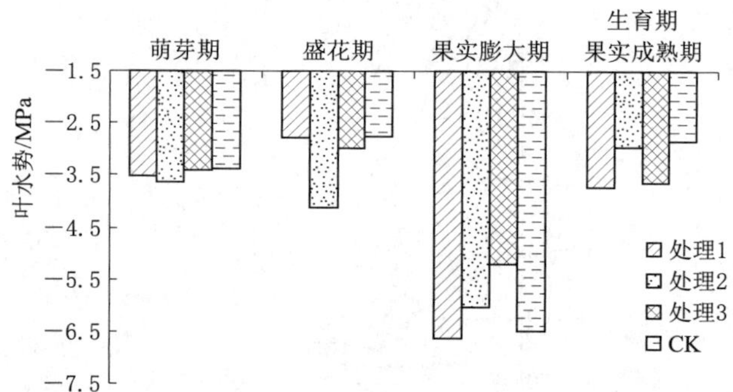

图 9.3　不同灌水处理下枣树生育期各阶段叶水势变化

9.2.2.2　枣树叶水势在灌水周期内的变化

本书在盛花期—坐果期对一个灌水周期内（6 月 4—8 日）枣树叶水势变化进行测定（图 9.4），结果显示：处理 1 叶水势相对较低，呈 V 形变化，处理 2 和 CK 的叶水势呈 W 形变化，处理 3 的叶水势呈现先升后降的 M 形

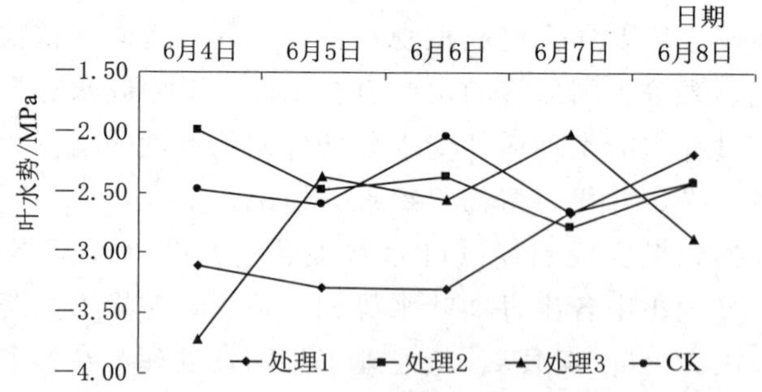

图 9.4　不同灌水处理下枣树在一个灌水周期内叶水势日变化

变化。

9.2.2.3　枣树叶水势日变化

为研究不同灌水处理下枣树叶水势日变化规律，分别在萌芽期、盛花期、果实膨大期与果实成熟期内选择一天，从早上 10：00 到晚上 8：00 间每 2h 测一次叶水势，结果显示：不同时期不同处理叶水势呈现不同变化（图 9.5）。萌芽期枣树的叶水势分别在 12：00 时出现第一个谷值，在 16：00 时处理 2、处理 3、CK 出现第二个谷值，处理 1 从 14：00 后其叶水势值不断上升。盛花期枣树的叶水势峰值出现在 16：00—18：00，果实膨大期的叶水势峰值出现在 14：00，成熟期的枣树叶水势峰值出现在 14：00—16：00。对比各处理间的日变化，整体趋势是随着灌水定额的增加，叶水势持续降低，由于测试采集样本叶片差异，各处理之间对比规律性较弱。

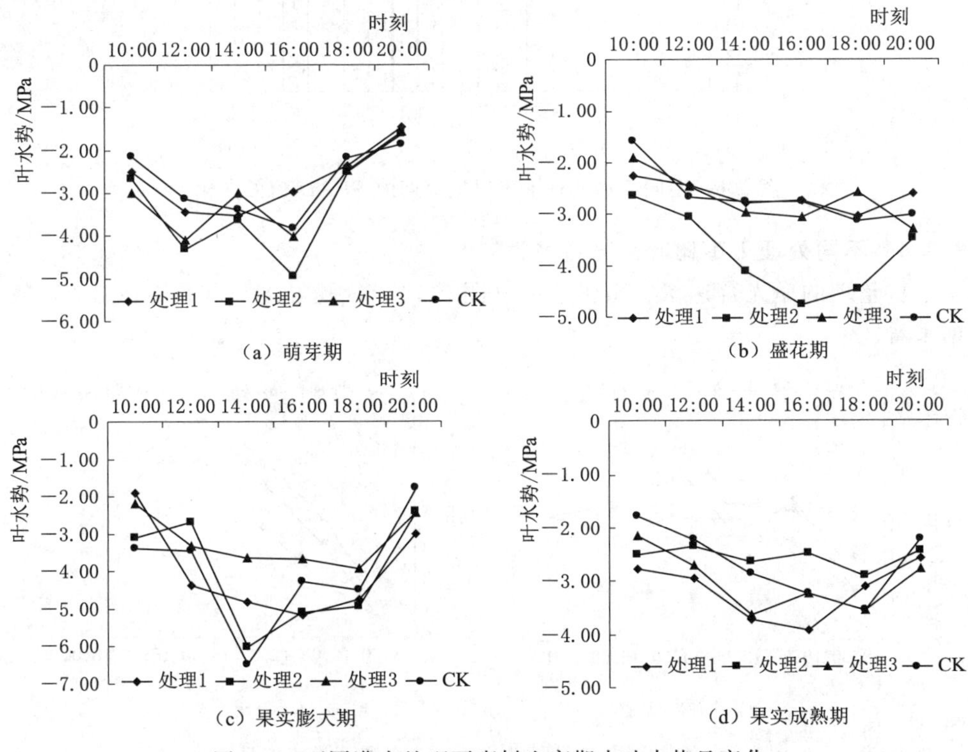

（a）萌芽期　（b）盛花期

（c）果实膨大期　（d）果实成熟期

图 9.5　不同灌水处理下枣树生育期内叶水势日变化

9.2.3　不同时期枣树叶绿素含量

叶绿素的合成与分解受许多因素的影响，但植物体内的水分是其重要制约因素之一。通过对各处理叶绿素指标 *SPAD* 值的测定，判断 *SPAD* 值受水分胁迫程度影响的大小，研究发现，充足供水对植株的叶绿素影响较小，水分亏缺对叶绿素的合成有显著影响，因此，叶绿素也能判断植株水分是否亏缺，但是有一定的滞后性，需要进一步的研究。

从图 9.6 可以看出：整个果实生长期内枣树叶绿素随着生长的时间是持续增加的，7 月，处理 1 的 *SPAD* 值相对最高，处理 2 的 *SPAD* 值相对最低；8 月，各处理间 *SPAD* 值差异不是很大；9 月，处理 3 的 *SPAD* 值相对最高，其他处理的 *SPAD* 值差异不是很大；9 月以后，*SPAD* 值不再增加，趋于稳定状态。

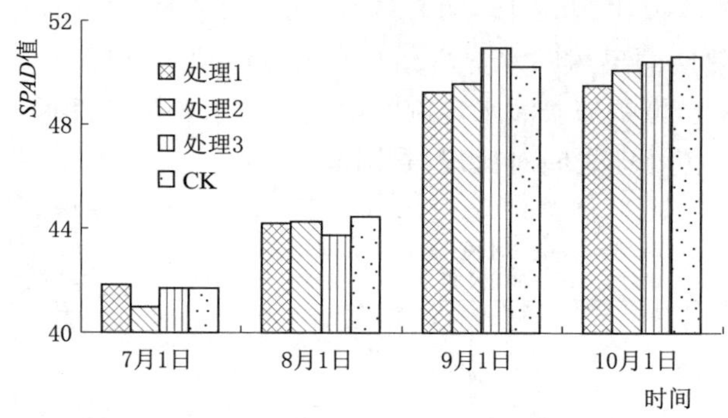

图 9.6　不同灌水处理下枣树生育期内 *SPAD* 值的变化

9.2.4　不同处理下枣树叶片光合特性

从整理的净光合速率、蒸腾速率（图 9.7）、气孔导度日变化（图 9.8）数据来看：

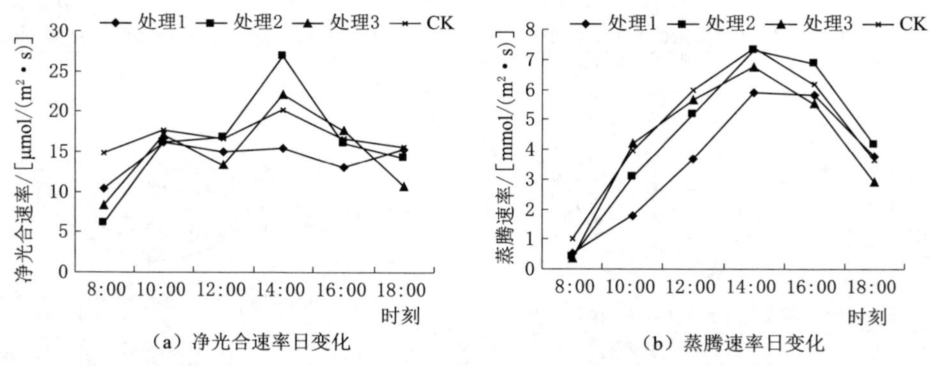

图 9.7　不同灌水处理枣树净光合速率和蒸腾速率日变化

（1）净光合速率日变化中，处理 2、处理 3、CK 三种处理均在 8：00—14：00 间呈现不断上升趋势，在 14：00 达到最高值，之后不断下降；而处理 1 条件下从 8：00—18：00 间净光合速率值并无明显峰值。处理 1、处理 2、处理 3 条件下其峰值和最低值均与对照 CK 处理不同。

(2) 蒸腾速率日变化中，各处理变化趋势一致，均在 8：00—14：00 间呈现不断上升趋势，16：00 后一致下降。

(3) 气孔导度日变化中，各处理均在正午 12：00—16：00 间出现最高值；处理 1 与处理 3 条件下其变化规律呈双峰曲线，处理 1 分别在 12：00 与 16：00 时出现峰值；处理 3 分别在 10：00 与 14：00 时出现峰值。经对比分析发现：净光合速率与蒸腾速率和气孔导度有较强的相关性，相关系数分别达到 0.76 与 0.48。

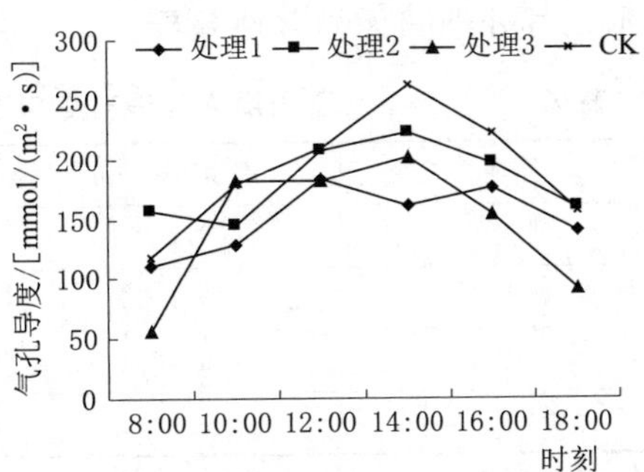

图 9.8 不同灌水处理下枣树气孔导度日变化

对不同灌水处理的枣树净光合速率与蒸腾速率进行方差分析（图 9.9），结果表明：净光合速率随着灌溉定额的变化呈先增后减的抛物线变化，处理 2 达到 28.86μmol/(m^2 · s)，与处理 1 差异性显著；各处理与和对照未达到显著差异水平；各处理蒸腾速率变化与净光合速率变化相似，但差异不显著。

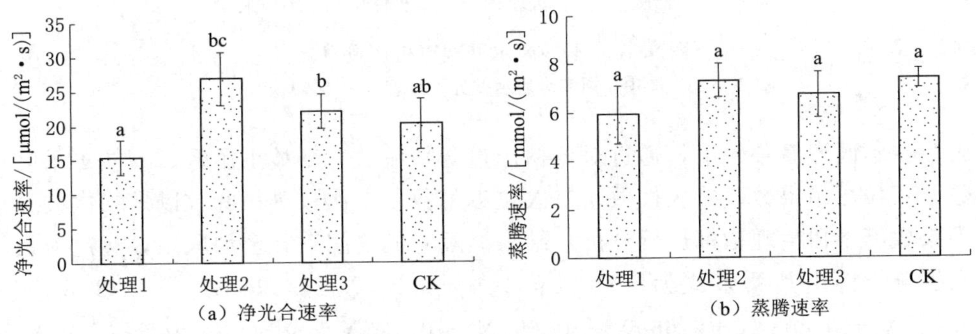

图 9.9 不同灌水处理枣树净光合速率和蒸腾速率

注 图中相同字母表示差异不显著（a=5%）。

9.2.5 不同灌水处理对枣树产量构成要素的影响

不同灌溉量对枣树产量、红枣百粒重均产生一定影响（表 9.7）：各处理条件下红枣百粒重为 434.18～463.20g，其中 CK 处理条件下百粒重达到最大值 463.20g，方差分析结果显示各处理间百粒重差异不显著。不同处理对枣树产量的影响表现为：处理 1＞CK＞处理 3＞处理 2，其中处理 1 产量最高，比 CK 高 18.7%。处理 2、处理 3、CK 灌溉定额从 450m^3/亩～625m^3/亩是不断增加的，产量也是不断增加的。但 4 组处理中处理 1 灌溉定额最低，仅有 375m^3/亩，枣树产量却在 4 组处理中最高。不同灌水处理枣树产量如图 9.10

所示，各处理间无显著性差异。

表 9.7　不同灌水处理对枣树产量构成要素的影响分析

处理	产量/(kg/亩)	百粒重/(g/100 粒)	单方产量/(kg/m³)
处理 1	817.7a	435.66a	2.18
处理 2	654.5a	434.18a	1.45
处理 3	680.8a	462.48a	1.31
CK	689.1a	463.20a	1.10

注　同列数据相同字母表示差异不显著（a=5%）。

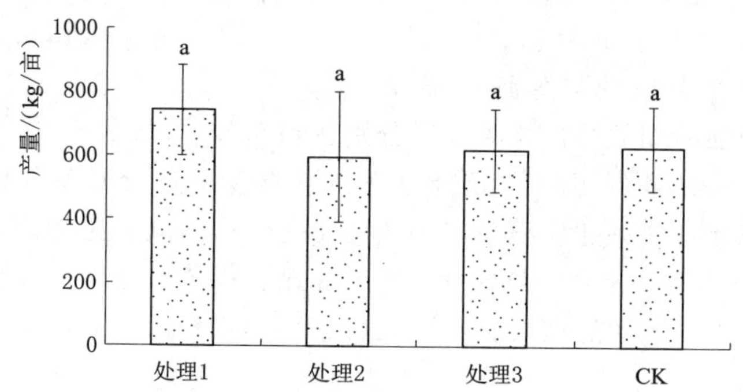

图 9.10　不同灌水处理枣树产量对比

注　图中相同字母表示差异不显著（a=5%）。

在不同灌溉条件下，通过对枣树产量与新枝数、新枝枣吊数、新枝枣吊叶数、新枝枣吊果数、二次枝数、二次枝枣吊数、二次枝枣吊叶数以及二次枝枣吊果数等枣树生理指标进行分析，结果显示它们之间存在密切联系，经过大量数据分析得出其关系式为：$Y=1660.90-0.975X_1-0.694X_2-0.280X_3+0.227X_4-0.808X_5+0.689X_6+0.655X_7+0.175X_8$；其中 X_1 为新枝数；X_2 为新枝枣吊数；X_3 为新枝枣吊叶数；X_4 为新枝枣吊果数；X_5 为二次枝数；X_6 为二次枝枣吊数；X_7 为二次枝枣吊叶数；X_8 为二次枝枣吊果数。据上述公式得出：新枝数、新枝枣吊数、新枝枣吊叶数和二次枝数与产量成负相关，而新枝枣吊果数、二次枝枣吊数、二次枝枣吊叶数、二次枝枣吊果数与产量成正相关。

9.2.6　小结

采用滴灌方式进行灌溉时，需要尽量将水分供应到植物的根系部分，植物根系吸收的水分仅限于被滴头湿润的范围，为了达到灌溉最优效果，就必须了解灌溉时湿润土体的大小，进而选择灌溉量、滴头流量、滴头间距等参数。在本书研究中，土壤特性、土壤初始含水率、滴头流量、滴头间距等设置为同一水平条件下，研究灌溉量对其影响发现：枣园沙壤土条件下，土壤湿润区随着灌溉量的增加而增加，且垂直方向的扩散速度要快于水平方向的扩散速度。当灌水定额为 15m^3/亩时，其土壤湿润区范围达到最大值。

不同灌水处理下枣树的叶水势日变化表现为：在 12：00—16：00 各处理的叶水势均达到最低值，可能是因为此时气温逐渐升高，枣树的蒸腾作用加强，耗水量增加，但植物未及时得到水分供给，因此叶水势值下降；4 种不同处理在开花坐果期叶水势日变化规律中显示，对照处理与其他处理的叶水势差异明显，随生育期进程，这种差异又逐渐减少。在开花坐果期内选择一个灌水周期对叶水势进行测定，结果发现，对照 CK 处理下的叶水势整体相对较低，土壤水势的降低会引起叶水势的降低，而蒸腾速率的改变同样会引起叶水势的改变，其原因有待进一步试验的验证。

净光合速率是植物光合特性的重要参数之一，在 14：00 达到峰值，此时光照强度较强，促进植物光合作用的发生，并使叶片气孔开放。处理 1、处理 2、处理 3、CK 四种处理均在 8：00—14：00 间呈上升趋势，然后开始下降，体现枣树的净光合速率整体一致趋势。但处理 2、处理 3 条件下其峰值高于对照 CK 处理，说明灌溉量不是越多越好，适量更有利于枣树叶片的净光合速率。蒸腾对于植物来说是一个十分重要的生理生态过程，而蒸腾速率是体现植物水分状况的重要指标之一。处理 1、处理 2、处理 3、CK 四种处理均呈现单峰曲线，但处理 1、处理 2、处理 3 条件下，其整体蒸腾速率均低于对照 CK 处理。说明灌溉量的减少，会造成枣树蒸腾速率的降低。植物与外界环境之间的水、气交换的主要通道之一就是气孔，气孔开闭的调节能够控制植物蒸腾的强度。气孔导度日变化趋势与蒸腾速率日变化趋势较为相似，清晨、傍晚时较低，正午时高。处理 1、处理 2、处理 3 条件下其气孔导度值均低于对照 CK，说明灌溉量大小对枣树叶片气孔导度有一定的调节作用。

处理 2、处理 3、CK 处理下随着灌水定额的增加枣树产量随之增加，说明一定程度上灌溉量的增加枣树产量也会随之增加。但处理 1 在最低灌水定额条件下，枣树产量高于其他处理，但经方差分析发现各处理间无显著性差异，本研究认为可能是由于在开花坐果期和果实成熟期受到水分胁迫，使坐果率增大而得到的补偿效应。

不同灌水条件下，枣树的叶绿素含量、光合特性（净光合速率、蒸腾速率、气孔导度）均发生明显的变化。叶绿素含量均呈现先增后减的趋势，但其中处理 3 条件下，对叶绿素含量变化最为明显，到 9 月叶绿素含量达到最高值；对于光合特性，其净光合速率、蒸腾速率、气孔导度值均呈先升高后降低的趋势，但处理 1、处理 2、处理 3 条件下，蒸腾速率、气孔导度整体值均低于对照 CK。

9.3　不同施肥条件对枣树生长的影响

果树在整个生长发育过程中需要连续不断地从外界吸收养分，特别是通过根系吸收，以此来满足植株正常生命代谢所需。植株体内的养分转移是对养分的吸收、保存和利用的一种有效机制，这种机制能够实现养分的移动和高效利用，一定程度上保持植物的生产力，并提升其在生态环境中的竞争能力[132]。植物养分体内转移体现在：在果实成熟时，整个植株中尤其是叶片中的营养元素会向果实转移[133-134]。通常情况下，随着肥料用量的增加，植株体内养分含量就会呈现增加趋势，但也会存在饱和的现象，所以肥料过量使用不能提高植物对养分的吸收和利用，因此合理基追肥能够实现植物对养分的吸收及体内养分供应的平衡。

当前国内外对作物合理施肥的研究和文献较多，有学者将其分为肥料效应函数法、测土施肥法和营养诊断法三大系统[135-136]，国内在果树生产中的经验施肥逐渐开始向诊断施肥发展，即通过对果园环境、土壤养分、果树生理生化指标等方面的测定来指导果园施肥[137-138]。对施肥效果的检验标准从只注重产量逐渐转变为重视果实品质及商品性[139-140]。不同肥料种类、肥料组合、施肥方式和施肥量对果树增产、果实品质以及土壤性质，包括土壤中的有机质、氮、磷、钾等养分含量均有着不同程度的影响[141-142]。然而目前仍有许多果农施肥仍存在偏施化肥、偏施单一元素肥、不合理施肥的现象。

枣树作为一种多年生的经济植物，在整个生长发育过程中必须施肥，一般情况下无论是有机肥还是化肥的施用均能提高其产量，但不同类型的肥料对枣树果园的土壤性质、产量、品质的影响尚不明确。鉴于此，本书通过对枣树萌芽期、花期、坐果期、成熟期测定多项生物学、生理学及各器官养分含量指标，研究不同施肥水平对枣树生长发育、产量品质和养分吸收利用的影响，以期确定出适宜干旱区枣树生长的最佳施肥水平。

9.3.1　不同施肥水平对叶片鲜重的影响

从图 9.11 可看出，在开花期随着施肥量的增加叶片重量也随之增加，在幼果期反而呈现出先下降后上升再下降的趋势。本试验研究了 4 种不同田间追肥量处理对叶片鲜重的影响，表明不同时期枣树追肥量与叶片鲜重存在显著或极显著的相关性。通过枣树开花期和幼果期不同追肥量与叶片鲜重之间的关系可以看出：开花期，处理 C1、C2、C3 的叶片鲜重明显大于处理 CK，且处理 C3 的叶片鲜重最高，达到 26.4g，开花期施肥量与叶片鲜重之间呈正相关，相关系数 $R^2=0.9658$，关系式为 $y=0.25x^2-0.43x+24.5$；幼果期，叶片鲜重最高的是处理 CK，其次是处理 C2 和 C3，最后是处理 C1，施肥量与叶片鲜

重之间的相关系数 $R^2=0.6369$，关系式为 $y=0.95x^2-6.03x+37.2$。

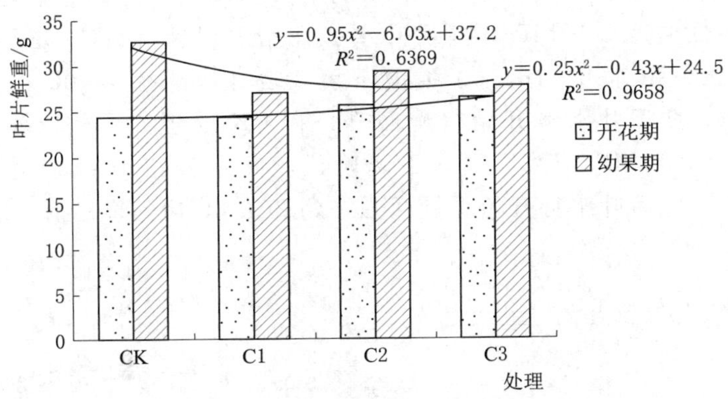

图 9.11 施肥量对枣树叶片鲜物质积累的影响

9.3.2 不同施肥处理下不同时期枣树叶片叶绿素含量

不同施肥处理对叶片叶绿素含量的影响见表 9.8，选取树冠外围枣吊中部叶片进行全生育期跟踪测定，不同施肥量对叶片叶绿素含量的影响在枣树开花期、幼果期及果实膨大期是不同的。开花期各施肥量对叶片叶绿素含量影响差异性不显著，总体表现为随着施肥量的增加，叶绿素含量呈减小趋势。通过对开花期、幼果期及果实膨大期枣树叶片 *SPAD* 值进行方差分析得出：开花期、幼果期各施肥处理间枣树叶片 *SPAD* 值差异不显著；在果实膨大期处理 C3 的叶片 *SPAD* 值最高，与处理 CK 相比差异达显著水平，与其他处理相比差异不显著，处理 CK 的枣树叶片 *SPAD* 值最低，但是在果实膨大期，枣树的叶片 *SPAD* 值呈现出随着施肥量的增大而增大的趋势。

表 9.8　　不同施肥处理对叶片叶绿素含量的影响

处理	开花期			幼果期			果实膨大期		
	均值	5%	1%	均值	5%	1%	均值	5%	1%
CK	41.5	a	A	44.2	a	A	48.2	b	A
C1	41.0	a	A	44.3	a	A	49.6	ab	A
C2	40.8	a	A	43.2	a	A	49.8	ab	A
C3	40.9	a	A	44.0	a	A	51.3	a	A

注 同列数据相同小写字母表示差异不显著（a=5%），相同大写字母表示差异不显著（a=1%）。

9.3.3 不同施肥水平对枣树叶水势的影响

在果实膨大期，C1 处理施肥水平下，叶水势明显低于其他处理，早上 10：00 叶水势最高值为－1.89MPa，然后不断下降，到 16：00 时叶水势达到最低值－5.17MPa，此后叶水势开始缓慢回升；C2 处理的叶水势的变化规律与 C1 处理相同，10：00—14：00 时间段呈不断下降趋势，到14：00叶水势达到最低值－5.10MPa，此后叶水势开始缓慢回升。C3 处理叶水势变化幅度最小，10：00—16：00 缓慢下降，叶水势在 16：00 达到最低值－3.92MPa，此后叶水势开始缓慢回升；在 CK 处理，枣树叶水势在早上 10：00 达－3.40MPa，然后进入下降阶段，叶水势在 16：00 达到最低值－4.51MPa，此后叶水势开始缓慢回升，到 20：00 达到最高值－2.3MPa。

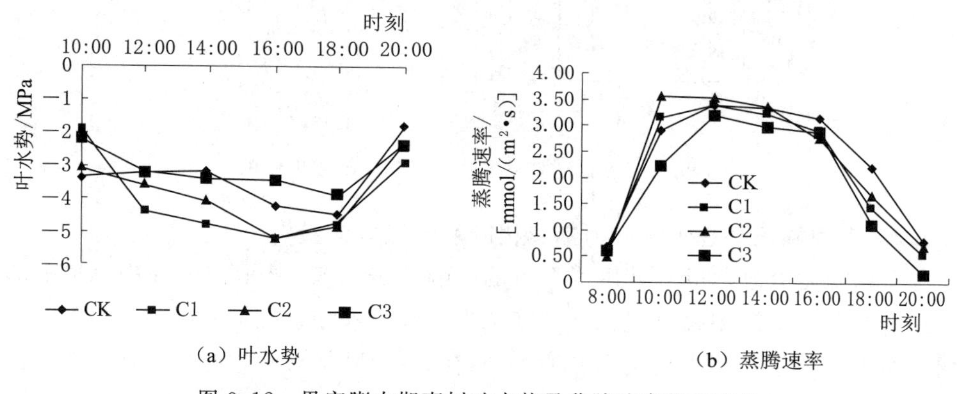

图 9.12　果实膨大期枣树叶水势及蒸腾速率的日变化

9.3.4　不同施肥水平对蒸腾速率 T_r 日变化的影响

在果实膨大期，对不同施肥水平的枣树叶片蒸腾速率进行观测，结果表明：不同施肥处理下枣树蒸腾速率日变化规律一致，均呈单峰曲线［图 9.12 (b)］：早上 8：00 开始迅速上升，在 12：00 达到峰值，12：00—16：00 叶片蒸腾速率呈缓慢下降趋势，但在 16：00 之后蒸腾速率开始迅速下降，到 20：00基本恢复到早上 8：00 的水平。其中 C2 处理在 10：00—16：00 时段的蒸腾速率高于其他处理，在 10：00 时其值为 3.55mmol/(m^2 · s)。方差分析结果表明，各处理之间差异不显著。

9.3.5　不同施肥水平对单果重及枣树产量的影响

单果重是影响产量的重要因素之一，通过研究施肥量对单果重的影响发现：随着施肥量的增加，单果重随之呈现出先上升后下降的趋势［图 9.13 (a)］，通过对两者的关系进行拟合，结果显示为：$y=-0.1575x^2+0.9645x+3.4625$，$R^2=0.9322$。对各施肥水平下的单果重进行方差分析，结果表明：C2 处理的单果重平均达到 5.03g，与 C1、C3 处理差异不显著，与 CK 处理差异达显著水平；对照 CK 的单果重最低，平均值为 4.3g。

通过对不同施肥水平下枣树产量的调查，结果发现：随着施肥量的增加枣树产量有上升趋势［图 9.13（b）］。不同施肥水平处理对枣树产量的影响表现为：C3＞C1＞C2＞CK，其中 C3 处理的枣树产量最高（762kg/亩），方差结果显示 C3 与对照 CK 存在显著性差异；与 C1、C2 处理间无显著性差异。

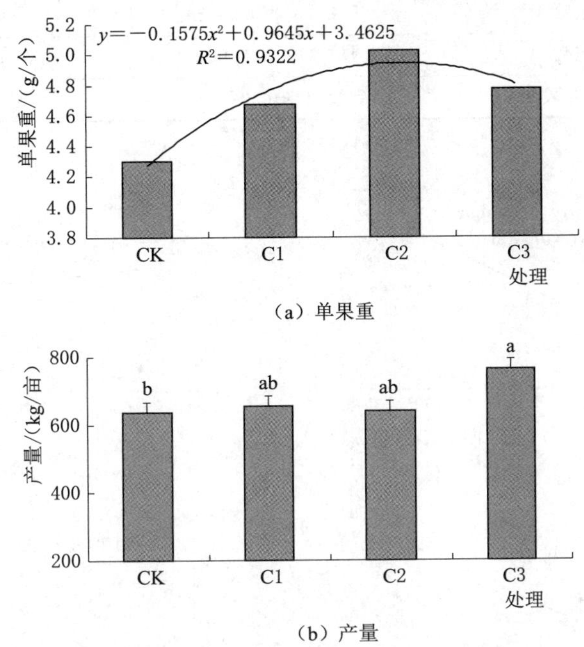

（a）单果重

（b）产量

图 9.13　不同水肥水平对红枣单果重及枣树产量的影响

9.3.6　枣树产量构成要素的分析

研究表明，红枣的产量与枣树生理生长指标新枝数［图 9.14（a）］、二次枝数［图 9.14（b）］、新枝枣吊数［图 9.14（c）］、二次枝枣吊数［图 9.14（d）］、新枝枣吊花数［图 9.14（e）］、二次枝枣吊花数［图 9.14（f）］之间有密切的关系，红枣树产量与枣树产量构成要素之间的关系见表 9.9，产量与新枝数所得回归方程的拟合度（R^2）最高，拟合度为 0.9746；与二次枝枣吊数所得回归方程的拟合度次之，为 0.7927。

9.3.7　小结

叶片鲜重、叶绿素含量是反映植物生长状态的重要指标，其中 *SPAD* 值是一个无量纲的数值，其值与植物的叶绿素含量呈正相关。不同施肥量对叶片

表 9.9　产量与枣树产量构成要素之间的关系

变　量	关 系 方 程	拟合度（R^2）
新枝数	$y=-5.9987+0.0122x$	0.9746
二次枝数	$y=7.2585-0.0024x$	0.0174

续表

变　量	关　系　方　程	拟合度（R^2）
新枝枣吊数	$y=-3.8075+0.0148x$	0.5249
二次枝枣吊数	$y=-23.005+0.0463x$	0.7927
新枝枣吊花数	$y=188.76-0.2296x$	0.5011
二次枝枣吊花数	$y=83.342-0.0929x$	0.4052

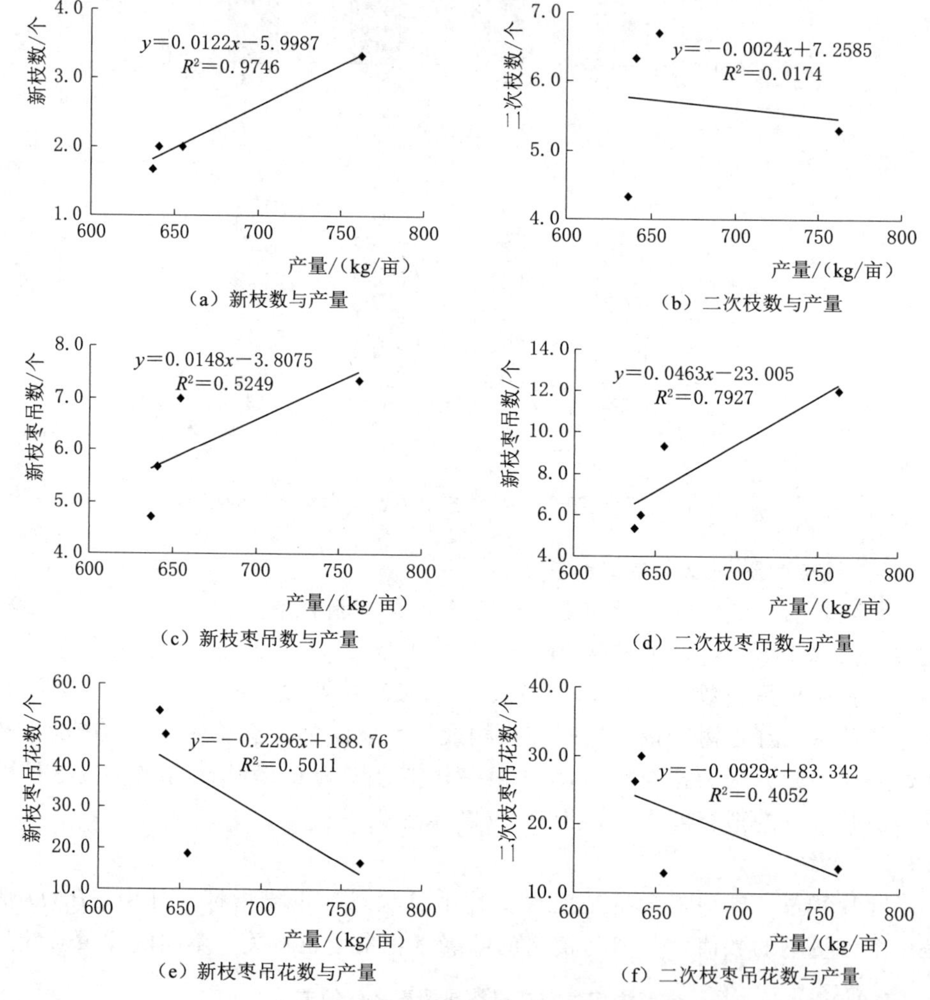

(a) 新枝数与产量　(b) 二次枝数与产量

(c) 新枝枣吊数与产量　(d) 二次枝枣吊数与产量

(e) 新枝枣吊花数与产量　(f) 二次枝枣吊花数与产量

图 9.14　产量与枣树生理生长指标之间的关系

鲜重、叶绿素含量的影响在枣树生长发育的不同时期是不同的，具体表现如下：

（1）随着施肥量的增加，开花期的叶片重量也随之增加，在幼果期反而呈现出先下降后上升再下降的趋势。

（2）随着施肥量的增加，开花期的叶片叶绿素含量则呈减少趋势；果实膨大期，枣树的叶片 *SPAD* 值呈现出随着施肥量的增大而增大的趋势。

（3）施肥水平对枣树生长中水分、营养的吸收和利用产生影响，最终决定单果重和枣树产量。将施肥量与单果重进行拟合，其关系式为：$y=-0.1575x^2+0.9645x+3.4625$，$R^2=0.9322$。其中：C2 处理的单果重为最高值，平均值为 5.03g；对照 CK 的单果重最低，平均值为 4.3g。随着施肥量的增加产量有上升趋势，C3 处理下枣树产量达 762kg/亩，明显高于 CK、C1、C2 处理。

（4）在枣树开花期，C3 处理叶片鲜重达到最大；幼果期，各处理之间差异不明显。在不同施肥水平条件下，叶水势总体呈现先下降后上升趋势；与叶水势相反，蒸腾速率却呈先上升后下降趋势。

（5）不同施肥水平对单果重及枣树产量的影响不同，其中，C2 处理对单果重的影响最明显，C3 处理对产量的影响最明显。

9.4 不同农艺调控技术对枣树生长的影响

灌溉、施肥、土壤是枣树生长的基础，改良土壤是提高枣树水分、肥料利用效率的前提条件，而科学的灌溉、施肥水平又是改良土壤的有效方法，三者之间是相互作用的。除科学合理的枣树灌溉、施肥管理外，果树修剪、叶面施肥及植物生长调节剂的使用等合理农艺措施，同样能够提升水分、肥料利用率并提高枣树产量，但目前尚无关于枣树农艺调控技术的研究。

生根粉（ABT Rooting Powder，ABT）属于一种植物生长调节剂，其应用领域广泛，涉及农作物、蔬菜、果树、药用植物、观赏植物等的扦插育苗、播种育苗、苗木移栽等方面[143]。保水剂（Super Absorbent Polymers，SAP）具有增强土壤肥力、减少灌溉水的损失、提升植株抗性等功效，且与肥料、农药同时使用时，能够提高肥料和农药的利用效率[144-145]。针对不同植物的不同特性，保水剂使用方法有很多种，在大田中施用方法主要选择喷洒法、条施法以及穴施法[146-147]。黄腐酸（Fulvic Acid，FA）同样属于植物生长调节剂，更是一种土壤优质改良剂[148]，在大量试验和实践中发现，黄腐酸对土壤的功效较多，包括：提升土壤团聚体含量[149]，改善土壤结构[150]，增加 N 肥在土壤中残留[151]。对植物的功效也较明显：增加植物叶绿素含量、光合作用及其产物；提升植物抗病能力；在苹果、桃等果树中使用能够提升果树产量和品质，但在枣树中应用的研究相对较少。

本书通过在统一灌水施肥水平条件下，施入不同组合、不同量的生根粉、保水剂、黄腐酸等，对萌芽期、花期、坐果期、成熟期的枣树多项生物生理学及各器官养分含量指标进行测定，研究枣树不同农艺措施对枣树生长发育、产量品质和水肥生产率等方面的影响，以期为枣树的优质高产提供合理的农艺调控技术。

9.4.1　不同农艺调控措施的叶片 *SPAD* 值

叶绿素含量的高低能够反映植物叶片的光合能力及植株生长状况，同时叶绿素的浓度能够反映植物的营养胁迫情况。*SPAD* 值与植物叶绿素含量成正相关，一定程度上基本能反映叶绿素含量的高低。叶绿素仪读数时会受到叶片厚度、生育时期、叶片表面洁净度等许多因素的影响，本研究选取固定枣吊中部叶片进行全生育期跟踪测定，结果（表 9.10）表明，不同农艺调控措施对叶绿素含量产生不同的影响，*SPAD* 值的排列顺序为：ABT＋SAP＞ABT＋FA＞FA＞SAP＞ABT，其中 ABT＋SAP 与 ABT＋FA 两组处理的 *SPAD* 值明显高于其他处理，单独施用 ABT 时其 *SPAD* 值为 50.2 为最低值。

表 9.10　　不同农艺调控措施对 *SPAD* 值的影响

处　理	均　值	显著性差异（5%）	显著性差异（1%）
ABT	50.2	b	B
SAP	50.6	b	AB
FA	50.8	b	AB
ABT＋FA	52.9	a	A
ABT＋SAP	53.1	a	A

注　同列数据相同小写字母表示差异不显著（a＝5%），相同大写字母表示差异不显著（a＝1%）。

9.4.2　不同农艺调控措施下新梢生长

新梢的生长量对果树的果实发育有着十分重要的影响，同时它也是表征枣树生长状况的一个重要因子，与枣树本身的生物学特性、气候、水肥条件等多种环境因素有关。通过在盛花期对不同农艺调控措施下枣树新梢直径的影响进行分析［图 9.15（a)］发现，新梢直径的排列顺序为：SAP＞ABT＋FA＞FA＞ABT＋SAP＞ABT，其中 SAP 的施用，枣树新梢直径大于其他处理；其次为施用 ABT＋FA 的处理；而只施用 ABT 的处理条件下，枣树新梢直径则为最小值；但各处理间差异并不显著。

通过在盛花期对不同农艺调控措施下枣树新梢长度的影响进行分析则发现，新梢长度的排列顺序为：ABT＋FA＞FA＞ABT＞ABT＋SAP＞SAP，其中 ABT＋FA 组合、FA、ABT 处理条件下枣树新梢长度明显大于其他两个处理；只施用 SAP 的处理的新梢长度最短［图 9.15（b)］。

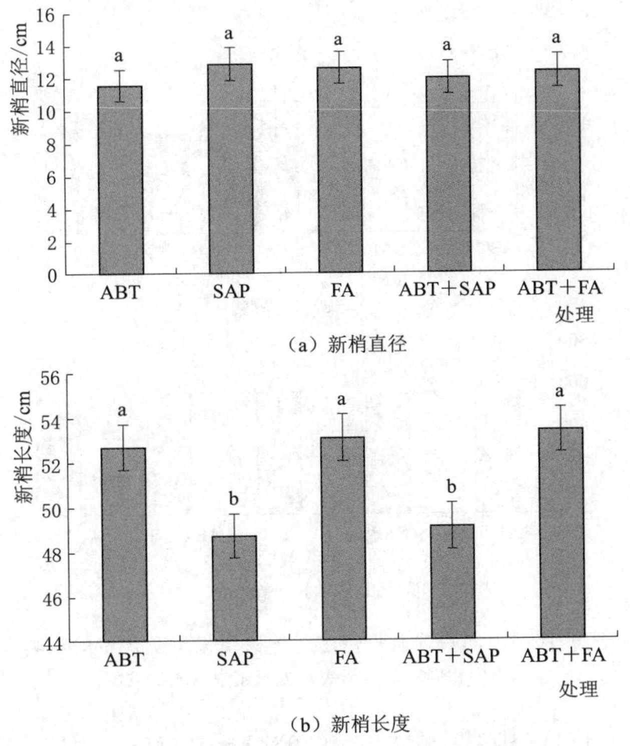

(a) 新梢直径

(b) 新梢长度

图 9.15 不同农艺调控措施对枣树新梢的影响

注 图中相同小写字母表示差异不显著(a=5%)。

综合不同处理对新梢直径和新梢长度的影响来看，ABT+FA 组合的施用更有利于枣树新梢生长量的增加。

9.4.3 不同农艺调控措施的单果重及产量

在灌溉、施肥条件一致的情况下，不同的农艺措施对单果重有一定影响[图 9.16 (a)]，各处理间存在显著差异。单果重为 4.4～4.68g，其中 ABT+FA 组合的施用使单果重明显大于其他处理；其次为只施用 ABT 和 FA 处理；而只施用 SAP 的处理，红枣单果重则为最小值。

不同的农艺措施对枣树产量同样会产生不同影响 [图 9.16 (b)]，各处理条件下枣树产量的排序为：ABT+FA>ABT>ABT+SAP>FA>SAP，即 ABT+FA 组合的施用，枣树产量明显大于其他处理；其他各处理间差异并不显著。

9.4.4 新梢长度与单果重之间的关系

在 ABT、SAP、FA 等不同组合的施用条件下，对枣树新稍长度与单果重均产生了不同的影响，对新梢长度和单果重的关系进行研究发现，两者之间的

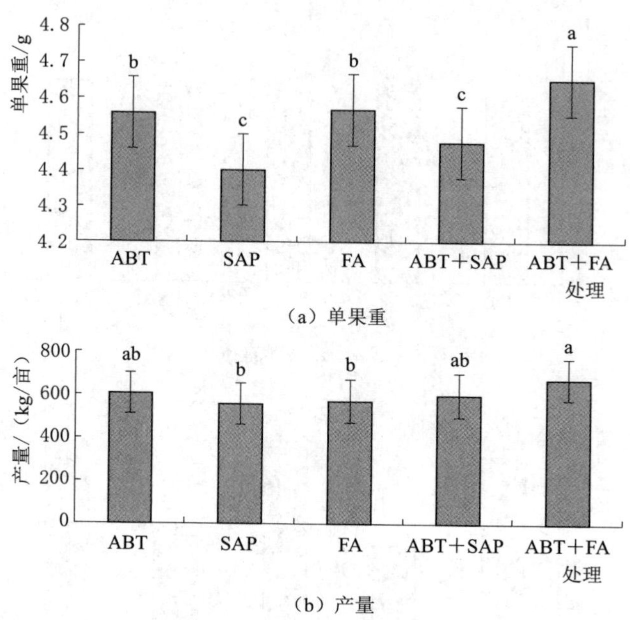

图 9.16　不同农艺调控措施对枣树单果重及产量的影响

注　图中相同小写字母表示差异不显著（a=5%）。

关系密切（图 9.17），其关系式为 $y=0.0339x+2.8098$，$R^2=0.867$，随着新梢长度的增加，单果重也随之增加。

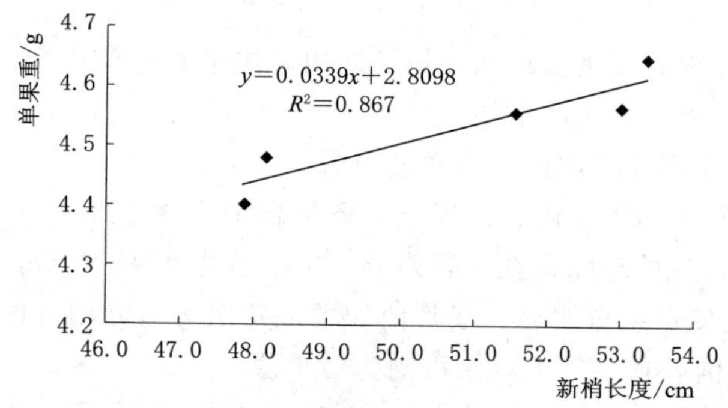

图 9.17　新梢长度与单果重的关系

9.4.5　不同农艺调控措施的水肥生产率

不同农艺调控措施对水肥生产率的影响见表 9.11，水分生产率与肥料生产率的排序均为：ABT+FA>ABT>ABT+SAP>FA>SAP，其中 ABT+FA 处理的肥料生产和水分生产率显著高于其他处理，其肥料生产率达 4.48kg/kg，水分生产率达 $1.35kg/m^3$，效果最佳。

表 9.11 不同农艺调控措施对水肥生产率的影响

处理	产量/(kg/亩)	肥料生产率/(kg/kg)	水分生产率/(kg/m^3)
ABT	612	4.08	1.22
SAP	558	3.72	1.12
FA	575	3.83	1.15
ABT+FA	673	4.48	1.35
ABT+SAP	603	4.02	1.21

9.4.6 小结

（1）本书通过分析不同农艺措施对叶片的叶绿素含量的影响可以看出，不同处理均可促进枣树叶绿素含量的积累，其影响作用大小的排序为：ABT+SAP>ABT+FA>FA>SAP>ABT，所以 ABT+SAP 的搭配处理对枣树的光合能力有显著促进作用，ABT+FA 次之。

（2）通过对不同农艺措施对枣树新梢生长影响的分析可以看出：不同处理均可促进新梢生长量的增加，其中以 ABT+FA 组合的施用效果最为明显，新梢直径和新梢长度均为不同处理中的最大值。

（3）本书中使用生根粉、保水剂、黄腐酸等植物生长调节剂，对枣树营养、生殖生长产生一定影响，进而对其产量产生影响。其中生根粉+黄腐酸组合的施用，使单果重及枣树产量明显高于其他处理，只施用保水剂对单果重及枣树产量的没有明显的改善作用。

（4）通过对不同农艺调控措施在成龄枣树的应用研究发现：ABT+SAP 处理和 ABT+FA 处理的叶片 *SPAD* 值显著高于其他处理；ABT+FA 处理条件下枣树新梢直径和新梢长度均为不同处理中的最大值；且其新梢生长量与单果重之间关系较为密切，其关系式为：$y=0.0339x+2.8098$，拟合度（R^2）为 0.867；ABT+FA 处理的肥料生产和水分生产率显著高于其他处理。综合考虑认为，ABT+FA 配合施用对红枣的增产效果最为显著。

第10章　干旱区枣棉复合系统种间相互作用关系

10.1　试验材料及方法

10.1.1　试验区概况

试验区地处新疆天山南麓、塔里木盆地西北边缘的阿克苏地区红旗坡农场新疆农业大学林果实验基地内（东经80°14′，北纬41°16′）。

新疆阿克苏地区水源充足，光热资源丰富，昼夜温差大，属于典型的大陆性温带干旱沙漠气候，具有冬季干冷和夏季干热的气候特点。年均气温为10.7℃，年平均湿度为56%，年均日照时数为2855h，年均降雨量为65.4mm，年均无霜期为207天，多年平均每日太阳总辐射量为173.14～187.72W/m^2，是全国太阳辐射量较多的地区之一。试验区地势平缓，地下水埋藏较深。由试验区自动气象站观测到的2014年和2015年降雨量、太阳辐射量、大气温度、大气相对湿度、参考作物蒸发蒸腾量月平均值见表10.1、表10.2。

表10.1　　2014年各气象因子月平均值

月份	太阳辐射量/(W/m^2)	大气温度/℃	大气相对湿度/%	总降雨量/mm	ET_0/(mm/d)
4	125.91	15.7	30.1	1.8	2.7
5	223.28	19.4	31.3	3.9	3.4
6	261.09	21.0	56.7	20.2	3.7
7	274.18	24.0	54.3	7.5	4.1
8	197.67	21.0	67.7	10.2	2.8
9	152.30	17.4	74.5	16.1	1.9
10	99.42	11.4	69.7	5.2	1.0

表10.2　　2015年各气象因子月平均值

月份	太阳辐射量/(W/m^2)	大气温度/℃	大气相对湿度/%	总降雨量/mm	ET_0/(mm/d)
4	189.85	17.3	29.3	6.6	2.9
5	223.08	19.8	45.5	13.5	3.6

续表

月份	太阳辐射量/(W/m²)	大气温度/℃	大气相对湿度/%	总降雨量/mm	ET_0/(mm/d)
6	258.65	21.4	46.1	6.9	4.2
7	261.52	26.5	42.7	5.1	4.8
8	207.94	22.3	55.2	14.0	3.6
9	192.40	15.9	65.7	23.1	2.6
10	150.44	10.6	59.8	4.3	1.4

分层取扰动土，以每10cm为一层在地面以下0～100cm的土层内取样，进行土壤质地测定。所得结果见表10.3。

表10.3 不同深度土层田间持水率、土壤干容重和土壤质地

土层深度/cm	田间持水率/%	土壤干容重/(g/cm³)	土壤质地
0～10	36.36	1.48	壤土
10～20	23.61	1.52	壤土
20～30	22.08	1.46	粉壤
30～40	28.47	1.47	黏壤
40～50	24.00	1.47	黏壤
50～60	24.25	1.37	黏壤
60～70	26.75	1.31	粉壤
70～80	23.28	1.41	粉黏土
80～90	41.82	1.46	壤土
90～100	33.64	1.48	砂壤土
平均值	28.43	1.44	—

10.1.2 试验材料及方案设计

试验时间为2014年4—11月和2015年4—11月。采用小区对照试验方式开展试验。2014年试验共设3种处理（表10.4）：单作枣树（图10.1）、单作

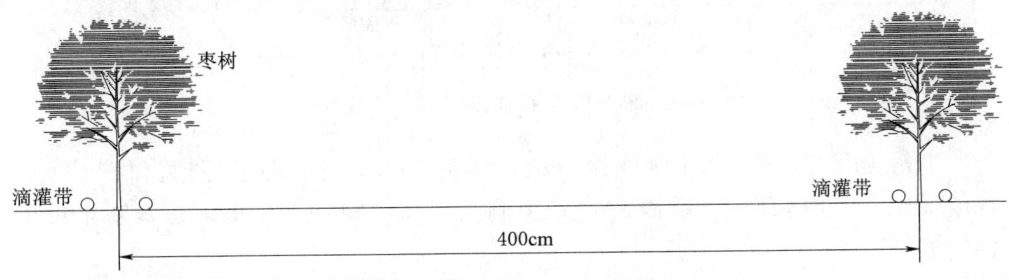

图10.1 单作枣树布置模式图

棉花（图 10.2）和枣棉间作（图 10.3），每种处理设 3 组重复，处理间设 4m 的空地作为隔离带。2015 年除保留 2014 年的单作试验外，又在枣棉间作处理增设了 3 组不同的灌水定额试验，共计 5 种处理（表 10.4）。

表 10.4　　2014 年和 2015 年试验设计及处理

年份	处理	种植方式	灌溉方式
2014 年	P_1	单作枣树	1*W* * 枣树
	P_2	间作（枣树＋棉花）	1*W* * 枣树＋1*W* * 棉花
	P_3	单作棉花	1*W* * 棉花
2015 年	T_1	单作枣树	1*W* * 枣树
	T_2	间作（枣树＋棉花）	1*W* * 枣树＋1*W* * 棉花
	T_3	间作（枣树＋棉花）	1/2*W* * 枣树＋1*W* * 棉花
	T_4	间作（枣树＋棉花）	1*W* * 枣树＋1/2*W* * 棉花
	T_5	单作棉花	1*W* * 棉花

注　*W* 表示灌溉量，1*W* 表示按照作物灌溉制度进行充分灌溉时的灌溉量；1/2*W* 表示作物灌溉量为完全灌溉时的 1/2。

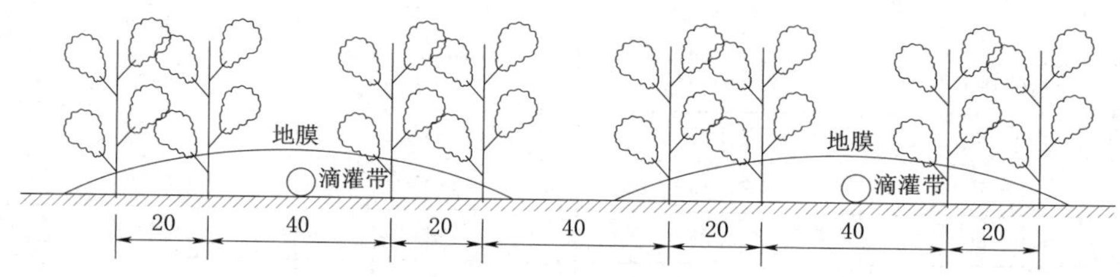

图 10.2　单作棉花布置模式图（单位：cm）

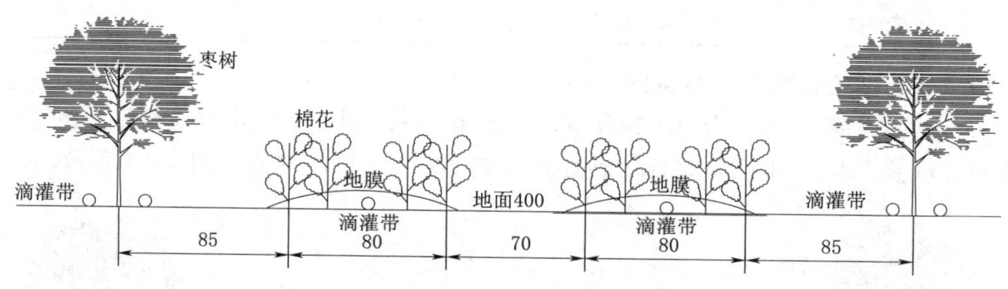

图 10.3　枣棉间作布置模式图（单位：cm）

枣树为灰枣，于 2014 年嫁接定植，树龄 4 年，属于幼龄枣树。株行距为 1m×4m，南北向种植，灌溉方式采用滴灌，在枣树两侧 50cm 处分别布设 1 根滴灌带。

棉花选用早中熟陆地棉新陆中 49 号，该品种具有抗逆性佳、结铃性强、成铃率高的特点。种植采用1膜1管4行的种植模式，宽窄行布置，行距为20cm＋40cm＋20cm，株距为10cm，每膜棉花均采用1.25m宽的地膜覆盖。灌溉方式为滴灌，滴灌带布设于宽行中央。

枣棉间作，在每两行枣树的行间种植两膜棉花，边行棉花距枣树行为85cm。采用双系统对枣树和棉花进行灌溉，滴灌带滴头间距为30cm，滴头流量为1.75L/h。间作的枣树、棉花供试材料与单作处理相同，布设方式一致。在作物各生育期，由当地农户根据丰产经验进行统一管理。

枣树、棉花采用不同的灌溉制度。2014年单作枣树与间作枣树、单作棉花与间作棉花均为同一水平灌溉，枣树各生育期灌水定额为25mm，全生育期灌溉定额300mm；棉花各生育期灌水定额为37.5mm，全生育期灌溉定额300mm（表10.5），则单作枣树、单作棉花的全生育期灌溉定额均为300mm；全生育期枣棉复合系统的灌溉定额为600mm。2015年枣树、棉花灌溉定额不变，但在复合系统内设置了不同的灌溉梯度（表10.6），因此，试验处理T_1～T_5的作物全生育期灌溉定额依次为300mm、600mm、450mm、450mm、300mm。

表10.5　　2014年枣树、棉花灌溉制度

物种	处理	生育期	萌芽展叶期	花期	果实膨大期	成熟期	休眠期	累积量/mm	备注
枣树	P_1、P_2	灌水定额/mm	25	25	25	25	25	300	滴头流量 q=1.75L/h
		灌水次数/次	2	3	3	3	1	12	
物种	处理	生育期	苗期	蕾期	铃期	吐絮期	成熟期	累积量/mm	
棉花	P_2、P_3	灌水定额/mm	37.5	37.5	37.5	37.5	0	300	
		灌水次数/次	1	3	3	1	0	8	

表10.6　　2015年枣树、棉花灌溉制度

物种	处理	生育期	萌芽展叶期	花期	果实膨大期	成熟期	休眠期	累积量/mm	备注
枣树	T_1、T_2、T_4	灌水定额/mm	25	25	25	25	25	300	滴头流量 q=1.75L/h
		灌水次数/次	2	3	3	3	1	12	
	T_3	灌水定额/mm	12.5	12.5	12.5	12.5	12.5	150	
		灌水次数/次	2	3	3	3	1	12	
物种	处理	生育期	苗期	蕾期	铃期	吐絮期	累积量/mm		
棉花	T_2、T_3、T_5	灌水定额/mm	37.5	37.5	37.5	37.5	300		
		灌水次数/次	1	3	3	1	8		
	T_4	灌水定额/mm	18.75	18.75	18.75	18.75	150		
		灌水次数/次	1	3	3	1	8		

10.1.3　观测项目与测定方法

观测项目包括气象数据、果实纵横径、光合参数、叶绿素等，其观测方法同前。

1. 土壤水分

使用 Trime－IPH 土壤水分测定系统测量土壤体积含水率，每次灌水前后测量，雨后加测。每种处理设 3 组 Trime 探测管。枣树单作处理布设 5 个水平测点，分别布设在枣树株间距树干 30cm、50cm 处和行间 30cm、50cm、70cm 处；枣棉间作处理布设 7 个水平测点（图 10.4），分别布设在枣树株间距树干 30cm、50cm 处和行间 30cm、50cm、70cm、100cm、125cm 处；棉花单作处理布设 3 个水平测点，分别设在棉花滴灌带下，及距棉花滴灌带 25cm、55cm 处。土壤含水率的测量范围为垂直地面以下 0～100cm 的土壤层内，土壤剖面分 10 个层次，每一层 10cm。

对仪器测定的土壤体积含水率值用取土烘干法所得值进行率定。烘干法测定的为土壤的质量含水率，再结合每层土壤的干容重将质量含水率换算成体积含水率，通过计算，所得土壤实际体积含水率与仪器测定值之间的相关关系如图 10.5 所示，符合一元线性关系：

$$Y=0.8785X-1.4463\quad (n=8, R^2=0.901) \tag{10.1}$$

式中：Y 为土壤实际体积含水率，%；X 为仪器测定土壤体积含水率，%；n 为统计样本数；R 为回归方程的相关系数。

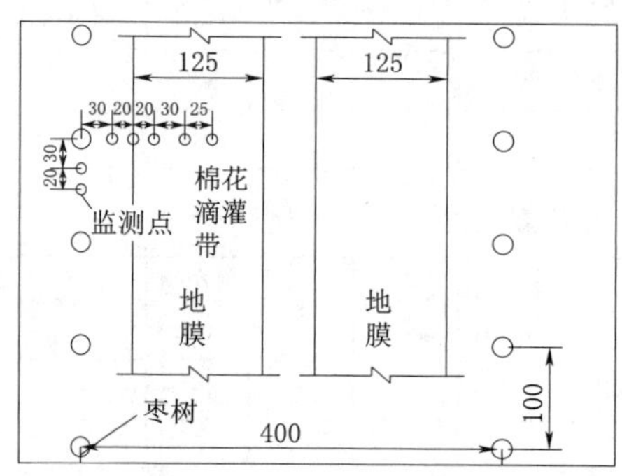

图 10.4　枣棉间作土壤水分观测布设点（单位：cm）

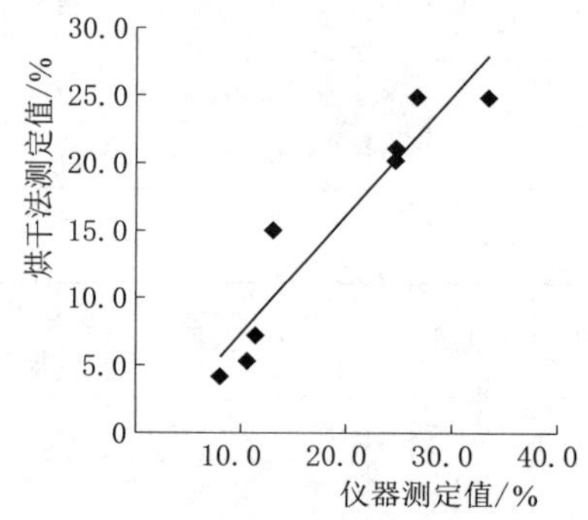

图 10.5　土壤体积含水率的仪器测定值与烘干法测定值的相关性

2. 枣树、棉花生育期

随着枣树与棉花的生长发育，当到达某一时间段，以某物种有总体数量的 70%表现出该物种某个生育时期的特征为标准，即将该时间作为该物种进入该生育时期的时间。枣树、棉花各生育期时间见表 10.7。

表 10.7 枣树、棉花各生育期时间表

物种	物候期	萌芽展叶期	花期	果实膨大期	成熟期	休眠期
枣树	日期	4月20日—5月30日	5月31日—7月25日	7月26日—9月20日	9月21日—11月2日	11月3日至次年4月19日
物种	物候期	播种	苗期	蕾期	花铃期	吐絮期
棉花	日期	4月25日	5月28日—7月2日	7月3—25日	7月26日—8月20日	8月21日—11月10日

3. 棉花生理指标

使用游标卡尺测量棉花地上部10cm处主茎的茎粗；用卷尺测量棉花的株高，叶片的长、宽；用手持式叶绿素指数仪（SONY公司制造）测定棉花倒4枝主茎叶片的叶绿素含量。在棉花各生育期调查棉花样株上的叶片数、花蕾数、结铃数。

4. 植物根系形态特征测定

于2014年和2015年9月下旬，在枣树果实成熟期、棉花吐絮期取样。

采用1/2空间分层抽样的根系调查方法，即假设植物根系以树干为中心，在空间上的分布具有对称性，开挖剖面分层取样获取植物根系，如图10.6所示。

图 10.6 根系的取样、图片处理图

（1）枣树：单作枣树与间作枣树根系取样方法相同。在各处理分别选取3株长势相差不大的枣树作为标准木，分别以标准木为中心，在距标准木0.1m处沿垂直于枣树树行方向，挖一条长1.0m、宽0.6m、深0.6m的样带，样带中按长×宽×深=0.3m×0.2m×0.1m的样方进行根系取样，共取54组土样。将所有土样破碎过筛、分装、标记后带回室内进一步处理。间作枣树取样方向为沿枣树行向棉花种植行取样。

（2）棉花：分别在单作、间作处理选取1株棉花样本为标准木，以其为中心，在棉花基部至行间布采样点，沿行向0～0.2m、0.2～0.4m，每0.2m划分一个区域，以棉花左、右各0.1m为边界，沿垂直方向每0.1m一层取一次样，每一水平区域内获取一组 0.2m×0.2m×0.1m 的立方体土样。取根直至不见根段时停止取样。取回的所有根系样品先筛分然后用清水浸泡一段时间，浸泡过的样品倒入孔径为 0.5mm 的尼龙网筛，过筛时反复用清水冲洗，剔除杂质和死根后，将漂洗干净的根系样品放置在阴凉处晾干。用游标卡尺测量，分选出根系直径大于 2mm 和小于 2mm 的根系，分别称重记录后扫描，获得根系图片，并用 Photoshop 6.0 软件对根系图片进行处理，此后采用 DT-SCAN 分析根系，获得根系的长度、平均直径、根的总数等主要参数。最后将根系于 105℃杀青、80℃烘干至恒质量，进行称重。

(3) 区分：棉花的根系属直根系，主根入土深，侧根分布广；枣树根系较稀疏，且枣树的细根颜色为灰白色，棉花的细根为红褐色，新鲜根系形态特征较为明显，因此便于区分。

(4) 细根的测定：Fogel[152]将植物的细根定义为直径 2～5mm 以下的根，但也有学者将其定义为直径 2mm 以下的根。鉴于林木细根目前研究并无统一定义，本研究将直径 2mm 以下的根作为细根进行分析。

10.1.4 参数计算

10.1.4.1 棉花叶片叶面积计算

单株棉花叶面积采用长宽系数法，计算公式为

$$S = lbk \tag{10.2}$$

式中：S 为叶面积，cm^2；l 为叶长，cm；b 为叶宽，cm；k 为校正系数，本书取 0.75。

测定单株棉花绿叶总面积，并根据叶片总面积与其占地面积的比值，计算各处理棉花叶面积指数（LAI）。试验期间测定了不同生长天数棉花叶面积指数随时间的动态变化过程（以 2015 年为例），不同灌水处理的棉花叶面积指数变化过程如图 10.7 所示。

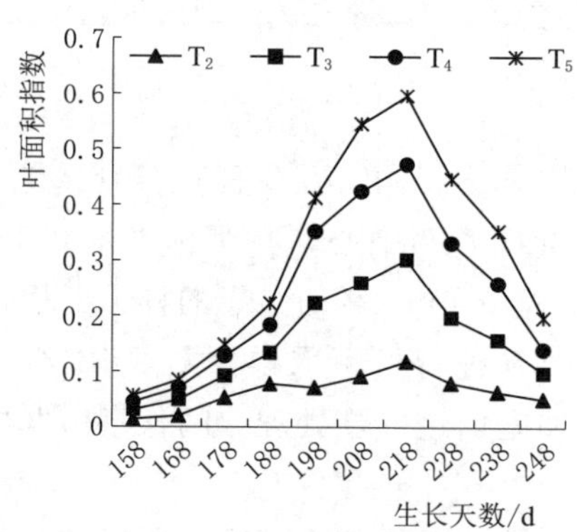

图 10.7　T_2～T_5 棉花叶面积指数随生长天数的变化过程

（以 1 月 1 日为起点计算生长天数）

10.1.4.2 根长密度计算

根长密度计算公式为

$$D_{RL} = \frac{L_d}{V_s} \tag{10.3}$$

式中：D_{RL}为根长密度，cm/cm^3；L_d 为根系长度，cm；V_s 为土壤体积，cm^3。

10.1.4.3 根质量密度计算

根质量密度计算公式为

$$D_{RM} = \frac{M_d}{V_s} \tag{10.4}$$

式中：D_{RM}为根系质量密度，g/cm^3；M_d

为根系干质量，g；V_s 为土壤体积，cm^3。

10.1.4.4 根系分布重心计算

根系分布重心计算公式为

$$WH = \sum_{i=1}^{n} D_i P_i \tag{10.5}$$

式中：WH 为根系分布重心；n 为样方总数；计算垂直分布重心时，D_i 为每层样方的深度，P_i 为每层垂直方向采样样方内根长占总根长的百分比；计算水平分布重心时，D_i 为每个水平向采样样方中心位置到树干基部的距离，P_i 为每个水平向采样样方内的根长占总根长的百分比。

10.1.4.5 种间竞争能力指数计算

采用 Levins[153] 提出的生态位重叠公式计算枣树和棉花间的竞争能力指数，其公式为

$$L_{ih} = B_i \sum_{j=1}^{r} P_{ij} P_{hj} \tag{10.6}$$

$$L_{hi} = B_h \sum_{j=1}^{r} P_{ij} P_{hj} \tag{10.7}$$

$$\left.\begin{aligned} B_i &= \frac{1}{r} \sum_{j=1}^{r} P_{ij}^2 \\ B_h &= \frac{1}{r} \sum_{j=1}^{r} P_{hj}^2 \end{aligned}\right\} \tag{10.8}$$

式中：r 为资源位数（样方数）；L_{ih} 为物种 i 对物种 h 的竞争指数；L_{hi} 为物种 h 对物种 i 的竞争指数；B 为生态位宽度指数；P_{ij}、P_{hj} 为物种 i 或 h 利用第 j 个资源位占它利用全部资源位的比例，书中以细根生物量在某一资源位的比例衡量物种占有该资源位的比例。

B_i 和 B_h 具有域值 $[1/r, 1]$，L_{ih} 和 L_{hi} 具有域值 $[0, 1]$。

10.1.4.6 间作棉花偏土地当量比计算

间作棉花偏土地当量比的计算公式为

$$PLER-C-Y_{im}/Y_{mm} \tag{10.9}$$

式中：Y_{im} 和 Y_{mm} 为间作棉花和单作棉花产量。

$PLER-C$（间作系统中棉花偏土地当量比）$>F$（间作系统中棉花所占面积比例）为间作产量优势，$PLER-C<F$ 为间作产量劣势。本试验中 F 为 0.63。

10.1.4.7 间作系统土壤水分效应计算

间作系统土壤水分效应的计算公式为

$$E=(M-M_c)/M_c \times 100\% \tag{10.10}$$

式中：E 为土壤水分效应，%；M 为间作系统 0～100cm 的土壤含水率；M_c

为单作棉花地 0～100cm 的土壤含水率。

当 E 为正值时，表示间作对整个系统的土壤水分表现为增益作用；当 E 为负值时，表示间作对整个系统的土壤水分表现为降低作用。

10.2　枣棉复合系统枣树与棉花叶片的光合特性指标

光合作用是植物物质代谢与生理代谢的基本单元。本书主要以干旱区完全依靠灌溉条件、光资源非常丰富的枣棉复合系统为研究对象，研究不同灌水定额下复合系统内植物的光合特性，揭示枣棉种间互作机理，为协调枣棉复合系统光竞争关系，实现该系统高产高效提供理论依据和指导性建议。

10.2.1　研究区环境因子的日变化

光合作用是植物体生理活动的一个过程，受到光照强度、温度、水分等众多环境因子的影响。由研究期间（2015 年 9 月 20 日）田间环境因子的日变化曲线（图 10.8）可知，从 10：00—18：00 光合有效辐射和大气温度（T_a）的日变化基本保持一致，呈单峰曲线，峰值出现在 14：00 时左右，分别达到 1023.29μmol/(m^2·s) 和 32.21℃。大气 CO_2 浓度（C_a）在 10：00 时达到最大值，之后不断下降，大约在 12：00 时出现最低值为 388.91ppm[1]，之后缓慢上升。空气相对湿度（RH）表现为早、晚高，中间时段低。并且上午随着光合有效辐射与气温的升高，相对湿度逐渐下降，14：00 时出现全天最低值为 47.76%，而下午随着光合有效辐射与气温的降低，相对湿度逐渐上升，18：00时达到 48.51%。

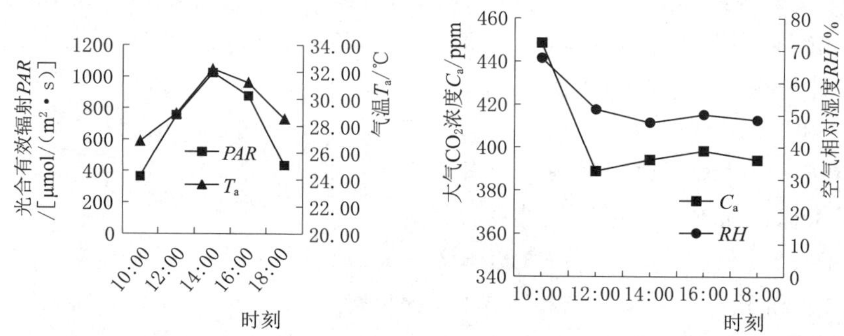

图 10.8　2015 年 9 月 20 日田间环境因子日变化曲线

10.2.2　不同处理下枣树与棉花的光合特性

对植物光合特性的了解是研究植物生理活动的必要途径。通过 SPSS 19.0

[1] 1ppm＝0.001‰。

分别对不同处理枣树、棉花的光合参数日均值进行分析，由表 10.8 可知，T_1、T_2 枣树的净光合速率（P_n）、蒸腾速率（T_r）差异不显著，说明 T_1、T_2 枣树光合特性不受种间关系的影响；而 T_2、T_5 的棉花各光合参数差异性达到了显著性水平（$P<0.05$），说明棉花较枣树对光合特性的反应更为敏感，受种间关系的影响；T_2、T_3、T_4 枣树、棉花的 P_n、*WUE*、T_r、C_i（胞间 CO_2 浓度）均达到显著性差异（$P<0.05$），说明各复合系统中灌溉量的差异影响了枣树与棉花的种间关系，从而影响了植物的光合特性。

对比表 10.8 中 T_1～T_4 枣树叶片的主要光合特征参数的日均值，可以看出，T_1 枣树的 P_n、*WUE*、C_i 均大于 T_2、T_3、T_4 的枣树，光合作用能力表现为单作强于间作；T_5 棉花的 P_n、*WUE* 均小于 T_2、T_3、T_4 的棉花，光合作用能力表现为间作强于单作。进一步对比复合系统各处理中枣树、棉花的光合参数可知，T_2 枣树的 P_n 均大于 T_3、T_4，达到高光合；T_1 枣树的 *WUE* 最大，达到高水分利用效率；T_3 枣树 T_r 最小，达到低蒸腾速率。T_2 棉花的 P_n、*WUE* 均最大，达到高光合，高水分利用效率，有利于植物进行光合作用；T_3 棉花的 P_n 均小于 T_2、T_4，但却达到了较高的水分利用效率，低蒸腾速率。

表 10.8　不同处理下枣树、棉花光合特性参数日变化均值

处理	净光合速率 P_n /[μmol/(m^2·s)]	气孔导度 G_s /[mmol/(m^2·s)]	胞间 CO_2 浓度 C_i /ppm	蒸腾速率 T_r /[mmol/(m^2·s)]	水分利用效率 *WUE* /%
T_1 枣树	7.89±2.13	147.47±31.6	299.97±27.5	2.85±0.32	3.09±0.99
T_2 枣树	5.66±2.20	184.17±31.2	296.33±24.5	3.33±0.62	2.15±1.02
T_3 枣树	5.08±1.90	116.95±24.2	255.40±21.4	2.74±0.50	2.11±0.89
T_4 枣树	5.26±2.19	127.79±27.3	279.31±28.0	2.98±0.38	2.17±0.80
T_2 棉花	9.13±2.15	141.40±29.5	281.80±29.69	3.77±0.51	2.49±1.11
T_3 棉花	6.52±2.01	107.55±35.6	252.05±22.93	2.78±0.57	2.35±0.97
T_4 棉花	7.85±2.04	127.63±32.3	282.03±38.81	3.49±0.95	2.14±0.78
T_5 棉花	6.20±2.28	144.25±35.2	294.51±33.82	4.02±0.93	1.88±0.77

10.2.3　枣棉复合系统不同灌水处理下枣树、棉花叶片的净光合速率（P_n）、蒸腾速率（T_r）和水分利用效率（*WUE*）的日变化

净光合速率（P_n）、蒸腾速率（T_r）、水分利用效率（*WUE*）皆是评价光合作用的重要指标。不同灌水处理下枣树与棉花叶片的 P_n、T_r、*WUE* 的日变化曲线如图 10.9 所示。

由图 10.9（a）、（b）可知，外界环境条件相同时，不同灌水处理下枣树叶片的 P_n 日变化呈典型的双峰形曲线，峰值分别出现在上午 12：00 时和下午 16：00 时，且上午峰值略高于下午峰值，各处理的差异达到了显著性水平

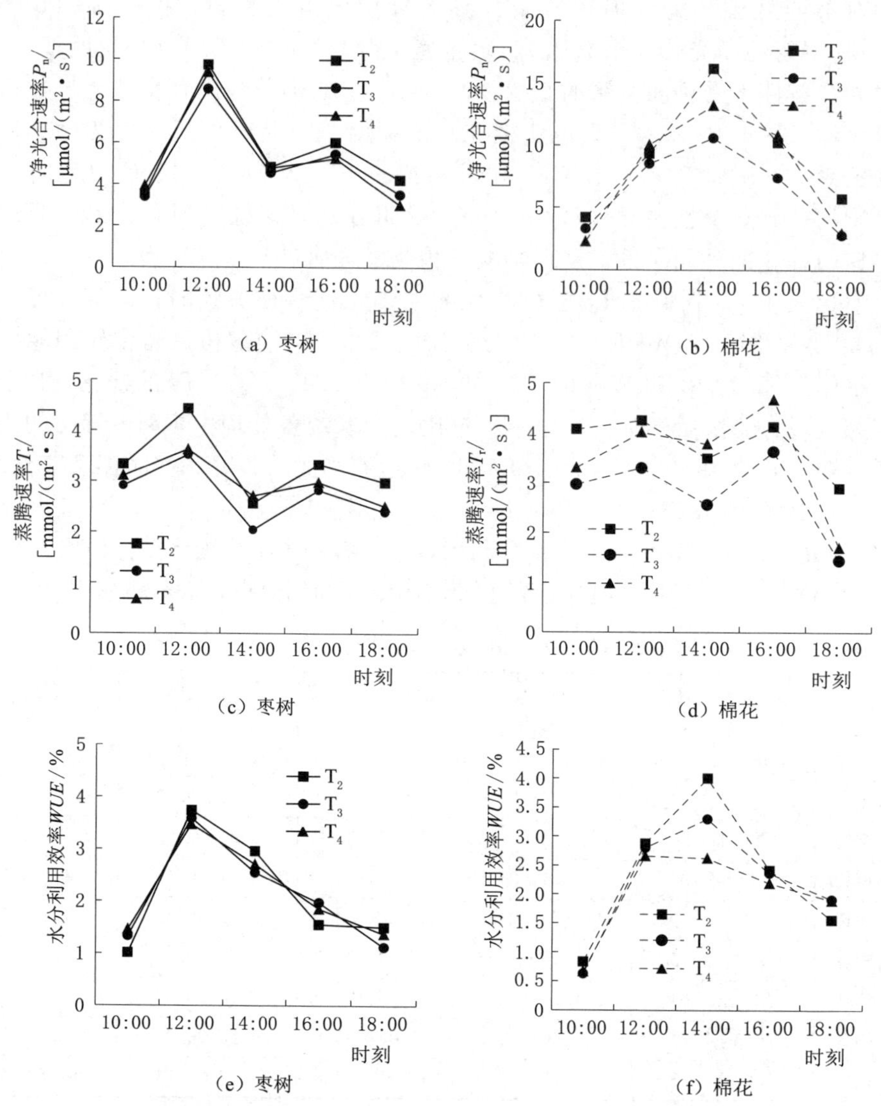

(a) 枣树　(b) 棉花　(c) 枣树　(d) 棉花　(e) 枣树　(f) 棉花

图 10.9　不同灌水处理下枣树、棉花的 P_n、T_r 和 WUE 的日变化曲线

($P<0.05$)。其中，T_2 枣树叶片的 P_n 由 10：00 时的 3.52μmol/(m² · s) 逐渐升高，在 12：00 时达到最大值 9.73μmol/(m² · s)，随后逐渐下降；T_3、T_4 枣树叶片的 P_n 变化趋势与 T_2 相同，在 10：00 时分别为 3.38μmol/(m² · s)、3.93μmol/(m² · s)，在 12：00 时达到最大值 8.57μmol/(m² · s) 和 9.37μmol/(m² · s)。3 种处理下枣树的 P_n 均在 14：00 时出现"午休"现象，16：00 时达到日变化的第二峰值，分别为 6.00μmol/(m² · s)、5.44μmol/

$(m^2 \cdot s)$、$5.24\mu mol/(m^2 \cdot s)$。3种灌溉处理下枣树叶片出现光合“午休”的时间基本一致，由此可知，不同的灌溉量对枣树的叶片光合“午休”影响不大。且在日变化中，枣树叶片的 P_n 值在10：00—14：00时表现为 $T_2>T_4>T_3$，在14：00时之后表现为 $T_2>T_3>T_4$，说明 T_3 枣树的叶片 P_n 的恢复速度快于 T_4。而 T_2 枣树叶片的 P_n 值始终高于 T_3 和 T_4，第一峰值12：00时分别高出11.99%和3.77%，在第二峰值16：00时分别高出9.33%、12.67%。而与枣树叶片 P_n 日变化明显不同，不同灌水处理下棉花叶片的 P_n 日变化呈单峰曲线变化，P_n 值在一天中变幅较大，各处理的差异达到显著性水平($P<0.05$)。棉花在一天中并未呈现出光合“午休”现象。各处理棉花叶片 P_n 在14：00时达到最大值，此时，$T_2>T_4>T_3$，各值分别为 $16.13\mu mol/(m^2 \cdot s)$、$13.18\mu mol/(m^2 \cdot s)$、$10.58\mu mol/(m^2 \cdot s)$。18：00时 P_n 降低，达到 $5.73\mu mol/(m^2 \cdot s)$、$2.96\mu mol/(m^2 \cdot s)$、$2.80\mu mol/(m^2 \cdot s)$。各处理棉花叶片 P_n 在12：00时与16：00时相差不大，说明棉花在同样的外界环境下有更好的光合恢复作用，使得棉花光合日变化性能较强。

不同灌水处理下枣树、棉花叶片 T_r 日变化规律较一致 [图10.9 (c)、(d)]，均呈双峰形曲线，差异达到了显著性水平 ($P<0.05$)。同时，T_r 随 *PAR* 的变化而变化，早晨 *PAR* 逐渐增大，有利于叶片气孔张开，饱和水汽压差增大，蒸腾速率随之增高，12：00时 T_r 达到一天中的第一个峰值，T_2、T_3、T_4 枣树、棉花的 T_r 分别为 $4.43mmol/(m^2 \cdot s)$、$3.52mmol/(m^2 \cdot s)$、$3.63mmol/(m^2 \cdot s)$ 和 $4.25mmol/(m^2 \cdot s)$、$3.30mmol/(m^2 \cdot s)$、$4.01mmol/(m^2 \cdot s)$。而中午气温升高，光照增强，叶片失水过多，部分气孔关闭，导致 T_r 降低。而随着外界环境的变化，*PAR* 减弱，气温下降，气孔阻力减小，T_r 逐渐升高，16：00时 T_r 达到一天中的第二个峰值，之后又逐渐下降。虽然 T_r 的日变化曲线各处理变化规律基本一致，差异达到了显著性水平 ($P<0.05$)，但相同时间点也略有不同，枣树 T_r 在12：00、16：00时及棉花 T_r 在12：00时都表现为 $T_2>T_4>T_3$，但棉花 T_r 在16：00时表现为 $T_4>T_2>T_3$，说明棉花通过自身调节恢复能力快，减小了外界环境对自身的伤害。

植物的水分利用效率反映植物叶片瞬间或短期的反应行为，常用来指示植物对干旱环境的适应性。由图10.9 (e)、(f) 可知，不同灌溉处理下枣树 *WUE* 均在12：00时达到最大值，T_2 为3.74%、T_3 为3.59%、T_4 为3.47%，而在此之后各处理 *WUE* 处于一个缓慢下降趋势，主要原因为12：00时以后植物受气孔或非气孔限制，导致 P_n、T_r 降低，进而导致 *WUE* 降低。而棉花的 *WUE* 变化与枣树迥异，T_2、T_3 在10：00—14：00时呈持续增大的趋势，在14：00时达到最大值，T_2 为4.27%、T_3 为3.52%，之后缓慢下降。T_4 棉花的 *WUE* 最大值出现在12：00时左右，较 T_2、T_3 有所提前，这也说明在长期灌

溉量小于 T_2、T_3 的环境下，T_4 棉花能够通过自身生理因子做出调节，在外界环境不利于生长时，植株自身提前达到较高的水分利用效率，避免叶片因为持续高温而灼伤，同时保证了植株正常的生命活动。而 T_4 提前达到 *WUE* 的峰值，也是导致 T_4 的 *WUE* 在 12：00—18：00 较其他处理持续降低的原因。

10.2.4　枣棉复合系统不同灌水处理下枣树、棉花叶片的气孔导度（G_s）和胞间 CO_2 浓度（C_i）的日变化

气孔是植物与外界环境进行物质交换的通道，气孔的开放、关闭与植物的生命活动息息相关[154-156]。Farquhar 等[156]提出的气孔限制值分析方法，认为当光合速率下降的同时 C_i 降低，光合速率的降低主要是由气孔关闭引起的；而如果光合速率下降的同时 C_i 上升，则说明光合速率降低主要是由于非气孔因素引起的。

不同灌水处理下枣树、棉花叶片的 G_s 日变化大致相似［图 10.10（a）、(b)］，G_s 日变化趋势为双峰曲线，在 12：00（T_2 在 10：00）时出现最大值，16：00 时略微上升后降到最低值。不同灌水处理下枣树 G_s 日变化 12：00 时 $T_2>T_3>T_4$，14：00 时 $T_2>T_4>T_3$。结合 P_n、G_s 日变化曲线图可知，不同灌水处理下枣树 P_n、G_s 在 12：00 均达到最大值，经过中午休眠后，P_n、G_s 在 16：00 均有所回升。枣树在 12：00—14：00 时 P_n 下降，同时 C_i 升高，可知此时段 P_n 降低主要是由气孔关闭导致的；16：00—18：00 时 P_n、G_s 持续降低，同时 C_i 升高，表明此时段 P_n 下降主要由非气孔因素引起。不同灌水处理下棉花虽然未出现“午休”现象，但在 16：00—18：00 时变化规律与枣树基本相同，P_n 下降主要受非气孔限制的影响。16：00 以后气孔导度一直处于较低的水平，主要是光合有效辐射降低引起的。

由图 10.10（c）、（d）可知，不同灌水处理下枣树、棉花 C_i 的日变化近似于 V 形。10：00—14：00 逐渐下降，14：00 之后缓慢上升，T_4 枣树、棉花的 C_i 日变化趋势平缓，变化幅度不大。

10.2.5　小结

（1）农林复合系统中的植物种间优势表现在对光、温、水和养分等资源均衡利用的结果。而光合作用是由内外因子相互作用，所形成的复杂的植物生理活动较能体现植物生理特性。研究发现，T_1、T_2 枣树的 P_n、T_r 差异不显著；T_2、T_5 的棉花各光合参数差异性显著。复合系统各处理中，T_2 枣树的 P_n 均大于 T_3、T_4，达到高光合；T_1 枣树的 *WUE* 最大，达到高水分利用效率；T_3 枣树的 T_r 最小，达到低蒸腾速率。T_2 棉花的 P_n、*WUE* 最大，达到高光合、高水分利用效率；T_3 棉花的 P_n 小于 T_2、T_4，但 T_r 最小，达到低蒸腾速率。T_1 枣树的 P_n、*WUE* 大于各复合系统处理中的枣树，T_2、T_4 棉花的 P_n、*WUE* 大于 T_5 的棉花，说明复合系统中灌溉量的差异影响了枣树与棉花的种

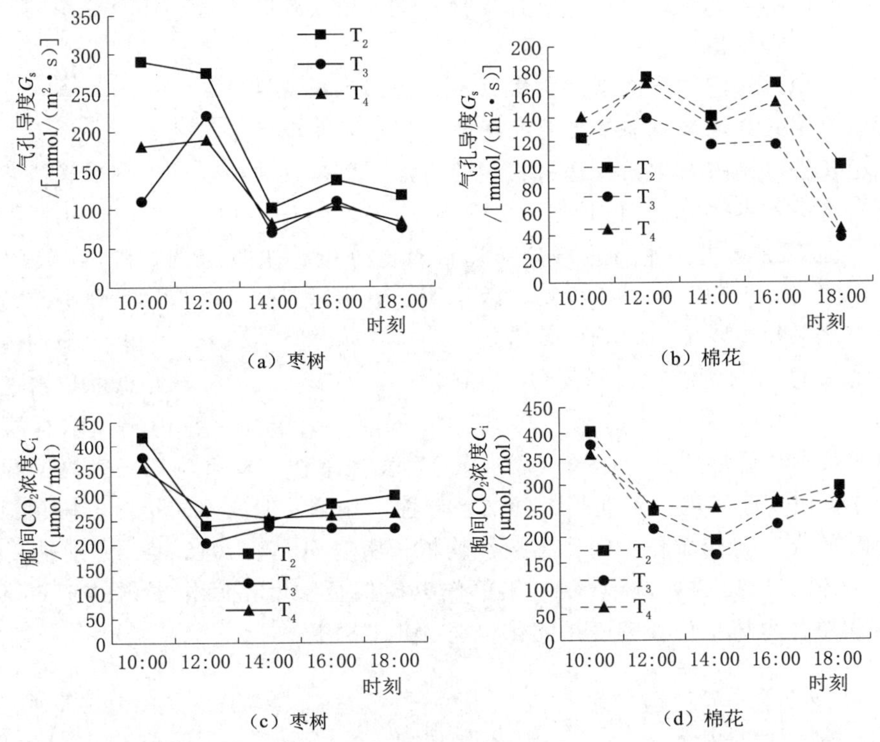

图 10.10 枣树和棉花叶片的 G_s 和 C_i 日变化曲线

间关系，间作促进了棉花的光合作用能力，抑制了枣树的光合作用能力。

（2）不同灌水处理的枣树都表现出明显的光合“午休”现象，其原因可能是干旱区气候条件导致的，枣树叶片较小，随着光照强度的增强，为了防止水分的过度蒸腾散失及适应逆境引起的光抑制，气孔关闭，导致 T_r、CO_2 能力下降，而棉花在一天中并未呈现出光合“午休”现象，其原因可能与棉花自身耐干旱的生理特性有关，其次也可能是复合群体种间促进作用增强了棉花光合日变化性能。而造成“光午休”现象的原因不是单一因素造成的，因此产生“光午休”现象并不能表明该时期光合能力比不产生“光午休”的时期弱，这方面还有待进一步研究。

10.3 单、间作模式下枣树、棉花根系及地上部生长特性

作物生长系统由地上部的“叶光系统”和地下部的“根土系统”构成[157]，根系与地上部间有着极为密切的关系。从植物地上部与地下部根系生长关系着手，研究同一物种在不同种植模式及不同灌溉量的影响下，地上部与

地下部间的响应关系，以期对农林复合系统种植模式的筛选、环境资源的利用及生产实践提供指导。

10.3.1　单作、间作模式下枣树根系及地上部生长特性分析

10.3.1.1　充分灌溉条件下单作与间作枣树根系年际间分布关系

根长密度是根系生长发育最直接的指标，也是反映植物地下部生长的重要指标。将单作枣树（2014 年 P_1、2015 年 T_1）、间作枣树（2014 年 P_2、2015 年 T_2）根长密度的水平、垂直分布进行对比分析，如图 10.11 和图 10.12 所示。由图 10.11 和图 10.12 可知，两年中，单作、间作枣树根系主要分布范围一致，水平约为 0.1～0.3m，垂直约为 0～0.3m 的土壤内，2014 年分别占总根长密度的 64.46%、64.05%和 44.35%、52.97%，2015 年为总根长密度的 48.44%、74.09%和 57.57%、75.22%。同时，对于同一年内不同取样层内枣树根系参数取均值进行比较（表 10.9），发现单作枣树平均根长密度明显大于间作枣树，而年内、不同年份间的差异性不显著。但就不同年份枣树总根长密度而言，2014 年单作、间作枣树平均根长密度均大于 2015 年，分别是 2015 的 1.33 倍、1.25 倍，其中 2014 年单作枣树根长密度是间作枣树的 1.60 倍，2015 年单作枣树总根长密度是间作枣树的 1.50 倍。

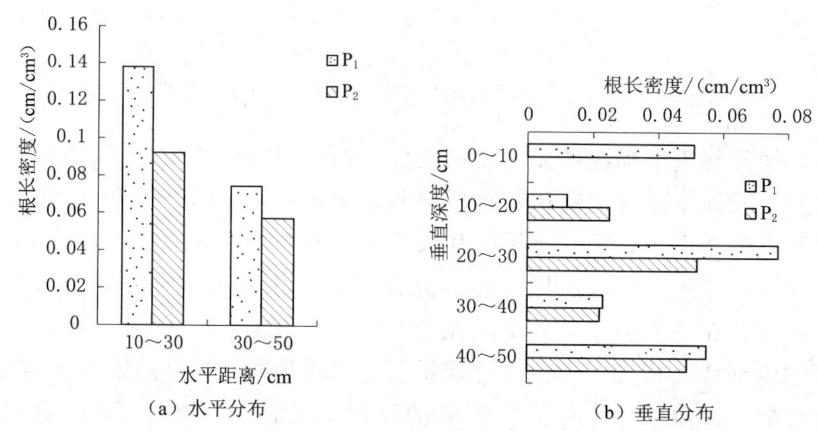

(a) 水平分布　　(b) 垂直分布

图 10.11　2014 年单作、间作模式下枣树根长密度的分布

表 10.9　2014 年、2015 年单、间作枣树地下部的各项指标

地下部根系生长指标	2014 年枣树		2015 年枣树	
	P_1	P_2	T_1	T_2
平均根长密度/(cm/cm³)	0.08±0.03a	0.05±0.02a	0.06±0.02a	0.04±0.02a
平均根重密度/(mg/cm³)	0.30±0.02a	0.25±0.01a	1.20±0.001a	0.80±0.001a
平均根系直径/mm	1.64±0.71a	1.24±1.06a	1.15±0.77a	1.43±0.85a

注　同列数据相同小写字母表示差异不显著（a=5%）。

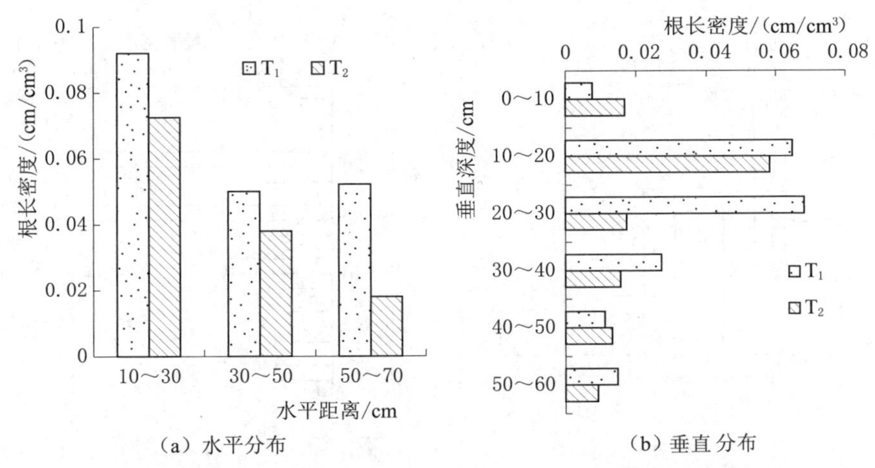

(a) 水平分布
(b) 垂直分布

图 10.12 2015 年单作、间作模式下枣树根长密度的分布

10.3.1.2 不同灌溉处理下单作与间作枣树根系年内（2015 年）分布关系

将 2015 年单作枣树（T_1）与间作枣树（T_3、T_4）根长密度的水平、垂直分布进行对比分析，如图 10.13 所示。对比单作与不同间作处理枣树根长密度可知，T_3 枣树根长密度在水平方向上，主要集中在距树体 0.1～0.3m 内，占总根长密度的 72.80%，在垂直方向上，主要集中在 0.1～0.4m 的土层内，占总根长密度的 81.42%；单作枣树根长密度与 T_3 枣树在水平方向上差异性显著，在垂直方向上差异性不显著，单作枣树总根长密度是 T_3 枣树的 1 倍；T_4 枣树根长密度在水平方向上主要集中在距树体 0.1～0.3m 内，占总根长密度的 42.81%，在垂直方向上，主要集中在 0.1～0.4m 的土层内，占总根长密度的 60.18%；单作枣树根长密度与 T_4 枣树在水平方向上和垂直方向上差异性均不显著，T_1 枣树总根长密度是 T_4 枣树的 2.1 倍。

10.3.1.3 单作、间作模式下枣树地上部生长指标对比

作物的根系与地上部生长是统一的整体，相互依存，相互制约，因此地上部生长状况可作为植株能否良好地生长及根系与地上部间平衡状态的重要衡量指标。分析 2014 年、2015 年 6 月上旬至 9 月上旬期间单作、间作枣树地上部各项生长指标，见表 10.10。从表 10.10 可以看出，单作枣树与间作枣树的地上部各项指标年内、年际间均达到了显著性的差异。2014 年，间作枣树的平均株高、平均枣吊长度均大于单作枣树；单作枣树的叶绿素含量高于间作枣树。2015 年，间作枣树的新枝长度、平均枣吊长度、叶绿素含量均大于单作枣树，且单作、间作各项指标差异性显著。结合地下部根系空间分布特征，2014 年、2015 年单作枣树总根长密度均大于间作枣树，而地上部生长指标却

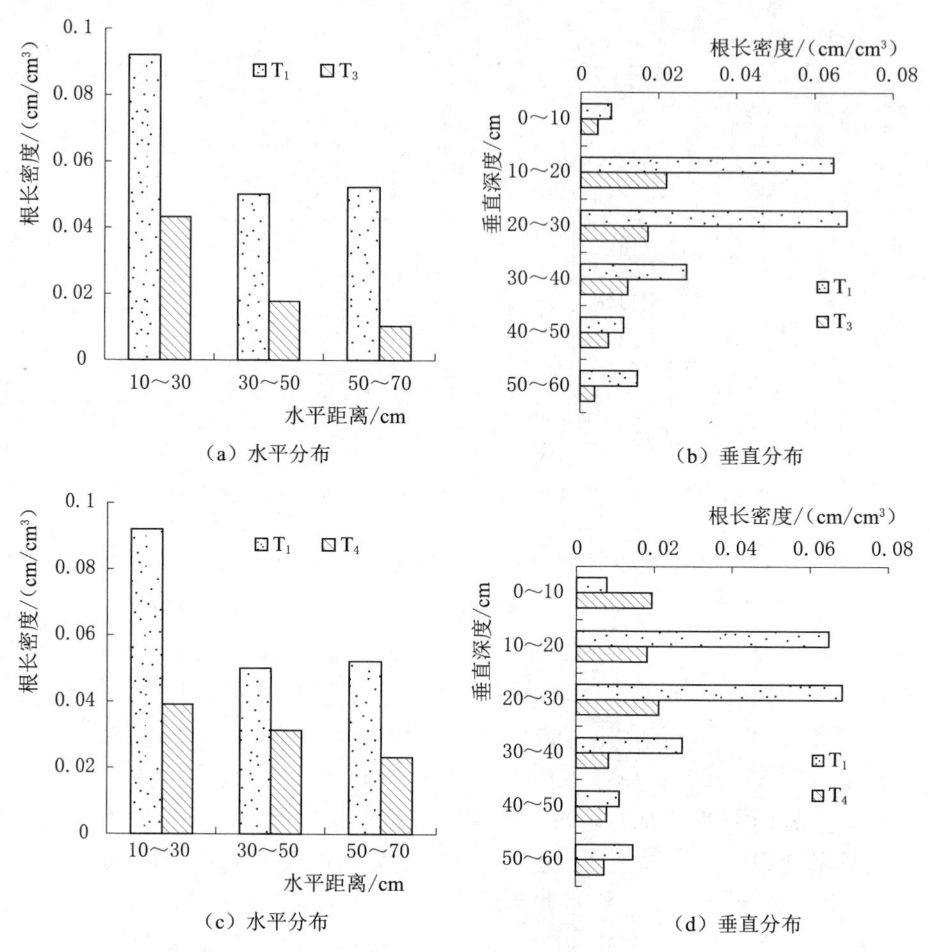

(a) 水平分布　　(b) 垂直分布

(c) 水平分布　　(d) 垂直分布

图 10.13　2015 年单作、间作模式下枣树根长密度的分布

表现为间作枣树大于单作枣树，从根系生理生态学角度分析，认为是植物为了满足生长需要前期根部比较大，以形成强大的根系，为后期冠部生长奠定基础，所以 2014 年枣树根长密度值大于 2015 年枣树，且两年间取根时间都位于枣树生长发育后期，植株生长的重心转移至地上部的生殖生长，减少了地下部根系生长所需的同化物，加快了部分根系的衰老速度和呼吸损耗，导致根系的生物量增加甚少，使得不同灌水处理下的间作枣树总根长密度为 $T_2>T_4>T_3$。同时，枣树地上部与地下部表现出不一致性，间作枣树地上部生长指标较单作枣树有明显优势，分析原因，主要与间作不同灌溉量的设置有关，灌溉量多的处理，地下部根系生物量多，而地上部生长指标却较其他处理小。

表 10.10 2014 年、2015 年单作、间作枣树地上部各项指标（6 月上旬至 9 月上旬）

年份	处理	平均株高/cm	有/无新枝	平均新枝长度/cm	平均枣吊长度/cm	平均叶绿素含量/(μg/cm²)
2014	P_1	90.2±1.11a	无	—	8.27±1.10a	48.40±3.32a
	P_2	92.8±0.62b	无	—	8.33±2.21b	45.74±4.18b
2015	T_1	99.3±1.31c	有	65.65±10.91c	17.25±3.96c	41.16±4.27c
	T_2	94.2±1.06d	有	66.23±12.45d	17.68±3.72d	41.30±4.83d
	T_3	95.6±0.64e	有	75.49±10.59e	18.97±4.84e	42.47±4.08e
	T_4	121.3±1.26f	有	69.99±10.17f	21.39±3.96f	42.61±4.47f

10.3.2 单作、间作模式下棉花根系及地上部生长特性分析

10.3.2.1 充分灌溉条件下单作与间作棉花根系年际间分布关系

将单作棉花（2014 年 P_3、2015 年 T_5）、间作棉花（2014 年 P_2、2015 年 T_2）根长密度的水平、垂直分布进行对比分析，如图 10.14 和图 10.15 所示。由图 10.14（b）和图 10.15（b）可知，2014 年单作、间作棉花的根长密度间没有显著性差异，2015 年单作、间作棉花的根长密度垂直方向上有显著性差异。单作、间作棉花根长密度的垂直分布均随土壤深度的增加呈负指数型曲线变化，表达式分别为

$$y=0.3132e^{-0.5325x},R^2=0.7434;y=0.1154e^{-0.1308x}\quad(R^2=0.7204)\quad(2014年)$$

$$y=0.0078e^{-0.4x},R^2=0.7117;y=0.0059e^{-0.206x}\quad(R^2=0.7006)\quad(2015年)$$

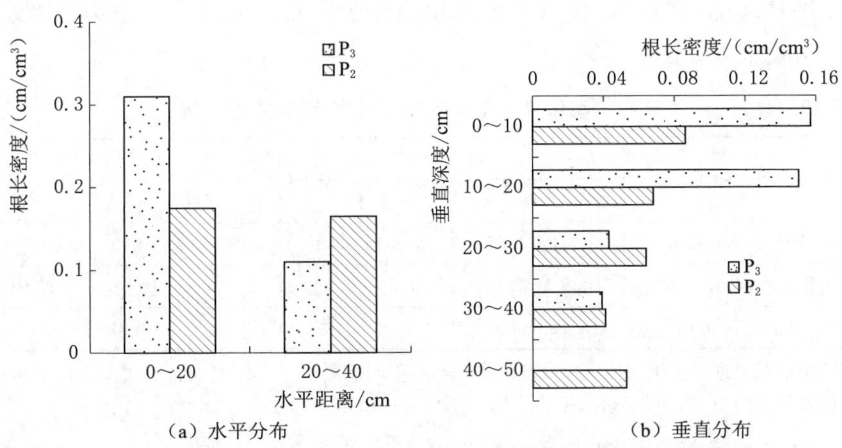

(a) 水平分布　　(b) 垂直分布

图 10.14 2014 年单作、间作模式下棉花根长密度的分布

分析 2014 年、2015 年棉花根系空间分布，可知，两年中棉花根系分布规律基本一致。2014 年单作、间作棉花根系主要分布在水平 0～0.2m、垂直 0～

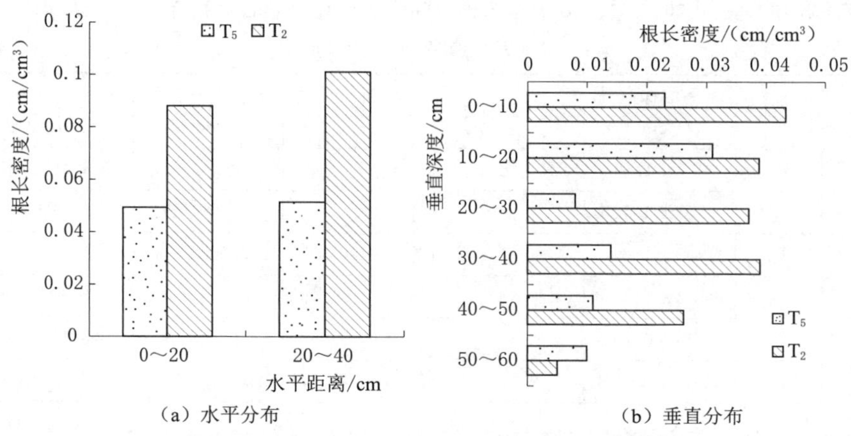

(a) 水平分布　　　　(b) 垂直分布

图 10.15　2015 年单作、间作模式下棉花根长密度的分布

0.2m 的土壤范围内，分别占根长密度总量的 74.64%、76.99%和 36.01%、46.90%。2015 年棉花根系较 2014 年在土壤层内根系更多分布更深，且间作棉花根长密度明显大于单作棉花。2015 年单作、间作棉花根系主要分布在水平 0.2～0.4m，垂直 0～0.4m 的土壤内，分别占根长密度总量的 50%、79.70%和 54.3%、84.07%。由相关分析表明（表 10.11），两年间单、间作棉花根重密度、根系直径间的差异性不显著，2014 年单作棉花总根长密度是间作棉花的 1.1 倍，2015 年间作棉花总根长密度是单作棉花的 1.8 倍。而对于棉花根系主要集中在浅层土壤中，是因为滴灌为点源灌溉，在为作物提供充足的水肥环境的同时，间接影响了作物根系的分布，使得根系结构紧凑，分布范围变得宽而浅。

表 10.11　　单作、间作模式下棉花地下生物量相关性分析

地下部各项指标	2014 年棉花		2015 年棉花	
	单作	间作	单作	间作
平均根长密度/(cm/cm³)	0.11±0.02	0.10±0.01	0.05±0.004	0.09±0.02
平均根重密度/(mg/cm³)	0.91±0.02	0.51±0.10	1.24±0.30	2.17±0.42
平均根系直径/mm	1.12±0.03	1.16±0.05	1.32±0.06	1.45±0.30

注　表中根系数据是由平均值±标准差组成，表中不同字母表示单作和间作枣树地下部各项的指标的差异达到 $P<0.05$ 显著水平。

10.3.2.2　不同灌溉处理下单作与间作枣树根系年内（2015 年）分布关系

将 2015 年单作棉花（T_5）、间作棉花（T_3、T_4）根长密度的水平、垂直分布进行对比分析，如图 10.16 所示。对比单作、不同间作处理棉花根长密度可知，T_3 棉花根长密度在水平方向上主要集中在 0.2～0.4m 内，占总根长密

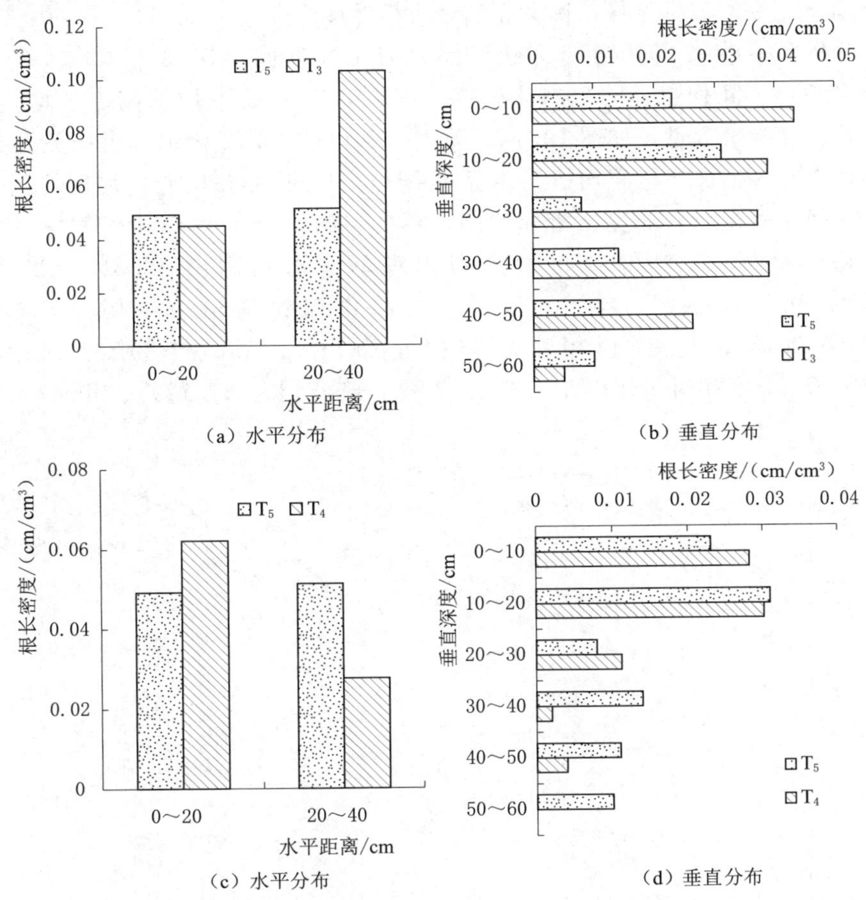

(a) 水平分布　(b) 垂直分布

(c) 水平分布　(d) 垂直分布

图 10.16　2015 年单作、间作模式下棉花根长密度的分布

度的 69.0%，在垂直方向上，主要集中在 0～0.3m 的土层内，占总根长密度的 73.4%；单作棉花根长密度与 T_3 棉花在水平方向上差异性显著，在垂直方向上差异性不显著，单作棉花根长密度总量是 T_3 棉花的 0.68 倍；T_4 棉花根长密度在水平方向上主要集中在 0.1～0.2m 内，占总根长密度的 68.51%，在垂直方向上主要集中在 0～0.3m 的土层内，占总根长密度的 88.10%；单作棉花根长密度与 T_4 棉花在水平方向上、垂直方向上差异性均显著，单作棉花根长密度总量是 T_4 棉花的 1.35 倍。结合图 10.16 可知，2015 年单作、间作棉花总根长密度分布略有不同，2015 年仅 T_4 与 2014 年一致，表现为单作棉花根长密度大于间作棉花，T_2、T_3 则与其相反，间作棉花总根长密度明显大于单作棉花，则说明棉花易受种间关系的影响，复合系统促进了棉花根系的生长，同时，根系生物量与灌溉量成正比，灌水定额大的根系生物量多，灌水定额小的根系生物量小。

10.3.2.3　单作、间作棉花地上部生长指标对比

分析 2014 年、2015 年 6 月上旬至 9 月上旬期间单作棉花（2014 年 P_3、2015 年 T_5）、间作棉花（2014 年 P_2、2015 年 T_2）的平均株高、平均茎粗、叶面积、叶绿素含量，如图 10.17、图 10.18 和表 10.12 所示。由相关性分析可知，棉花各生长指标间均达到显著性差异，且不同年份间差异性显著。对比可知，间作棉花地上部生长指标均高于单作，2014 年间作棉花平均株高、平均茎粗、叶面积、叶绿素含量分别相对单作棉花高出 10.3%、29.0%、11.9%、0.97%，2015 年 T_2 分别相对单作棉花高出 8.47%、25.02%、3.03%、0.7%；T_3 分别相对单作棉花高出 2.35%、6.89%、15.80%、1.1%；T_4 分别相对单作棉花高出 5.43%、−5.74%、17.12%、0.04%。

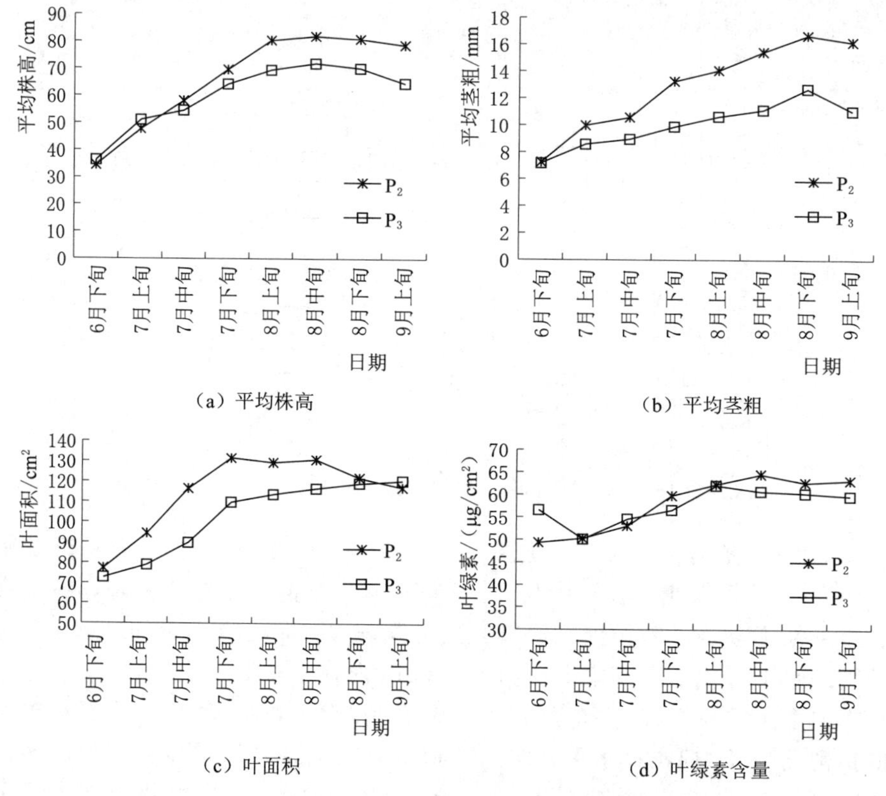

（a）平均株高

（b）平均茎粗

（c）叶面积

（d）叶绿素含量

图 10.17　2014 年单作、间作棉花地上部生长指标

单作、间作棉花间的差异最终是由产量反映出来的，同时，产量的高低又是以较高的作物生物量为前提的，它们之间相辅相成才能发挥出作物的经济价值。试验对单作、间作棉花最终收获的籽棉产量进行对比分析发现，2014 年间作棉花平均产量可以达到 280kg/亩，基本达到当地产量效益的中上水平，

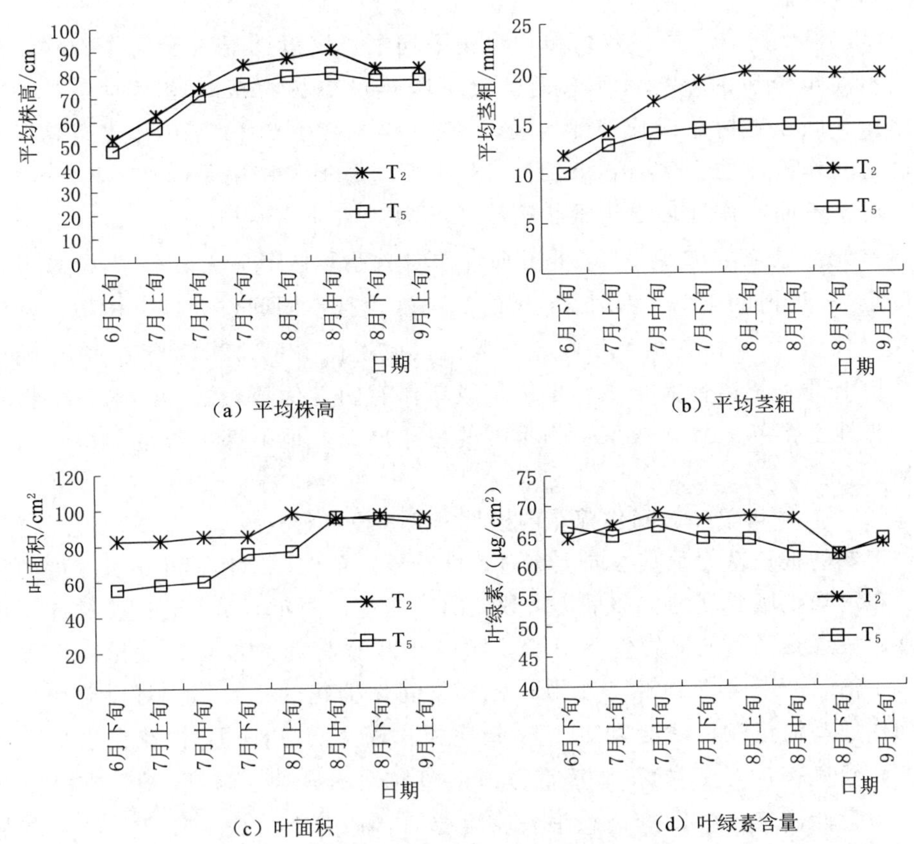

(a) 平均株高

(b) 平均茎粗

(c) 叶面积

(d) 叶绿素含量

图 10.18 2015 年单作、间作棉花地上部生长指标

表 10.12 **棉花地上部各项生长指标**

年份	处理	平均株高/cm	平均茎粗/cm	叶面积/cm²	叶绿素含量/(μg/cm²)
2014	P_2	66.46±14.71	12.93±2.72	114.74±11.66	58.11±10.36
	P_3	60.25±11.35	10.02±1.65	102.55±10.43	57.55±11.02
2015	T_2	69.16±12.00	15.24±5.37	82.87±11.94	64.17±5.17
	T_3	65.26±18.27	13.03±3.22	93.14±12.33	64.42±2.48
	T_4	67.22±13.21	11.49±3.05	94.20±19.14	63.93±3.90
	T_5	63.76±10.16	12.19±3.28	80.43±15.75	63.69±2.4

而单作棉花产量不足间作产量的 60%；2015 年 T_2、T_3、T_4 棉花产量分别为 285.62kg/亩、271.25kg/亩、254.94kg/亩，是单作棉花产量的 1.43 倍、1.36 倍、1.27 倍。间作带来的经济效益要高于单作，更加充分证明了间作比单作更有优势。

10.3.3　小结

(1) 根据研究，同一年内单作枣树平均根长密度明显大于间作枣树，而年内不同年份间的差异性不显著。就不同年份枣树总根长密度而言，2014 年单作、间作枣树总根长密度均大于 2015 年，其中 2014 年单作枣树总根长密度是间作枣树的 1.45 倍，2015 年单作枣树总根长密度是间作枣树的 1.50 倍。对于不同间作处理枣树根长密度，T_1 枣树根长密度与 T_3 枣树在水平方向上差异性显著，与 T_3、T_4 枣树垂直方向上差异性不显著。T_1 枣树总根长密度是 T_3 枣树的 1 倍，是 T_4 枣树的 2.1 倍，且不同间作处理枣树根长密度为 $T_2>T_4>T_3$，植物根系生物量与灌溉量成正比关系。2014 年、2015 间作枣树地上部生长指标大于单作枣树，较单作有明显优势，地下部根系生物量分布与地上部不一致，根系生物量多的单作枣树，地上部生长量却小于间作枣树。

(2) 2014 年单作、间作棉花的根长密度间没有显著性差异，2015 年单作、间作棉花的根长密度垂直方向上有显著性差异。单作、间作棉花根长密度的垂直分布均随土壤深度的增加呈负指数型曲线变化，两年间单作、间作棉花根重密度、根系直径间的差异性不显著，2014 年单作棉花总根长密度是间作棉花的 1.1 倍，2015 年单作棉花总根长密度是间作棉花的 1.8 倍。对比单作、不同间作处理棉花根长密度可知，T_5 棉花根长密度与 T_3、T_4 棉花在水平方向上差异性显著，与 T_3 棉花在垂直方向上差异性不显著，与 T_4 棉花在垂直方向上差异性显著。单作棉花总根长密度是 T_3 棉花的 0.68 倍，是 T_4 棉花的 1.35 倍。2015 年仅 T_4 表现为单作棉花根长密度大于间作棉花，T_2、T_3 则与其相反，间作棉花总根长密度明显大于单作棉花，说明复合系统促进了棉花根系的生长，同时，根系生物量与灌溉量成正比，灌水定额大的根系生物量多，灌水定额小的根系生物量小。棉花各生长指标间均达到显著性差异，间作棉花地上部生长指标、产量均高于单作棉花，因此间作带来的经济效益要高于单作。

(3) 林农间作模式合理搭配农作物和经济作物，使不同植物种群在空间上构成多层次的立体结构，在时间上合理安排人力、物力资源，更能有效地提高土地资源利用，改善生态环境，在水资源短缺、可利用土地面积有限的干旱区对该模式的研究具有重要意义。对于试验中单作、间作枣树、棉花所呈现出的差异性，是由种植模式体现出来的，间作构成了有别于单作的作物群体，改变了根系在作物群体中的分布，但同时不同灌水处理对复合系统有着实质性的影响，对于种间地上部与地下部响应关系，则需要对长系列的种间生长差异方面做进一步探讨和研究。

10.4　枣棉复合系统种间地下竞争关系

生态学观点表明，当不同物种在同一生长环境内共享某种资源时竞争就会发生，这种竞争与植物的生态位有关，生态位越接近，种间竞争就会越强烈[158]。水资源是干旱区农业发展的动力，是枣棉间作系统植物生长的主要限制因子。因此，在滴灌条件下以干旱区枣棉复合系统为研究对象，开展植物种间竞争关系的研究，对该系统的资源合理分配、优化利用有着重要的意义。

10.4.1　枣棉复合系统种间竞争关系

2014年枣棉复合系统的竞争能力指数如图10.19所示，在整个取样区间内，棉花对枣树的竞争能力均强于枣树对棉花的竞争能力。在水平方向上，棉花对枣树的竞争指数与枣树对棉花的竞争指数间没有显著性差异。枣树与棉花根系重叠区域，棉花对枣树的竞争能力指数随距枣树距离的增加而增大，竞争能力随枣树对棉花竞争能力的增加而减弱。其中，在距枣树0.1～0.3m土壤区域内，棉花对枣树的竞争能力指数约为枣树对棉花竞争能力指数的2倍，棉花竞争能力指数高于枣树；在距枣树0.3～0.5m土壤区域内，棉花的竞争能力已明显强于枣树，该区域也是枣树与棉花根系共同生长区域中棉花根长、根质量达到最大值的区域；而距枣树0.5～0.7m土壤区域内，棉花对枣树的竞争能力指数达到最大值，而枣树对棉花的竞争能力指数达到最小值，该范围内几乎没有枣树根系出现，枣树已经不能够影响到棉花的生长空间，棉花根系占据并可以充分利用该土层范围内的全部资源。

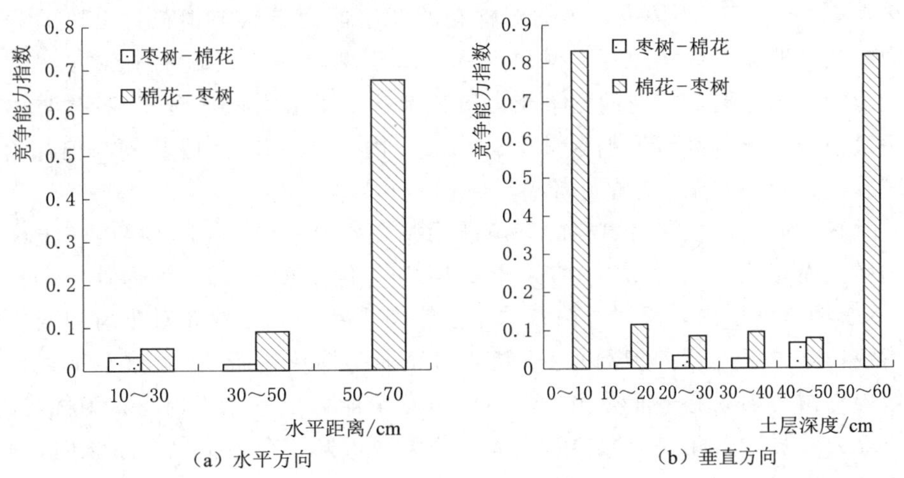

(a) 水平方向　　(b) 垂直方向

图10.19　枣棉复合系统中枣树和棉花种间水平、垂直方向竞争能力指数

在垂直方向上，棉花对枣树的竞争能力指数随距枣树水平距离的增加呈先减小后增大的趋势变化，并且棉花对枣树的竞争能力在整个取样土壤深度层内皆存在，而枣树对棉花的竞争能力只存在于距地表0.3～0.5m范围内。其中在0～0.1m、0.5～0.6m土壤深度层内，棉花对枣树的竞争作用占绝对优势；在0.3～0.5m土壤深度层内，棉花对枣树的竞争能力指数与枣树对棉花的竞争能力指数呈现出此消彼长的关系，也表明该土层内枣树与棉花的竞争最为激烈。

由此可知，在枣棉复合系统内，枣树与棉花的竞争范围集中在水平0.1～0.3m、垂直0.3～0.5m的土壤区域内，且棉花竞争力强于枣树，为优势种，具有明显的间作优势。

10.4.2　2015年不同灌水处理下枣棉复合系统种间竞争关系

复合系统内种间竞争能力的评定对整个系统优势的发挥具有重要意义。种间不同灌水处理距标准木中心不同水平距离、不同土壤深度的枣树、棉花种间的竞争能力指数见表10.13。从枣树与棉花地下竞争指数（表10.13）可以看出，在水平方向上，各处理在距枣树行0.1～0.7m区域内，枣树对棉花的竞争能力均强于棉花对枣树的竞争能力。在枣树与棉花根系重叠区域，T_2、T_4棉花对枣树的竞争能力指数随距枣树距离的增加而增大，竞争能力随枣树对棉花竞争能力的增加而减弱，T_3棉花对枣树的竞争能力指数随距枣树距离的增加呈先增加后减小的趋势变化。其中，在距枣树0.1～0.3m土壤区域内，各处理枣树对棉花的竞争能力指数大于棉花对枣树的竞争能力指数，分别约为棉花对枣树竞争能力指数的6倍、1倍、3倍，枣树竞争能力指数高于棉花；在距枣树0.3～0.5m土壤内，枣树对棉花的竞争能力指数与棉花对枣树的竞争能力指数都明显增大；而距枣树0.5～0.7m土壤内，T_2、T_4棉花对枣树的竞争能力指数与枣树对棉花的竞争能力指数都达到了最大值，而T_3枣树与棉花竞争最激烈的土壤区域为距枣树0.3～0.5m内，相对T_2、T_4枣树与棉花竞争区域发生在它们共生区域的中部。

垂直方向上，棉花对枣树的竞争能力指数在0～0.2m土壤层内随土壤深度的增大而增大，在0.2～0.5m土壤层内变化幅度不大；在垂直方向0～0.6m土壤深度层内，枣树对棉花的竞争能力指数均大于棉花对枣树的竞争能力指数，其中T_2、T_4的枣树竞争能力明显强于棉花，而T_3在整个垂直土壤区域内枣树与棉花竞争能力相当，但枣树竞争能力依然强于棉花，为优势种，竞争能力较强。由此，根据种间地下竞争关系可知，在枣棉复合系统内，T_2、T_4枣树与棉花的竞争区在水平0.5～0.7m、垂直0.2～0.5m的土壤层内，T_3在水平0.3～0.5m、垂直0.2～0.5m的土壤层内。

表 10.13 不同灌水处理枣树和棉花种间的竞争能力指数

灌水处理		距树行距离			土壤深度					
		10~30cm	30~50cm	50~70cm	0~10cm	10~20cm	20~30cm	30~40cm	40~50cm	50~60cm
T_2	枣树-棉花	0.031	0.122	0.136	0.123	0.084	0.114	0.093	0.134	0.068
	棉花-枣树	0.005	0.021	0.024	0.014	0.010	0.013	0.011	0.015	0.008
T_3	枣树-棉花	0.058	0.076	0.050	0.052	0.067	0.063	0.066	0.068	0.068
	棉花-枣树	0.055	0.072	0.048	0.049	0.064	0.060	0.063	0.064	0.064
T_4	枣树-棉花	0.070	0.088	0.113	0.069	0.114	0.112	0.108	0.114	0.084
	棉花-枣树	0.022	0.028	0.035	0.014	0.024	0.023	0.022	0.024	0.017

综上所述，枣棉复合系统内枣树与棉花的竞争区在水平 0.3～0.7m、垂直 0.2～0.5m 的土壤层内，且各处理枣树竞争能力强于棉花，为优势种，具有明显的间作优势。

10.4.3 枣棉复合系统种间地下竞争的验证

植物的生命活动是由地上部分与地下部分共同完成的。地下部根系活力的强弱是植物生长的前提，而地上部生长状况则是间作群体的外在表现。取根前分别对各种处理枣树的株高、新枝长、新枝茎粗、叶绿素含量及棉花的株高、叶面积、主干茎粗、叶绿素含量进行测定，汇总的 2014 年、2015 年数据见表 10.14。由表 10.14 可以看出，2014 年，枣树地上部生长特征不明显，与 2015 年的枣树没有显著性差异，而棉花达到了显著性差异。其中 2015 年的 T_3 枣树的平均新枝长、平均新枝茎粗、平均叶绿素含量均高于 T_4、T_2 枣树，而棉花恰与枣树相反，平均株高、平均主干茎粗、叶绿素含量均表现为 T_2 大于 T_3、T_4。结合地下部根系空间分布特征及种间竞争关系，发现 T_3 枣树根系生物量小于其他两个处理，且在距枣树 0.1～0.7m 水平距离内，T_3 枣树对棉花竞争指数最小，竞争能力最弱，竞争强度也最小，而其地上部生长性状却明显优于 T_2 和 T_4，棉花与枣树类似，竞争能力最强的 T_3 的棉花地上部生长性状却远远低于 T_2 和 T_4，分析认为种间竞争削弱了根系对地上部的促进作用，最终导致地上部生长间差异性显著。

进一步由式（10.9）计算间作棉花的偏土地当量比，发现各复合系统内均为 $PLER-C>F$，因此与单作棉花相比，间作显著提高了棉花产量，增强了间作棉花种间竞争优势。

10.4.4 小结

（1）细根空间分布。两年中枣树、棉花细根空间分布存在差异。对 2015 年各处理枣树、棉花的细根空间分布特征进行分析，发现不同灌水处理下枣树

表 10.14　　2014 年、2015 年枣棉复合系统枣树和棉花地上生长指标均值对比

物种	年份	处理	株高/cm	新枝长/cm	新枝茎粗/mm	主干茎粗/cm	叶面积/cm^2	叶绿素含量/($\mu g/cm^2$)
枣树	2014	P_2	97.36	—	—	—	—	45.70
		T_2	94.50	85.37	10.46	—	—	46.40
	2015	T_3	95.33	124.5	13.99	—	—	48.67
		T_4	122.33	112.86	11.72	—	—	47.86
棉花	2014	P_2	79.33	—	—	16.02	121.71	63.14
		T_2	90.33	—	—	19.91	98.03	67.79
	2015	T_3	80.67	—	—	15.74	97.24	62.27
		T_4	85.44	—	—	14.37	104.74	63.17

细根根长密度水平分布、垂直分布间均没有显著性差异，而不同灌水处理下棉花细根根长密度在水平分布、垂直分布的差异达到了显著性水平。3 个处理中，T_2 枣树根长密度总值位于 3 个处理中最大，但 T_2 棉花根长密度总量却是最小的；T_3 枣树根长密度总值最小，棉花细根根长密度总值却最大，枣树与棉花根系分布呈现此消彼长的关系。同时，对于枣树，灌水定额大的处理地下部根系生物量大，但种间竞争强度也大，地上部生物量小；而棉花却受种间关系的影响，根系生物量受到枣树生长的影响，规律不如枣树明显。

(2) 种间竞争。根据生态位理论认为，复合系统中只有资源匮乏且生态位重叠时竞争才会发生。本研究发现：2014 年，枣树与棉花在垂直 0～0.1m、0.5～0.6m 土壤层内，棉花对枣树的竞争作用占绝对优势；在水平 0.1～0.3m、垂直 0.3～0.5m 的土层内两种植物的根系相互交错，种间竞争最为激烈，棉花为优势种。2015 年 T_2、T_4 枣树与棉花的竞争区在水平 0.5～0.7m、垂直 0.2～0.5m 的土壤层内，T_3 在水平 0.3～0.5m、垂直 0.2～0.5m 的土壤层内，且各处理枣树竞争能力强于棉花，为优势种，具有明显的间作优势。这个范围与根系生物量的主要分布区域略有不同，这是因为竞争关系考量的是系统中所有物种对某一资源的共同利用程度，无关于某一物种自身的资源利用能力。

(3) 种间竞争关系通过种间群落的生长状况被反映出来。通过对不同灌水处理下的枣树、棉花地上生长状况的对比分析可知，复合系统种间竞争关系存在，且地下部种间竞争能力强的棉花在地上部也表现出较明显的优势，成为枣棉复合系统的优势种。由间作棉花的偏土地当量比可知，各复合系统内均为 $PLER-C>F$，与单作相比，间作显著提高了棉花产量，增强了间作棉花种间竞争优势。因此，明确复合系统中物种间的竞争关系十分重要，同时，随着

枣树定植年限的增加，必须对枣棉复合系统开展动态评估，合理确定枣树与棉花竞争作用的影响区域，合理调整棉花种植范围。

10.5　不同灌水处理下枣棉复合系统水分竞争关系

植物的生长繁育与土壤水分关系颇为密切，植物扎根于土壤，靠根系固着于土壤中，并从土壤中获得各种必需的生活条件，完成生长发育的全过程。土壤水分多少不仅对土壤热状况、质地形成有着举足轻重的作用，还对作物根系在土壤层内的分布有着重要的影响。南疆地区干旱少雨，田间灌溉是保证作物生长的关键措施，因此水分也成为间作系统中果树与作物资源竞争的主要对象。本书通过对不同灌水处理的枣棉复合系统土壤水分分布的研究，旨在揭示果农间作系统土壤水分随时间的变化特征，探索农林复合系统的优化和增产机制，为干旱区水分高效利用提供依据，促进农林复合系统的持续发展[159]。

10.5.1　枣棉复合系统土壤水分时间变化

对不同时间的枣棉复合系统与枣树单作、棉花单作地的土壤水分含量进行监测，测定结果见表10.15。由表10.15可知，各月的测定值之间存在显著性差异。对比各月枣棉复合系统与枣树单作、棉花单作地的土壤水分含量，7月枣棉复合系统相对枣树单作处理的土壤水分分别减少了3.19%、5.36%、5.80%，相对棉花单作处理的土壤水分分别减少了6.27%、8.51%、8.96%；8月分别为8.10%、13.00%、1.57%和6.67%、11.61%、2.70%；9月分别为9.07%、18.23%、7.80%和11.78%、−10.08%、1.40%。同时可以看出，T_3相对枣树、棉花单作处理土壤含水率变化最大，而T_4变化较小，说明复合系统内不同灌水定额的设置对T_3影响较大，对T_4影响相对较小。其中9月除T_3土壤含水率小于枣树、棉花单作，T_2、T_4土壤含水率则介于两者之间，大于棉花单作，小于枣树单作，说明复合系统内土壤水分发生了运移，且枣树吸水在复合系统内占主导。

表10.15　枣棉复合系统及枣、棉单作地（0～100cm）土壤含水率逐月变化情况

处理	0～100cm平均土壤水分含量/%			
	6月	7月	8月	9月
T_1	13.80	13.67	12.77	11.02
T_2	14.24	13.32	11.73	10.12
T_3	14.54	13.61	11.11	9.01
T_4	14.60	13.56	12.23	10.16
T_5	13.40	14.01	12.57	10.02

10.5.2　枣棉复合系统土壤水分空间变化

不同灌水处理下枣棉复合系统土壤含水率空间分布见表10.16。由表10.16可知，在垂直方向上，各处理不同土层土壤含水率变化较显著。且由于滴灌属于点源灌溉，近滴头区域土壤始终保持较高含水率，各土层土壤含水率变异系数为0.05～0.23m，属于中等变异程度。

表10.16　不同灌水处理下枣棉复合系统土壤含水率空间分布

处理	土层深度/cm	平均值/%	标准差	变异系数C_v	处理	土层深度/cm	平均值/%	标准差	变异系数C_v	处理	土层深度/cm	平均值/%	标准差	变异系数C_v
T_2	0～10	14.57	1.87	0.13	T_3	0～10	12.22	2.26	0.19	T_4	0～10	13.86	2.03	0.15
	10～20	15.92	1.49	0.09		10～20	13.84	2.14	0.15		10～20	15.33	1.74	0.11
	20～30	16.41	1.67	0.10		20～30	14.28	1.66	0.12		20～30	14.48	0.71	0.05
	30～40	14.48	1.79	0.12		30～40	14.12	1.79	0.13		30～40	13.71	1.37	0.10
	40～50	11.70	1.83	0.16		40～50	11.68	1.58	0.13		40～50	12.15	1.43	0.12
	50～60	11.00	1.44	0.13		50～60	11.58	1.11	0.10		50～60	10.30	1.84	0.18
	60～70	10.22	1.32	0.13		60～70	10.34	2.58	0.14		60～70	9.48	1.50	0.16
	70～80	8.24	1.55	0.19		70～80	11.47	1.95	0.23		70～80	12.74	0.96	0.08
	80～90	8.94	0.50	0.06		80～90	11.29	1.39	0.17		80～90	11.85	1.38	0.12
	90～100	11.19	0.52	0.05		90～100	8.24	0.75	0.17		90～100	11.24	1.63	0.15

注　各处理不同土层含水率的数值，为该处在观测期内全部测点相应层次的土壤含水率统计值。

对不同灌水处理0～100cm土层的土壤含水率绘制二维等值线分布图（图10.20～图10.22），可以看出，不同处理间土壤水分的二维分布特征不尽相同。在垂直方向上，土壤水分随着土层深度的增加而减小，在土层深度60～80cm处减小到最小值，在80cm之后土壤水分含量有所增加。在水平方向上，T_2的土壤含水率随着与枣树距离的增加而减少，离棉花行距离越近土壤含水率越大，这主要与T_2枣树与棉花均为全灌溉处理有关，充足的水分对枣树、棉花进行了补给，所以在枣树、棉花的种间区域，仍有较高的土壤水分含量。T_3在水平方向上，随着与枣树距离的增加土壤含水率呈明显的减小趋势变化，而在靠近棉花处土壤含水率才逐渐增加。在T_4整个处理的土壤水分分布图上，可以明显看出，土壤含水率随距枣树、棉花距离的增加而减少，但在枣树、棉花共生区由于根系网吸水和作物根系群体生长需水特性的共同影响作用下，土壤含水率又相对有所增加。不同处理土壤含水率的二维分布，是复合系统内部物种间共同生长吸水、外界不同灌溉量共同作用的结果。土壤含水率的多少与根系分布直接相关，T_2、T_4中0～40cm土壤含水率都保持在较高值，这也是根系的主要分布区，而 T_3 土壤含水率小于 T_2、T_4，这也是导致 T_3 枣树根系量较少的原因。

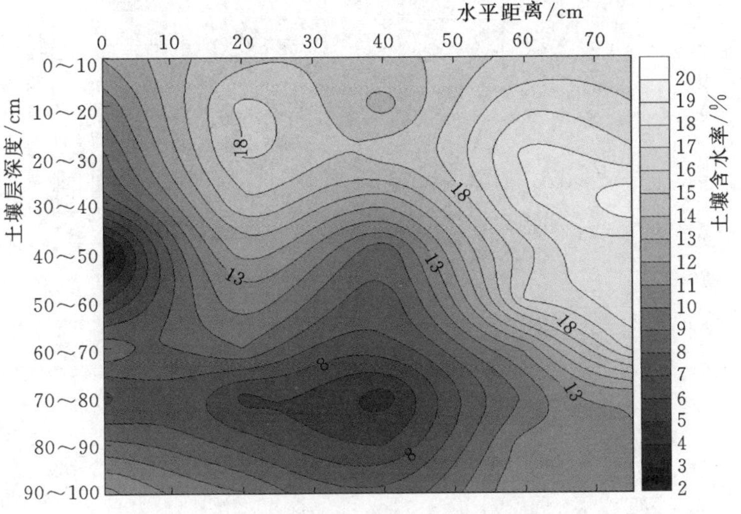

图 10.20 T_2 土壤含水率二维等值线分布图

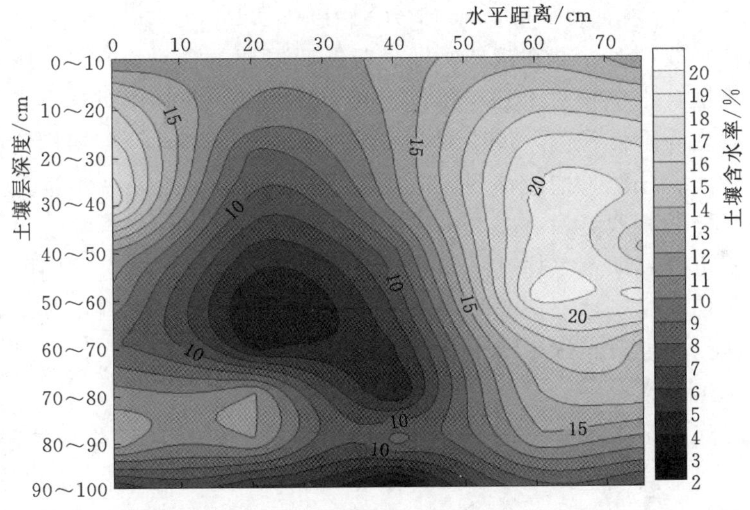

图 10.21 T_3 土壤含水率二维等值线分布图

10.5.3 枣棉复合系统土壤水分效应

农林间作系统中，土壤水分既会因为果树和农作物根系的交互重叠而形成竞争关系，同时也会因为果树与农作物覆盖的增加、树木根系的吸水作用而降低土壤水分的蒸散，对土壤水分产生一定的增益作用，这种树木对农作物土壤

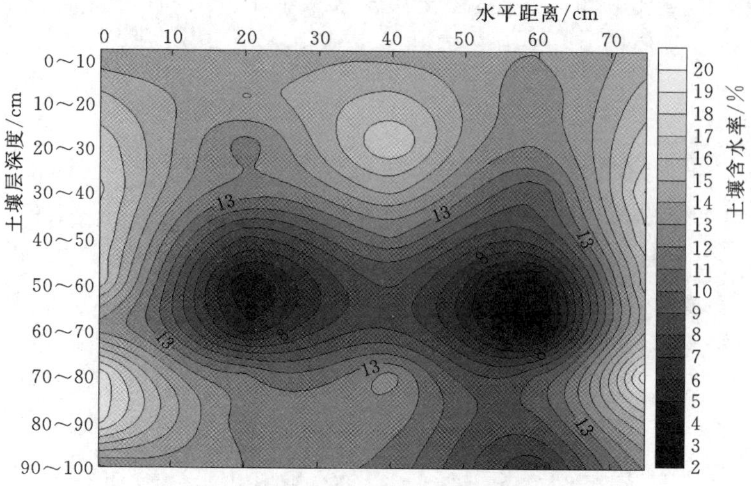

图 10.22　T_4 土壤含水率二维等值线分布图

水分影响的程度即定义为果农间作系统的土壤水分效应。经计算，不同灌水处理枣棉复合系统的土壤水分效应在棉花苗期为正效应，T_2 为 6.27%，T_3 为 8.51%，T_4 为 8.96%；在棉花蕾期、花铃期枣棉复合系统的土壤水分效应值 T_2 分别为－4.93%、－6.68%，T_3 分别为－2.86%、－11.61%，T_4 分别为－3.21%、－2.78%。即在棉花蕾期、花铃期枣棉复合系统在 0～100cm 深度土壤层内土壤含水率相对于棉花单作表现为负效应，即间作对整个复合系统的土壤水分表现为降低作用，说明复合系统内物种的土壤水分利用作用影响了土壤水分在种间的分配。造成该现象的原因，一方面与复合系统中根系的集中分布对土壤水分的激烈竞争有关，另一方面与本试验研究中复合系统中物种的形态结构密不可分，即：枣树叶小稀疏，通风性好，减弱了树冠遮阴的影响，虽满足枣树与棉花对于地上部光热资源的不同需求量，但对林内小气候效应作用不够明显，因此复合系统土壤水分含量较小。

10.5.4　小结

（1）时间上，土壤含水率在各月份的测定值之间存在显著差异。空间上，不同物候期、不同灌水处理复合系统土壤水分分布规律略有不同。在垂直方向上，土壤水分随着土层深度的增加而减小。在水平方向上，土壤含水率分布随着与枣树距离的增加而减少，枣树与棉花共生区土壤含水率最少，但在离棉花行距离越近处土壤含水率又呈增加趋势变化。枣棉复合系统中枣树根系吸水占主导地位，且土壤含水率的多少与根系分布直接相关，土壤含水率高，根系生物量多。

（2）不同灌水处理枣棉复合系统的土壤水分效应在棉花苗期为正效应，

T_2 为 6.27%，T_3 为 8.51%，T_4 为 8.96%；在棉花蕾期、花铃期枣棉复合系统的土壤水分效应值 T_2 分别为－4.93%、－6.68%，T_3 分别为－2.86%、－11.61%，T_4 分别为－3.21%、－2.78%。负效应表明枣树与棉花间存在着土壤水分的竞争。

第11章 干旱绿洲区枣棉间作系统种间水分关系

11.1 试验材料及方法

11.1.1 试验区概况

试验区的地理位置、土壤质地见10.1.1节。2016—2017年试验站降雨量和参考作物蒸发蒸腾量如图11.1所示。

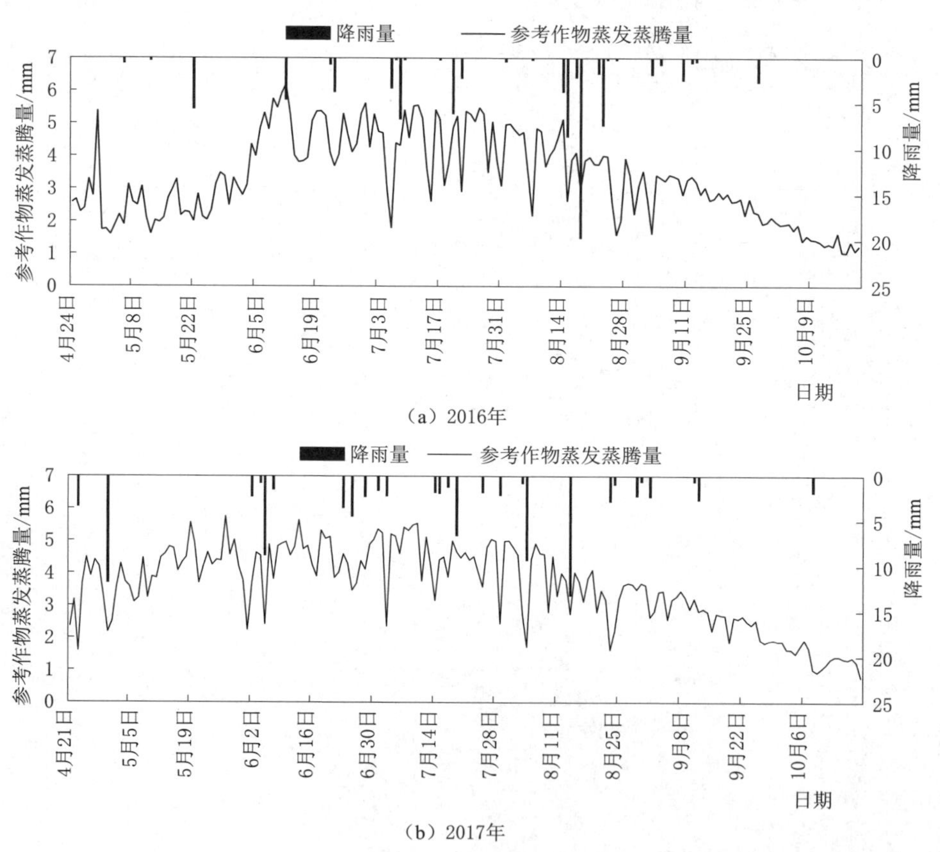

(a) 2016年

(b) 2017年

图11.1 2016—2017年试验站降雨量和参考作物蒸发蒸腾量

11.1.2 试验材料及方案设计

11.1.2.1 大田试验

供试作物：棉花品种为新陆中49号；枣树品种为灰枣，树龄5年。2016年棉花于4月19日播种，11月3日收获；枣树于4月24日进入萌芽展叶期，11月15日收获。2017年棉花于4月14日播种，11月3日收获；枣树于4月23日进入萌芽展叶期，11月15日收获。

枣树株距为1m，行距为4m，南北向双管滴灌灌溉，滴灌带距树干两侧各30cm。棉花采用1膜1管4行种植，株距为8cm，行距为20cm、40cm、20cm，种植模式如图11.2所示。试验共设置5种处理：枣树单作模式、棉花单作模式各1种处理，根据枣树和棉花的灌溉量把枣棉间作模式设置为3种处理，各种处理的灌溉制度见表11.1，每种处理各设置3组重复。2016年和2017年的试验处理设计方案均相同，但2016年采用定灌水次数与定灌水定额法进行灌溉，2017年采用P-M公式指导灌溉，灌水周期为7天，灌溉量根据前一灌水周期的累积蒸发蒸腾量来确定。施肥及作物管理根据当地实际情况进行。

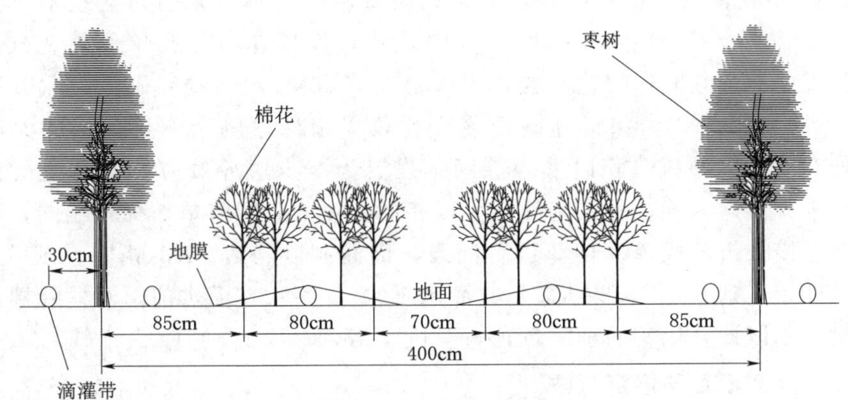

图11.2 枣树/棉花间作种植模式示意图

表11.1 枣树/棉花单间作模式灌溉制度

2016年	枣树	生育阶段	春灌	萌芽展叶期	花期	幼果期	果实膨大期	成熟期	合计
		灌水定额/mm	40	35	35	35	35	35	460
		灌水次数/次	1	2	4	2	3	1	13
	棉花	生育阶段	春灌	苗期	蕾期	花期	铃期	吐絮期	合计
		灌水定额/mm	75	37.5	37.5	37.5	37.5	37.5	412.5
		灌水次数/次	1	0	3	2	3	1	10

续表

2017 年	枣树	生育阶段	春灌	萌芽展叶期	花期	幼果期	果实膨大期	成熟期	合计
		灌水定额/mm	40	52	217	52	110	0	471
	棉花	生育阶段	春灌	苗期	蕾期	花期	铃期	吐絮期	合计
		灌水定额/mm	75	0	128	84	98	30	415

Z2 处理：单作枣树，灌溉方式为 $1W\times$枣树

Z2M2 处理：间作（枣树＋棉花），灌溉方式为 $1W\times$枣树＋$1W\times$棉花

Z1M2 处理：间作（枣树＋棉花），灌溉方式为$\frac{1}{2}W\times$枣树＋$1W\times$棉花

Z2M1 处理：间作（枣树＋棉花），灌溉方式为 $1W\times$枣树＋$\frac{1}{2}W\times$棉花

M2 处理：单作棉花，灌溉方式为 $1W\times$棉花

11.1.2.2　棉花盆栽试验

2017 年设置棉花盆栽试验，试验共设置两种处理，分别为盆栽单作棉花（15 盆）、盆栽间作棉花（15 盆）。其中盆栽单作棉花布置在单作棉花（M2）的试验田内；盆栽间作棉花布置在间作棉花（Z2M2）的试验田内。盆直径为 50cm、深为 60cm。为保证盆栽重量变化仅受植株蒸腾影响，在土层深度为 3cm 处布设一层塑料薄膜以消除棵间蒸发。为减少边界效应，盆内土层顶面与地面平齐。盆内棉花种植密度与大田相同，灌水时间与单作棉花相同，灌溉量按单作模式折算成单株棉花进行灌溉，灌溉制度与表 11.1 相同。试验从 5 月 3 日开始，到 8 月 30 日结束，共灌水 12 次。每次在灌水前，对盆栽棉花称重一次，用以计算棉花的蒸腾量，直至试验结束。

11.1.3　观测项目与测定方法

1. 棵间土壤蒸发

棵间土壤蒸发采用微型蒸渗仪进行测定，布设位置为枣树行间、株间各一个，株间距树 50cm，行间距树 40cm。微型蒸渗仪采用 PVC 管制成，内部桶高 15cm，内径 11cm，外部桶高 20cm，内径 12cm。每次取土时，将内桶垂直压入土壤，使其顶面与地面平齐，然后取出内桶，削去多余土壤，并用纱网封住底部，放入外桶内，使其表层与附近土壤持平。每天 10：00 使用精度为 0.01g 的电子天平称重。取行间、株间内桶重量变化值的平均值，并折合成 mm，作为该树的棵间蒸发量。

为使微型蒸渗仪内部土壤水分与周围土壤保持一致，内部土体需每两天更换一次；降雨后立刻更换土体；灌溉后，由于土体较为湿润，取土难度较大，

因此设定隔一天进行取土。

2. 碳稳定同位素

在大田试验中，对单作枣树、单作棉花和枣棉间作5种处理于6月11日、7月11日、7月30日、8月30日、10月20日分别进行取样。其中棉花选取生长发育完全的倒三叶片10片。枣树分东、南、西、北四个方位选取生长发育完全的功能叶片20片。将所取样品在烘箱内65℃烘干至恒重后，用粉碎机研磨并过80目筛子，制备成供试样品，带到试验室用稳定同位素质谱仪测定碳同位素比值和碳质量分数。

在盆栽棉花试验中，对盆栽单作棉花、盆栽间作棉花两种处理于6月11日、7月11日、7月30日、8月30日分别进行取样。取样方法和测定方法与大田试验相同。

3. 枣树茎流

在单作模式（Z2）和间作模式（Z2M2）中，分别选取3棵具有代表性的标准木，采用热扩散式探针茎流仪测定枣树蒸腾量。针式茎流仪每10min采集一次数据。为测定树木导水部分的横截面积，于试验结束后用生长锥测定距地面20cm处的边材、心材面积。

11.1.4 参数计算

11.1.4.1 基于碳稳定同位素计算水分利用效率及蒸腾量

植物和空气碳同位素比值的测定以稳定碳同位素测试标准物为标准，碳稳定同位素比值根据式（11.1）计算：

$$\delta(^{13}\mathrm{C})=(R_S-R_P)/R_P \tag{11.1}$$

式中：$\delta(^{13}\mathrm{C})$ 为样品$^{13}\mathrm{C}/^{12}\mathrm{C}$与测试标准物对应比值的相对分差，简称碳同位素比率；R_P 为碳稳定同位素测试标准物的$^{13}\mathrm{C}/^{12}\mathrm{C}$；$R_S$ 为样品的$^{13}\mathrm{C}/^{12}\mathrm{C}$。

碳稳定同位素分辨率Δ的计算方法为

$$\Delta=(\delta_a-\delta_p)/(1+\delta_p) \tag{11.2}$$

式中：δ_p 和 δ_a 分别为植物组织及大气 CO_2 的碳同位素比率。

水分利用效率 WUE（mmol/mol，以 H_2O 中 C 的摩尔分数计）根据相关方面研究进行计算：

$$WUE=\frac{(1-\phi)C_a(b-\delta_a+\delta_p)}{(b-a)\times 1.6\times D_{VP}} \tag{11.3}$$

式中：ϕ 为植物整个生长期叶片夜间呼吸和其他器官呼吸消耗掉的碳的比率，取 $\phi=0.3$；δ_p 和 δ_a 分别为植物组织及大气 CO_2 的碳同位素比率；C_a 为大气 CO_2 体积分数，其数值为取样日前一段时间的平均值，通过光合仪器定期测量获得；a、b 分别为 CO_2 扩散和羧化过程中的同位素分馏系数，$a=4.4\%$，$b=3.0\%$；数值1.6为水蒸气和 CO_2 在空气中的扩散比率；D_{VP}为叶片内外蒸

气压差，由植物生长过程中取样日期前一段的平均白日（10：00—20：00）气象数据计算得出，其相关计算公式为

$$D_{VP}=E-e \tag{11.4}$$

$$E=0.611\times e^{17.502\times T/(240.97+T)} \tag{11.5}$$

$$H_R=\left(\frac{e}{E}\right)\times 100\% \tag{11.6}$$

$$D_{VP}=0.611\times 10^{17.502\times T/(240.97+T)}(1-H_R) \tag{11.7}$$

式中：E 为同温度下的饱和水汽压，kPa；e 为实际水汽压，kPa；T 为叶片温度，℃；H_R 为大气相对湿度，%；0.611 为温度在 0℃时纯水平面上的饱和水汽压，kPa。

WUE 是植物在一段时间内同化的碳总量与总蒸腾量 W_U（kg/m^2）的比值，则有

$$W_U=(W_D\times C_C)/WUE \tag{11.8}$$

式中：W_D 为干物质碳质量分数，g；C_C 为含碳率，mg/g。

将 WUE 的单位 mmol/mol 换算成 mg/g，代入式（11.8），即计算出单位面积的实际蒸腾量。

11.1.4.2　枣树树干茎流速率

枣树树干茎流速率的计算公式如下：

$$F_d=118.99\times 10^{-6}[(\Delta T_{max}-\Delta T)]^{1.231} \tag{11.9}$$

式中：F_d 为茎流速率，即单位时间内流经单位面积树干木质部的液流速率，m/s；ΔT_{max} 为液流速率为 0 时热电偶产生的温差值，℃；ΔT 为有液流时探针上热电偶产生的温差值，℃。

单位面积茎流速率向单棵枣树茎流速率的转换公式为

$$F_S=F_d\times A_s\times 3600 \tag{11.10}$$

式中：F_S 为单棵枣树茎流速率，g/h；F_d 为单位面积上茎流速率，$g/(m^2\cdot s)$；A_s 为导水边材部分的横截面积。

11.1.4.3　参考作物蒸发蒸腾量（ET_0）

Penman - Monteith 公式是在充分考虑了大气和作物因素的基础上，把能量平衡、空气动力学阻力及表明阻力等结合在一起的计算蒸散发的方程，在试验的基础上经过多次修正，目前通用的计算参考作物蒸发蒸腾量的 Penman - Monteith 公式的数学表达式为

$$ET_0=\frac{0.408\Delta(R_n-G)+r\dfrac{C_n}{T+273}u_2(e_s-e_a)}{\Delta+\gamma(1+C_d u_2)} \tag{11.11}$$

式中：ET_0 为参考作物蒸发蒸腾量，mm/d；R_n 为作物表层的净辐射，MJ/

(m^2 · d)；G 为土壤热通量，MJ/(m^2 · d)；T 为平均气温，℃；e_s 为饱和水汽压，kPa；e_a 为实际水汽压，kPa；Δ 为饱和水汽压-温度曲线斜率，kPa/℃；γ 为湿度计常数，kPa/℃；u_2 为距地面 2m 高处风速，m/s。

11.1.4.4 双作物系数计算

双作物系数法计算 ET 公式为

$$ET = K_c ET_0 = (K_s K_{cb} + K_e) ET_0 \tag{11.12}$$

式中：ET 为农田蒸发蒸腾量，mm/d；K_{cb} 为反映作物蒸腾的基础作物系数；K_e 为土壤表面蒸发系数；K_s 为水分胁迫系数，反映根区土壤含水率不足时对作物蒸腾的影响。

1. 基础作物系数

FAO-56 中将整个生育期划分为初期、发育期、中期和后期等 4 个阶段，再分别计算初期、中期和后期 3 个时期的 K_{cb} 单点值，分别为 $K_{cb,ini}$、$K_{cb,mid}$ 和 $K_{cb,end}$，中间值采用线性插值得到。

K_{cb} 计算公式为

$$K_{cb} = K_{cb,table} + [0.04(u_2 - 2) - 0.004(RH_{min} - 45)]\left(\frac{h}{3}\right)^{0.3} \tag{11.13}$$

式中：K_{cb} 为基础作物系数；$K_{cb,table}$ 为 FAO-56 推荐值；RH_{min} 为最小相对湿度，%；h 为作物冠层高度，m。

2. 土壤蒸发系数

当土壤表层湿润，作物系数 K_c 取最大值 $K_{c,max}$，随着土壤水分减少，蒸发逐渐衰减，此时有

$$K_e = K_r(K_{c,max} - K_{cb}) \leqslant f_{ew} K_{c,max} \tag{11.14}$$

式中：K_e 为土壤蒸发系数；$K_{c,max}$ 为 K_c 的最大值；K_r 为土壤蒸发衰减系数；f_{ew} 为裸露湿润土壤表面比例。

$K_{c,max}$ 计算公式为

$$K_{c,max} = \max\left\{\left\{1.2 + [0.04(u_2 - 2) - 0.004(RH_{min} - 45)]\left(\frac{h}{3}\right)^{0.3}\right\}(K_{cb} + 0.05)\right\} \tag{11.15}$$

裸露土壤的蒸发可以假定发生在能量限制阶段和蒸发递减阶段。土壤表面湿润时，K_r 为 1；表层土壤的含水率减少，K_r 也随之减少，当累计蒸发深度 D_e 达到可蒸发深度 REW 时，K_r 满足：

$$K_r = \frac{TEW - D_{e,i-1}}{TEW - REW} \tag{11.16}$$

式中：$D_{e,i-1}$ 为第 $i-1$ 天土壤累积蒸发深度，mm；TEW 为 $K_r = 0$ 时的最大累计蒸发深度，mm；REW 为能量限制阶段的累计蒸发深度，mm。

TEW 的计算公式为

$$TEW=1000(\theta_{FC}-0.5\theta_{WP})Z_e \tag{11.17}$$

式中：θ_{FC} 和 θ_{WP} 分别为土壤蒸发层的田间持水率和凋萎含水率，%；Z_e 为土壤蒸发层深度，取 0.15m。

f_{ew} 的计算公式为

$$f_{ew}=\min(1-f_c, f_w) \tag{11.18}$$

式中：$1-f_c$ 为裸露土壤平均比值；f_w 为降雨湿润土壤表面平均比值。

f_c 的计算公式为

$$f_c=\left(\frac{K_{cb}-K_{c,\min}}{K_{c,\max}-K_{c,\min}}\right)^{(1+0.5h)} \tag{11.19}$$

累积蒸发深度通过水量平衡计算，其公式为

$$D_{e,i}=D_{e,i-1}-(P_i-RO_i)+\frac{E_i}{f_{ew}}+T_{ew,i}+DP_{e,i} \tag{11.20}$$

式中：$D_{e,i}$，$D_{e,i-1}$ 分别代表从降水或灌溉开始算起第 i 天和第 $i-1$ 天土壤累积的蒸发深度，mm；P_i 为第 i 天的降雨量，mm；RO_i 为第 i 天的地表径流，mm；E_i 为第 i 天的蒸腾量，mm；$T_{ew,i}$ 为第 i 天的蒸发量，mm；$DP_{e,i}$ 为第 i 天通过地表蒸发损失的土壤深层渗透量，mm。

3. 水分胁迫系数

土壤水分胁迫系数的计算公式为

$$K_s=\begin{cases}1 & (D_r\leqslant RAW)\\ \dfrac{TAW-D_r}{TAW-RAW} & (D_r>RAW)\end{cases} \tag{11.21}$$

式中：D_r 为根系层中消耗的水量，mm；TAW 为根系中有效水量，mm。

11.1.4.5 间作系统复合作物系数

间作模式下作物系数是基于两种单作作物模式衍生出来，其计算公式为

$$K_c=\frac{f_1h_1K_{c1}+f_2h_2K_{c2}}{f_1h_1+f_2h_2} \tag{11.22}$$

式中：f_1、f_2 为间作模式下两种作物的种植比例；h_1、h_2 分别为两种作物的株高；K_{c1}、K_{c2} 分别为两种作物的作物系数。

11.1.4.6 模型评价

根据前人研究，选取回归系数（b）、决定系数（R^2）、均方根误差（$RMSE$）、平均绝对误差（AAE）、纳什系数（NSE）、一致性指数（d_{IA}）和均方根误差/观测值标准差比率（RSR）来评价模型模拟精度[160-161]。

当 b、R^2 和 d_{IA} 越接近 1，$RMSE$ 和 AAE 越接近 0 时，模拟结果越好。当 $0.75<NSE<1$，$0<RSR<0.5$ 时，模拟结果极好；当 $0.65<NSE<0.75$，

0.5<RSR<0.6 时，模拟结果良好；当 0.5<NSE<0.65，0.6<RSR<0.7 时，模拟结果一般；当 NSE<0.5，RSR>0.7 时，模拟结果不可接受。

11.2　枣棉间作系统土壤水分时空变化特征

水分是植物体内重要的组成成分，是维持植物生长的重要条件之一，也是农业生产资料最重要的组成部分。在南疆地区土壤储水主要是由灌溉补给，土壤含水率是决定作物生长特性及产量的重要影响因子。大量研究表明：间作模式可以发挥农作物的共生、互补和群体特性，提高水、土、肥资源利用率，增加单位面积上的作物产出等。但也有部分学者提出[162-164]：间作模式种间水分竞争是造成作物减产的主要原因。因此，土壤水分时空变化规律是间作模式中研究的重要内容。

本书主要研究内容为：枣棉间作系统土壤水分时空动态变化特征、枣棉间作系统蒸发蒸腾量的变化规律、棵间土壤蒸发的影响因素。

11.2.1　枣棉间作系统土壤水分的时间变化过程

11.2.1.1　枣树根区土壤水分变化

由图 11.3 可以看出：在全生育期，各处理土壤含水率变化规律一致，总体呈下降趋势，其中 7 月 16 日以后 Z2、Z2M2 处理土壤含水率出现轻微回升。在 4 月 23 日，各处理枣树均进行相同定额的春灌，土壤含水率基本相同，为 25.49%左右。从 4 月 30 日起，各处理枣树开始进行差异性灌溉。Z1M2 处理由于灌溉量较少，土壤含水率与其他处理呈显著性差异（a=0.05 水平），至棉花开始进行灌溉的 6 月 15 日前，Z1M2 处理的土壤含水率与 Z2M2 处理相比减少 6%。

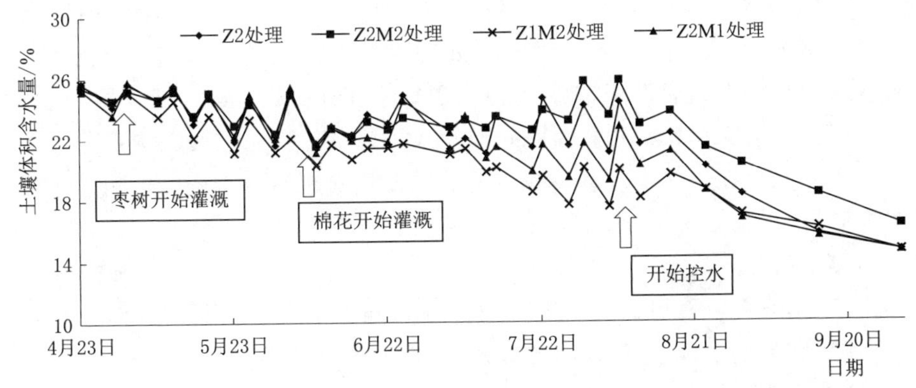

图 11.3　2017 年单间作模式下不同灌水处理枣树根区土壤水分变化

6 月 15 日各处理棉花开始进行差异性灌溉，间作处理均受到棉花灌溉的影响，土壤水分动态变化出现紊乱，总体规律不明显。以后随时间的推移，Z2M1 处理和 Z1M2 处理的土壤含水率逐渐减少。至 7 月 11 日以后，土壤含水率总体呈现为 Z2M2＞Z2＞Z2M1＞Z1M2。

对比 8 月 16 日以后单作、间作（Z2 与 Z2M2 处理）土壤含水率的下降速率，间作模式土壤含水率的下降速率明显低于单作模式，说明间作模式可以延缓枣树根区土壤水分的散失，保持更多的水分储存在土体中。

11.2.1.2　棉花根区土壤水分变化

由图 11.4 可以看出：在全生育期，各处理土壤含水率变化规律一致，总体呈下降趋势。在 4 月 23 日，各处理土壤含水率基本相同，约为 25.33%。从 4 月 30 日起，枣树开始进行差异性灌溉，而棉花未进行灌溉，间作系统枣树根区土壤水分开始向棉花根区运移，使 Z2M2＝Z2M1＞Z1M2＞M2。

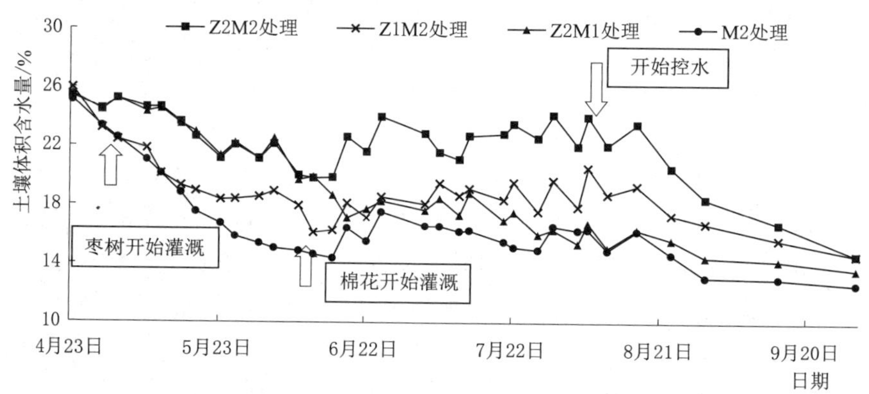

图 11.4　2017 年单间作模式下不同灌水处理棉花根区土壤水分变化

6 月 15 日各处理棉花开始进行差异性灌溉，间作处理受棉花灌溉的影响，土壤含水率突增。其中 Z2M2、Z1M2 处理上升幅度显著，Z2M1 处理受棉花灌溉量影响呈先上升后下降趋势。至 6 月 25 日以后，土壤含水率总体呈现为 Z2M2＞Z1M2＞Z2M1＞M2。因此间作模式可以增加棉花根区土壤水分，保持更多的水分储存在土体中。其中减少棉花灌溉量对土壤含水率的影响大于减少枣树灌溉量。

11.2.1.3　间作系统土壤水分变化

由图 11.5 可以看出：在全生育期，各处理土壤含水率变化规律一致，总体呈下降趋势。在 4 月 23 日，各处理土壤含水率基本相同，约为 25.35%。从 4 月 30 日起，各处理枣树开始进行差异性灌溉，土壤含水率呈现 Z2＝Z2M2＝Z2M1＞Z1M2＞M2。6 月 15 日各处理棉花开始进行差异性灌溉，

Z2M1 处理土壤含水率显著下降，Z1M2 处理土壤含水率回升，使土壤含水率大小规律变为 Z2＝Z2M2＞Z2M1＝Z1M2＞M2。因此，间作系统从土壤含水率来看，减少枣树或减少棉花灌溉量对其影响程度基本一致。

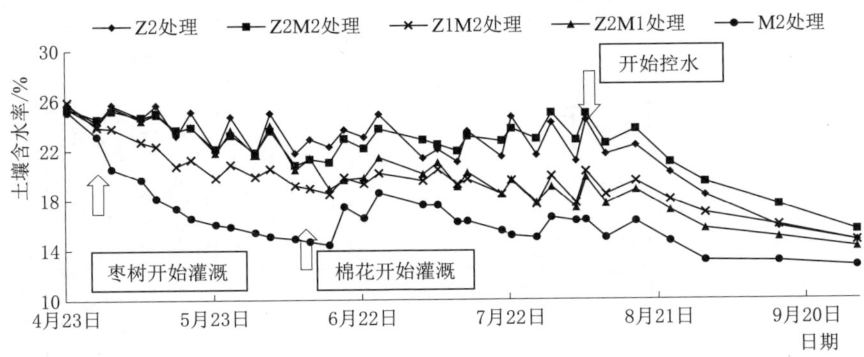

图 11.5 2017 年单作、间作模式下不同灌水处理枣棉间作系统土壤水分变化

11.2.2 枣棉间作系统土壤水分的空间变化过程

为研究枣棉间作系统土壤水分的空间变化特征，本书以 2017 年 8 月 4 日灌水，8 月 6—10 日连续测定土壤含水率为例，对间作系统不同土层深度土壤含水率的变异系数、不同水平距离土壤水分的分布特征进行分析。

11.2.2.1 枣树根区土壤水分变化

表 11.2 展示了枣树根区不同土层深度土壤体积含水率的统计特征。由表 11.2 可以看出，各处理土壤水分分布不均，表层高、底层低，最高与最低均值相差约 22%。这可能是由于试验田采用定期人工灌溉，表层土壤始终保持较高含水率所致。

表 11.2　枣树根区不同土层深度土壤体积含水率的统计特征

土层/cm		0～10	10～20	20～30	30～40	40～50	50～60	60～70	70～80	80～90	90～100
Z2	最大值/%	32.25	30.53	30.49	31.78	31.42	21.17	19.46	17.60	15.58	13.36
	最小值/%	8.99	14.70	14.38	13.37	12.11	12.15	12.76	12.79	12.42	12.13
	平均值/%	21.89	22.58	21.57	24.05	21.00	16.73	16.21	14.46	14.48	12.81
	变异系数	0.252	0.199	0.159	0.166	0.154	0.137	0.116	0.110	0.080	0.029
Z2M2	最大值/%	25.29	27.70	28.16	32.05	25.24	22.43	19.39	19.54	16.96	17.96
	最小值/%	16.86	17.25	22.57	21.23	22.63	21.91	15.35	15.38	14.59	17.45
	平均值/%	20.88	21.47	24.89	26.32	24.39	22.34	17.74	17.79	15.46	17.66
	变异系数	0.195	0.136	0.129	0.131	0.131	0.105	0.091	0.069	0.042	0.012

续表

土层/cm		0～10	10～20	20～30	30～40	40～50	50～60	60～70	70～80	80～90	90～100
Z1M2	最大值/%	24.04	26.98	23.17	19.29	21.12	18.12	16.55	16.04	14.19	11.96
	最小值/%	11.55	16.31	16.79	15.73	15.70	14.20	13.31	13.00	11.01	10.32
	平均值/%	17.93	21.80	19.74	17.46	17.60	16.57	15.75	14.41	12.30	10.90
	变异系数	0.212	0.160	0.131	0.131	0.135	0.133	0.125	0.073	0.031	0.074
Z2M1	最大值/%	29.64	27.82	24.16	20.41	19.74	18.62	17.52	18.04	15.06	15.10
	最小值/%	16.67	18.45	15.62	15.92	16.11	14.69	15.66	16.16	13.52	14.00
	平均值/%	21.59	22.29	20.91	19.16	18.45	16.55	15.61	17.35	13.75	13.41
	变异系数	0.237	0.147	0.145	0.157	0.151	0.126	0.077	0.041	0.031	0.012

对比不同深度土壤水分变异系数：表层（0～10cm）土壤水分空间变异系数最大，在 0.195～0.252 波动；中上层（20～50cm）变异系数基本稳定，在 0.129～0.166 波动；下层（50～100cm）变异系数逐渐减小，至 90～100cm 处达到最小值，为 0.001～0.007。相关研究表明，非密植种植模式下土壤表层 0～20cm 处，受外界气候条件和灌溉、植物本身特性干扰严重[165-166]，土壤水分空间变异性显著，变异系数较大。这与本书对单作枣树土壤水分垂向空间变异系数的研究结论一致。本研究发现间作模式仅在土层 0～10cm 处受外界气候条件影响严重，这可能与棉花密植种植有关，表明间作模式可以减少外界环境对土壤水分空间变异性的影响，使土壤水分的稳定性高于单作模式。此外，间作模式的变异系数小于单作模式，可能是由于间作枣树蒸发蒸腾量小于单作枣树所致。

当减少枣树灌溉定额后，如 Z1M2 处理，使靠近枣树的棉花叶面积减小，对枣树根区土壤遮蔽效果减少[167]，从而使 10～20cm 深度处土壤变异系数提高。同时，枣树灌溉量减少使枣树根系向更深处延伸，使 50～70cm 土层的变异系数显著高于 Z2M2 和 Z2M1 处理。

11.2.2.2 棉花根区土壤水分变化

表 11.3 展示了棉花根区不同土层深度土壤体积含水率的统计特征。由表 11.3 可以看出，Z2M2 处理在 0～100cm 土层土壤水分空间变异性明显低于 M2 处理，说明间作模式有利于棉花根区土壤水分的空间稳定。前人研究表明[168]，间作系统可以使棉花根系向更深层次的土层迁移，本研究发现，在 50～60cm 深度处，间作模式的变异系数显著高于单作模式，而在 10～50cm 深度处，各处理间的变异系数无较大差异。本研究与前人研究结果相似。

表 11.3 棉花根区不同土层深度土壤体积含水率的统计特征

土层/cm		0～10	10～20	20～30	30～40	40～50	50～60	60～70	70～80	80～90	90～100
Z2M2	最大值/%	27.61	28.15	28.69	26.55	23.33	23.89	18.34	18.57	16.86	15.82
	最小值/%	13.46	19.72	18.66	19.52	20.12	19.29	13.21	14.62	14.14	14.22
	平均值/%	21.44	22.35	22.11	22.15	21.96	21.76	15.09	16.60	15.06	15.34
	变异系数	0.165	0.136	0.126	0.131	0.131	0.145	0.123	0.082	0.052	0.019
Z1M2	最大值/%	20.05	22.84	20.82	20.08	19.31	21.98	20.02	15.67	14.16	12.32
	最小值/%	9.64	15.59	14.28	11.96	11.34	12.44	12.72	11.06	9.51	9.47
	平均值/%	15.40	18.04	17.15	15.17	14.12	15.26	14.53	13.91	11.30	10.34
	变异系数	0.222	0.140	0.131	0.131	0.125	0.143	0.117	0.085	0.074	0.024
Z2M1	最大值/%	29.96	22.72	17.84	16.86	16.72	16.61	16.55	18.51	15.40	14.39
	最小值/%	13.23	16.10	13.84	12.43	13.02	12.26	12.00	12.79	14.99	13.10
	平均值/%	19.54	18.74	15.62	14.88	14.37	14.20	14.71	16.05	15.28	13.62
	变异系数	0.237	0.147	0.145	0.147	0.141	0.146	0.147	0.100	0.041	0.012
M2	最大值/%	27.34	22.26	19.33	16.33	15.79	14.90	14.02	14.43	12.05	12.08
	最小值/%	15.22	14.76	12.50	12.74	12.89	11.75	12.53	12.93	10.82	11.20
	平均值/%	19.34	17.83	16.73	15.32	14.76	13.24	12.49	13.88	11.00	10.73
	变异系数	0.237	0.144	0.143	0.146	0.145	0.113	0.098	0.074	0.043	0.021

11.2.2.3 间作系统土壤水分变化

表 11.4 展示了间作系统不同土层深度土壤体积含水率的统计特征。由表 11.4 可以看出：表层（0～10cm）土壤水分变异系数为 Z2＞Z2M2＝Z1M2＝Z2M1＝M2。枣树由于冠层较高，对近地表的覆盖程度较弱，表层土壤水分蒸散发强度较大，土壤水分空间变异性较高。当种植棉花后，对地表的遮蔽效果显著提高，土壤水分空间变异程度减少，使间作模式和单作棉花在 10～50cm 深度处的变异系数基本稳定，而单作枣树在 10～20cm 深度处变异系数仍与表层（0～10cm）相接近。

表 11.4 间作系统不同土层深度土壤体积含水率的统计特征

土层/cm		0～10	10～20	20～30	30～40	40～50	50～60	60～70	70～80	80～90	90～100
Z2	最大值/%	32.25	30.53	30.49	31.78	31.42	21.17	19.46	17.60	15.58	13.36
	最小值/%	8.99	14.70	14.38	13.37	12.11	12.15	12.76	12.79	12.42	12.13
	平均值/%	21.89	22.58	21.57	24.05	21.00	16.73	16.21	14.46	14.48	12.81
	变异系数	0.252	0.229	0.189	0.196	0.184	0.167	0.146	0.110	0.080	0.029

续表

土层/cm		0～10	10～20	20～30	30～40	40～50	50～60	60～70	70～80	80～90	90～100
Z2M2	最大值/%	30.61	28.15	28.69	32.05	30.24	27.43	27.39	25.54	19.96	17.16
	最小值/%	13.46	17.25	18.66	19.52	20.12	19.29	20.64	19.72	17.40	15.97
	平均值/%	22.22	22.00	23.22	23.82	23.73	22.79	24.84	22.74	18.57	16.63
	变异系数	0.225	0.157	0.142	0.151	0.146	0.132	0.123	0.102	0.078	0.023
Z1M2	最大值/%	26.04	26.98	23.17	20.08	21.12	21.98	20.55	16.04	12.19	12.32
	最小值/%	9.64	14.59	14.28	11.96	11.34	12.44	11.72	11.06	11.51	11.47
	平均值/%	16.41	19.54	18.19	16.09	15.51	15.79	15.42	13.51	11.80	11.96
	变异系数	0.232	0.161	0.141	0.148	0.149	0.133	0.102	0.081	0.061	0.047
Z2M1	最大值/%	29.96	27.82	25.16	26.41	23.74	21.62	19.55	15.51	14.40	12.39
	最小值/%	10.23	16.10	12.84	12.43	13.02	12.26	14.00	12.79	12.99	11.10
	平均值/%	20.36	20.16	17.73	18.59	17.00	15.14	16.67	13.77	13.67	11.94
	变异系数	0.237	0.152	0.148	0.147	0.141	0.136	0.095	0.061	0.041	0.027
M2	最大值/%	27.34	22.26	19.33	16.33	15.79	14.90	14.02	14.43	12.05	12.08
	最小值/%	15.22	14.76	12.50	12.74	12.89	11.75	12.53	12.93	10.82	11.20
	平均值/%	19.34	17.83	16.73	15.32	14.76	13.24	12.49	13.88	11.00	10.73
	变异系数	0.237	0.144	0.153	0.146	0.145	0.113	0.098	0.074	0.043	0.021

11.2.2.4　单作模式下土壤水分变化

图 11.6 为 8 月 6—10 日单作模式下水平方向的土壤体积含水率（8 月 4 日枣树、棉花同时灌溉）。由图 11.6 可以看出，土壤体积含水率在水平方向上总体呈现下降趋势，在距树 75cm 以内，下降幅度较弱；在距树 75cm 以外下降幅度显著。其中距树 25cm 处土壤体积含水率最高，为 21.16%～23.27%，距树 200cm 处土壤体积含水率最低，为 12.70%～13.41%。这与滴灌带布设在距树 30cm 有关。

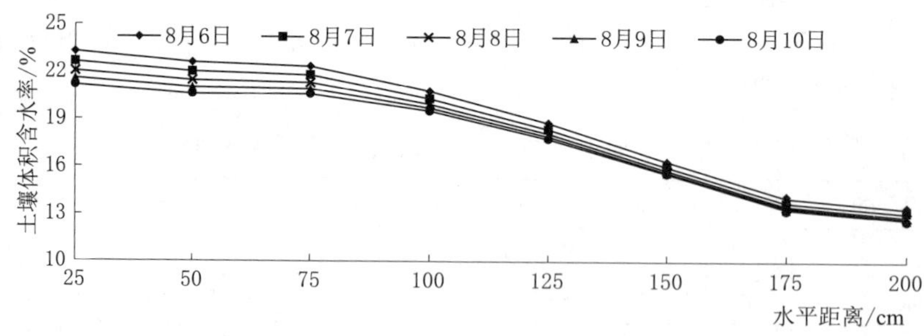

图 11.6　单作模式下水平方向的土壤体积含水率

为对比不同水平距离土壤体积含水率的日差值（蒸发蒸腾量），规避和减弱气象因素的影响[169-170]，本书采用作物系数 $K_c=ET/ET_0$ 用以分析水平方向上的蒸发蒸腾量变化规律。其中参考作物蒸发蒸腾量 ET_0 采用FAO推荐的Penman－Monteith公式计算。

图 11.7 为 8 月 6—9 日单作模式下水平方向的作物系数变化规律。由图 11.7 可以看出，作物系数在水平方向上呈下降趋势，距枣树越近水分耗散强度和作物系数越大。对比不同距离的作物系数，发现距树 75cm 处为水分耗散强度的分界点，0～75cm 内为核心区，75～200cm 处为非核心区。在核心区，8 月 6 日作物系数为 1.24；8 月 7 日作物系数为 1.19；8 月 8 日作物系数为 1.17；8 月 9 日作物系数为 1.08。而在非核心区，8 月 6 日作物系数为 0.76；8 月 7 日作物系数为 0.55；8 月 8 日作物系数为 0.43；8 月 9 日作物系数为 0.33。因此在核心区，由于土壤水分充足，蒸发蒸腾量基本稳定；而在非核心区，主要为 8 月 6 日耗水强度较大，而后几天由于土体含水率难以满足根系需求，且植物根系在该区间内的含量较少，土壤水分耗散强度明显降低。

由图 11.7 还可以看出，在水平方向上作物系数呈现规律性下降，本书采用指数函数进行拟合，其拟合结果如下：

8 月 6 日　$y=0.1572e^{-0.005x}$　$(R^2=0.984)$

8 月 7 日　$y=0.1579e^{-0.007x}$　$(R^2=0.919)$

8 月 8 日　$y=0.1752e^{-0.009x}$　$(R^2=0.945)$

8 月 9 日　$y=0.1761e^{-0.011x}$　$(R^2=0.935)$

在不考虑日期的影响下，其拟合函数为

$$y=0.1661e^{-0.008x}\quad (R^2=0.720)$$

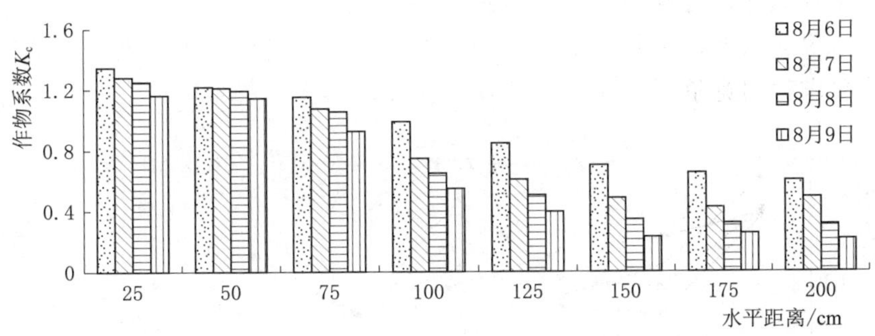

图 11.7　单作模式下作物系数水平方向的变化情况

11.2.2.5 间作模式下土壤水分变化

图 11.8 为 8 月 6 日间作模式水平方向的土壤体积含水率。由图 11.8 可以看出，在水平距离 25～75cm 处，Z2M2 和 Z2M1 处理受到棉花影响，相比 Z2

处理的土壤体积含水率下降幅度显著。而 Z1M2 处理由于棉花灌溉量充足，棉花根区土壤水分存在向枣树方向运移的趋势，土壤体积含水率在该区间出现小幅回升。在水平距离大于 75cm 的区域，间作系统受棉花灌溉的影响，土壤体积含水率呈波浪形变化，在 100cm 处和 150cm 处出现峰值。

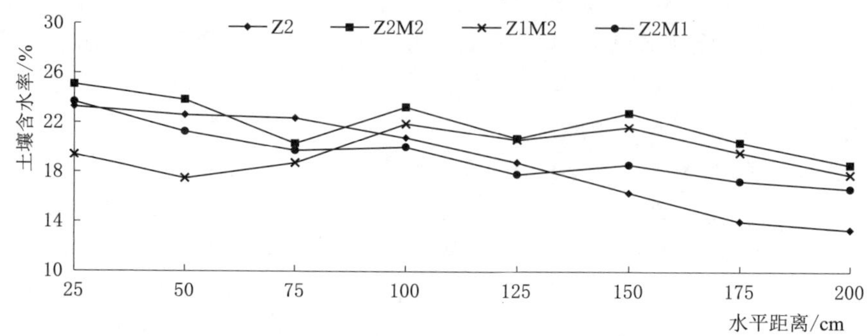

图 11.8　8 月 6 日间作模式水平方向的土壤体积含水率

图 11.9 为 8 月 6 日枣棉间作模式下不同水平距离作物系数变化情况。由图 11.9 可知，单作模式作物系数总体呈下降趋势，在水平距离 25cm 处最大，为 1.32～1.51，而后随距离的增大，作物系数逐渐减少至最小值，为 0.6～0.88。间作模式枣树作物系数总体变化规律与单作模式相似，但由于受到棉花灌溉的影响，在 100cm 处和 150cm 处出现峰值。

在间作模式中 Z2M2 处理的枣树和棉花均为充分灌溉，因此距树 100cm、150cm 处作物系数在各间作处理中最大。而对于 Z1M2 处理，距树 100cm 处稍低于 Z2M2 处理。这可能是由于枣树减少灌溉量，使距树 50cm、75cm 处土壤水分含量下降，棉花根区土壤水分向枣树方向移动，降低了距树 100cm 处的土壤体积含水率，引起蒸发蒸腾量下降。也可能是由于枣树灌溉量减少，加强枣棉间作种间竞争，使棉花生理发育变缓，蒸发蒸腾量减少[171]。

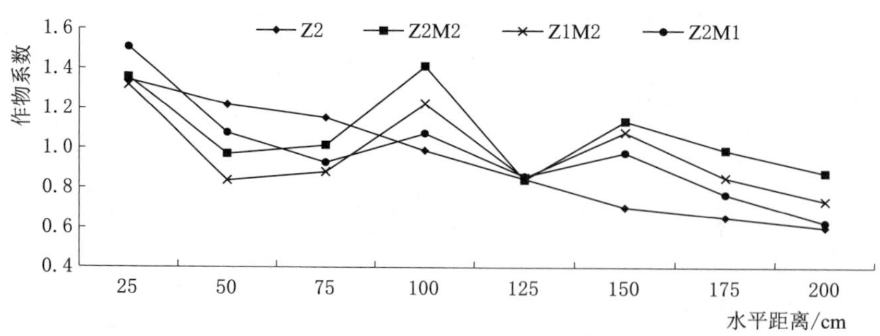

图 11.9　8 月 6 日间作模式下不同水平距离作物系数变化情况

11.2.3 不同处理作物蒸发蒸腾量的变化规律

11.2.3.1 枣树蒸发蒸腾量的变化规律

表 11.5 为 2017 年不同处理条件下枣树各生育阶段的作物蒸发蒸腾量。从表 11.5 中可以看出，由于萌芽展叶期仅对枣树进行灌溉，Z2、Z2M2、Z2M1 处理的蒸发蒸腾量无显著差异（a=0.05 水平），日均蒸发蒸腾量为 2.59～2.78mm/d。Z1M2 处理由于灌溉量较小，蒸发蒸腾量相对较弱，为 2.12mm/d。

表 11.5　2017 年不同处理条件下枣树各生育阶段的蒸发蒸腾量

处理	生育阶段	萌芽展叶期	花期	幼果期	果实膨大期	成熟期	全生育期
处理	日期	4月23日—5月15日	5月16日—7月10日	7月11日—7月30日	7月31日—9月10日	9月11日—10月27日	4月23日—10月20日
处理	天数/d	23	56	15	47	47	188
参考作物	ET_0/mm	85.84	261.02	64.38	169.78	84.23	665.25
参考作物	日均 ET_0 /(mm/d)	3.73	4.66	4.29	3.61	1.79	3.54
Z2	ET/mm	63.94	253.28	59.37	130.78	43.00	550.37
Z2	ET_d/(mm/d)	2.78	4.52	3.96	2.78	0.91	2.93
Z2	K_c	0.74	0.97	0.92	0.77	0.51	0.83
Z2M2	ET/mm	61.41	223.20	54.21	121.56	48.48	508.86
Z2M2	ET_d/(mm/d)	2.67	3.99	3.61	2.59	1.03	2.71
Z2M2	K_c	0.72	0.86	0.84	0.72	0.58	0.76
Z1M2	ET/mm	53.13	172.15	40.86	95.54	37.20	398.87
Z1M2	ET_d/(mm/d)	2.31	3.07	2.72	2.03	0.79	2.12
Z1M2	K_c	0.62	0.66	0.63	0.56	0.44	0.60
Z2M1	ET/mm	59.57	193.18	45.14	111.23	41.90	451.01
Z2M1	ET_d/(mm/d)	2.59	3.45	3.01	2.37	0.89	2.40
Z2M1	K_c	0.69	0.74	0.70	0.66	0.50	0.68

注　表中 ET_0 为参考作物蒸发蒸腾量，ET 为阶段总蒸发蒸腾量，ET_d 为日均蒸发蒸腾量。

当枣树进入花期后，单、间作模式的日均蒸发蒸腾量开始出现显著差异（a=0.05 水平）。与 Z2 处理相比，Z2M2 处理在花期、幼果期和果实膨大期的日均蒸发蒸腾量分别减少 11.73%、8.84%和 6.83%，表明间作模式可以减少枣树的蒸发蒸腾量；但枣树成熟期却增加 13.19%，这是由于该时期 Z2M2 处理的土壤含水率高于 Z2 处理（图 11.3）。

Z1M2 处理由于枣树灌溉量受限，蒸发蒸腾量为各间作处理中的最低值，全生育期仅为 398.87mm，相比 Z2 处理减少 27.53%，相比 Z2M2 处理减少

21.61%。Z2M1 处理由于棉花灌溉量受限，全生育期仅为 451.01mm，相比 Z2 处理减少 18.05%，相比 Z2M2 处理减少 11.37%。

11.2.3.2　棉花蒸发蒸腾量的变化规律

表 11.6 为 2017 年不同处理条件下棉花各生育阶段的作物蒸发蒸腾量。从表 11.6 中可以看出，在棉花苗期各处理的蒸发蒸腾量大小依次为 Z2M2＝Z2M1＞Z1M2＞M2，各处理间的差幅主要受枣树土壤水分运移的影响。在 6 月 15 日对棉花进行灌溉后，各处理的蒸发蒸腾量均呈现上升趋势，至花铃期，达全生育期的最大值，为 4.19～4.84mm/d，而后呈下降趋势，至吐絮期，各处理的蒸发蒸腾量为 0.70～1.24mm/d，最终全生育期各处理的蒸发蒸腾量大小为 Z2M2＞Z1M2＞Z2M1＞M2。

表 11.6　　2017 年不同处理条件下棉花各生育阶段的蒸发蒸腾量

处理	生育阶段	苗期	蕾期	花铃期	吐絮期	全生育期
	日期	4 月 14 日—6 月 12 日	6 月 13 日—7 月 21 日	7 月 22 日—8 月 29 日	8 月 30 日—10 月 15 日	4 月 10 日—10 月 15 日
	天数/d	81	39	39	47	189
参考作物	ET_0/mm	224.83	178.53	146.97	108.41	658.74
	日均 ET_0/(mm/d)	2.78	4.58	3.77	2.31	3.49
Z2M2	ET/mm	122.55	173.81	188.79	58.42	543.57
	ET_d/(mm/d)	1.51	4.46	4.84	1.24	2.88
	K_c	0.55	0.97	1.28	0.54	0.83
Z1M2	ET/mm	114.83	162.32	183.56	52.33	513.03
	ET_d/(mm/d)	1.42	4.16	4.71	1.11	2.71
	K_c	0.51	0.91	1.25	0.48	0.78
Z2M1	ET/mm	121.72	129.30	163.23	42.27	456.52
	ET_d/(mm/d)	1.50	3.32	4.19	0.90	2.42
	K_c	0.54	0.72	1.11	0.39	0.69
M2	ET/mm	111.11	135.68	166.01	32.92	445.71
	ET_d/(mm/d)	1.37	3.48	4.26	0.70	2.36
	K_c	0.49	0.76	1.13	0.30	0.68

注　表中 ET_0 为参考作物蒸发蒸腾量，ET 为阶段总蒸发蒸腾量，ET_d 为日均蒸发蒸腾量。

Z1M2 处理由于枣树灌溉量受限，间作棉花蒸发蒸腾量同样受到影响，比 Z2M2 处理减少 5.62%，与 M2 处理相比蒸发蒸腾量增加 15.10%。Z2M1 处理由于棉花灌溉量受限，间作棉花蒸发蒸腾量下降程度显著，与 Z2M2 处理相比减少 16.02%，但与 M2 处理相比蒸发蒸腾量仍增加 2.42%。

11.2.3.3 间作复合系统蒸发蒸腾量的变化

表 11.7 为 2017 年不同处理条件下枣棉间作系统各月份复合蒸发蒸腾量。从表 11.7 中可以看出，不同月份间作系统复合蒸发蒸腾量呈现单峰变化形式。5 月，各处理的蒸发蒸腾量较小，单作枣树为 3.53mm/d，单作棉花为 0.87mm/d，枣棉间作为 2.37～3.66mm/d。在该阶段仅对枣树进行灌溉，使单作枣树和枣棉间作的蒸发蒸腾量显著提高，而单作棉花由于无灌溉水补给，土壤水分含量较少，作物蒸发强度较低，蒸发蒸腾量下降显著，为所有处理的最低值。6—7 月，外界气温逐渐升高至全生育期最大值，且作物叶面积指数也达到全生育期的峰值，故该阶段作物蒸发蒸腾量在各处理均为最大值。而后由于气温逐渐回落，植物叶片开始衰老，作物蒸发蒸腾量开始减少，直至生育期结束。

表 11.7　2017 年不同处理条件下枣棉间作系统各月复合蒸发蒸腾量

处理	月份	5	6	7	8	9	合计
参考作物	ET_0/mm	130.27	131.35	141.17	110.52	79.56	592.87
	日均 ET_0/(mm/d)	4.20	4.38	4.55	3.57	2.65	3.87
Z2	ET/mm	109.43	135.26	133.60	99.52	38.92	516.73
	ET_d/(mm/d)	3.53	4.51	4.31	3.21	1.30	3.38
	K_c	0.84	1.03	0.95	0.90	0.49	0.87
Z2M2	ET/mm	113.51	134.09	118.61	107.19	22.15	495.56
	ET_d/(mm/d)	3.66	4.47	3.83	3.46	0.74	3.24
	K_c	0.87	1.02	0.84	0.97	0.28	0.84
Z1M2	ET/mm	73.41	89.61	124.35	104.31	13.98	405.65
	ET_d/(mm/d)	2.37	2.99	4.01	3.36	0.47	2.65
	K_c	0.56	0.68	0.88	0.94	0.18	0.68
Z2M1	ET/mm	99.77	113.55	99.79	99.66	11.68	424.45
	ET_d/(mm/d)	3.22	3.79	3.22	3.21	0.39	2.77
	K_c	0.77	0.86	0.71	0.90	0.15	0.72
M2	ET/mm	27.01	105.54	128.84	126.65	23.75	411.81
	ET_d/(mm/d)	0.87	3.52	4.16	4.09	0.79	2.69
	K_c	0.21	0.80	0.91	1.15	0.30	0.69

注　表中 ET_0 为参考作物蒸发蒸腾量，ET 为阶段总蒸发蒸腾量，ET_d 为日均蒸发蒸腾量。

对比单间作模式下作物蒸发蒸腾量的变化，间作系统复合蒸发蒸腾量比单作棉花大 23.34%，比单作枣树小 1.70%。当减少枣树灌溉量后，相比充分灌溉（Z2M2 处理），Z1M2 处理的蒸发蒸腾量减少 20.14%；当减少棉花灌溉量后，Z2M1 处理的蒸发蒸腾量减少 16.44%。说明在枣棉间作系统中，枣树土壤水分消耗情况对间作系统的影响程度大于棉花。

11.2.4　棵间土壤蒸发的影响因素

11.2.4.1　不同处理枣树根区行、株间棵间土壤蒸发的差异性

为对比不同灌水定额对枣树行、株间棵间土壤蒸发的影响，本书选取枣树生育中后期（花期至果实膨大期）日均棵间土壤蒸发量进行对比，其结果如图 11.10 所示。由图 11.10 可知，各处理日均棵间蒸发量大小为：Z2＞Z2M2＞Z2M1＞Z1M2，说明单作棵间蒸发显著高于间作。间作棵间蒸发量也与灌溉量密切相关，当枣树灌溉量增大时，棵间蒸发量升高。对比 Z2M2 和 Z1M2 处理，发现当减少枣树灌溉量时，会对株间棵间蒸发产生较大的影响。而对于行间，由于棉花对其进行一定的水分补给，影响程度较株间相对减弱。对比 Z2M2 和 Z2M1 处理，在单独降低棉花灌溉量后，枣树行、株间蒸发量均有下降，但行间下降幅度较大。该情况是由于在减少棉花灌溉量后，棉花根区土壤含水率相对较低，枣树根区土壤含水率相对较高，枣树根区土壤水分有向棉花根区运移的趋势，行间由于距离棉花根区较近受影响程度较高，株间距棉花根区较远受影响程度较弱。

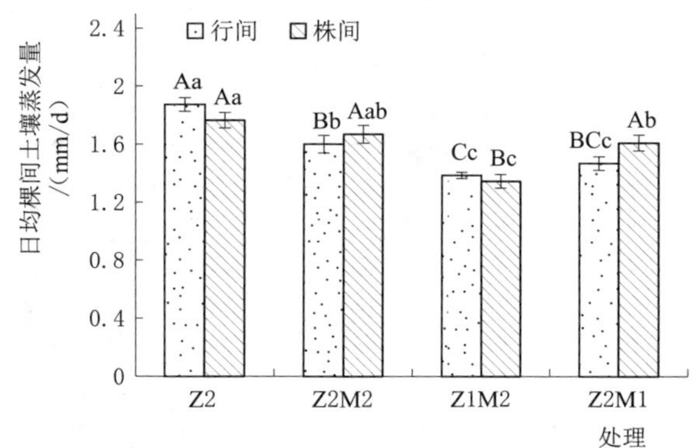

图 11.10　各处理枣树生育中后期行、株间日均棵间土壤蒸发量

注　图中相同小写字母表示差异不显著（a=5%）。

11.2.4.2　同一灌水周期内枣树根区棵间土壤蒸发变化

为对比枣树根区棵间土壤蒸发变化规律，本书选取 2016 年 7 月 19—27 日某灌水周期内棵间土壤蒸发的变化情况进行分析（图 11.11）。相关研究表明，土壤蒸发一般分为 3 个阶段，分别为蒸发稳定阶段、土壤导水率控制阶段和水汽扩散阶段。从图 11.11 中可以看出：在第一天各处理均处在蒸发稳定阶段，单作（Z2）蒸发量显著高于间作（Z2M2），表明在水分充足条件下间作模式改变外界条件（温度、相对湿度、风速等），可以显著降低棵间土壤蒸发强度。

对比该时段总棵间土壤蒸发量，在相同的灌水条件下，单作的总蒸发量为19.37mm，间作的总蒸发量为17.77mm，间作模式可以显著降低棵间土壤蒸发量，减少无效耗水8%左右。

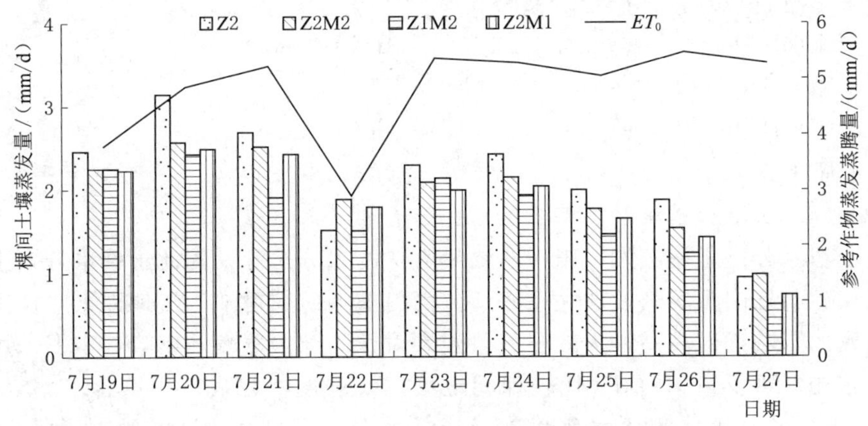

图11.11　7月19—27日枣树根区棵间土壤蒸发变化量

11.2.4.3　单作模式下表层土壤蒸发的空间变化规律

由图11.12可知，相对棵间土壤蒸发量在水平方向总体呈单峰曲线变化，在距树50cm处达到峰值，而后呈下降趋势至最低值。分析认为，这是由于滴灌带的布设位置和植株叶片对地面产生的遮蔽等综合因素所引发的棵间土壤蒸发强度变化规律。

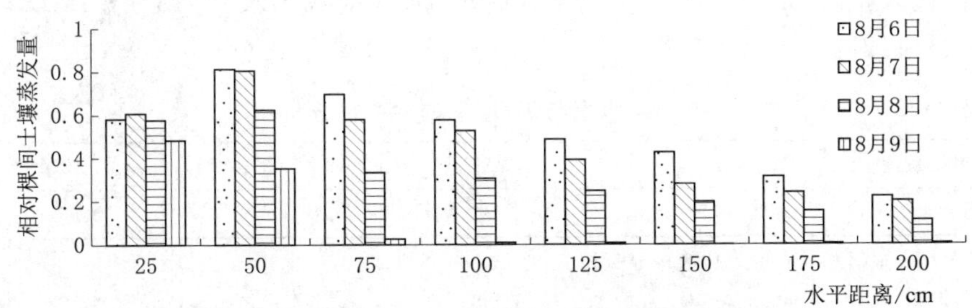

图11.12　单作模式下相对棵间土壤蒸发量水平方向变化

滴灌带布设位置为距树30cm，在不考虑土壤质地影响水分运移的前提下，距树25cm处土壤含水率和棵间土壤蒸发量应高于距树50cm处。但棵间土壤蒸发量的大小同时也与叶面积指数和地表受果树冠幅遮阴时间的影响。观测发现：距树25cm处所受叶片遮阴时间高于50cm处，因此距树50cm处的棵间土壤蒸发量高于25cm处。而后随着距离的增加，虽然地表受叶面积指数和遮阴时间也逐渐在减少，但土壤含水率下降幅度显著，棵间土壤蒸发量呈下降趋势，直至距树 200cm 处达到最低值。

又由图 11.12 可以看出，在水平方向上距树大于 50cm 的相对棵间土壤蒸发量呈现规律性下降，本书采用幂函数对距树 50～200cm 范围内相对棵间土壤蒸发量进行拟合，其拟合结果如下：

8 月 6 日　$y=28.274x^{-0.868}$　$(R^2=0.885)$

8 月 7 日　$y=46.986x^{-1.014}$　$(R^2=0.958)$

8 月 8 日　$y=49.441x^{-1.121}$　$(R^2=0.958)$

8 月 9 日　$y=25632x^{-3.079}$　$(R^2=0.831)$

11.2.4.4　土壤含水率对棵间土壤蒸发的影响

土壤水分是土壤蒸发、植被蒸腾最直接的水分来源，因此土壤水分（土壤含水率）与棵间土壤蒸发的关系密切。而由前人研究可知，气象因素对棵间土壤蒸发的影响程度较高，为减弱气象因素对棵间土壤蒸发的影响，本书采用棵间土壤相对蒸发量 E/ET_0 代表棵间土壤蒸发强度，与表层土壤含水率（0～10cm 土层的土壤体积含水率）进行相关性分析。其中参考作物蒸发蒸腾量 ET_0 采用 FAO 推荐的 Penman - Monteith 公式进行计算。

由表 11.8 可知，各处理的土壤含水率与 E/ET_0 均成极显著正相关，说明土壤含水率与棵间土壤蒸发关系密切，且当土壤含水率越大，枣树棵间土壤蒸发强度也越大。前人研究认为土壤含水率与 E/ET_0 呈指数关系，书中以 Z2 处理为例（图 11.13），通过对比两者的拟合结果，认为二次函数拟合程度优于指数函数。从图 11.13 中可以看出二次函数的 R^2 显著高于指数函数。以实际数值代入拟合方程，求得均方根误差 RME（指数函数）=13%，RME（二次函数）=12%。

表 11.8　土壤含水率与 E/ET_0 的相关性分析

相关系数	Z2	Z2M2	Z1M2	Z2M1
土壤含水率	0.771**	0.716**	0.591**	0.672**

注　*代表显著相关，**代表极显著相关。

11.2.4.5　间作棉花叶面积指数对枣树棵间土壤蒸发强度的影响

在对农作物棵间土壤蒸发的研究中发现，棵间土壤蒸发与叶面积指数关系密切，在棉花生育中后期会对枣树棵间土壤蒸发造成一定影响。为了尽可能消除土壤含水率、气象因素等对棵间土壤蒸发造成显著影响，本书选取微型蒸渗仪称重第一天或降雨量较大后第一天的相对棵间土壤蒸发强度 E/ET_0，与棉花叶面积指数进行对比分析。但由于棉花叶面积测定时间难以与所选取相对棵间土壤蒸发强度 E/ET_0 对应日期相匹配，因此本书先对棉花叶面积指数进行 2 次函数模拟，通过拟合函数，求解出每日棉花叶面积指数，拟合结果如图

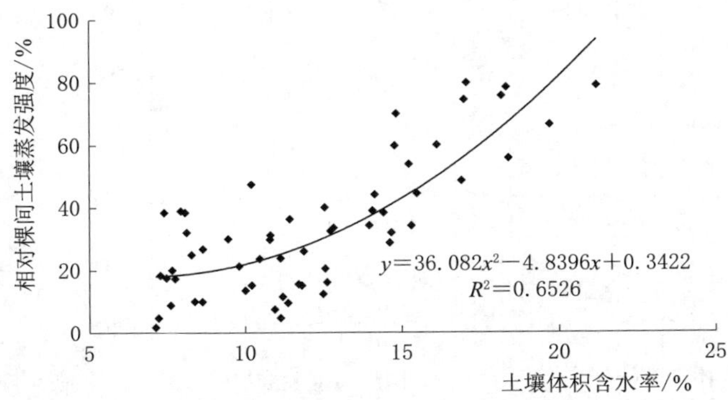

图 11.13 Z2 处理相对棵间土壤蒸发强度与土壤体积含水率的拟合曲线

11.14 所示。各处理行间相对棵间土壤蒸发强度 E/ET_0 与棉花叶面积指数 LAI 拟合值的关系如图 11.15 所示。

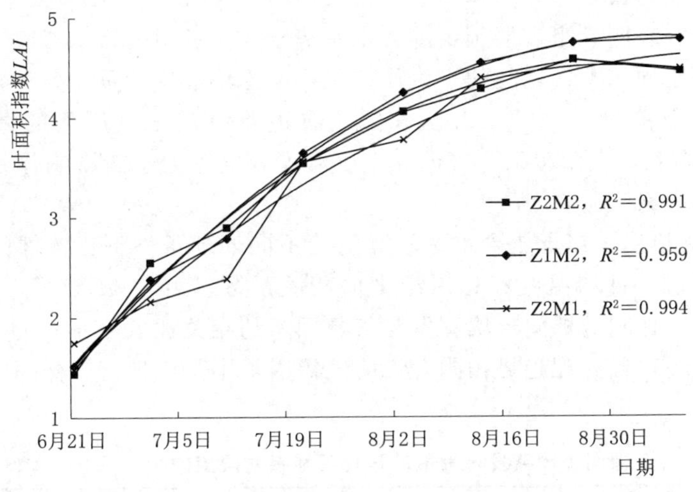

图 11.14 不同处理条件下棉花叶面积指数

由图 11.15 可知，Z2M2 处理、Z1M2 处理、Z2M1 处理行间 E/ET_0 与 LAI 拟合值的关系如下：

Z2M2 处理 $y=-0.0210x^2-0.0201x+0.9110$ $(R^2=0.5536)$

Z1M2 处理 $y=-0.0170x^2-0.0068x+0.9117$ $(R^2=0.6496)$

Z2M1 处理 $y=-0.0384x^2+0.0805x+0.8616$ $(R^2=0.5952)$

因此枣树棵间土壤蒸发强度受棉花叶面积指数影响显著，且随着叶面积指数的增加而降低，并呈现出一定的函数关系。棉花叶面积指数是影响枣树棵间土壤蒸发强度的重要因素。

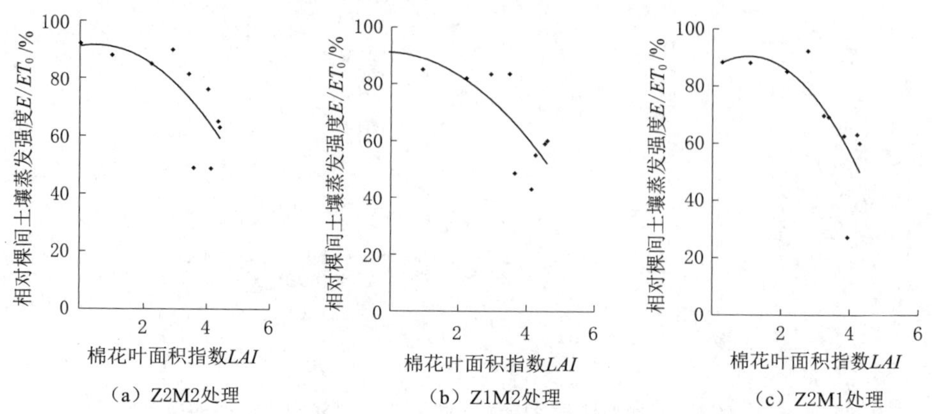

图 11.15　不同处理行间相对棵间土壤蒸发 E/ET_0 与棉花叶面积指数 LAI 拟合值的关系

11.2.4.6　气象因素对作物棵间土壤蒸发的影响

相关研究表明，当表层土壤的含水率等于或接近田间持水率时，土面汽化潜热能以及土面与大气之间的水汽压差是影响土壤蒸发的重要条件，而太阳辐射是汽化潜热能量的来源，气温和空气湿度是决定水汽压差的重要组成部分[172-173]。因此，太阳辐射、气温和空气湿度等气象因子是影响作物棵间土壤蒸发的重要因素。

表 11.9 给出了当土壤含水率较高时，不同处理条件下枣树棵间土壤蒸发量与太阳辐射、日均温度和相对湿度的相关系数。由表 11.9 可以看出：单、间作模式行、株间的棵间土壤蒸发与气象因素的相关性虽存在一定差异，但总体上差异较小，各处理趋势相同，说明气象因素不是产生行、株间的差异性的主导因素。

表 11.9　　棵间土壤蒸发与辐射、日均温和相对湿度的相关系数

处　理	行　间				株　间			
	Z2	Z2M2	Z1M2	Z2M1	Z2	Z2M2	Z1M2	Z2M1
太阳辐射	0.82**	0.65**	0.68**	0.64**	0.78**	0.77**	0.65**	0.69**
日平均温度	0.67**	0.18	0.21	0.17	0.64**	0.29	0.21	0.26
相对湿度	−0.13	0.19	−0.17	0.08	−0.17	0.09	0.11	−0.05

注　*代表显著相关，**代表极显著相关。

由表 11.9 可知，单作棵间土壤蒸发与太阳辐射、平均温度呈极显著相关，而与相对湿度的相关性较差。间作棵间土壤蒸发与太阳辐射呈极显著相关，而与平均温度和相对湿度的相关性较差。而前人的研究认为：棵间土壤蒸发与太阳辐射、平均温度和相对湿度的相关性较高[174-175]。在本书的单作系统中，棵间土壤蒸发与相对湿度的相关性较差，可能是跟农艺措施、作物品种和种植密度有关。而在间作系统中，可能是由于棉花改变了果树周围的温度与大气温度的温差，造成棵间土壤蒸发与平均温度的相关性较差。

前人研究认为，空气湿度的大小在一定程度上决定着水汽扩散的速度[176]，因此相对湿度对棵间土壤蒸发的影响程度较高。而对枣树单作的棵间土壤蒸发分析后发现，棵间土壤蒸发与相对湿度的相关性较弱。说明在树冠底部空气流动性较强，由植物蒸腾所引起的空气湿度增加被空气流动所掩盖，造成两者基本无相关性。当进行间作种植时，虽有棉花的蒸腾作用增加了近地表土体上层的空气湿度，但可能是由于果树与棉花中间存在较大的距离和果树密度相对较低，导致间作系统下棵间土壤蒸发与相对湿度相关性较差。而农作物地表覆盖度高，种植密度大，植被内部空气流动较小，由植物蒸腾所引起的空气湿度增加难以被空气流动所掩盖，致使相对湿度对农作物棵间土壤蒸发造成显著影响。由上述可知，单作和间作模式的棵间土壤蒸发的差异性主要体现在近地表覆盖程度上。有研究表明[177-179]，在裸地和有植被覆盖时，太阳辐射与棵间土壤蒸发量均呈现指数关系。本书对单、间作模式下太阳辐射与棵间蒸发量进行模拟（图 11.16），同样呈现指数函数关系，说明太阳辐射与棵间土壤蒸发量呈现指数函数关系，且该关系不受作物种植模式影响。

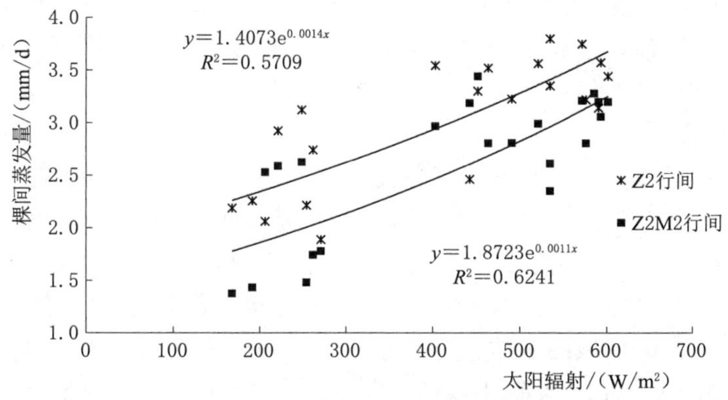

图 11.16 单、间作模式下行间棵间蒸发量与太阳辐射的关系

在棵间土壤蒸发的研究中，叶面积指数也是影响棵间土壤蒸发的重要因素之一。相关研究表明，农作物的叶面积指数不仅能反映下垫面状况[180]，而且可以改变作物棵间土壤蒸发。在农作物间作模式下[181-182]，叶面积指数均与相对棵间土壤蒸发强度有较高的拟合性，且出现显著降低趋势的指数形式。而本书对叶面积指数和枣树行间棵间土壤蒸发拟合后发现，拟合函数为开口向下的二次函数，且 R^2 低于前人拟合结果。分析认为，棉花在生育初期，对枣树棵间土壤蒸发影响强度较弱，因此前期棵间土壤蒸发仅受枣树本身影响，相对棵

间土壤蒸发强度下降缓慢。当棉花生长到一定高度时，对棵间土壤蒸发影响强度提高，枣树行间棵间土壤蒸发受到显著影响，开始呈下降趋势，最终拟合结果出现了开口向下的二次函数，而非前人所拟合出的呈现下降趋势较大的指数函数。

对比枣树单、间作的棵间土壤蒸发量，发现间作棵间土壤蒸发显著低于单作棵间土壤蒸发。这一结果与 Kubota A 等[183]结论一致。但柴强等[184]对玉米/小麦棵间土壤蒸发的研究发现，间作棵间土壤蒸发量低于单作玉米棵间土壤蒸发，高于单作小麦棵间土壤蒸发。这可能是由于两种间作作物的灌溉量和灌溉制度所致，棵间土壤蒸发在一定程度上与土壤含水率关系密切，且随着土壤含水率的升高，棵间土壤蒸发强度越大，且均成抛物线向上的形式[185]。

本书虽对影响枣树单、间作棵间土壤蒸发的各项指标进行了分析，但如何通过这些影响因子来降低蒸发强度，从而达到农业节水目的，还有待进一步研究。其次，间作模式虽然在一定程度能够减少棵间土壤蒸发，但与总生育期的蒸发蒸腾量相比，减少幅度相对较小，因此还需要进一步深入研究如何减少果树棵间土壤蒸发，提高水分利用效率。

11.2.5　小结

(1) 在垂直方向上，土壤水分变异系数随土壤深度的增加呈现下降趋势，表层（0～20cm）最大，中上层（20～50cm）较为稳定，下层（50～100cm）逐渐减小。对比各处理表层变异系数，发现间作模式显著小于单作模式，说明间作模式可以减少外界环境对土壤水分空间变异性的影响，使土壤水分的稳定性高于单作模式。

(2) 在水平方向上，单作模式的土壤水分耗散呈现指数函数的变化形式，即距枣树越近蒸散强度越大。对比不同水平距离的作物系数可以看出，距树75cm 处为水分耗散强度分界点，在 75cm 内为核心区，在核心区水分充足，蒸发蒸腾量基本稳定。而在非核心区，灌溉后第一天的水分耗散耗水强度较大，而后几天在该区域的土体水分含量较少，植物根系稀疏，蒸发蒸腾量呈现明显的降低趋势。对比棵间土壤蒸发，在水平方向上呈单峰曲线，在距树50cm 处达到最大值，而后呈现幂函数变化形式。间作模式由于受到棉花灌溉的影响，其土壤水分消耗的空间分布呈现波浪形，蒸发蒸腾量较大的区域主要位于距树 25cm、100cm、150cm 处。

(3) 在充分灌溉条件下，相比单作模式，Z2M2 处理枣树的蒸发蒸腾量减少 8.21%，棉花的蒸发蒸腾量增加 23.59%。当减少枣树的灌溉量后，相比充分灌溉的间作模式（Z2M2），Z1M2 处理枣树的蒸发蒸腾量减少 20.14%；当减少棉花的灌溉量后，Z2M1 处理棉花的蒸发蒸腾量减少 16.44%。因此在枣棉间作复合模式中，枣树的灌溉制度对间作系统的影响程度大于棉花。

(4) 对比间作模式的土壤水分动态变化过程，其水分动态变化规律主要分为3个阶段：①枣树单独进行灌溉阶段（4月23日—6月18日）；②枣棉间作初始灌溉阶段（6月18日—7月11日）；③土壤水分稳定阶段（7月11日至全生育期结束）。在第1阶段，间作系统的土壤水分动态变化主要受枣树影响，在枣树根区水分运移的影响下，间作棉花土壤含水率比单作棉花微有提高；在第2阶段，对棉花进行灌溉，间作模式的土壤水分动态变化规律难以判断，但该时期Z2M1和Z1M2处理的土壤含水率逐渐减少；在第3阶段，间作模式下土壤水分动态变化已经明显，总体呈现为Z2＝Z2M2＞Z2M1＝Z1M2＞M2。

(5) 单、间作棵间土壤蒸发受外界环境影响的程度较大。在水分充分供给的情况下，单作枣树棵间土壤蒸发与太阳辐射、日均温度等气象因素均为显著正相关。间作模式与单作模式存在一定差异，间作枣树棵间土壤蒸发与太阳辐射为显著正相关，但与日平均温度相关性较弱。在尽可能消除气象因素的影响下，相对棵间土壤蒸发E/ET_0与土壤含水率呈开口向下的二次函数趋势。间作棉花对枣树棵间土壤蒸发造成很强的边界效应，致使枣树行间棵间土壤蒸发受到显著影响，对行间棵间土壤蒸发与棉花叶面积指数进行拟合，其结果呈现良好的二次函数关系。

11.3 枣棉间作模式种间水分分配及水分利用效率

枣棉间作系统水分消耗途径主要由枣树蒸腾、棉花蒸腾及棵间土壤蒸发构成。对于枣树蒸腾量，本书拟采用针式茎流计测定（热扩散法）；对于棉花蒸腾量，本书拟采用碳稳定同位素法测定；对于间作系统棵间土壤蒸发量，本书拟采用微型蒸渗仪测定。相关研究表明[186-188]，碳稳定同位素在植物体内的分馏，常受植物种类、所处土壤水分含量、外界空气及生育阶段的变化的影响，使碳同位素对水分利用指示性出现较大差异，模拟作物蒸发蒸腾量误差较大。其次微型蒸渗仪常因材质、口径及埋设深度的不同，造成数据测定的精准程度较差[189-191]。因此在进行枣棉间作模式水分分配研究时，需对上述方法进行验证。

本章主要研究内容为：通过采用碳稳定同位素法、热扩散法（茎流）和微型蒸渗仪等方法，分别对枣树和棉花各生育阶段的蒸腾量、蒸发量进行分析测定。在传统水量平衡理论验证分析结果的基础上，研究枣棉间作系统各生育期种间水分分配关系和水分利用效率。

11.3.1 碳稳定同位素法测定棉花蒸腾量评价

11.3.1.1 盆栽棉花生物量及蒸腾量

表11.10为盆栽棉花不同生长时期生物量和蒸腾量累积值。由表11.10可

以看出，单、间作盆栽棉花累积生物量、累积蒸腾量均随着生育期的演进而逐渐增加。而作物含碳量基本上在 39.7%～43.1%波动，各生育阶段无明显差异性。盆栽间作模式的累积蒸腾量比盆栽单作模式大 22.86%，这可能是由于间作模式改变了农田小气候，使作物长势较好（间作和单作棉花在吐絮期的生物量分别为 133.1g 和 105.6g），提高了蒸发蒸腾量。

表 11.10　　盆栽棉花不同生长时期生物量和蒸腾量累积值

生育阶段		苗期	蕾期	花铃期	吐絮期
盆栽单作棉花	含碳量/%	0.431±0.032	0.417±0.015	0.396±0.032	0.413±0.017
	累积生物量/g	35.94±3.93	54.86±0.68	89.26±3.83	105.62±5.16
	累积蒸腾量/kg	2.56±0.31	5.65±0.25	7.42±0.08	7.96±0.27
盆栽间作棉花	含碳量/%	0.429±0.018	0.397±0.027	0.401±0.033	0.412±0.019
	累积生物量/g	51.98±2.56	87.78±1.96	117.81±4.64	133.12±7.82
	累积蒸腾量/kg	3.43±0.38	6.47±0.25	8.06±0.11	9.78±0.43

11.3.1.2 碳稳定同位素法测定结果评价

将利用碳稳定同位素法测定单、间作模式下，盆栽棉花不同生育期的累积蒸腾量 WU_L 和盆栽法得到的累积蒸腾量 WU 进行对比，结果如图 11.17 所示。由图 11.17 可以看出，盆栽单作棉花的 WU_L 和 WU 决定系数 R^2 为 0.845，回归系数 b 为 1.244；盆栽间作棉花的决定系数 R^2 为 0.921，回归系数 b 为 0.931。决定系数 R^2 和回归系数 b 均表现出模拟值与实测值具有较好的一致性，因此，利用碳稳定同位素计算出的累积蒸腾量与盆栽称重法得出的累积蒸腾量具有较好的一致性。

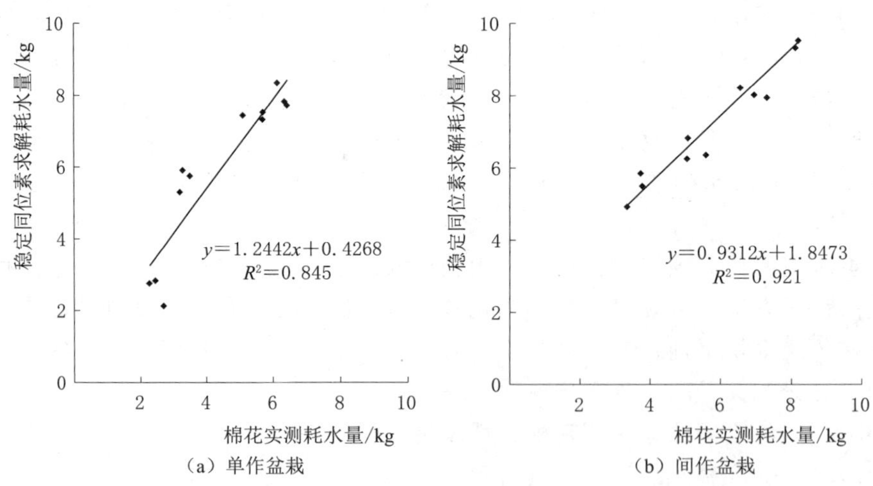

图 11.17　稳定同位素法和盆栽法的累积耗水量的对比结果

由图 11.17 还可以看出，盆栽单作棉花和盆栽间作棉花的实测蒸腾量分别大于碳稳定同位素法 22.23%和 20.43%。这可能是虽然盆栽棉花覆了薄膜，但仍有土壤水分从地膜的空隙中排出而产生棵间蒸发所致。

11.3.1.3 稳定同位素-微型蒸渗仪法计算单作棉花蒸发蒸腾量

在大田试验中，采用碳稳定同位素法和微型蒸渗仪法相结合，同时依据水量平衡法计算单作棉花（M2）在各生育时段的累积蒸发蒸腾量，结果见表 11.11。由表 11.11 可以看出，在生育前中期（7 月 11 日以前），碳稳定同位素-微型蒸渗仪法与水量平衡法相比累积蒸发蒸腾量相对较小，相对误差为 −9.40%～−5.64%。随着生育期的推移，在 7 月 30 日以后开始出现转折，由碳稳定同位素-微型蒸渗仪法计算出的累积蒸发蒸腾量开始大于由水量平衡法计算出的累积蒸发蒸腾量，两者差幅的相对误差为 7.80%。截至生育期末（10 月 20 日），由碳稳定同位素-微型蒸渗仪法和水量平衡法计算出的累积蒸发蒸腾量在全生育期的相对误差为 5.48%，相对误差较小，即碳稳定同位素-微型蒸渗仪法与水量平衡法计算结果具有较好的一致性。

表 11.11　碳稳定同位素-微型蒸渗仪法与水量平衡法对比

日期	同位素-蒸渗仪法/mm			水量平衡法/mm	绝对误差/mm	相对误差/%
	碳稳定同位素	棵间蒸发量	总耗水量			
6 月 11 日	31.62	12.63	44.25	48.84	−4.59	−9.40
7 月 11 日	129.73	38.52	168.25	178.31	−10.06	−5.64
7 月 30 日	248.82	50.75	299.57	277.90	21.67	7.80
8 月 30 日	335.76	65.58	401.34	392.31	9.03	2.30
10 月 20 日	389.36	80.77	470.13	445.71	24.42	5.48

11.3.2 茎流-微型蒸渗仪法测定枣树蒸发蒸腾量的评价

通过茎流-微型蒸渗仪法与水量平衡法分别计算单、间作模式（Z2 和 Z2M2）枣树的蒸发蒸腾量，结果见表 11.12。由表 11.12 可以看出，与水量平衡法对比，茎流-微型蒸渗仪法在萌芽展叶期和成熟期的相对误差较大，分别为 13%～16%和 −22%～−19%。其他生育期的相对误差为 −4%～7%，全生育期相对误差为 3%～4%。在误差的承受范围内。即茎流-微型蒸渗仪法与水量平衡法计算结果具有较好的一致性。

11.3.3 基于碳稳定同位素法的枣棉间作水分利用效率的研究

11.3.3.1 基于碳稳定同位素对间作枣树水分利用效率的分析

图 11.18 为间作模式下枣树叶片碳同位素分辨率与水分利用效率变化。由图 11.18 可以看出，在全生育期，枣树叶片碳同位素分辨率总体呈现上升趋势，但在 8 月 30 日以后有轻微下降。对比各处理碳同位素分辨率的差异性，

表 11.12　　茎流-微型蒸渗仪法与水量平衡法计算单、间作模式枣树蒸发蒸腾量

模式	生育阶段	茎流-微型蒸渗仪法/mm			水量平衡法/mm	绝对误差/mm	相对误差/%
		针式茎流计	棵间蒸发量	总耗水量			
Z2	萌芽展叶期	29.51	25.14	54.65	46.92	7.73	16
	花期	120.62	134.52	255.14	245.69	9.45	4
	幼果期	35.83	24.63	60.46	59.37	1.09	2
	果实膨大期	87.23	57.23	144.46	150.47	−6.01	−4
	成熟期	46.24	—	46.24	57.34	−11.10	−19
	全生育期	319.43	256.52	575.95	559.80	16.15	3
Z2M2	萌芽展叶期	27.62	26.32	53.94	47.84	6.10	13
	花期	113.15	103.62	216.77	225.70	−8.93	−4
	幼果期	37.21	20.62	57.83	54.21	3.62	7
	果实膨大期	85.63	45.73	131.36	123.58	7.78	6
	成熟期	48.53	—	48.53	62.51	−13.98	−22
	全生育期	312.14	220.29	532.43	513.84	18.59	4

总体表现为 Z2＞Z2M2＞Z2M1＞Z1M2，单作模式显著高于间作。至生育期末（10 月 20 日），与 Z2 处理碳同位素分辨率相比，Z2M2 处理偏低 1.00%，Z1M2 处理偏低 3.22%，Z1M2 处理偏低 2.57%。

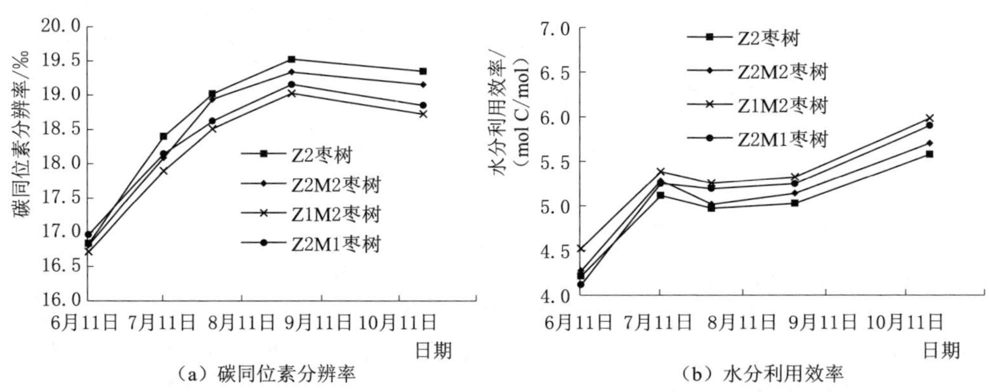

（a）碳同位素分辨率　　（b）水分利用效率

图 11.18　间作模式下枣树叶片碳同位素分辨率与水分利用效率变化

枣树叶片水分利用效率在全生育期共分为 3 个阶段：第 1 阶段为 6 月 11 日—7 月 11 日，该阶段枣树叶片正逐渐发育，水分利用效率逐渐提高；第 2 阶段为 7 月 11 日—8 月 30 日，该阶段棉花叶片已经完全发育，植株以由生理生长转为生殖生长，水分利用效率稳定为 4.97～5.38molC/mol；第 3 阶段为枣树控水阶段，该阶段土壤水分含量急剧下降，作物水分利用效率显著上升，达全生育期最高值，为 5.57～5.98molC/mol。

对比各处理水分利用效率的差异性，总体表现为 Z1M2＞Z2M1＞Z2M2＞Z2。由此可以看出，间作种间竞争可使作物水分利用效率提高。当减少棉花或枣树的灌溉量后，枣树根区土壤含水率降低（图 11.3），促使作物水分利用效率在 Z2M2 处理基础上再次提高。

11.3.3.2　基于碳稳定同位素对间作棉花水分利用效率的分析

图 11.19 为间作模式下棉花叶片碳同位素分辨率与水分利用效率变化。由图 11.19 可以看出，在全生育期，棉花叶片碳同位素分辨率及水分利用效率总体呈现上升趋势，但在 7 月 30 日，棉花碳同位素分辨率微有下降。

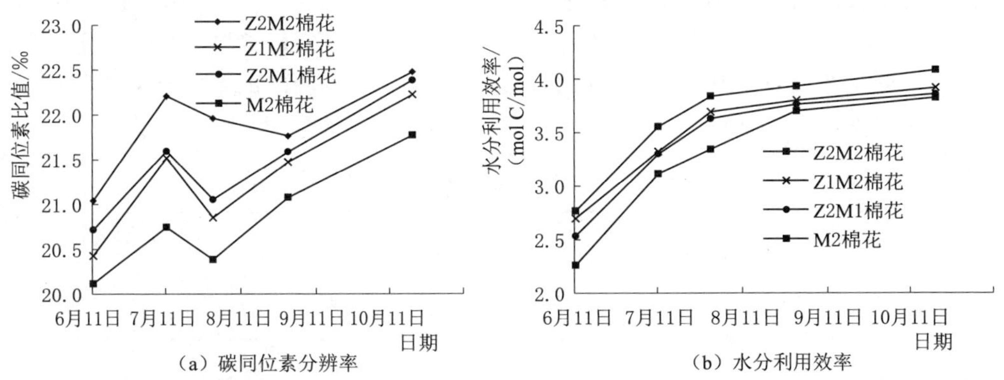

（a）碳同位素分辨率　　（b）水分利用效率

图 11.19　间作模式下棉花叶片碳同位素分辨率与水分利用效率变化

对比各处理的水分利用效率，单作模式水分利用效率显著高于间作模式，总体规律为 M2＞Z1M2＞Z2M1＞Z2M2。与 M2 处理对比，Z2M2 处理偏低 6.30%；Z2M1 处理偏低 5.48%；Z1M2 处理偏低 4.03%。这可能是由于间作棉花根区土壤水分富集，增加了作物蒸发蒸腾量。

11.3.4　枣棉间作模式下种间蒸腾量对比及水分分配关系

由表 11.13 可以看出，10 月 20 日在间作模式（Z2M2）中，枣树和棉花的蒸腾量分别为 312.14mm、443.32mm。单作枣树和单作棉花的蒸腾量分别为 319.43mm、389.36mm。其中单作枣树蒸腾量是间作枣树的 1.02 倍；单作棉花蒸腾量是间作棉花的 0.88 倍。单作枣树与单作棉花的蒸腾量比例为 0.82∶1，间作枣树与间作棉花蒸腾量比例为 0.71∶1，两者占比分别为 41.32%和 58.68%。

表 11.14 为间作模式（Z2M2）下不同时段枣树与棉花水分分配比例，由表 11.14 可以看出，间作枣/棉耗水比例主要分为 3 个阶段，分别为：①6 月 11 日之前；②6 月 11 日—8 月 30 日；③8 月 30 日—10 月 20 日，由表 11.14

表 11.13　　单间作模式下枣树、棉花单位面积蒸腾量累积值

日期	单作枣树/mm	间作枣树/mm	间作棉花/mm	单作棉花/mm
6 月 11 日	93.30±8.12	92.33±10.68	77.29±9.93	31.62±3.06
7 月 11 日	161.32±4.95	151.27±14.80	169.85±10.21	129.73±4.76
7 月 30 日	214.23±5.93	199.24±7.82	270.46±17.69	248.82±6.39
8 月 30 日	269.54±13.94	248.52±14.82	370.40±33.72	335.76±25.73
10 月 20 日	319.43±25.80	312.14±19.31	443.32±27.01	389.36±29.68

可以看出，在 6 月 11 日之前，枣树耗水比例显著高于棉花，枣树蒸腾量是棉花蒸腾量的 1.19 倍。而在 6 月 11 日—8 月 30 日，棉花蒸腾量显著提升，在该时期枣树蒸腾量是棉花蒸腾量的 0.48～0.59 倍。说明在间作模式中，棉花在 6 月 11 日—8 月 30 日占主导地位。而在 8 月 30 日之后，枣树耗水比例重新增大，枣树蒸腾量是棉花蒸腾量的 0.87 倍。在枣棉间作系统的全生育期中，棉花耗水占据主导地位。

表 11.14　间作模式（Z2M2）下不同时间段枣树与棉花水分分配比例

日　期	枣树蒸腾量/mm	棉花蒸腾量/mm	耗水比例（枣/棉）
6 月 11 日之前	92.33	77.29	1.19
6 月 11 日—7 月 11 日	54.95	92.56	0.59
7 月 11—30 日	47.96	100.61	0.48
7 月 30 日—8 月 30 日	49.28	99.94	0.49
8 月 30 日—10 月 20 日	63.62	72.92	0.87

11.3.5　小结

通过采用碳稳定同位素、茎流和微型蒸渗仪等方法，分别对枣树和棉花各生育阶段的蒸腾量、蒸发量进行分析测定。再以传统水量平衡理论验证，结果表明，茎流-微型蒸渗仪法全生育期的模拟误差为 3%～4%，碳稳定同位素-微型蒸渗仪法全生育期的模拟误差为 5.48%。即采用碳稳定同位素、茎流法、微型蒸渗仪等方法相结合，分析枣棉间作水分分配具有一定的可行性。

在枣棉间作模式中，单作棉花的碳稳定同位素比率小于间作，水分利用效率大于间作；单作枣树的碳稳定同位素比率大于间作，水分利用效率小于间作。10 月 20 日，在 Z2M2 处理中，间作枣树和棉花蒸腾量分别为 312.14mm、443.32mm；单作枣树和单作棉花的蒸腾量分别为 319.43mm、389.36mm；单作枣树的蒸腾量是间作枣树的 1.02 倍；单作棉花的蒸腾量是间作棉花的 0.88 倍。单作枣树与单作棉花的蒸腾量比例为 0.82∶1，间作枣树与间作棉花蒸腾量比例为 0.71∶1。两者分别占 41.32%和 58.68%。从枣棉间作各时段

的蒸腾量比例可以看出，在 6 月 11 之前和 8 月 30 日之后，间作枣树/棉花蒸腾量的比例为 0.87～1.19；而 6 月 11 日—8 月 30 日枣树/棉花蒸腾量的比例为 0.48～0.59 倍，说明在间作模式中，棉花主要在 6 月 11 日—10 月 20 日占主导地位。而在 6 月 11 日之前枣树占主导地位。

11.4　枣棉间作系统复合蒸发蒸腾量模拟

双作物系数法以水量平衡原理将作物系数划分为基础作物系数和土壤蒸发系数，模拟土壤蒸发和植株蒸腾[192]。因该方法简便且稳定性好，已广泛应用于大田作物[193-194]。Fenner 等[195]采用双作物系数法对菜豆进行模拟研究，并与称重式蒸渗仪的实测数据进行对比，结果表明双作物系数法模拟菜豆的蒸发蒸腾量效果良好，可以区分棵间土壤蒸发量与植株蒸腾量。A'Fifah 等[196]在热带气候下依据单作物系数法和双作物系数法分别对辣椒进行灌溉，发现采用双作物系数法更适宜植物生长及产量的提升，同时测定出实际蒸发蒸腾量也与计算值的误差较小且拟合程度较高。全国栋等[197]在华北地区对修正的双作物系数法计算出的蒸发蒸腾量进行适应性评价，并以水量平衡法和茎流计法分别作为实测数据对其进行评估，评估结果表明，双作物系数法是一种估算充分灌溉条件下干旱-半干旱区桃树蒸发蒸腾量的有效方法。所以双作物系数法是目前估算农田 ET 最常用的方法，并被众多学者认可[198-200]。

目前，利用双作物系数法估算蒸发蒸腾量的研究较多，但针对干旱区作物，尤其是间作模式下农田蒸发蒸腾量的研究较少。在干旱区进行间作种植，易发生水分胁迫，造成作物减产；不同作物间会由于吸收水分而出现种间竞争，对作物生长发育影响显著。因此，针对干旱区间作系统复合蒸发蒸腾量的模拟研究，对提升经济效益具有重要意义。为此，本研究以 2016—2017 年枣棉间作系统为研究对象，通过水量平衡法确定作物生育期内蒸发蒸腾量及组成成分，用于评估和对比双作物系数法在计算间作系统蒸发蒸腾量以及作物系数的适用性与可靠性，为科学合理且快捷地制定南疆地区间作系统的灌溉制度奠定理论基础。

11.4.1　基于双作物系数法对单作枣树、棉花蒸发蒸腾量的模拟

11.4.1.1　双作物系数模型参数校正

双作物系数法的校正主要针对 K_{cb}、p、Z_e、TEW、REW 等作物和土壤参数。本书采用 2016 年以水量平衡法求出的单作枣树、棉花的蒸发蒸腾量为基础数据，对双作物系数模型进行校正。FAO－56 为保证模型参数具有较大的适用区域，所推荐的标准值主体适用于半湿润区。对于模型参数的校正，应先考察本地区的实际情况，因地制宜进行修正。南疆常年干旱少雨，空气温度

较高，相对湿度较低，作物蒸发蒸腾量较半湿润区普遍偏高，基础作物系数相比半湿润区应有 10%～20%的提升，因此棉花的基础作物系数应向上进行微调。对于枣树，FAO－56 中没有为该作物提供基础作物系数，因此选择与之相近的果树设定为初始值。查阅南疆地区相关文献后发现[201-203]，多数研究枣树的作物系数为 1.0 左右，故枣树作物系数也应向上进行微调。

土壤水分消耗系数 p 主要由作物种类及外界环境所决定。南疆地区气候干燥，植株蒸发蒸腾量较高，土壤水分消耗系数相比半湿润区会减少 10%～25%。

模型参数的具体校正过程采用试错法，即先保持土壤参数（Z_e、TEW、REW）不变，调整作物参数（K_{cb}、p）；然后再保持修正后的作物参数不变，调整土壤参数，直至误差最小并趋于稳定，模型参数的校正过程结束，最终校正参数见表 11.15。

表 11.15　双作物系数模型中土壤参数和作物参数的初始值和修正值

相关参数		枣树		棉花	
		初始值	修正值	初始值	修正值
土壤参数	表层土壤蒸发深度 Z_e/mm	0.10	0.15	0.10	0.15
	表层土壤总蒸发水量 TEW/mm	26.00	39.00	26.00	39.00
	表层易蒸发水量 REW/mm	11.00	9.00	11.00	9.00
作物参数	$K_{cb\text{-}int}$	0.45	0.50	0.15	0.20
	$K_{cb\text{-}mid}$	0.85	1.00	1.15	1.20
	$K_{cb\text{-}end}$	0.60	0.70	0.50	0.50
	土壤水分消耗系数 p	0.50	0.50	0.65	0.40

11.4.1.2　模拟结果评价

图 11.20 给出了 2016 年单作枣树、棉花蒸发蒸腾量的实测值与模拟值对比结果。为验证所修正后的参数是否具有代表性，本书以 2017 年实测数据进行验证，其结果如图 11.20 所示，模型模拟对比误差统计量见表 11.16。对于模型的误差统计，本书采用回归系数 b、决定系数 R^2、均方根误差 $RMSE$、平均绝对误差 AAE、纳什系数 NSE、均方根误差与观测值标准差比率 RSR、一致性指数 d_{IA}，分别从模拟值的共线性、数值差异、尺度误差等方面进行误差统计分析。分析结果表明：各处理 b 为 0.859～1.142，R^2 为 0.834～0.899，$RMSE$ 为 0.439～0.702mm/d，AAE 为 0.334～0.586mm/d，NSE 为 0.813～0.882，RSR 为 0.337～0.440，d_{IA} 为 0.950～0.971。因此，依据 11.1.4.6 节模型评价中介绍，模型模拟效果极好。故经过试错法修正后的双作物系数模型能够较好地模拟南疆地区单作枣树、棉花蒸发蒸腾量的变化过程，模型模拟精度较高，模型及模拟结果可以用于相关后续研究。

11.4.2　基于双作物系数法对间作系统复合蒸发蒸腾量的模拟

11.4.2.1　模拟结果评价

将 2016—2017 年试验数据，以及通过双作物系数模型计算出的单作枣树、

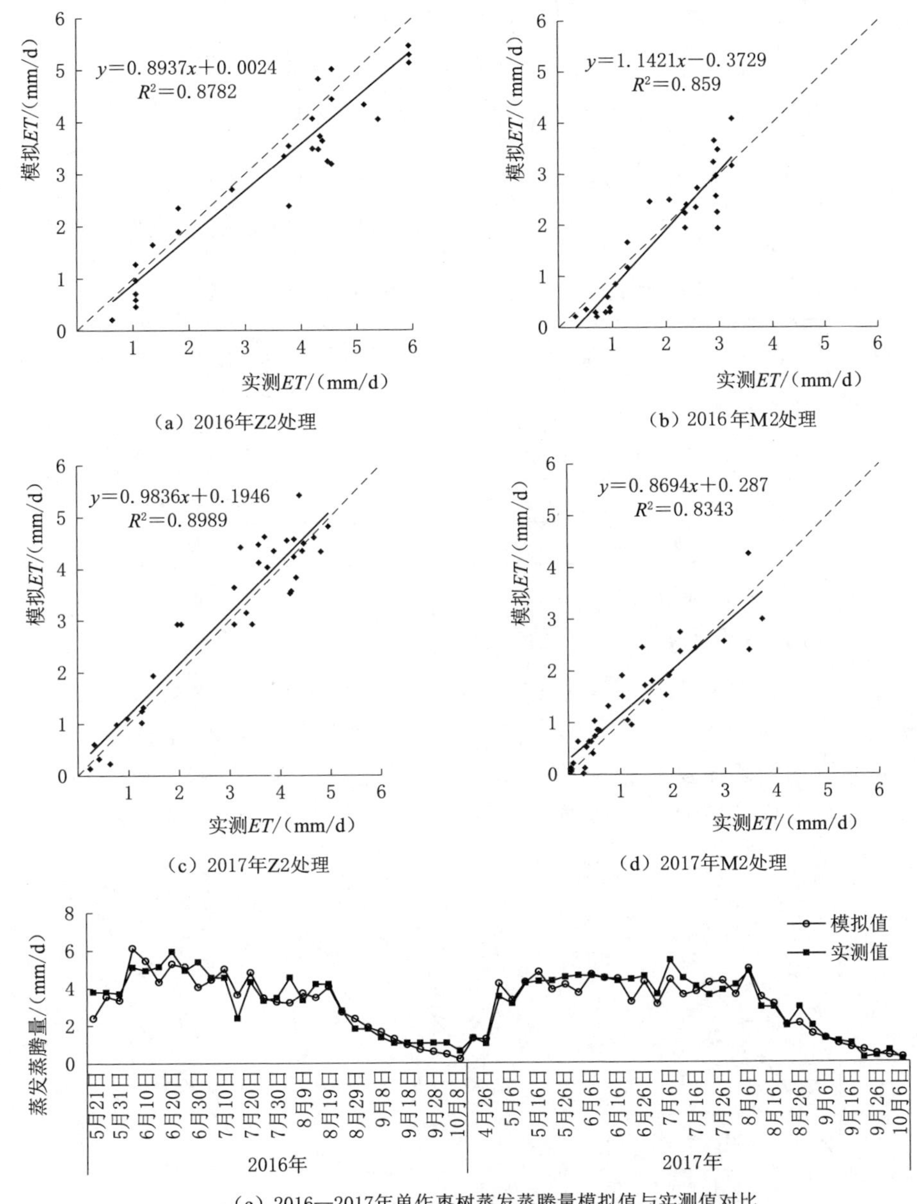

(a) 2016年Z2处理

(b) 2016年M2处理

(c) 2017年Z2处理

(d) 2017年M2处理

(e) 2016—2017年单作枣树蒸发蒸腾量模拟值与实测值对比

图 11.20（一）　2016—2017 年单作枣树、棉花蒸发蒸腾量实测值与模拟值对比

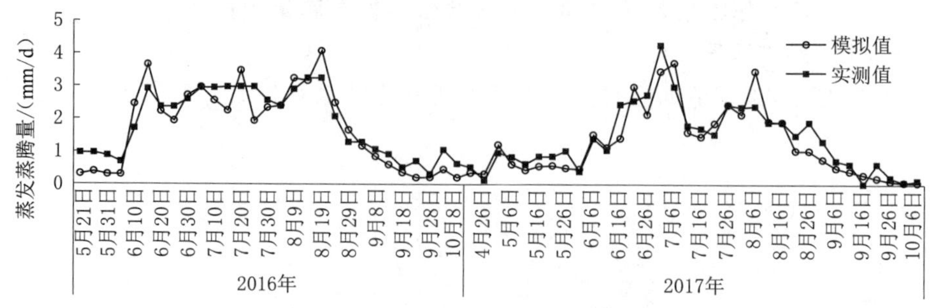

(f) 2016—2017年单作棉花蒸发蒸腾量模拟值与实测值对比

图 11.20（二）　2016—2017 年单作枣树、棉花蒸发蒸腾量实测值与模拟值对比

表 11.16　　单作模式下蒸发蒸腾量模拟值与实测值误差统计量

年份	处理	b	R^2	$RMSE$ /(mm/d)	AAE /(mm/d)	NSE	RSR	d_{IA}
2016	Z2	0.894	0.878	0.702	0.586	0.813	0.419	0.955
（率定）	M2	1.142	0.859	0.479	0.397	0.839	0.440	0.950
2017	Z2	0.984	0.899	0.520	0.408	0.882	0.337	0.971
（验证）	M2	0.859	0.834	0.439	0.334	0.819	0.435	0.950

棉花作物系数和间作模式下枣树、棉花株高和作物分配比例分别代入式(11.22)，计算出间作系统复合作物系数及复合蒸发蒸腾量。由于南疆地区在作物发育时会在部分生育期人为地进行适当的水分胁迫，或因高温天气出现水分胁迫。所以对代入式（11.22）的枣树、棉花作物系数，均需乘以土壤水分胁迫系数，以消除土壤水分胁迫对作物系数的影响。最终 2016—2017 年间作模式下作物蒸发蒸腾量实测值与模拟值对比情况如图 11.21 所示，误差统计量见表 11.17。

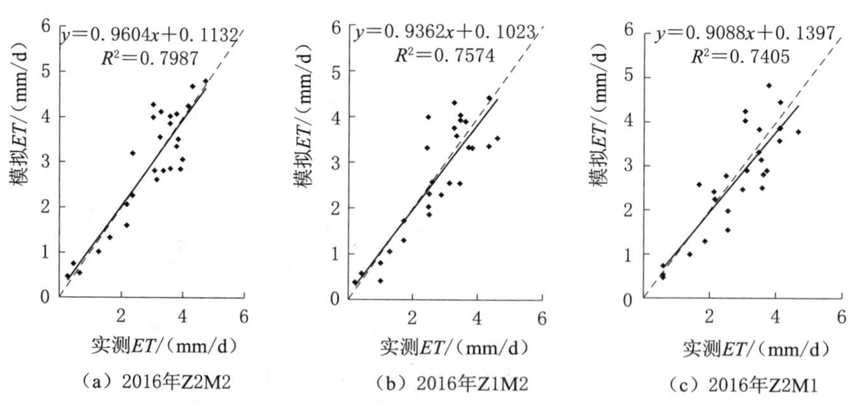

(a) 2016年Z2M2　(b) 2016年Z1M2　(c) 2016年Z2M1

图 11.21（一）　2016—2017 年间作系统复合蒸发蒸腾量实测值与模拟值对比情况

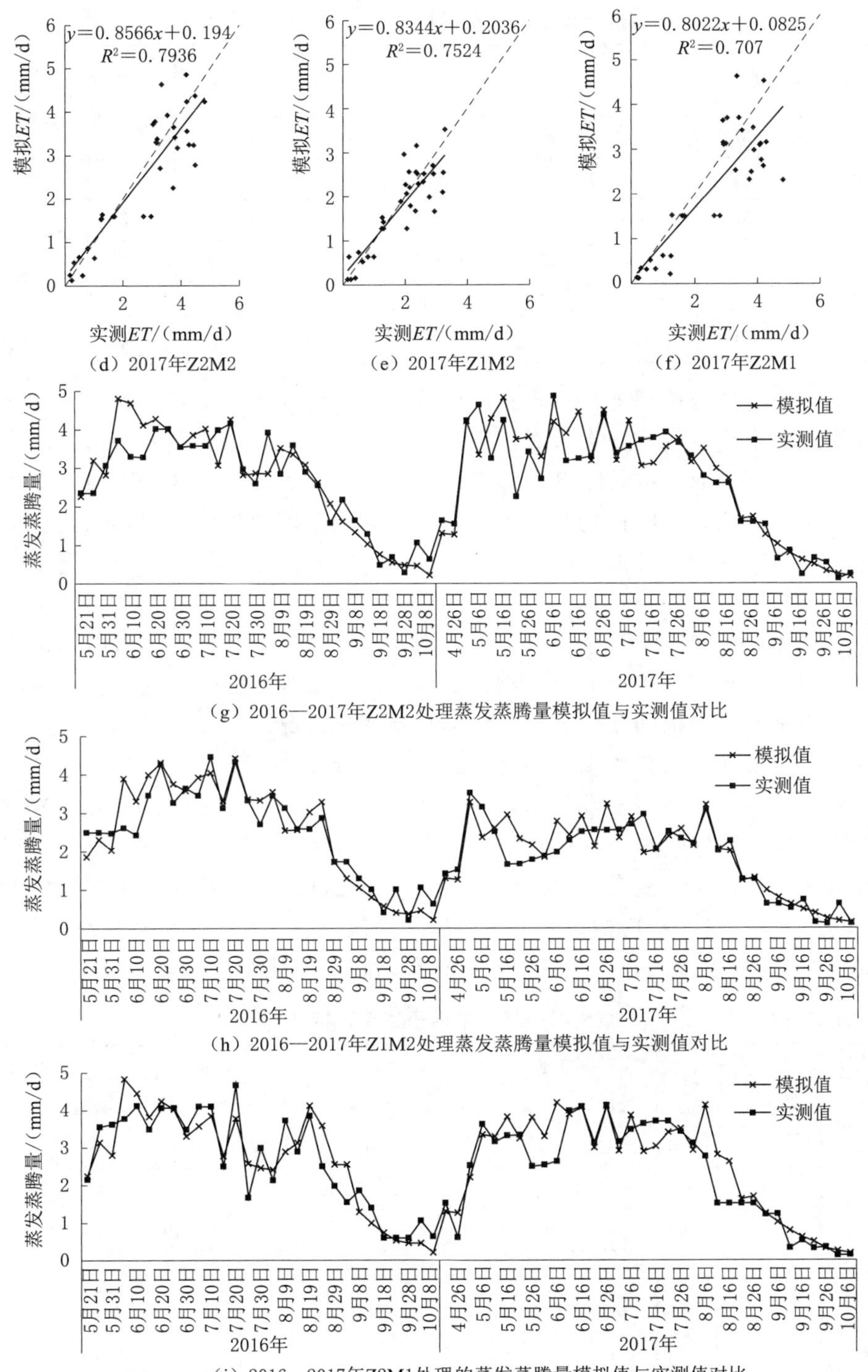

(g) 2016—2017年Z2M2处理蒸发蒸腾量模拟值与实测值对比

(h) 2016—2017年Z1M2处理蒸发蒸腾量模拟值与实测值对比

(i) 2016—2017年Z2M1处理的蒸发蒸腾量模拟值与实测值对比

图 11.21（二）　2016—2017 年间作系统复合蒸发蒸腾量实测值与模拟值对比情况

表 11.17　　间作模式下蒸发蒸腾量模拟值与实测值误差统计量

年份	处理	b	R^2	$RMSE$ /(mm/d)	AAE /(mm/d)	NSE	RSR	d_{IA}
2016	Z2M2	0.960	0.799	0.567	0.465	0.797	0.466	0.943
	Z1M2	0.936	0.757	0.623	0.508	0.751	0.517	0.930
	Z2M1	0.909	0.741	0.632	0.531	0.723	0.540	0.922
2017	Z2M2	0.825	0.740	0.682	0.510	0.783	0.496	0.935
	Z1M2	0.820	0.780	0.449	0.347	0.781	0.484	0.939
	Z2M1	0.833	0.765	0.693	0.566	0.764	0.494	0.936

对比实测值与模拟值，发现在间作系统全生育期中，两者误差主要集中在棉花灌水前半个月左右。在该时期棉花由于农艺措施，造成蒸发蒸腾量及作物系数下降显著，而枣树处于蒸发蒸腾量充足阶段。因此在这两个阶段，枣树实际作物系数与棉花实际作物系数差幅较大，导致该模拟精度受到影响，使复合模型对 Z2M1 处理的模拟精度较差。

由 NSE 和 RSR 可知，模型对间作模式总蒸发蒸腾量模拟在 2016 年 Z2M2 处理的模拟结果极好，2016 年其他处理和 2017 年 3 种处理均模拟结果良好，因此，利用修正后的双作物系数模拟间作系统复合蒸发蒸腾量，可以很好地模拟试验区枣棉间作模式总蒸发蒸腾量变化情况。

11.4.2.2　间作模式下蒸发蒸腾量影响因子分析

双作物系数法模拟蒸发蒸腾量主要考虑气象因子、种植比例、棉花株高、枣树株高等，而气象因子、作物因子之间很容易存在很强的交互作用。因此，为探究影响间作系统复合蒸发蒸腾量的各因子之间的交互情况，选取气象因子（最低温、最高温、平均相对湿度、风速、太阳辐射）和作物因子（棉花株高、枣树株高），采用通径分析对各因子间进行对比，对比结果见表 11.18。

表 11.18　　蒸发蒸腾量影响因子通径分析结果

因子	间接通径系数							总间接通径系数	直接通径系数	总作用系数
	T_{min}	T_{max}	RH	$v_{风}$	R_s	$H_{棉}$	$H_{枣}$			
T_{min}	—	−0.06	−0.11	0.03	0.09	−0.01	−0.01	−0.07	0.53	0.46
T_{max}	0.23	—	−0.15	0.02	0.45	0.01	0.01	0.58	−0.13	0.46
RH	−0.23	0.08	—	−0.05	−0.17	−0.05	−0.07	−0.10	0.24	0.14
$v_{风}$	0.13	−0.02	−0.09	—	−0.26	0.06	0.11	0.09	0.13	0.23
R_s	0.06	−0.07	−0.05	−0.04	—	−0.05	−0.09	−0.37	0.88	0.51
$H_{棉}$	0.04	0.01	0.09	−0.06	0.35	—	−0.20	−0.07	−0.12	−0.19
$H_{枣}$	0.03	−0.01	0.08	−0.07	0.38	−0.12	—	0.00	−0.21	−0.21

从通径分析结果可以看出，对于间作系统复合蒸发蒸腾量的直接影响因子主要为太阳辐射和最低温，两者的直接通径系数为 0.88 和 0.53。太阳辐射是蒸发的主要能量来源，为植物提供蒸腾拉力，促使植物进行土壤水分的被动吸收。而最低温对全天内的温度具有一定代表性，因此对蒸发蒸腾量的影响程度较高。间接影响因子主要为最高温，其总间接通径系数为 0.58。从间接通径系数上可以看出，最高温的间接影响作用主要集中在最低温和太阳辐射上，所以最高温主体是通过作用于最低温与太阳辐射来对蒸发蒸腾量进行影响。故在总作用系数上，最低温、最高温和太阳辐射是影响作物蒸发蒸腾量的主要影响因子。对于作物因子，由通径分析结果表明，作物因子对气象因子影响程度虽然较弱，但其影响程度主要集中在直接影响上，而非从其他途径进行影响。

11.4.3　间作模式下复合作物系数变化规律研究

由图 11.22 可以看出，在生育初期，棉花进行"蹲苗"（指在播种前进行灌溉，后期不进行滴灌），作物系数相对较低，为 0.1～0.2。枣树由于正常滴灌，作物系数基本稳定为 0.8～1.2。间作系统复合作物系数由于受到棉花未滴灌的影响，较单作枣树微有下降。但由于棉花高度较低，根系较浅，对枣树生理发育基本无影响，同时枣树周围部分裸地被地膜覆盖，棵间土壤蒸发相对减少。所以间作枣树的作物系数基本与单作枣树的作物系数变化趋势相吻合。6 月中下旬以后，枣树、棉花均开始滴灌，单作枣树、棉花和间作的作物系数

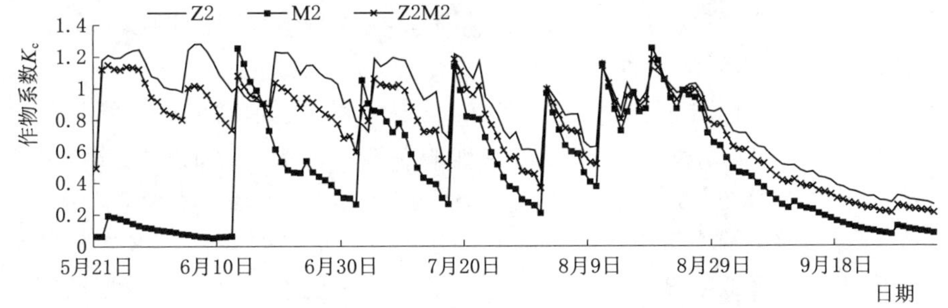

(a) 充分灌溉条件下单、间作模式全生育期作物系数变化

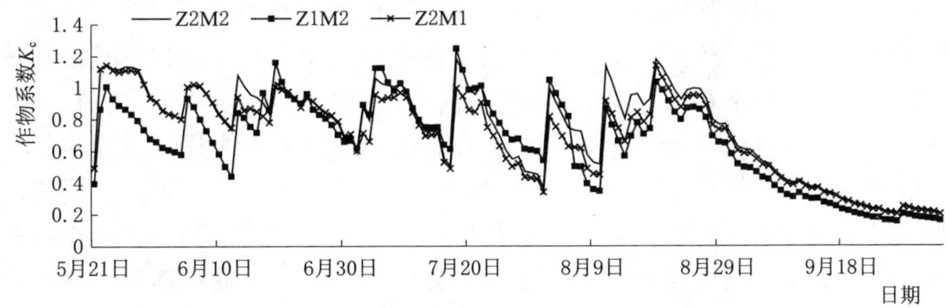

(b) 不同灌溉条件下间作模式全生育期作物系数变化

图 11.22　2016 年单、间作模式下全生育期作物系数

出现了明显的分化，枣树最高，棉花最低，棉花对间作系统复合作物系数的影响逐渐加深，间作系统复合作物系数同时受上述两者影响，位于两物种之间。至生育期末时，由于枣树、棉花同时控水，三者作物系数均下降。

对比不同灌溉条件下的间作模式的复合作物系数。在生育初期棉花未进行灌溉，当枣树减少灌溉量时（Z1M2），复合作物系数出现明显的下降，下降幅度约为 23%。而随着生育期的推移，当棉花进行灌溉后，复合作物系数开始出现明显回升，相对于充分灌溉，复合作物系数仍有微弱下降，下降幅度为 9%左右。在对棉花灌溉量进行调节后（Z2M1），间作系统复合作物系数同样出现了微弱下降趋势，其下降幅度为 7%左右。因此在间作模式下，在生育初期棉花未进行灌溉时调节枣树灌溉量，对复合作物系数影响程度显著。而当枣树、棉花均进行灌溉后，调节枣树、棉花的灌溉量均对复合作物系数影响微弱。

11.4.4　小结

由于地区及作物种类适用性问题，模型在应用前需进行参数的校正和适应性评价。对于双作物系数法，国内外众多专家学者均采用试错法对双作物系数模型进行调参[204-206]，该方法方便快捷，修正后精度较高。因此本书以 2016 年实测枣树、棉花蒸发蒸腾量为基础数据，考虑地区实际条件，采用试错法对双作物系数模型的基础作物系数和土壤参数进行微调，最终得到了该模型适宜的参数。评价模拟精度常用的误差统计量有决定系数 R^2、绝对误差 MAE、标准误差 $RMSE$ 和相对无偏性的一致性 d_{IA} 等，但对模拟精度的评价不应仅仅选用某一单独指标进行对比，而应充分考虑模拟值和实测值之间的共线性、数值差异和绝对、相对误差等，需要选择合理的误差统计量，保证模型评价的全面性。故本书用 b 和 R^2 评价共线性，NSE 评价数值差异，$RMSE$、AAE 和 RSR 分别评价绝对和相对误差，d_{IA} 评价均值和方差上的差异，这样既满足了从不同角度评价模拟精度的要求，还可以从一定程度上弥补评价模型模拟精度时在数学原理上探讨的不足。

在本书中，间作作物系数 K_c 值是以各种作物的作物系数为权重计算的。每种作物的作物系数等于叶面积指数乘以作物的高度。对于间作模式，两种作物之间在地上、地下对水、气、热和养分均存在明显的竞争强度。在目前的研究中，叶面积指数用于衡量植物冠层发育状况，是农业上常用于表述作物生理发育和产量的重要指标[207]，也是模型模拟上不可或缺的指标之一。植株高度代表植物的长势与发育状况，可以衡量植株生理发育状况。为此，双作物系数法模型对间作模式的种间竞争进行了简化分析，选取与叶面积指数类似的地表覆盖度和植株高度两个具有代表性影响因子构建模型。因此，在分析作物耗水规律上具有很好的代表性和适用性。

但采用FAO－56上加权平均值的方法，主要考虑地上部分植株生理变化，而对地下部分生理发育的影响进行了忽略。有相关研究表明，植株覆盖程度越高，长势越好，根系越发达[208]，但也有部分研究表明，外界环境同样对根系的发育影响较大，甚至可能出现覆盖程度较低但根系却相对发达的情况。因此，仅应用地表覆盖度无法表达出地下根系的发育情况。也有部分研究人员发现：间作模式可以显著提高作物根系总量和吸水能力。而双作物系数法模型在模拟根系生长时，用的是一个近似线性增长的模型，这会对根系吸水的模拟造成一定的误差，从而影响到蒸散的模拟。其次，本研究利用Trime－IPH土壤水分测量仪测定的 ET 值作为标准，尽管目前应用时域反射技术测定土壤含水率是业内普遍认可的标准方法之一[209]，但在具体应用中发现，不同的土壤质地会对测定精度造成影响，这也可能造成双作物系数法适用性评估的不确定性。

对于综合法，前人研究发现：间作模式可以减少地表水分散失，增加空气湿度，降低叶片温度、气温和 VPD，改善间作模式农田小气候[210]，增加土壤含水率，促进植物生长发育，降低水分利用效率[211-212]。本研究结果表明，枣树在生育中后期对地面形成了有效遮阴，减少土壤水分散失，提高间作模式土壤储水性。

对比全生育期的模拟误差，发现在作物生育中后期模拟误差异常增大。分析认为，这是由于在枣树进入控水阶段后，土体表面异常干燥，棵间土壤蒸发处于水汽扩散阶段，在该时段棵间蒸发不仅仅只为土壤表层的水分耗散，而是有部分深层土壤通过水分运移参与其中。而深层土壤水分变化同样受间作系统根系的影响，因此常规办法难以确定该时段棵间土壤蒸发量。故在后续的研究中应采用多种测定方法，综合确定作物蒸发蒸腾量，并进一步增加对双作物系数法根系吸水函数的修正，尝试采用新的方法确定棵间土壤蒸发量，以提高在干旱区枣棉间作系统复合蒸发蒸腾量的模拟适用性。

本书利用2016年、2017年干旱区枣棉间作的大田试验数据，应用双作物系数法模拟单作枣树、棉花蒸发蒸腾量与实测值，均具有较好的一致性，其 $RMSE$ 为0.439～0.702mm/d，AAE 为0.334～0.586mm/d，d_{IA} 为0.950～0.971，2016年、2017年模拟效果均为极好。当采用 K_c 权重比对间作进行模拟后，不同水分处理条件下，间作系统复合蒸发蒸腾量的实测值与模拟值的 $RMSE$ 为0.449～0.693mm/d，AAE 为0.347～0.566mm/d，d_{IA} 为0.922～0.943，2016年Z2M2处理的模拟结果极好，2016年其他处理和2017年3种处理均模拟结果良好。因此，该模型估算干旱区枣棉间作系统复合蒸发蒸腾量误差小，拟合结果均达到良好以上。应用该模型对枣棉间作系统复合蒸发蒸腾量的模拟具有很好的适用性。但该模型对地下种间根系吸水竞争影响土壤含水率的吸收效率进行了忽略，这可能造成双作物系数法适用性评估的出现一定的不确定性。因此，在后续研究中应考虑进一步增加对双作物系数法根系吸水函数的修正，提高其在干旱区枣棉间作系统复合蒸发蒸腾量的模拟适用性。

对比单、间作模式的作物系数，发现在生育初期间作模式主体受枣树影响程度较大，棉花对其影响基本可以忽略；至生育中后期，受灌水制度和作物长势的影响，棉花对间作系统的影响程度逐渐增加，最终共同作用间作模式。当在间作模式下增加或减少某一作物灌溉量时，间作模式总体趋势基本不发生变化，说明增加或减少枣树、棉花的灌溉量，对间作模式复合作物系数影响程度微弱，间作模式对外界环境变化的耐受性高于单作模式。

对间作模式下蒸发蒸腾量影响因子进行通径分析，分析结果表明：直接影响蒸发蒸腾量的主要因子为最低温和太阳辐射，间接影响作物蒸发蒸腾量的主要因子为最高温。由因子间交互作用可知，最高温是通过影响最低温和太阳辐射来增加对蒸发蒸腾量的影响力。作物因子虽然表现出影响程度较弱，但却全部作用于直接影响蒸发蒸腾量，而非间接影响蒸发蒸腾量。

参 考 文 献

[1] 李百凤，冯浩，吴普特. 作物非充分灌溉适宜土壤水分下限指标研究进展 [J]. 干旱地区农业研究，2007，25 (3)：227 - 231.

[2] 诸葛玉平，张玉龙，张旭东，等. 塑料大棚渗灌灌水下限对番茄生长和产量的影响 [J]. 应用生态学报，2004，15 (5)：767 - 771.

[3] 张辉，张玉龙，虞娜，等. 温室膜下滴灌灌水控制下限与番茄产量、水分利用效率的关系 [J]. 中国农业科学，2006，39 (2)：425 - 432.

[4] 刘明池，陈殿奎. 亏缺灌溉对樱桃番茄产量和品质的影响 [J]. 中国蔬菜，2006 (6)：4 - 6.

[5] 彭致功，杨培岭，段爱旺，等. 不同水分处理对番茄产量性状及其生理机制的效应 [J]. 中国农学通报，2005，21 (8)：191 - 195.

[6] 刘国宏. 不同水肥及农艺调控措施对极端干旱区枣树生长影响的研究 [D]. 乌鲁木齐：新疆农业大学，2016.

[7] 刘洪波，张江辉. 葡萄微灌节水技术研究综述 [J]. 节水灌溉，2011，9：20 - 26.

[8] 晏清洪，王伟，任德新，等. 滴灌湿润比对成龄库尔勒香梨生长及耗水规律的影响 [J]. 干旱地区农业研究，2011，29 (1)：1 - 4.

[9] 杨慧慧，王振华，何新林，等. 极端干旱区葡萄滴灌耗水规律试验研究 [J]. 节水灌溉，2011，2：8 - 11.

[10] 黄兴法，李光永，王小伟，等. 充分灌与调亏灌溉条件下苹果树微喷灌的耗水量研究 [J]. 农业工程学报，2001，17 (5)：43 - 47.

[11] 蒋岑，刘国宏. 干旱区成龄枣树微灌技术研究 [J]. 新疆农业科学，2009，46 (2)：332 - 337.

[12] 王则玉，冯耀祖，陈署晃，等. 彭曼-蒙太斯法制定阿克苏枣树根渗灌灌溉制度 [J]. 新疆农业科学，2010，47 (11)：12 - 14.

[13] 姚鹏亮，董新光，郭开政，等. 滴灌条件下干旱区枣树根区的土壤水分动态模拟 [J]. 西北农林科技大学学报，2011，39 (10)：150 - 156.

[14] Chalmers D J，Bvanden Ende. Productivity of peach trees factors affecting dry - weight distribution during tree growth [J]. Ann Bot，1975，(39)：423 - 432.

[15] Chalmers D J，Mitchell P D，Jerie P H. The physiology of growth control of perch an pear trees using reduced irrigation [J]. Acta Horticulture，1984，(146)：143 - 148.

[16] 马福生，康绍忠，王密侠，等. 调亏灌溉对温室梨枣树水分利用效率与枣品质的影响 [J]. 农业工程学报，2006，22 (1)：37 - 43.

[17] Li S H，Huguet J G，Schoch P G，et al. Response of peach tree growth and cropping to soil water deficit at various phenological stages of fruit development [J]. J Hortic Sci，1989，(64)：541 - 552.

[18] 雷廷武，曾德超，王小伟，等. 调控亏水度灌溉对成龄桃树生长和产量的影响 [J].

农业工程学报，1991，7 (5)：63 - 69.

[19] 钟韵，费良军，曾健，等. 根域水分亏缺对涌泉灌苹果幼树产量品质和节水的影响 [J]. 农业工程学报，2019，35 (21)：78 - 87.

[20] Chalmers D J，Burge G，Jerie P H，et al. The mechanism of regulation of 'Bartlett' pear fruit and vegetative growth by irrigation withholding and regulated deficit irrigation [J]. Journal of the American Society for Horticultural Science，1986，111 (6)：904 - 907.

[21] 武阳，王伟，雷廷武，等. 调亏灌溉对滴灌成龄香梨果树生长及果实产量的影响 [J]. 农业工程学报，2012，28 (11)：118 - 124.

[22] 王开荣，李世诚，杨天仪，等. 调亏灌溉对大棚葡萄生长与结实的影响 [J]. 江苏农业科学，2008 (04)：140 - 143.

[23] 左强. 反求根系吸水速率方法的检验与应用 [J]. 农业工程学报，2003，19 (2)：28 - 32.

[24] 孟雷，左强. 污水灌溉对冬小麦有效根长密度和根系吸水速率分布的影响 [J]. 灌溉排水学报，2003，22 (2)：25 - 29.

[25] 虎胆·吐马尔白. 秸秆条带状覆盖条件下土壤水分运动的实验研究及数值计算 [J]. 水利学报，1998 (8)：3 - 5.

[26] 周明耀，陈红卫，钱晓晴. 南方地区非充分灌溉稻田水稻根系吸水模型研究 [J]. 沈阳农业大学学报，2004，35 (5 - 6)：402 - 404.

[27] 刘川顺，沈荣开. 由土壤水势估算二维根系吸水的研究 [J]. 西北水资源与水工程，1993，4 (2)：36 - 41.

[28] 田盼盼，董新光，姚鹏亮，等. 干旱区不同灌溉方式下枣树根系分布特性研究 [J]. 水资源与水工程学报，2012，23 (1)：102 - 105.

[29] Qingyun Zhou，Shaozhong Kang，Fushen Li，et al. Comparison of dynamic and static APRI - models to simulate soil water dynamics in a vineyard over the growing season under alternate partal root - zone drip irrigation [J]. Agricultural Water Management，2008，95 (7)：767 - 775.

[30] 魏光辉. 干旱区成龄枣树不同灌溉方式耗水特性研究 [D]. 乌鲁木齐：新疆农业大学，2011.

[31] 王洪源，李光永. 滴灌模式和灌水下限对甜瓜耗水量和产量的影响 [J]. 农业机械学报，2010，(5)：9 - 14.

[32] 陈若男，王全九，杨艳芬. 新疆砾石地葡萄滴灌带合理设计及布设参数的数值分析 [J]. 农业工程学报，2010，26 (12)：40 - 46.

[33] 杜太生，康绍忠，闫博远，等. 干旱荒漠绿洲区葡萄根系分区交替灌溉试验研究 [J]. 农业工程学报，2007 (11)：52 - 58.

[34] 程慧娟，王全九，白云岗，等. 垂直线源灌线源长度对湿润体特性的影响 [J]. 农业工程学报，2010，26 (06)：32 - 37.

[35] 姚鹏亮. 干旱区枣树小气候试验和根区土壤水分模拟研究 [D]. 乌鲁木齐：新疆农业大学，2011.

[36] 王娟. 亏水处理对枣树生理生态指标影响研究 [D]. 乌鲁木齐：新疆农业大学，2013.

[37] 田盼盼. 干旱区滴灌枣树根系分布特性及吸水模型研究 [D]. 乌鲁木齐：新疆农业大学，2012.

[38] 王颖. 不同灌水量对梨枣生理特性及产量品质的影响研究 [D]. 杨凌：西北农林科技大学，2011.

[39] 张计峰，朱敏，梁智，等. 滴灌对枣园土壤水分运移和枣树叶片的影响 [J]. 新疆农业科学，2010，47 (11)：2283-2287.

[40] 李昱鹏，李援农，陈朋朋. 不同覆盖方式与调亏模式对梨枣产量及品质的影响 [J]. 中国农村水利水电，2019 (3)：112-118.

[41] 崔宁博，杜太生，李忠亭，等. 不同生育期调亏灌溉对温室梨枣品质的影响 [J]. 农业工程学报，2009，25 (7)：32-38.

[42] 李晓彬，汪有科，赵春红，等. 水分调控对梨枣果实品质与投入产出效益的影响分析 [J]. 中国生态农业学报，2011，19 (4)：818-822.

[43] 易晓丽，曹红霞，王雪梅，等. 温室梨枣树土壤水分和品质对调亏灌溉的响应 [J]. 灌溉排水学报，2012，31 (3)：69-71.

[44] 于金刚. 不同滴灌制度对黄土高原梨枣食用品质及抗氧化能力的影响 [D]. 杨凌：西北农林科技大学，2011.

[45] 魏瑞锋. 土壤水分含量对梨枣树光和特性以及果实品质的影响 [D]. 杨凌：西北农林科技大学，2012.

[46] 孙盼盼. 骏枣果实内糖、酸、VC 积累过程与调控研究 [D]. 乌鲁木齐：新疆农业大学，2011.

[47] Arnon I. Physiological principles of dryland cropproduction [J]. Physiological Aspects of Dryland Farming. US Gupta，ed，1975：3-24.

[48] 胡安焱，董新光，魏光辉，等. 滴灌条件下水肥耦合对干旱区枣树产量的影响 [J]. 灌溉排水学报，2010，29 (6)：60-63.

[49] 刘国宏，谢香文，王则玉. 不同施肥水平对成龄枣树生长及产量的影响 [J]. 新疆农业科学，2012，11：2081-2087.

[50] 王成，孙凯，王龙，等. 南疆绿洲区滴灌枣树不同生育期水肥利用研究 [J]. 节水灌溉，2014，5：18-21.

[51] 李丽君. 大豆水分高效利用及农艺节水调控机制的研究 [D]. 呼和浩特：内蒙古大学，2008：7-9.

[52] 王建立，李想，韩俊，等. 保水剂对玉米苗期农艺性状的影响 [J]. 北京农学院学报，2013，2 (28)：8-11.

[53] 司小明. 发酵黄腐酸的分离提取及其对植物生理的影响 [D]. 西安：西北大学，2005.

[54] 赵珊珊，韩娇，张大伟，等. 吉林西部水田防护林对林带内温湿度和水稻产量的影响 [J]. 西部林业科学，2015，44 (6)：31-37.

[55] 李全胜，吴建军，严力蛟. 下垫面性状对农林系统微生态环境的影响 [J]. 生态学报，1999，19 (3)：41-46.

[56] 王颖，袁玉欣，魏红侠. 杨粮间作系统小气候研究田 [J]. 河北林业科技，2001.8 (4)：36-39.

[57] 李增嘉，张明亮，李风超，等. 粮果间作复合群体地上部生态因子变化动态的研究

[J]. 作物杂志，1994.（2）：3-15.

[58] 黄宝龙，黄文丁. 林农复合经营生态体系的研究［J］. 生态学杂志，1991，10（3）：27-32.

[59] 薛鹏. 桉一农间作系统小气候特征研究［J］. 广东农业科学，2009，10：39-43.

[60] 刘晓鹰. 杉木、柳杉与黄连间作的初步研究［J］. 生态学杂志，1991，10（4）：30-34.

[61] Monteith J L，Ong C K，Corlett J E. Microclimatic interactions in agroforestr systems［J］. Available online，2003，6.

[62] 赵莉. 桑树/大豆间作体系中光合特性及其对干旱的响应［D］. 哈尔滨：东北林业大学，2011.

[63] 丁松爽，苏培玺，严巧娣，等. 不同间作条件下枣树的光合特性研究［J］. 干旱地区农业研究，2009，01：184-189.

[64] 焦念元，宁堂原，赵春，等. 玉米花生间作复合体系光合特性的研究［J］. 作物学报，2006，06：917-923.

[65] 田阳，周玉喜，云雷，等. 晋西黄土区苹果-农作物间作土壤水分研究［J］. 水土保持研究，2013，20（2）：29-32，37.

[66] 赵雪娇，孙东宝，王庆锁. 玉米‖甘蓝间作对土壤水分时空分布及水分利用效率的影响［J］. 中国农业气象，2012，33（3）：374-381.

[67] 凌强，赵西宁，高晓东，等. 间作经济作物对黄土丘陵区旱作红枣土壤水分的调控效应［J］. 应用生态学报，2016，27（2）：504-510.

[68] 王克林，黄月，孙学凯，等. 辽北地区杨树-玉米间作对土壤水分和养分含量的影响［J］. 生态学杂志，2016，35（9）：2386-2392.

[69] 徐明岗，文石林，高菊生. 红壤丘陵区不同种草模式的水土保持效果与生态环境效应［J］. 水土保持学报，2001（1）：77-80.

[70] 惠竹梅，李华，周攀，等. 行间生草对葡萄园土壤水分含量及贮水量变化的影响［J］. 草业学报，2011，20（1）：62-68.

[71] 胡顺军，田长彦，王方，等. 膜下滴灌棉花水肥耦合效应研究初报［J］. 干旱区资源与环境，2005（2）：192-195.

[72] 周军，杨荣泉，陈海军，等. 冬小麦水肥增产耦合效应模型研究［J］. 水利学报，1994（6）：57-65.

[73] 李怀有. 高原沟壑区果园土壤管理制度试验研究［J］. 干旱地区农业研究，2001，19（4）：32-37.

[74] 郭天印，李海良. 主成分分析在湖泊富营养化污染程度综合评价中的应用［J］. 陕西工学院学报，2002（3）：63-66.

[75] 付强，王志良，梁川. 基于偏最小二乘回归的水稻蒸发蒸腾量建模［J］. 农业工程学报，2002，18（6）：9-12.

[76] 魏光辉，马亮. 基于灰色关联分析与 RBF 神经网络的水面蒸发量预测［J］. 干旱气象，2009，27（1）：73-77.

[77] 许迪，刘钰. 测定和估算田间作物蒸发蒸腾量方法研究综述［J］. 灌溉排水，1997（4）：56-61.

[78] 邓聚龙. 灰色系统基本方法［M］. 武汉：华中理工大学出版社，1987.

[79] Allen R G，Pereira L S，Raes D，et al. Crop evapotranspiration：Guidelines for computing crop water requirements [M]. In FAO Irrigation and Drainage Paper 56. FAO：Rome，Italy，1998.

[80] 刘国旗. 多重共线性的产生原因及其诊断处理 [J]. 合肥工业大学学报（自然科学版），2001（04）：607-610.

[81] 高会议，郭胜利，刘文兆，等. 不同施肥土壤水分特征曲线空间变异 [J]. 农业机械学报，2014，45（06）：161-165，176.

[82] 雷志栋，杨诗秀，谢森传. 土壤水动力学 [M]. 北京：清华大学出版社，1988.

[83] W·伯姆. 根系研究法 [M]. 北京：科学出版社，1985.

[84] 郝仲勇，刘洪禄，杨培岭. 果树根系吸水函数的建立 [J]. 农业工程学报，2000，16（7）：53-56.

[85] 王进鑫，王迪海，刘广全. 刺槐和侧柏人工林有效根系密度分布规律研究 [J]. 西北植物学报，2004，24（12）：2208-2214.

[86] 虎胆·吐马尔白. 作物根系吸水率模型的试验研究 [J]. 灌溉排水，1999，18（4）：15-19.

[87] 孟平，张劲松，王鹤松，等. 苹果树蒸腾规律及其与冠层微气象要素的关系 [J]. 生态学报，2005，25（5）：1075-1080.

[88] Vanden Boogaard R，Alewijnse D，Venklaas E J，et al. Growth and water-use efficiency of 10 Triticum aestivumculti-vars at different water availability in relation to allocation of biomass [J]. Plant，Cell and Environment，1997，(20)：200-210.

[89] 黄瑞冬. 高秆作物干物质测定方法分析 [J]. 杂粮作物，1993（3）.

[90] 白云岗，董新光，张江辉，等. 无核白葡萄叶面积及一年生枝条干物质质量简易测定方法研究 [J]. 新疆农业科学，2010，47（9）：1744-1748.

[91] 汪志农. 灌溉排水工程学 [M]. 北京：中国农业出版社，2000.

[92] 郭平仲. 田间试验数据的统计分析——试验数据的整理 [J]. 生物学通报.1989（10）：18-21.

[93] 贾晓梅. 冬枣落果的生理机理及环剥宽度对冬枣果实发育、品质的影响 [D]. 保定：河北农业大学，2004.

[94] 高艳红，陈玉春，吕世华. 西北干旱区绿洲不同灌溉制度的数值模拟 [J]. 地理科学进展. 2004（1）：38-50.

[95] 邵光成，张展羽，刘娜，等. 膜下滴灌棉花根系发育参数的BP模型预测 [J]. 水资源保护，2006，22（4）：47-49.

[96] 曹巧红，龚元石. 应用Hydrus-1D模型模拟分析冬小麦农田水分氮素运移特征 [J]. 植物营养与肥料学报，2003，9（2）：139-145.

[97] 王伟，李光永，傅臣家，等. 棉花苗期滴灌水盐运移数值模拟及试验验证 [J]. 灌溉排水学报，2009，28（1）：32-36.

[98] A A Siyal，T H Skaggs. Measured and simulated soil wetting patterns under porous clay pipe sub-surface irrigation [J]. Agricultural Water Management，2009，96：893-904.

[99] J Doltra，P Munoz. Simulation of nitrogen leaching from a fertigated crop rotation in a Mediterranean climate using the EU-Rotate_N and Hydrus-2D models [J]. Agricultural Water Management，2010，97：277-285.

[100] 夏卫生，雷廷武，潘英华，等. 土壤水分动力学参数研究与评价 [J]. 灌溉排水学报，2002，21 (1)：72-75.

[101] 毕经伟，张佳宝，陈效民，等. 农田土壤中土壤水渗漏与硝态氮淋失的模拟研究 [J]. 灌溉排水学报，2003，22 (6)：23-26.

[102] Simunek，J M Sejna，M. Th. van Genuchten. The Hydrus-1D software package for simulating the one-dimensional movement of water，heat，and multiple solutes in variably-saturated media [M]. California：Department of Environmental Sciences University of California Riverside，1998.

[103] Simunek，J M Sejna，H Saito，et al. The HYDRUS-1D software package for simulating the one-dimensional movement of water，heat，and multiple solutes in variably-saturated media [M]. California：Department of Environmental Sciences University of California Riverside，2008：10-41.

[104] 邵爱军，李会昌. 野外条件下作物根系吸水模型的建立 [J]. 水利学报，1997，(2)：68-72.

[105] 罗毅，于强，欧阳竹，等. 利用精确的田间实验资料对几个常用根系吸水模型的评价与改进 [J]. 水利学报，2000，(4)：73-80.

[106] Feddes R A，Bresler，S P Neuman. Field test of a modified numerical model for water uptake by root systems [J]. Water Resour. Res.，1976，10 (6)：1199-1206.

[107] Richard G Allen，Luis S pereira，Dirk Raes，et al. Crop Evapotranspiration：Guidelines for computing crop water requirements [R]. FAO Irrigation and Drainage Paper No. 56，2000：7-27.

[108] Childs S W. Model of soil salinity effects on cropgrowth [J]. Soil Sci. Soc. Am，1975，39 (4)：617-622.

[109] 康燕霞，蔡焕杰，王健，等. 夏玉米日蒸发蒸腾量计算方法的试验研究 [J]. 干旱地区农业研究，2006，24 (2)：110-113.

[110] Taichi T，Junichi Y，Chanchai S. Time-Space trend analysis in pan evaporation over Kingdom of Thailand [J]. Journal of Hydrologic Engineering，2005，10 (3)：205-215.

[111] 李禄，迟道才，张政利，等. 太子河流域参考作物腾发量演变特征及气候影响因素分析 [J]. 农业工程学报，2007，23 (9)：34-38.

[112] 于龙凤，孙海桥，安福全. 不同大豆品种叶片叶绿素变化规律的研究 [J]. 黑龙江农业科学，2009，(2)：32-34.

[113] Follet R H，Follet R F. Use of a chlorophyll meter to evaluate the nitrogen status of dryland winter wheat [J]. Commun. Soil Sci. Plant Anal.，1992，23 (7-8)：687-697.

[114] 王帘里，孙波，隋跃宇，等. 不同气候和土壤条件下玉米叶片叶绿素相对含量对土壤氮素供应和玉米产量的预测 [J]. 植物营养与肥料学报，2009，15 (2)：327-335.

[115] 张海英，韩涛，王有年，等. 桃果实品质评价因子的选择 [J]. 农业工程学报，2006，22 (8)：235-239.

[116] 赵思东，周建，段经华，等. 引种的10个沙梨品种果实品质的分析比较 [J]. 经济

林研究，2005，23（4）：42-44.

[117] 李明思，康绍忠，孙海燕. 点源滴灌滴头流量与湿润体关系研究.［J］农业工程学报，2006，22（4）：32-35.

[118] 谢美玲. 基于土壤水分下限滴灌枣树灌溉制度研究［D］. 乌鲁木齐：新疆农业大学，2012.

[119] 刘丽霞，王辉，孙栋元，等. 绿洲农田防护林系统土壤蒸发特征研究［J］. 干旱区资源与环境，2008，22（1）：162-166.

[120] 王文明. 南疆滴灌条件下枣树水分生理生态的研究［D］. 阿拉尔：塔里木大学，2011.

[121] 杨伟，刘秀印，唐都，等. 阿拉尔垦区不同栽培密度下骏枣果实外观色度的比较［J］. 新疆农业科学，2012，49（7）：1203-1206.

[122] 汪琳，应铁进. 番茄果实采后贮藏的颜色动力学研究［J］. 食品科技，2000，（5）：49-61.

[123] 苑克俊，王长君，孙瑞红，等. 利用数码相机测定苹果果实着色方法研究［J］. 农业网络信息，2013，（1）：26-30.

[124] 崔宁博. 西北半干旱区梨枣树水分高效利用机制与最优调亏灌溉模式研究［D］. 杨凌：西北农林科技大学，2009.

[125] 张亚哲，申建梅，王建中. 地面滴灌技术的研究现状与发展［J］. 农业环境与发展，2007，（1）：20-25.

[126] 程登喜. 苹果滴灌技术研究报告［J］. 甘肃科技，2003，19（8）：123-124.

[127] 张丽英. 应大力发展滴灌技术［J］. 农业机械化与电气化，2003，（3）：40-41.

[128] Hetherington A M，Woodward F I. The role of stomata in sensing and driving environmental change［J］. Nature，2003，424：901-908.

[129] 牛书丽，蒋高明，高雷明，等. 内蒙古浑善达克沙地97种植物的光合生理特征［J］. 植物生态学报，2003，27（3）：318-324.

[130] Kramer P J，Kozlowski T T. Physiology of Woody Plants［M］. London：Academic Press，1979：443-444.

[131] 林植芳，林桂珠，孔国辉，等. 强对亚热带自然林两种木本植物稳定碳同位素比、细胞间 CO_2 浓度和水分利用效率的影响［J］. 热带亚热带植物学报，1995，3（2）：77-82.

[132] Aerts R. Nutrient resorption from senescing leaves of perennials：are there general patterns［J］. Journal of Ecology，1996，（84）：597-608.

[133] 印莉萍，黄勤妮，吴平. 植物营养分子生物学及信号转导［M］. 2版. 北京：科学出版社，2006.

[134] 赵丹，莫良玉，刘铭，等. 氮胁迫对红麻生理生化特性及干茎产量的影响［J］. 南方农业学报，2011，49（06）：609-611.

[135] 汪德水. 旱地农田肥水协同效应与耦合模式［M］. 北京：气象出版社，1999.

[136] Wolfe D W，Henderson D W，Hsiao T C，et al. Interactive Water and Nitrogen Effects on Senescence of Maize. I. Leaf Area Duration，Nitrogen Distribution，and Yield［J］. Agronomy Journal，1962，80（6）：859-864.

[137] 李辉桃，周建斌. 应用DRIS法评价苹果树营养状况初探［J］. 陕西农业科学，

1994 (4): 15-17.

[138] 郑家基，刘星辉. DRIS诊断法在柑桔施肥中应用研究 [J]. 福建省农科院学报，1996.11 (4): 39-42.

[139] 黄显，王勤，赵天才. 钾在我国果树优质增产中的作用 [J]. 果树科学，2000，17 (4): 309-313.

[140] 任思，王羊，唐晏，等. 遮阴处理对枣果实活性氧代谢及果实品质的影响 [J]. 西北农业学报，2020，29 (05): 709-717.

[141] 李慧杰. 施肥对枣园土壤肥力及肥料利用率的影响 [D]. 杨凌：西北农林科技大学，2012.

[142] 王伟军，王红，张爱军，等. 不同施肥方式对山区杏树养分吸收及产量的影响 [J]. 果树学报，2011，28 (5): 893-897.

[143] 张柞恬，王秀芳. ABT生根粉在林业生产中的应用 [J]. 内蒙古农业科技，2006 (2): 60-61.

[144] 党秀丽，张玉龙，黄毅. 保水剂在农业上的应用与研究进展 [J]. 土壤通报，2006，(2): 352-355.

[145] 宫丽丹，殷振华. 保水剂在农业生产上的应用研究 [J]. 中国农学通报，2009，25 (22): 174-177.

[146] 陈海丽，刘明池. 保水剂在蔬菜中的应用技术 [J]. 蔬菜，2006，(1): 14-16.

[147] 陈守俊. 抗旱保水剂的施用方法及试验结果 [J]. 北京农业，2004，(6): 40.

[148] 邹德乙. 腐殖酸是土壤的优质改良剂 [J]. 腐殖酸，2008，(2): 44-45.

[149] Bongiovanni M D, Lobartini J C. Particulate organic matter, carbobydrate, bumic acid contents in soil macro - and microaggregates as affected by cultivation [J]. Geoderxna, 2006, 136 (3): 660-665.

[150] Bronick C J, Lal K. Soil structure and management: a review [J]. Geoderma, 2005, 124 (1): 3-22.

[151] 侯晓娜，王旭. 黄腐酸和聚天冬氨酸对雍菜氮素吸收及氮肥去向的影响 [J]. 中国土壤与肥料，2014，(1): 48-52.

[152] Fogel R. 1983. Root turnover and productivity of coniferous forests [J]. Plant and Soil, 71: 75-85.

[153] Levins R, Culver D. Regional coexistence of species and competition between rare species [J]. Proceedings of the National Academy of Sciences, 1971.

[154] 丁友芳，张晓霞，史玲玲，等. 葛根净光合速率日变化及其与环境因子的关系 [J]. 北京林业大学学报，2010 (05): 132-137.

[155] 王润元，杨兴国，赵鸿，等. 半干旱雨养区小麦叶片光合生理生态特征及其对环境的响应 [J]. 生态学杂志，2006 (10): 1161-1166.

[156] Farquhar G D, Sharkey T D. Stomatal conductance and photo synthesis [J]. Annual Review of Plant Physiology, 1982, 33: 317-345.

[157] 张爱良，苗果园，王建平. 作物根系与水分的关系 [J]. 作物研究，1997 (02): 6-8.

[158] 张艳楠，杨艳，牛建明，等. 刍议热值在植物竞争研究中的应用 [J]. 内蒙古草业，2009 (01): 41-42, 47.

[159] 云雷，毕华兴，马雯静，等. 晋西黄土区核桃花生复合系统核桃根系空间分布特征 [J]. 东北林业大学学报，2010 (7)：67-70.

[160] Moriasi D N. Model evaluation guidelines for systematic quantification of accuracy in watershed simulations [J]. Transactions of the Asabe，2007，50 (3)：885-900.

[161] Rosa R D，Paredes P，Rodrigues G C，et al. Implementing the dual crop coefficient approach in interactive software：2. Modeltesting [J]. Agricultural Water Management，2012，103 (1)：62-77.

[162] Liu X，Rahman T，Song C，et al. Changes in light environment，morphology，growth and yield of soybean in maize - soybean intercroppingsystems [J]. Field Crops Research，2017，200：38-46.

[163] Yang F，Liao D，Wu X，et al. Effect of aboveground and belowground interactions on the intercrop yields in maize - soybean relay intercroppingsystems [J]. Field Crops Research，2017，203：16-23.

[164] Raseduzzaman M，Jensen E S. Does intercropping enhance yield stability in arable crop production? A meta-analysis [J]. European Journal of Agronomy，2017，91：25-33.

[165] 戴宏胜，郭向红，孙西欢，等. 微型蒸渗仪法测量土壤蒸发研究进展 [J]. 山西水利，2009 (2)：78-79.

[166] 杨宪龙，魏孝荣，邵明安. 不同规格微型蒸渗仪测定土壤蒸发的试验研究 [J]. 土壤通报，2017 (02)：343-350.

[167] 艾鹏睿，马英杰，马亮. 干旱区滴灌枣棉间作模式下枣树棵间蒸发的变化规律 [J]. 生态学报，2018，38 (13)：1-9.

[168] 王婷，马亮，马英杰，等. 干旱区不同种植模式下棉花根系及地上部差异性分析 [J]. 节水灌溉，2015 (11)：15-18.

[169] Fu S，Sun L，Luo Y. Combining sap flow measurements and modelling to assess water needs in an oasis farmland shelterbelt of Populus simonii Carr in NorthwestChina [J]. Agricultural Water Management，2016，177 (177)：172-180.

[170] Yang Y，Liu D L，Anwar M R，et al. Water use efficiency and crop water balance of rainfed wheat in a semi-arid environment：sensitivity of future changes to projected climate changes and soiltype [J]. Theoretical & Applied Climatology，2016，123 (3-4)：565-579.

[171] Zhang H，Khan A，Tan D K Y，et al. Rational Water and Nitrogen Management Improves Root Growth，Increases Yield and Maintains Water Use Efficiency of Cotton under Mulch DripIrrigation [J]. Frontiers in Plant Science，2017，8，123-132.

[172] 刘浩，孙景生，段爱旺，等. 日光温室萝卜棵间土壤蒸发规律试验 [J]. 农业工程学报，2009，15 (1)：176-180.

[173] 花圣卓，蔡昕，余新晓. 平坦下垫面植被蒸散特征及对气象因素的响应研究 [J]. 水土保持学报，2016 (03)：344-350.

[174] Wilson G W，Fredlund D G，Barbour S L. Coupled soil-atmosphere modelling for soil evaporation [J]. Canadian Geotechnical Journal，1994，31 (2)：151-161.

[175] Ritchie J T. Influence of Soil Water Status and Meteorological Conditions on Evaporation from a CornCanopy1 [J]. Agronomy Journal, 1973, 65 (6): 893-897.

[176] 王政友. 土壤水分蒸发的影响因素分析 [J]. 山西水利, 2003 (2): 26-27.

[177] Romano E, Giudici M. On the use of meteorological data to assess the evaporation from a bare soil [J]. Journal of Hydrology, 2009, 372 (1-4): 30-40.

[178] 周学雅, 王安志, 关德新, 等. 科尔沁草地棵间土壤蒸发 [J]. 中国草地学报, 2014 (1): 90-97.

[179] Hirota T, Fukumoto M. Estimating surface moisture availability for evaporation on bare soil from routine meteorological data and its parameterization without soil moisture [J]. 农业气象, 2009, 65 (65): 375-386.

[180] 刘渡, 李俊, 于强, 等. 涡度相关观测的能量闭合状况及其对农田蒸散测定的影响 [J]. 生态学报, 2012, 32 (17): 5309-5317.

[181] 刘浩, 段爱旺, 高阳. 间作种植模式下冬小麦棵间蒸发变化规律及估算模型研究 [J]. 农业工程学报, 2006, 12 (12): 34-38.

[182] Wang Z, Wu P, Zhao X, et al. Water use and crop coefficient of the wheat-maize strip intercropping system for an arid region in northwestern China [J]. Agricultural Water Management, 2015, 161 (1): 77-85.

[183] Kubota A, Safina S A, Shebl S M, et al. Evaluation of Intercropping System of Maize and Leguminous Crops in the Nile Delta of Egypt [J]. Japanese Journal of Tropical Agriculture, 2015, 59: 14-19.

[184] 柴强, 于爱忠, 陈桂平, 等. 单作与间作的棵间蒸发量差异及其主要影响因子 [J]. 中国生态农业学报, 2011 (6): 1307-1312.

[185] Morris R A, Garrity D P. Resource capture and utilization in intercropping: water [J]. Field Crops Research, 1993, 34 (3-4): 303-317.

[186] 宋锋惠, 吴正保, 俞涛, 等. 新疆5个枣品种叶片碳同位素组成、瞬时水分利用效率的季节变化及与气象因子的关系 [J]. 果树学报, 2012 (1): 66-70.

[187] 张辉, 朱绿丹, 宁运旺, 等. 土壤水分条件对甘薯水分利用效率和稳定性碳同位素影响 [J]. 土壤, 2014 (5): 806-813.

[188] 朱林, 高雪, 张会丽, 等. 苜蓿叶片碳同位素分辨率与水分利用效率的关系 [J]. 中国草地学报, 2018 (1): 17-23.

[189] 孙仕军, 樊玉苗, 刘彦平, 等. 土壤棵间蒸发的测定及其影响因素 [J]. 节水灌溉, 2014 (4): 79-82.

[190] 马富亮, 朱小立, 符素华, 等. 封底与不封底微型蒸发器测定东北典型黑土区土壤蒸发量差异性研究 [J]. 灌溉排水学报, 2016, 35 (12): 7-11.

[191] 高晓飞, 王晓岚. 微型蒸发器口径影响土壤蒸发测量值的试验研究 [J]. 灌溉排水学报, 2011, 30 (1): 1-4.

[192] Allan R G, Pereira L S, Raes D, et al. Crop Evapotranspiration: Guidelines for Computing Crop Water Requirements. FAO Irrigation and Drainage Paper No. 56 [J]. FAO, 1998, 56: 98-150.

[193] Zhang B, Liu Y, Xu D, et al. The dual crop coefficient approach to estimate and partitioning evapotranspiration of the winter wheat - summer maize crop sequence in

North China Plain [J]. Irrigation Science, 2013, 31 (6): 1303-1316.

[194] Bhaktikul K, Anujit R, Toim J. Estimation of Crop Coefficient of Corn (Kccorn) under Climate Change Scenarios Using Data Mining Technique [J]. Environmentasia, 2012, 5 (1): 56-62.

[195] Fenner W, Dallacort R, Freitas P S L D, et al. Dual crop coefficient of common bean in Tangará da Serra, Mato Grosso [J]. Revista Brasileira De Engenharia Agrícola E Ambiental, 2016, 20 (5): 455-460.

[196] A' Fifah A R, Ismail M R, Puteri E M W, et al. Optimum Fertigation Requirement and Crop Coefficients of Chilli (Capsicum annuum) Grown in Soilless Medium in the Tropic Climate [J]. International Journal of Agriculture & Biology, 2015, 17 (1): 1560-8530.

[197] 仝国栋，刘洪禄，李法虎，等. 双作物系数法计算华北地区桃树蒸散量的可靠性评价 [J]. 农业机械学报，2016 (06): 154-162.

[198] 文冶强，杨健，尚松浩. 基于双作物系数法的干旱区覆膜农田耗水及水量平衡分析 [J]. 农业工程学报，2017，23 (1): 138-147.

[199] Kuo S F, Ho S S, Liu C W. Estimation irrigation water requirements with derived crop coefficients for upland and paddy crops in ChiaNan Irrigation Association, Taiwan [J]. Agricultural Water Management, 2006, 82 (3): 433-451.

[200] 冯禹，龚道枝，王罕博，等. 基于双作物系数的旱作玉米田蒸散估算与验证 [J]. 中国农业气象，2017 (3): 141-149.

[201] 洪明，朱航威，穆哈西，等. 不同滴头流量及灌水定额下红枣树耗水规律 [J]. 干旱地区农业研究，2014，32 (1): 72-77.

[202] 胡永翔，李援农，张莹. 黄土高原区滴灌枣树作物系数和需水规律试验 [J]. 农业机械学报，2012 (11): 87-91.

[203] 王则玉，谢香文，刘国宏，等. 干旱区绿洲滴灌成龄枣树耗水规律及作物系数 [J]. 新疆农业科学，2015 (4): 675-680.

[204] 王子申，蔡焕杰，虞连玉，等. 基于 SIMDualKc 模型估算西北旱区冬小麦蒸散量及土壤蒸发量 [J]. 农业工程学报，2016，22 (5): 126-136.

[205] Kar G, Kumar A, Martha M. Water use efficiency and crop coefficients of dry season oilseed crops [J]. Agricultural Water Management, 2007, 87 (1): 73-82.

[206] 龚雪文，刘浩，孙景生，等. 基于双作物系数法估算不同水分条件下温室番茄蒸发蒸腾量 [J]. 应用生态学报，2017 (4): 1255-1264.

[207] Haboudane D, Miller J R, Pattey E, et al. Hyperspectral vegetation indices and novel algorithms for predicting green LAI of crop canopies: Modeling and validation in the context of precisionagriculture [J]. Remote Sensing of Environment, 2004, 90 (3): 337-352.

[208] Ali V, Zohre B, Rasoul F. Influence of weed densities and different nitrogen levels on leaf area index (LAI) of corn and red root pigweed (Amarranthus retroflexus L.) [J]. Sid Ir, 2014, 90 (3): 337-352.

[209] 张翠萍，孟平，张劲松，等. 间作绿豆对核桃苗光合特性及根系导水力的作用 [J]. 林业科学研究，2016 (1): 110-116.

[210] 郭仁松，田立文，林涛，等. 枣棉间作棉田花铃期小气候变化特征及对产量的影响[J]. 西北农业学报，2014 (02)：92-98.
[211] 董宛麟，张立祯，于洋，等. 向日葵和马铃薯间作模式的生产力及水分利用 [J]. 农业工程学报，2012，18 (18)：127-133.
[212] 李发永，劳东青，孙三民，等. 滴灌对间作枣棉光合特性与水分利用的影响 [J]. 农业机械学报，2016 (12)：119-129.